Lambacher Schweizer 9

Mathematik für Gymnasien

Bayern

von
Prof. August Schmid
Prof. Dr. Ingo Weidig

erarbeitet von
Herbert Götz, Uttenreuth
Manfred Herbst, Herzogenaurach
Christine Kestler, Holzkirchen
Hans-Georg Kosuch, Coburg
Dr. Johannes Novotný, Schwabach
Barbara Sy, Nürnberg
Thomas Thiessen, Erlangen

Ernst Klett Verlag
Stuttgart · Leipzig

Zum Schulbuch gehört der LS-Lösungen-und-Materialien-Band 9 (3-12-731763-3).
In den LS-Grundwissen-Heften (in Doppeljahrgangsstufen) sind die Inhalte und Aufgaben zum Wiederholen, Üben und Kontrollieren von Grundwissen und Grundfertigkeiten zusammengefasst.
LS Grundwissen 5/6 (3-12-731165-5)
LS Grundwissen 7/8 (3-12-731565-3)
LS Grundwissen 9/10 (3-12-731765-7)

1. Auflage 1 10 9 8 7 | 2018 17 16 15

Internetadresse: www.klett.de

Redaktion: Dr. U. Weiser, H. Günthner
Zeichnungen: U. Bartl, Weil der Stadt; R. Hungreder, Leinfelden; U. Schwarz, Schwäbisch Gmünd
Bildkonzept Umschlag: SoldanKommunikation, Stuttgart
Titelbild: Getty Images, Digital Vision
Reproduktion: Meyle + Müller, Medien-Management, Pforzheim
DTP-Satz: media office GmbH, Kornwestheim
Druck: PASSAVIA Druckservice GmbH & Co. KG, Passau

Printed in Germany
ISBN 978-3-12-731760-2

Inhaltsverzeichnis

I Reelle Zahlen

II Die Satzgruppe des Pythagoras

III Quadratische Funktionen und quadratische Gleichungen

VII Raumgeometrie

* Lerneinheiten, die mit einem Stern gekennzeichnet sind, bieten eine Ergänzung zu den Inhalten des Lehrplans.

Liebe Schülerin, lieber Schüler,

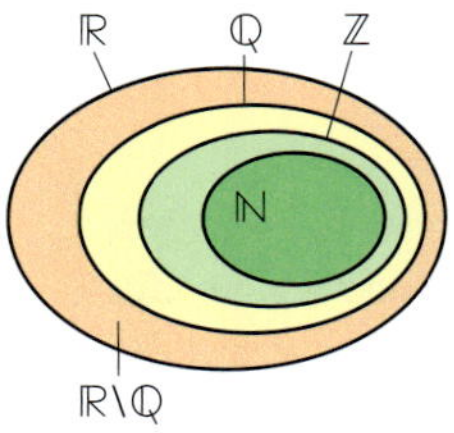

nachdem du in Jahrgangsstufe 5 die negativen (ganzen) Zahlen und in Jahrgangsstufe 6 die Brüche (rationalen Zahlen) kennen gelernt hast, wirst du nun in diesem Jahr in Kapitel I die dir bekannten Zahlen zum Zahlbereich ℝ der reellen Zahlen erweitern. Die Entdeckung solcher Zahlen, zu denen auch die Wurzeln und z. B. die Zahl π gehören, hat bereits die Griechen vor über 2000 Jahren in helle Aufregung versetzt.

Während du dich in Jahrgangsstufe 7 mit linearen Gleichungen und in Jahrgangsstufe 8 mit linearen Funktionen, gebrochen rationalen Funktionen und Bruchgleichungen beschäftigt hast, wirst du jetzt analoge Fragestellungen für quadratische Funktionen in den Kapiteln III und IV betrachten.

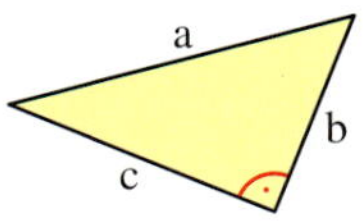

Diese neu erworbenen Fähigkeiten aus dem Bereich der Algebra wirst du gut in der Geometrie verwenden können. Hier werden in den Kapiteln II und VI Beziehungen an rechtwinkligen Dreiecken betrachtet.
In Kapitel II wirst du mit dem Satz des Pythagoras erkennen, in welchen Fällen sich die Aussage „a Quadrat plus b Quadrat ist c Quadrat" als Irrtum erweist;

in Kapitel VI enthüllt sich die Bedeutung der Tasten [sin], [cos] und [tan] deines Taschenrechners.

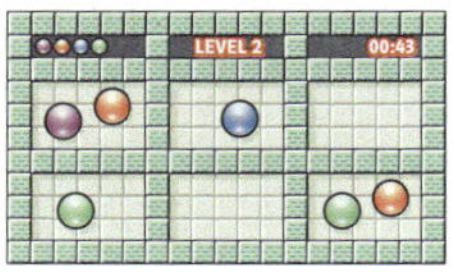

In Kapitel V zur Wahrscheinlichkeitsrechnung werden interessante Zufallsexperimente und Fragestellungen vorgestellt, wie sie im Alltag häufig eine Rolle spielen. Auch am PC wirst du Zufallsexperimente simulieren.

Schließlich erlernst du in Kapitel VII die Volumenberechnung von Zylindern, Kegeln und Pyramiden und verbesserst dein räumliches Vorstellungsvermögen.

Dein Wissen kannst du systematisch mit Hilfe der Rückblicke am Ende der Kapitel wiederholen und die darauf folgenden Aufgaben zur Übung bearbeiten und selbstständig an Hand der Lösungen kontrollieren.
Mit den G-Aufgaben kannst du deine Kenntnisse testen und damit sicherstellen, die wichtigsten mathematischen Fertigkeiten auch längerfristig zu beherrschen.

Peinliche Fragen

Projekt: Parabeln bei Bauwerken

Johannes Kepler kauft Wein

Musikalische Stimmungen

Interessante Ausblicke und Fragestellungen findest du wiederum auf den Themen- und Lesetextseiten sowie im abschließenden Kapitel Vernetzende Aufgaben.

Viel Erfolg wünschen

Zum Aufbau des Buches

Jedes Kapitel umfasst:
- mehrere Lerneinheiten,
- Themenseiten, Lesetexte und/oder ein Projekt
- einen Rückblick.

- Zum Aufbau einer **Lerneinheit**:
  Jede Lerneinheit beginnt mit **hinführenden Aufgaben**, die zum Kern der Lerneinheit führen, jedoch das Ergebnis der Lerneinheit nicht vorwegnehmen. Sie sind so gestaltet, dass sie eigene Aktivität und eigenes Überlegen herausfordern. Diese Aufgaben stellen ein Angebot dar und lassen so der Lehrerin/dem Lehrer alle methodische Freiheit.
  Der anschließende **Lehrtext** formuliert in knapper, aber schülerverständlicher Vorgehensweise den Gegenstand der Lerneinheit.

Im Kasten wird **Wichtiges** in einprägsamer Form zusammengefasst.

  Die vollständig bearbeiteten **Beispiele** bieten den Schülerinnen und Schülern Hilfe für das selbstständige Lösen von Aufgaben. Bei den Lösungen wird Wert auf die Wahl geeigneter Strategien und auf wichtige Gedankenschritte und Begründungen gelegt.
  Der **Aufgabenteil** bietet ein sehr reichhaltiges Auswahlangebot. Eine sinnvolle Auswahl ist hier geboten. Die Aufgaben reichen von grundlegenden Routineaufgaben über zahlreiche Aufgaben im mittleren Schwierigkeitsbereich bis zu schwierigen Aufgaben. Wenn hoher Zeitaufwand oder Schwierigkeitsgrad vielleicht nicht unmittelbar ersichtlich sind, wurde die Aufgabe mit einem *Stern gekennzeichnet. Im Sinne eines vernetzenden Lernens beziehen sich viele Aufgabenstellungen nicht nur auf die gegenwärtige Lerneinheit, sondern sind mit anderen Themenkreisen verbunden. Die den Aufgabenteil abschließenden Aufgaben – gekennzeichnet durch ein vorangestelltes **G** – dienen dazu, unabhängig vom aktuellen Lehrstoff Grundwissen und Grundfertigkeiten ständig zu trainieren.
  An geeigneter Stelle wurden Aufgaben für die Benutzung elektronischer Hilfsmittel (Taschenrechner, Tabellenkalkulation, DGS) konzipiert. Solche Aufgaben sind im Buch mit dem TR-Symbol bzw. PC-Symbol gekennzeichnet. Darüber hinaus ist es bei vielen Aufgabenstellungen sinnvoll, ein DGS oder eine Tabellenkalkulation einzusetzen. Um Schülern jedoch einen eigenständigen Umgang mit diesen Systemen zu ermöglichen, wird hierbei nicht jedes Mal explizit auf deren Einsatz verwiesen.

Auf der Randspalte werden zusätzliche Informationen, Anmerkungen, Hilfestellungen und Querverweise angeboten.

Zu vielen Aufgaben, die mit einem DGS gelöst werden können, befinden sich passende DGS-Dateien im Internetauftritt des Verlags. www.klett-verlag.de/mathematik/lambacher-schweizer-extra/

- Die **Themenseiten** stellen Anwendungen der Inhalte des jeweiligen Kapitels in **einem Kontext** vor oder sprechen im Sinne einer mathematischen Exkursion ergänzende mathematische Fragen an.
  Die **Lesetexte** sind als Anregung für Schülerinnen und Schüler gedacht, sich mit mathematischen Fragen auseinander zu setzen. Hier sind keine Aufgaben ausformuliert.
  Die **Projekt**seiten regen an, mit der ganzen Klasse motivierende, interessante Projekte durchzuführen.

- Den Abschluss jedes Kapitels bildet ein zweiseitiger **Rückblick**. Hier sind die wichtigen Lerninhalte in prägnanter Form zusammengestellt. Auf der zweiten Seite bieten **Aufgaben zum Üben und Wiederholen** den Schülerinnen und Schülern die Gelegenheit, ihre Kenntnisse und Fähigkeiten auch mit Blick auf eine schriftliche Arbeit zu testen. Die Lösungen zu diesen Aufgaben befinden sich im Anhang des Buches.

Das letzte Kapitel bietet umfangreichere und komplexere Aufgaben an, die geeignet sind, am Ende eines Schuljahres noch einmal wesentliche Inhalte in einer vernetzenden Weise zu wiederholen.

1 Quadratwurzeln

1

Sarah will von ihren 127 CDs die Hüllen in Form eines großen Quadrats an die Wand heften. Ist das möglich?
Wenn nein, gib die größte mögliche Anzahl ihrer CD-Hüllen an, die sie in Form eines Quadrats anordnen kann. Wie viele Hüllen liegen bei diesem Quadrat an jeder Seite?

2

Die meisten Taschenrechner haben eine Taste, mit der man zu einer eingegebenen Zahl x ihr Quadrat x^2 berechnen kann.
Wie kann man mit deinem Taschenrechner zu einer Quadratzahl x^2 die Zahl x finden?

Quadrieren →

x	x^2
1,0	1,00
1,1	1,21
1,2	1,44
1,3	1,69
1,4	1,96
1,5	2,25
1,6	2,56
1,7	2,89
1,8	3,24
1,9	3,61
2,0	4,00
2,1	4,41
2,2	4,84
2,3	5,29
2,4	5,76
2,5	6,25
2,6	6,76
2,7	7,29
2,8	7,84
2,9	8,41

← Wurzelziehen oder Radizieren

Radizieren kommt von ***radix*** *(lat.): Wurzel (wie auch das Wort Radieschen)*

Wird eine Zahl mit sich selbst multipliziert, so nennt man das **Quadrieren**.
Früher benutzte man zum Quadrieren häufig Tabellen wie hier auf dem Rand. Eine solche Tabelle kann man auch umgekehrt benutzen: zu x^2 wird x abgelesen. Dies nennt man Wurzelziehen:
Beim **Wurzelziehen** (oder Radizieren) ist eine nicht negative Zahl gesucht, die beim Quadrieren die Ausgangszahl ergibt.

> **Definition**
> Für $a \geqq 0$ ist $\sqrt{a}$ diejenige **nicht negative** Zahl, deren Quadrat a ergibt.
> $\sqrt{a}$ heißt **Quadratwurzel**, a heißt **Radikand**.

Beachte:
(1) $\sqrt{a}$ ist nach Definition eine eindeutig bestimmte Zahl, die größer oder gleich null ist.
(2) Man kann nur aus positiven Zahlen oder aus der Null die Quadratwurzel ziehen, denn beim Quadrieren einer Zahl ergeben sich niemals negative Zahlen.

Beispiel 1
Bestimme a) $\sqrt{49}$ b) $\sqrt{6{,}25}$ c) $\sqrt{\frac{4}{9}}$ d) $-\sqrt{9}$ e) $\sqrt{1}$ f) $\sqrt{0}$
Lösung:
a) $\sqrt{49} = 7$, denn $7^2 = 49$
b) $\sqrt{6{,}25} = 2{,}5$, denn $2{,}5^2 = 6{,}25$
c) $\sqrt{\frac{4}{9}} = \frac{2}{3}$, denn $\left(\frac{2}{3}\right)^2 = \frac{2}{3} \cdot \frac{2}{3} = \frac{4}{9}$
d) $-\sqrt{9} = -3$, denn $-3^2 = -9$
e) $\sqrt{1} = 1$, denn $1^2 = 1$
f) $\sqrt{0} = 0$, denn $0^2 = 0$

Von jeder Zahl $a \geq 0$ gibt es nur eine Quadratwurzel.

Beispiel 2
a) Bestimme zuerst $\sqrt{2{,}25}$ und anschließend alle Zahlen, deren Quadrat gleich 2,25 ist.
b) Löse die Gleichung $x^2 = 2{,}25$.

Lösung:
a) $\sqrt{2{,}25} = 1{,}5$, aber es gibt zwei Zahlen, deren Quadrat 2,25 ist: + 1,5 und – 1,5.
b) $x = \sqrt{2{,}25} = 1{,}5$ oder $x = -\sqrt{2{,}25} = -1{,}5$

Aufgaben

Übliche Tastenfolge am TR zur Berechnung von $\sqrt{1{,}96}$:
[√] 1,96 [=]
Anzeige: 1,4

Lösungssalat zu 5:

Wurzelziehen lässt sich geometrisch so deuten, dass zu einem Quadrat mit gegebenem Flächeninhalt A die zugehörige Seitenlänge a bestimmt wird.

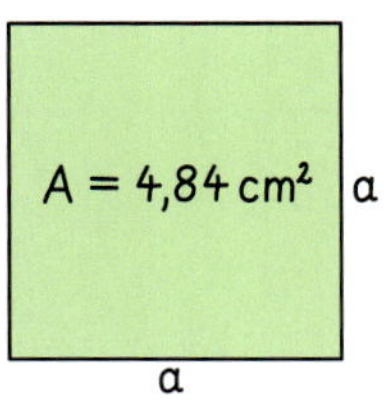

$a = \sqrt{4{,}84\,cm^2} = 2{,}2\,cm$

3

a) $\sqrt{64}$ b) $\sqrt{121}$ c) $\sqrt{2{,}56}$
d) $\sqrt{0{,}16}$ e) $\sqrt{\frac{1}{4}}$ f) $\sqrt{625}$
g) $\sqrt{900}$ h) $\sqrt{0{,}09}$ i) $-\sqrt{400}$
k) $-\sqrt{\frac{1}{9}}$ l) $\sqrt{3600}$ m) $\sqrt{7\frac{1}{9}}$
n) $\sqrt{4{,}41}$ o) $-\sqrt{0{,}81}$ p) $\sqrt{90\,000}$
q) $-\sqrt{0{,}01}$ r) $\sqrt{\frac{9}{100}}$ s) $\sqrt{10^4}$
t) $\sqrt{\frac{16}{25}}$ u) $-\sqrt{0{,}0004}$ v) $\sqrt{\frac{49}{16}}$

4 🖩

Schätze und berechne dann mit dem Taschenrechner.

a) $\sqrt{2116}$ b) $\sqrt{9216}$ c) $\sqrt{17\,956}$
d) $\sqrt{7{,}29}$ e) $\sqrt{0{,}8464}$ f) $\sqrt{11{,}56}$
g) $\sqrt{2401}$ h) $\sqrt{37{,}21}$ i) $\sqrt{0{,}0529}$

5

Verwandle vor dem Radizieren den Radikanden in einen Bruch.

a) $\sqrt{2\frac{1}{4}}$ b) $\sqrt{1\frac{7}{9}}$ c) $\sqrt{1\frac{15}{49}}$
d) $\sqrt{1\frac{25}{144}}$ e) $\sqrt{6\frac{1}{4}}$ f) $-\sqrt{2\frac{23}{49}}$

6

Berechne ohne Taschenrechner.

a) $3 \cdot \sqrt{16}$ b) $\frac{1}{2} \cdot \sqrt{0{,}04}$
c) $\frac{4}{3} \cdot \sqrt{(-0{,}9)^2}$ d) $0{,}8 + \sqrt{0{,}36}$
e) $\sqrt{36} - \sqrt{81}$ f) $\sqrt{64} \cdot \sqrt{\frac{9}{16}}$
g) $\sqrt{9+16}$ h) $\sqrt{9} + \sqrt{16}$
i) $\sqrt{0{,}25} \cdot \sqrt{0{,}09}$ k) $\left(\sqrt{49}\right)^2$
l) $\left(-\sqrt{49}\right)^2$ m) $-\sqrt{49^2}$

7

Wie lang ist die Seite eines Quadrats mit einem Flächeninhalt von

a) $9\,mm^2$ b) $25\,m^2$ c) $12{,}25\,a$
d) $81\,cm^2$ e) $1\,a$ f) $2\frac{1}{4}\,ha$

8

In Bayern wurde die Größe von Feldern früher oft in „Tagwerk" angegeben. Etwa 300 Tagwerk hatten die Größe von $1\,km^2$. Wie lang ist etwa die Seite eines Quadrats mit dem Flächeninhalt von einem Tagwerk?

9

Wie lang sind die Kanten eines Würfels, dessen Oberflächeninhalt $0{,}96\,dm^2$ beträgt?

10

Ermittle die Wurzeln durch Zerlegung in Primfaktoren.

a) $\sqrt{576}$ b) $\sqrt{1521}$ c) $\sqrt{1764}$

11

a) Alle vorkommenden gleichen Zeichen stehen für gleiche Ziffern.
√(●🟨●) = ●●; √(🟨●●🟩) = ▲🟩
√(🟩🟨♥) = 🟨♥; ♥ · √(●🟩◆) = 🟩♥

b) Erfinde ein ähnliches Zahlenrätsel und lass es deinen Banknachbarn lösen.

12

Löse die Gleichungen

a) $x^2 = 169$ b) $y^2 = 0{,}09$
c) $z + 13 = -9$ d) $x^2 - 1 = 0$
e) $x - 8 = 3x$ f) $z^2 - 3 = 5{,}41$
g) $y^2 - 25 = 0$ h) $7x = 9x$

13

1024 farbige, quadratische Mosaiksteinchen sind zu einem großen Quadrat angeordnet. Nun soll zwischen je zwei farbigen Steinchen ein hellgraues gelegt werden. Wie viele hellgraue Steinchen werden benötigt? Die folgende Figur zeigt einen Ausschnitt.

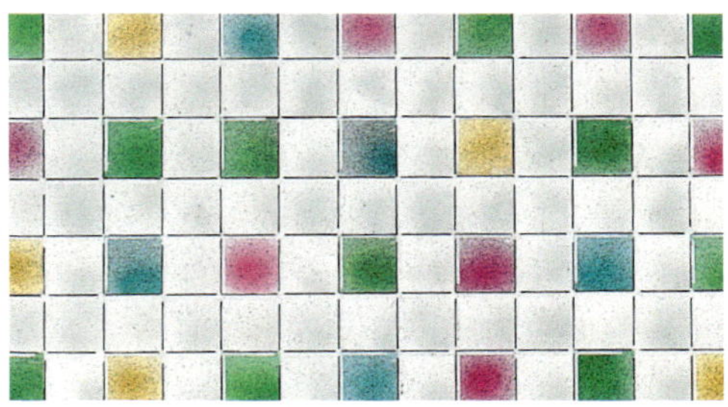

14

Weshalb kann die Wurzel aus einer Primzahl keine natürliche Zahl sein?

G 15

Der Benzinpreis ist um 20 % gestiegen. Wie viel Prozent weniger Benzin kann man nun für das gleiche Geld tanken?

2 Die Unzulänglichkeit der rationalen Zahlen

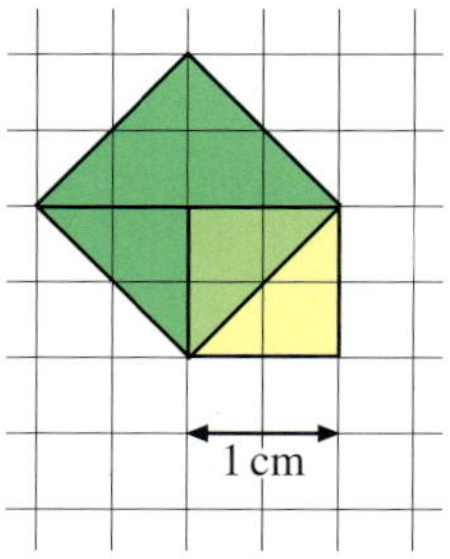

1
Wie groß ist der Flächeninhalt des kleinen (großen) Quadrats am Rand? Gib auch jeweils die Länge der Seiten und der Diagonalen der beiden Quadrate an.

2
Mit drei verschiedenen Taschenrechnern wurde $\sqrt{2}$ mit der Wurzeltaste bestimmt. Welches der angezeigten Ergebnisse stimmt?

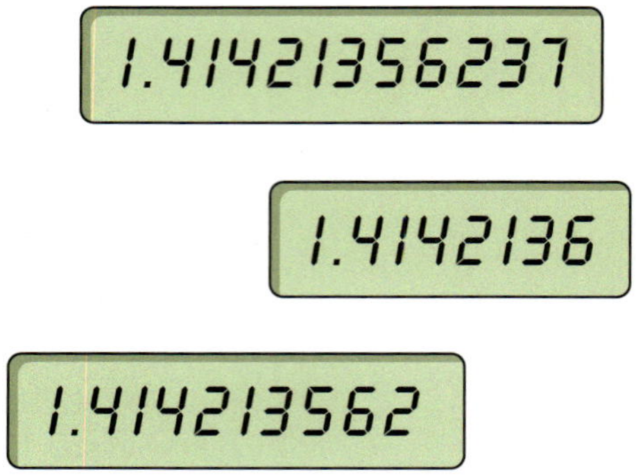

Erinnerung:
Alle rationalen Zahlen lassen sich als Brüche $\frac{p}{q}$ mit $q \neq 0$ darstellen. Man kann sie als endliche Dezimalbrüche, wie z. B. $3{,}17 = \frac{317}{100}$ oder als periodische Dezimalbrüche, wie z. B. $4{,}\overline{3} = 4\frac{1}{3} = \frac{13}{3}$ schreiben.

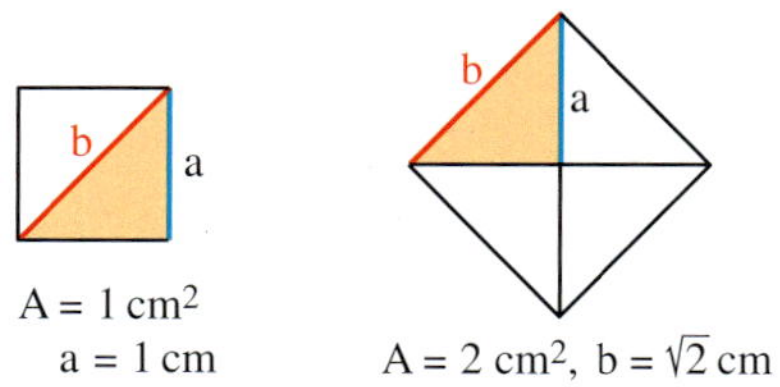

Das rechte Quadrat hat offensichtlich den doppelten Flächeninhalt wie das linke. Da der Flächeninhalt $2\,cm^2$ beträgt, muss für die Seitenlänge b gelten:
$b = \sqrt{2}$ cm. Es stellt sich die Frage, ob $\sqrt{2}$ eine rationale Zahl ist oder nicht.

Nimmt man an, dass $\sqrt{2}$ eine rationale Zahl ist, so muss sie sich als Bruch $\frac{p}{q}$ darstellen lassen. Jeder Bruch lässt sich vollständig kürzen, also darf man p und q als teilerfremd annehmen. $\sqrt{2}$ muss zwischen 1 und 2 liegen, denn es gilt $1^2 < 2 < 2^2$. Also gilt $q \neq 1$.
Es gilt dann $\sqrt{2}^2 = \frac{p \cdot p}{q \cdot q}$. Dieser Bruch lässt sich ebenfalls nicht kürzen und sein Nenner ist $\neq 1$. $\sqrt{2}^2$ ist also gewiss keine ganze Zahl, insbesondere nicht gleich zwei.
Die oben getroffene Annahme, dass $\sqrt{2}$ eine rationale Zahl ist, führt also zu einem Widerspruch. Er lässt sich nur dadurch vermeiden, dass man die Annahme als falsch ansieht.
$\sqrt{2}$ ist also keine rationale Zahl, in Zeichen $\sqrt{2} \notin \mathbb{Q}$.

Strategie: Betrachten des Gegenteils (hier: Verneinung einer Aussage)

Bemerkung
Bei dem eben geführten Beweis ging man von der Verneinung der zu beweisenden Aussage aus und leitete daraus einen Widerspruch her. Verwendet man diese Strategie beim Beweisen, so spricht man vom **indirekten Beweis** oder Widerspruchsbeweis.

Wir haben mit $\sqrt{2}$ eine Zahl entdeckt (die es als Maßzahl einer Seite offensichtlich gibt), die nicht rational ist. Analog lassen sich noch andere nicht rationale Zahlen finden.

Es gibt Zahlen, die keine rationale Zahlen sind.
Insbesondere kann man die Länge der Diagonalen d eines cm-Quadrats nicht mit einer rationalen Zahl angeben.

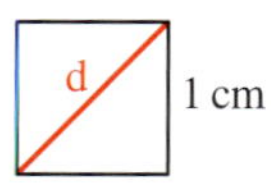

Beispiel
Welche der Zahlen 18,2; $\sqrt{121}$; $7{,}\overline{6}$; $\sqrt{2}$; 39,7284; $17{,}\overline{3}$; 0,6312; $\sqrt{\frac{4}{9}}$ sind rational? Schreibe diese als Bruch.

Lösung:
Rational sind $18{,}2 = 18\frac{1}{5}$; $\sqrt{121} = 11 = \frac{11}{1}$; $7{,}\overline{6} = 7\frac{2}{3}$; $39{,}7284 = 39\frac{1821}{2500}$; $17{,}\overline{3} = 17\frac{1}{3}$; $0{,}6312 = \frac{789}{1250}$; $\sqrt{\frac{4}{9}} = \frac{2}{3}$; nicht rational ist $\sqrt{2}$.

Aufgaben

3
Gib drei rationale Zahlen zwischen 0 und 1 an, die
a) eine b) keine
rationale Zahl als Quadratwurzel haben.

4
Vier Quadrate haben die Flächeninhalte $5\,cm^2$; $2\frac{1}{4}\,cm^2$; $9{,}25\,cm^2$ und $17{,}64\,cm^2$.
Bei welchen dieser Quadrate ist die Seitenlänge keine rationale Zahl?
Begründe.

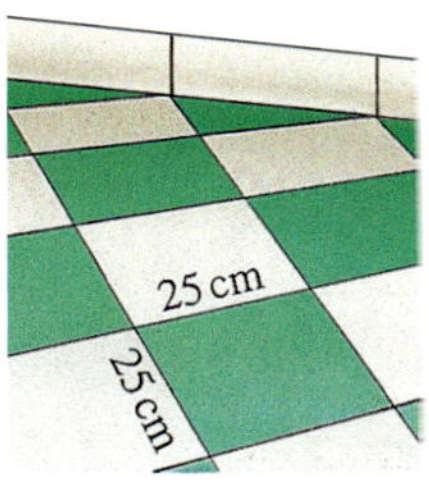

5
Eine Firma stellt Fliesen her. Neben der quadratischen Grundform gibt es auch rechteckige Fliesen für den Sockelbereich, die wie im Bild links verlegt werden.
Welche Angabe auf ganze mm kommt der theoretischen Länge der Rechtecksform am nächsten?

6
a) Zeichne ein $4\,cm^2$ großes Quadrat. Konstruiere damit ein $8\,cm^2$ großes Quadrat.
b) Konstruiere ein $50\,cm^2$ großes Quadrat.
c) Konstruiere ein $12{,}5\,cm^2$ großes Quadrat.

7
a) Welche Endziffern können die Quadrate von natürlichen Zahlen haben?
b) Woran erkennt man unmittelbar, dass 234 567 in $\mathbb{Q}$ keine Quadratwurzel hat?
c) Betrachte einen abbrechenden Dezimalbruch (der zu keiner natürlichen Zahl gehört). Begründe, dass sein Quadrat keine natürliche Zahl sein kann.

8

Haben die rot eingezeichneten Strecken rationale Maßzahlen? Begründe.

*Euklid (um 300 v. Chr.) lehrte Mathematik in Alexandria.
Von ihm stammt die bedeutendste Gesamtdarstellung der antiken griechischen Mathematik, die „Elemente“.*

In ähnlicher Weise, wie auf Seite 10 vorgeführt, hat schon in der Antike Euklid gezeigt, dass man $\sqrt{2}$ nicht als Bruch darstellen kann. Im Folgenden wird dieser Beweis von Euklid in der heutigen Sprechweise gezeigt und erklärt.

Es wird angenommen, dass es eine Darstellung von $\sqrt{2}$ als Bruch gibt. Also kann im Schritt (1) $\sqrt{2}$ auch als ein gekürzter Bruch $\frac{p}{q}$ geschrieben werden.
Mit den Schritten (2) – (5) wird gezeigt, dass p eine gerade Zahl ist.
Mit den Schritten (6) – (8) wird gezeigt, dass auch q eine gerade Zahl ist.
(5) und (8) ergeben einen Widerspruch zu (1), wonach $\frac{p}{q}$ ein gekürzter Bruch ist.
Dieser Widerspruch zeigt:
Es kann keine Darstellung von $\sqrt{2}$ als Bruch geben; $\sqrt{2}$ kann keine rationale Zahl sein.

$\sqrt{2}$ ist keine rationale Zahl, d. h. $\sqrt{2} \notin \mathbb{Q}$.
Beweis des Euklid:
(1) Angenommen: $\sqrt{2} = \frac{p}{q}$ mit teilerfremden Zahlen p und q.
(2) $2 = \frac{p^2}{q^2}$
(3) $2q^2 = p^2$
(4) p^2 ist durch 2 teilbar.
(5) p ist durch 2 teilbar. Setze $p = 2r$.
(6) $q^2 = 2r^2$
(7) q^2 ist durch 2 teilbar.
(8) q ist durch 2 teilbar.
Dies ist mit (5) ein Widerspruch zu (1).

9
a) Zeige, dass $\sqrt{3}$ $(\sqrt{5};\ \sqrt{7})$ nicht rational ist. Übertrage dazu die Beweisidee von Euklid.
b) Kannst du, wenn du vorgehst wie Euklid, zeigen, dass $\sqrt{4}$ nicht rational ist?
c) Zeige für eine beliebige Primzahl p, dass $\sqrt{p}$ nicht rational ist.

Zu Aufgabe 9:
Man kann sogar zeigen, dass es für jede natürliche Zahl n, die keine Quadratzahl ist, keine rationale Quadratwurzel gibt.

G 10
a) Verwandle durch Erweitern in einen Dezimalbruch: $\frac{17}{25}$; $\frac{31}{40}$; $\frac{7}{125}$; $\frac{3}{2500}$; $\frac{47}{8000}$.
b) Sei nun $\frac{p}{q}$ ein gekürzter Bruch. Warum darf der Nenner nur die Primfaktoren 2 und 5 enthalten, damit man $\frac{p}{q}$ als endlichen Dezimalbruch schreiben kann?

3 Näherungswerte für Quadratwurzeln

1

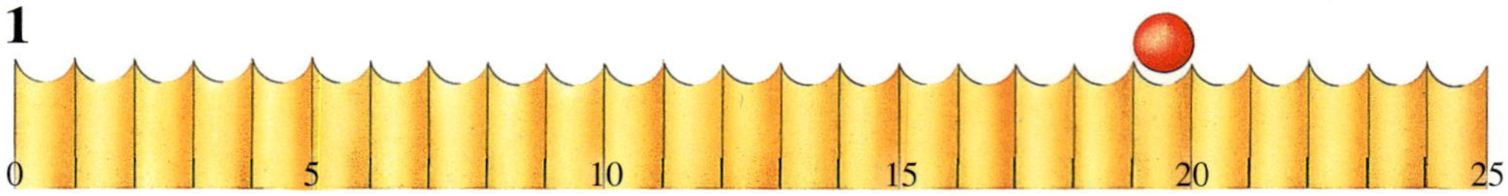

Bei einem Ratespiel soll man mit möglichst wenigen Fragen herausfinden, zwischen welchen Zahlen sich die Kugel befindet. In der obigen Figur liegt sie zwischen 19 und 20. Wie kann man vorgehen, wenn man zu jeder genannten Zahl nur gesagt bekommt, ob die Kugel links oder rechts davon liegt?

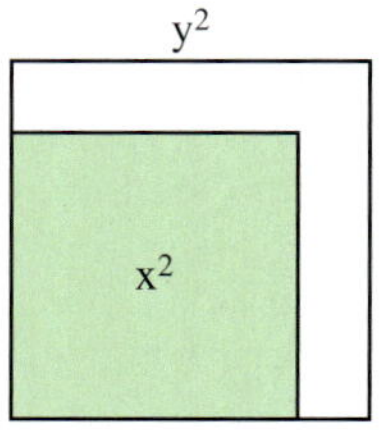

2

a) Erläutere an der Figur links: Für $x, y > 0$ gilt: wenn $x^2 < y^2$, dann ist auch $x < y$.

b) Entscheide durch Quadrieren, zwischen welchen der Zahlen 1,0; 1,1; 1,2; …; 1,9; 2,0 die Quadratwurzel von 2 liegt.

Es soll die Lage von $\sqrt{2}$ auf der Zahlengeraden mit Hilfe von Intervallen **näherungsweise** bestimmt werden:

$\sqrt{2}$ liegt im Intervall	weil
[1; 2]	$1^2 < 2 < 2^2$
[1,4; 1,5]	$1{,}4^2 < 2 < 1{,}5^2$
[1,41; 1,42]	$1{,}41^2 < 2 < 1{,}42^2$
[1,414; 1,415]	$1{,}414^2 < 2 < 1{,}415^2$
[1,4142; 1,4143]	$1{,}4142^2 < 2 < 1{,}4143^2$
⋮	⋮

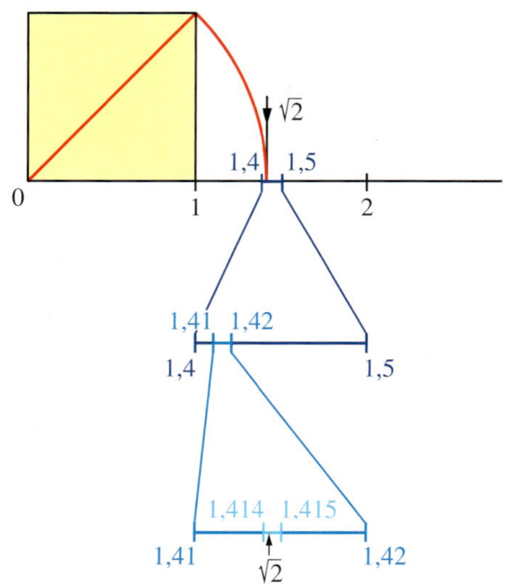

Die Intervalle dieser Tabelle schachteln $\sqrt{2}$ immer enger ein, d. h.

– jedes Intervall liegt in dem vorherigen,
– ihre Längen werden immer kleiner und
– in allen Intervallen liegt $\sqrt{2}$.

Eine solche Folge von Intervallen nennt man eine **Intervallschachtelung**, wenn dabei die Intervalllängen „beliebig klein" werden.

Bereits seit 1971 sind 1 Million Nachkommastellen von $\sqrt{2}$ bekannt. Warum hat man diese wohl berechnet?

$\sqrt{2}$ auf 100 Nachkommastellen genau:

$\sqrt{2}$ = 1,4142135623730950488016887242096980785696718753769480731766797379907324784621070388503875343276415727 …

„Beliebig klein" bedeutet hier: Zu jeder noch so kleinen positiven Zahl gibt es ein Intervall kleinerer Länge in dieser Intervallschachtelung.
Daher kann auch immer **nur eine** Zahl a zugleich **in allen** Intervallen einer Intervallschachtelung liegen; denn gäbe es noch eine Zahl $b \; (\neq a)$ in allen Intervallen, dann könnten die Intervalllängen $|b - a|$ nicht unterschreiten.

> Wurzeln lassen sich näherungsweise bestimmen, indem die gesuchte Wurzel mit Hilfe einer Intervallschachtelung beliebig genau eingegrenzt wird.

Taschenrechner und PC ermitteln ebenfalls Wurzeln nur näherungsweise.

Heron von Alexandria gilt als der bedeutendste Vertreter der angewandten Mathematik und Technik der griechischen Antike. Man nimmt an, dass er im ersten Jahrhundert nach Christus gelebt hat.

Besonders geschickt verschafft man sich die Grenzen eines solchen Intervalls mit dem Verfahren von **Heron**. Bei diesem Verfahren **(Heron-Algorithmus)** berechnet man immer bessere Näherungswerte für Wurzeln durch wiederholte Mittelwertbestimmung der bereits erhaltenen Näherungswerte. Geometrisch kann diese Berechnung von Näherungen für Wurzeln, wie im Folgenden für $\sqrt{12}$, durch eine Folge von flächengleichen Rechtecken veranschaulicht werden, die sich schrittweise einem flächengleichen Quadrat annähern.

*Ein **Algorithmus** ist ein systematisches Rechenverfahren.*

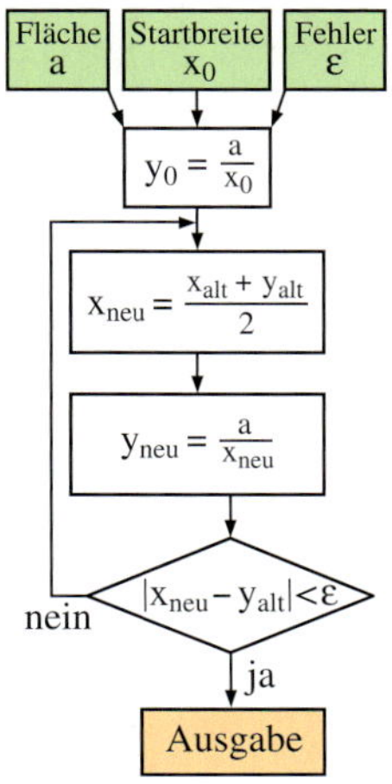

Beginne mit einem Rechteck mit dem Flächeninhalt a, der Breite x_0 und der Länge y_0.

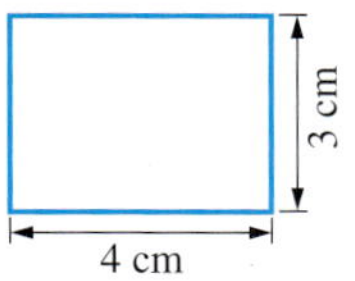

Startwert: 3

zugehöriger zweiter Wert: $\frac{12}{3} = 4$

Damit liegt $\sqrt{12}$ im Intervall $[3; 4]$

Breite: x_0

zugehörige Länge: $y_0 = \frac{a}{x_0}$

Verwandle das Rechteck in ein flächeninhaltsgleiches Rechteck mit der neuen Breite x_1 als Mittelwert von x_0 und y_0 und der neuen Länge y_1 als Quotient $a : x_1$.

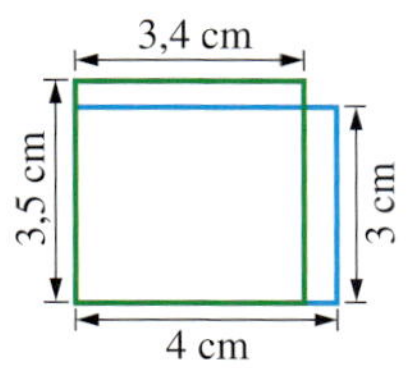

Mittelwert von 3 und 4: 3,5

zugehöriger zweiter Wert: $\frac{12}{3,5} \approx 3,4$

Damit liegt $\sqrt{12}$ im Intervall $[3,4; 3,5]$

neue Breite: $x_1 = \frac{x_0 + y_0}{2}$

zugehörige Länge: $y_1 = \frac{a}{x_1}$

Wiederhole diesen Schritt mit neuer Breite $x_{n+1} = \frac{x_n + y_n}{2}$ und neuer zugehöriger Länge $y_{n+1} = \frac{a}{x_{n+1}}$ für $n = 0, 1, 2, \ldots$ bis ein zufriedenstellender Näherungswert erreicht ist.

Im übernächsten Schritt ergibt sich als Näherung $x_3 = 3,4641016$, ein Wert, der bereits auf alle 7 Nachkommastellen genau ist.

iterum (lat.): wieder

Ein Verfahren, bei dem immer wieder der gleiche Schritt wiederholt wird, nennt man Iterationsverfahren, kurz **Iteration**.

Beispiel 1

Bestimme durch zielgerichtetes Probieren ein Intervall der Länge 0,01, in dem $\sqrt{5}$ liegt. Erläutere die Wahl deiner nächsten Schritte.

Lösung:

	Näherung	Quadrat der Näherung	Vergleich	Intervall	Erläuterungen
Einschachtelung zwischen ganzen Zahlen	2	4	$4 < 5$		Nächster Näherungswert muss näher an 2 als
	3	9	$9 > 5$	[2; 3]	an 3 liegen, weil 5 näher an 4 als an 9 liegt.
Einschachtelung auf Zehntel genau	2,3	5,29	$5,29 > 5$		Nächster Näherungswert muss etwa in
	2,2	4,84	$4,84 < 5$	[2,2; 2,3]	der Mitte zwischen 2,2 und 2,3 liegen.
Einschachtelung auf Hundertstel genau	2,25	5,0625	$5,0625 > 5$		
	2,24	5,0176	$5,0176 > 5$		
	2,23	4,9729	$4,9729 < 5$	[2,23; 2,24]	Das geforderte Intervall ist erreicht.

$\sqrt{5}$ liegt im Intervall $[2,23; 2,24]$.

Der Heron-Algorithmus lässt sich elegant mit einem Tabellenkalkulationsprogramm durchführen.

Eine passende Tabellenkalkulationsdatei befindet sich im Internetauftritt.

Im Vergleich zu Beispiel 1 hat man sehr schnell eine hohe Genauigkeit erzielt.

Beispiel 2

Berechne mit dem Heron-Algorithmus Näherungswerte für $\sqrt{5}$.

Lösung:

Für welches a soll $\sqrt{a}$ berechnet werden?			5
Gib einen ersten Näherungswert x_0 (Startwert) ein:			2
Schritt n	Näherung x_n	Näherung $y_n = \frac{a}{x_n}$	Mittelwert $\frac{1}{2}(x_n + y_n)$
0	2	2,5	2,25
1	2,25	2,2222222	2,2361111
2	2,2361111	2,2360248	2,2360680
3	2,2360680	2,2360680	2,2360680
Die Quadratwurzel aus 5 beträgt ≈ 2,2360680			

Die Werte dieser Spalte ergeben sich stets als Quotient 5 : „Näherung x_n“

Hier steht der Mittelwert aus den beiden Näherungen x_n und y_n.

Aufgaben

3

Zwischen welchen aufeinanderfolgenden ganzen Zahlen liegt

a) $\sqrt{50}$, b) $\sqrt{250}$, c) $\sqrt{720}$,
d) $\sqrt{1000}$, e) $\sqrt{1500}$, f) $\sqrt{2000}$?

4

a) Entscheide durch Quadrieren, welche der folgenden Zahlen $\sqrt{7}$ am besten annähert: 2; 3; 2,1; 2,2; 2,3; …2,9.
b) In welchem Intervall der Länge 0,1 liegt die Zahl $\sqrt{7}$?

5

Bestimme möglichst geschickt ein Intervall der Länge 0,01, in dem die gegebene Quadratwurzel liegt. Erläutere dein Vorgehen.

a) $\sqrt{14}$ b) $\sqrt{6}$ c) $\sqrt{11}$

6

Bilden die folgenden Intervalle eine Intervallschachtelung, wenn man sie singemäß fortsetzt? Begründe.

a) [0,49; 0,61], [0,499; 0,601], [0,4999; 0,6001], [0,49999; 0,60001], …
b) [–4; –3], [–3,5; –3,4], [–3,45; –3,44], [–3,445; –3,444], …
c) [1,5; 2], [1,55; 2,1], [1,555; 2,11], [1,5555; 2,111], …

7

Berechne mit Hilfe des Heron-Algorithmus $\sqrt{7}$ auf 5 Nachkommastellen genau.

8

Bestimme nach dem Heron-Algorithmus mit einem Tabellenkalkulationsprogramm

a) $\sqrt{13}$, b) $\sqrt{15}$, c) $\sqrt{11}$, d) $\sqrt{0{,}4}$.

*9

Betrachte die Graphen der Funktionen $x \mapsto x$ und $x \mapsto \frac{1}{2}\left(x + \frac{12}{x}\right)$.

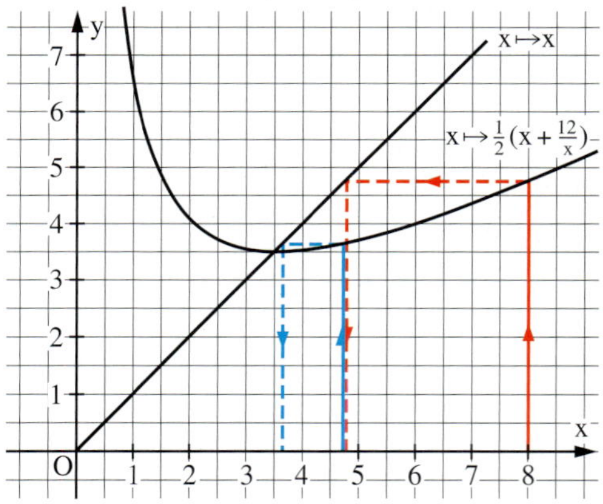

a) Inwiefern veranschaulicht die Grafik mit den farbigen Strecken einzelne Schritte des Heron-Algorithmus für $\sqrt{12}$? Erstelle dazu eine Tabelle mit den ersten drei Schritten wie im Beispiel 2. Mit welchem Startwert wurde begonnen?
b) Welche Bedeutung hat der Schnittpunkt der beiden Graphen?

G 10

Löse das Gleichungssystem zeichnerisch.

(I) $x + 3y - 3 = 0$ (II) $x - 3y + 3 = 0$

4 Reelle Zahlen

1

In der Figur rechts wird die Lage des rot markierten Punktes durch eine Intervallschachtelung immer genauer angegeben.

a) Gib die einzelnen Intervalle an, in denen der Punkt liegt.

b) Weshalb kann man nicht erkennen, ob der rot markierte Punkt zu einer rationalen Zahl gehört?

c) Liegt 2,337 333 733 337 … in allen in a) bestimmten Intervallen? Beschreibt dieser Dezimalbruch eine rationale Zahl?

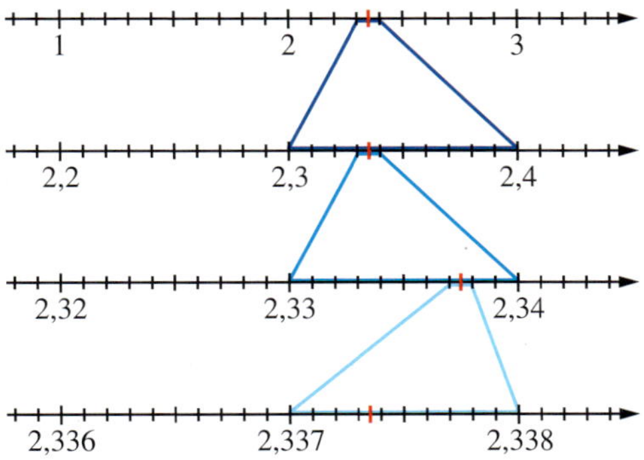

2

Weshalb liegt $\frac{2}{3}$ in jedem Intervall der folgenden Intervallschachtelung
[0,6; 0,7], [0,66; 0,67], [0,666; 0,667], [0,6666; 0,6667], …?
Gib einen endlichen Dezimalbruch an, der sich um höchstens $\frac{1}{1000}$ $\left(\frac{1}{10\,000}; \frac{1}{100\,000}\right)$ von $\frac{2}{3}$ unterscheidet.

Endliche Dezimalbrüche und **periodische** (unendliche) Dezimalbrüche kann man in Brüche umwandeln:
z. B. $0{,}156\,25 = \frac{15\,625}{100\,000} = \frac{5}{32}$; $0{,}\overline{2} = 0{,}222\ldots = \frac{2}{9}$; $2{,}0\overline{6} = 2{,}060\,606\ldots = 2\frac{6}{99} = 2\frac{2}{33} = \frac{68}{33}$.

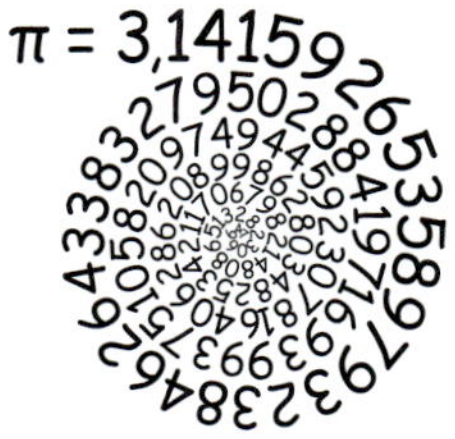

Endliche Dezimalbrüche und periodische (unendliche) Dezimalbrüche sind daher **Darstellungen rationaler Zahlen**. Ihnen entsprechen Punkte auf der Zahlengeraden. Umgekehrt entspricht aber nicht jeder Punkt der Zahlengeraden einer rationalen Zahl, z. B. der Punkt, der zu $\sqrt{2}$ gehört. Man kann aber $\sqrt{2}$ durch eine Intervallschachtelung oder mit dem Heron-Algorithmus als unendlichen, nicht periodischen Dezimalbruch „beliebig genau" bestimmen. Das Gleiche gilt für andere unendliche, nicht periodische Dezimalbrüche wie z. B. 7,121122111222111122222… oder $\pi = 3{,}141592653\ldots$.
Die unendlichen, nicht periodischen Dezimalbrüche kann man als Darstellungen neuer Zahlen auffassen.

> Zahlen, die sich weder durch endliche noch durch periodische (unendliche) Dezimalbrüche darstellen lassen, heißen **irrationale Zahlen**. Sie lassen sich mit beliebiger Genauigkeit durch rationale Zahlen annähern.
> Rationale und irrationale Zahlen bilden zusammen die Menge der **reellen Zahlen**. Sie wird mit $\mathbb{R}$ bezeichnet.

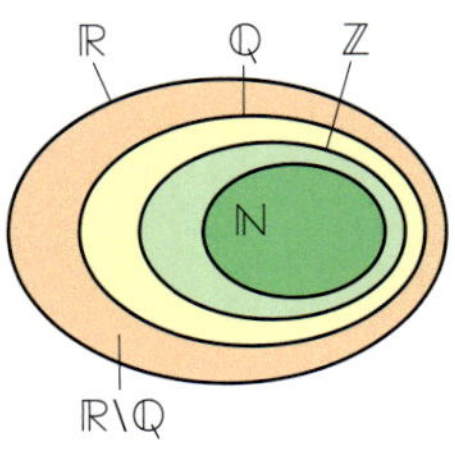

$\mathbb{N} \subset \mathbb{Z} \subset \mathbb{Q} \subset \mathbb{R}$

Die Teilmenge der positiven (negativen) reellen Zahlen wird mit $\mathbb{R}^+$ ($\mathbb{R}^-$) bezeichnet.
Die Menge der irrationalen Zahlen kann man auch mit $\mathbb{R}\setminus\mathbb{Q}$ (lies: $\mathbb{R}$ ohne $\mathbb{Q}$) bezeichnen.
Die Grafik auf der Randspalte veranschaulicht: Jede natürliche Zahl ist eine ganze Zahl, jede ganze Zahl ist eine rationale Zahl, jede rationale Zahl ist eine reelle Zahl.

Reelle Zahlen kann man also darstellen:
- als Dezimalbrüche,
- durch Intervallschachtelungen,
- als Punkte der Zahlengeraden.

Umgekehrt kann man zu jedem Punkt der Zahlengeraden eine Intervallschachtelung angeben und auch einen Dezimalbruch finden. Deshalb entspricht jeder Punkt der Zahlengeraden einer reellen Zahl.

Dezimalbruch
↕
Intervallschachtelung
↕
Punkt der Zahlengeraden

Beispiele:

$\sqrt{6} \cdot 7 \overset{KG}{=} 7\sqrt{6}$

$6 + (3 - \sqrt{8}) \overset{AG}{=} (6 + 3) - \sqrt{8}$

$\sqrt{5}(\sqrt{5} + 1) \overset{DG}{=} 5 + \sqrt{5}$

Die bereits in der Menge $\mathbb{Q}$ bekannten Rechengesetze gelten auch für die reellen Zahlen:
Das **Kommutativgesetz** (KG) der Addition und der Multiplikation:
Für alle reellen Zahlen a, b gilt: $a + b = b + a, \quad a \cdot b = b \cdot a.$
Das **Assoziativgesetz** (AG) der Addition und Multiplikation:
Für alle reellen Zahlen a, b, c gilt: $a + (b + c) = (a + b) + c, \quad a \cdot (b \cdot c) = (a \cdot b) \cdot c.$
Das **Distributivgesetz** (DG):
Für alle reellen Zahlen a, b, c gilt: $a \cdot (b + c) = a \cdot b + a \cdot c.$

Uneingeschränkte Rechenoperationen:	
in $\mathbb{N}$:	*addieren, multiplizieren, quadrieren*
in $\mathbb{Z}$:	*... und subtrahieren*
in $\mathbb{Q}\setminus\{0\}$:	*... und dividieren*
in $\mathbb{R}^+$:	*... und Wurzelziehen*

Beispiel 1
Schreibe als Dezimalbruch und ordne nach der Größe:
$\sqrt{2{,}9}$; $1{,}7$; $1{,}\overline{703}$; $1\frac{45}{64}$.
Lösung:
$\sqrt{2{,}9} = 1{,}702\,938\,6\ldots$; $\quad 1{,}\overline{703} = 1{,}703\,030\,303\ldots$; $\quad 1\frac{45}{64} = 1{,}703\,125$
Also: $1{,}7 < \sqrt{2{,}9} < 1{,}\overline{703} < 1\frac{45}{64}$.

Beispiel 2
Welche der folgenden Zahlen gehören zur Menge $\mathbb{Q}$ der rationalen Zahlen, welche zur Menge $\mathbb{R}\setminus\mathbb{Q}$ der irrationalen Zahlen?
$\frac{2}{3}$; $\frac{7}{8}$; $1{,}232\,323\,23\ldots$; $\sqrt{3}$; $\sqrt{4}$; $0{,}13$; $\sqrt{5}$; $\frac{7}{9}$; $1{,}\overline{4}$; π.
Lösung:
Rationale Zahlen: $\frac{2}{3}$; $\frac{7}{8}$; $1{,}232\,323\,23\ldots = 1{,}\overline{23}$; $\sqrt{4} = 2$; $0{,}13$; $\frac{7}{9}$; $1{,}\overline{4}$;
irrationale Zahlen: $\sqrt{3}$; $\sqrt{5}$; π.

Beispiel 3
Vereinfache und gib die verwendeten Rechengesetze an.
a) $\sqrt{2} + b - 1 - \sqrt{2}$ $\qquad$ b) $11 + \sqrt{11} \cdot (2 - \sqrt{11})$
Lösung:
a) $\sqrt{2} + b - 1 - \sqrt{2} = \sqrt{2} + b + (-1) + (-\sqrt{2}) \overset{KG}{=} \sqrt{2} + (-\sqrt{2}) + b + (-1) = b - 1$
b) $11 + \sqrt{11} \cdot (2 - \sqrt{11}) \overset{DG}{=} 11 + \sqrt{11} \cdot 2 - 11 \overset{KG}{=} 11 + 2\sqrt{11} + (-11)$
$\overset{KG}{=} 11 + (-11) + 2\sqrt{11} = 2\sqrt{11}$

Aufgaben

3
Welche der folgenden Zahlen sind natürliche (ganze, rationale, reelle) Zahlen?

$-\frac{3}{4}$; $\sqrt{121}$; $4{,}\overline{1}$; $-1{,}\overline{634}$; $(\sqrt{15})^2$; $\sqrt{3}$; $\sqrt{10}$; $-\sqrt{5}$

4
Welche Zahl ist größer?
a) $\sqrt{2}$ oder $1{,}41\overline{42}$
b) $-\sqrt{3}$ oder $-1{,}732\,332\,233\,322\,2\ldots$
c) $\sqrt{8}$ oder $\frac{31}{11}$ $\qquad$ d) $\sqrt{7}$ oder $\sqrt{2} + \sqrt{5}$

5
Ordne die folgenden reellen Zahlen der Größe nach.

a) $3,\overline{8}$; $3\frac{17}{20}$; $\sqrt{15}$; $3,878787\ldots$

b) $\sqrt{6}$; $2,\overline{449}$; $2,44$; $2\frac{9}{20}$

6
a) Welche Aussagen sind richtig, welche falsch?

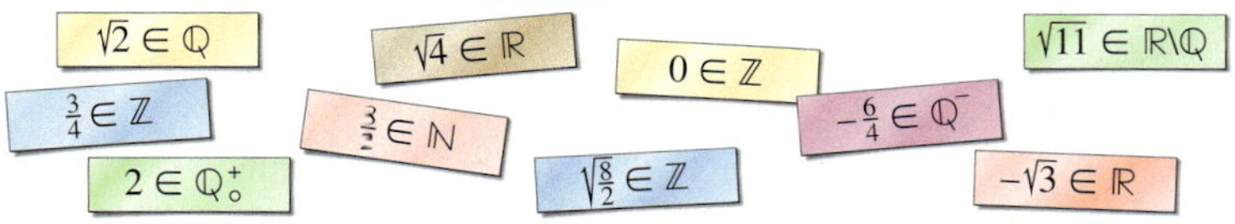

b) Formuliere ähnliche Aussagen und lass sie von deinem Banknachbarn/deiner Banknachbarin auf ihre Richtigkeit prüfen.

c) Schreibt die wahren Aussagen auf kleine Kärtchen und gestaltet damit eine Pinnwand in euerem Klassenzimmer.

7
Welche Fortsetzung der folgenden unendlichen Dezimalbrüche wird durch die Vorgabe nahegelegt? Welche Zahlen sind dann rational, welche irrational?

a) $1,216666\ldots$ b) $4,636336333\ldots$
c) $0,3557557557\ldots$ d) $-0,505505550\ldots$
e) $-2,728727272\ldots$ f) $3,21012101\ldots$

8
$\mathbb{Z}^-$ ($\mathbb{Q}^-$, $\mathbb{R}^-$) ist die Menge der negativen ganzen (rationalen, reellen) Zahlen.

Gegeben sind die Zahlenmengen $\mathbb{N}$, $\mathbb{N}_0$, $\mathbb{Z}^-$, $\mathbb{Z}$, $\mathbb{Q}_0^+$, $\mathbb{Q}^-$, $\mathbb{Q}$, $\mathbb{R}_0^+$, $\mathbb{R}^+$, $\mathbb{R}^-$, $\mathbb{R}$, $\mathbb{R}\backslash\mathbb{Q}$.

a) Welche Menge ist Teilmenge einer anderen Menge? Finde alle möglichen Paare und schreibe sie auf (z. B. $\mathbb{Z} \subset \mathbb{Q}$).

b) Finde eine möglichst lange Kette von Teilmengenbeziehungen (z. B. $\mathbb{N}_0 \subset \mathbb{Z} \subset \mathbb{Q}$). Zeichne das dazugehörige Mengendiagramm.

9
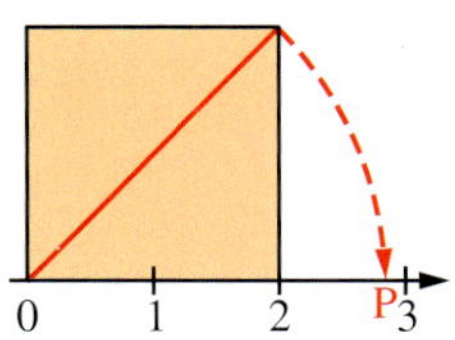

a) Gib den Dezimalbruch, den der Punkt P auf der Zahlengeraden bestimmt, auf vier Nachkommastellen genau an.

b) Zeichne eine Zahlengerade und konstruiere im Bereich der negativen Zahlen drei Punkte, zu denen keine rationalen Zahlen gehören.

10
Vereinfache und schreibe die jeweils verwendeten Rechengesetze dazu.

a) $7-\sqrt{2}-7$ b) $\sqrt{2}\left(\sqrt{2}+3\right)-2$

c) $10+\left(\sqrt{10}-10\right)$ d) $4\cdot\left(\sqrt{\frac{1}{2}}\cdot 0,25\right)$

e) $\sqrt{8}\cdot\left(1-\sqrt{8}\right)+\frac{16}{2}$ f) $\sqrt{121}+\sqrt{3}-11$

11
Gib die ersten drei Intervalle einer dazugehörigen Intervallschachtelung an. Zeichne eine Zahlengerade (in geeignetem Maßstab) und markiere die zugehörigen Intervallgrenzen.

a) $\frac{5}{9}$ b) $-\sqrt{15}$ c) $0,4444\ldots$
d) $-2\frac{2}{3}$ e) $4,\overline{3}$ f) $\sqrt{0,09}$

12
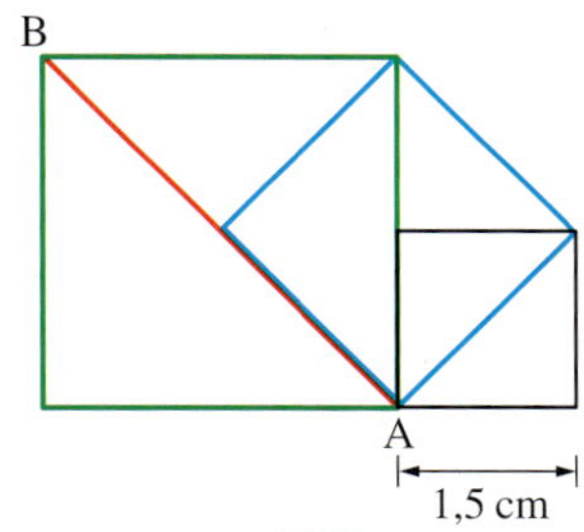

Wie lang ist die Strecke $\overline{AB}$ in der obigen Figur? Gib einen auf vier Nachkommastellen genauen Näherungswert an.

13
Ein Tischler soll eine $3\,m^2$ große quadratische Tischplatte herstellen. Mit welcher Genauigkeit muss er die Seitenlänge auf dem Sägetisch einstellen, wenn die Abweichung der Fläche höchstens $1\,dm^2$ betragen darf? Welche Einstellungen am Sägetisch kommen in Frage?

G 14
Ein Dreieck ABC hat die Seiten $a = 13\,cm$, $b = 1,4\,dm$ und $c = 15\,mm$.

a) Von diesem Dreieck soll auf möglichst einfache Weise ein ähnliches Dreieck abgeschnitten werden, dessen Umfang um 14 cm kleiner ist. Beschreibe und begründe dein Vorgehen.

b) Gib die Seitenlängen des neuen Dreiecks an.

5 Rechnen mit Quadratwurzeln

1
Was sagst du dazu?

2
a) $\sqrt{3844} = 62$; bestimme hiermit $\sqrt{0{,}3844}$ und $\sqrt{384\,400}$.
b) Berechne $\sqrt{81 \cdot 16}$ und $\sqrt{81} \cdot \sqrt{16}$.
c) Berechne $\sqrt{9 + 16}$ und $\sqrt{9} + \sqrt{16}$.

Wenn im Folgenden nichts anderes gesagt ist, dann sind die Variablen so gewählt, dass die Wurzelterme definiert sind.

Da man die Wurzeln nur aus nicht negativen reellen Zahlen ziehen kann, sind Terme wie z. B. $\sqrt{b-1}$, $\sqrt{x}$, $\sqrt{a^2+b}$, $\sqrt{x} + \sqrt{y}$ oder $3\sqrt{pq^2}$ nur für solche reellen Zahlen definiert, für die der Radikand größer oder gleich null ist.
So ist z. B. $\sqrt{b-1}$ nur definiert, wenn $b \geqq 1$ ist.

Der Term $\sqrt{a^2}$ ist für alle reellen Zahlen definiert, da $a^2 \geqq 0$ immer gilt.
Zum Beispiel ist $\sqrt{3^2} = \sqrt{9} = 3$ und $\sqrt{(-3)^2} = \sqrt{9} = 3$.
Daraus erkennt man, dass $\sqrt{a^2} = a$ nur dann gilt, wenn $a \geqq 0$.
Wenn $a < 0$, muss man $\sqrt{a^2} = |a|$ oder $\sqrt{a^2} = -a$ schreiben,
z. B. $\sqrt{(-3)^2} = |-3| = 3$ oder $\sqrt{(-3)^2} = -(-3) = 3$.

Für $a \geqq 0$ gilt $\sqrt{a^2} = a$ Für $a < 0$ gilt $\sqrt{a^2} = -a$	} Für **alle** $a \in \mathbb{R}$ gilt $\sqrt{a^2} = \lvert a \rvert$.

Wurzelterme, in denen Produkte oder Quotienten vorkommen, lassen sich häufig mit den folgenden Regeln umformen:

> Für a, $b \geqq 0$ gilt:
> (1) Die Multiplikationsregel: $\sqrt{a} \cdot \sqrt{b} = \sqrt{a \cdot b}$
> (2) Die Divisionsregel: $\sqrt{a} : \sqrt{b} = \sqrt{a : b}$ bzw. $\frac{\sqrt{a}}{\sqrt{b}} = \sqrt{\frac{a}{b}}$; $(b \neq 0)$

Beweis
(1) $\sqrt{a \cdot b}$ ist diejenige positive Zahl, die beim Quadrieren $a \cdot b$ ergibt. Es ist also zu zeigen, dass sich auch beim Quadrieren von $\sqrt{a} \cdot \sqrt{b}$ der Term $a \cdot b$ ergibt:

$$\left(\sqrt{a} \cdot \sqrt{b}\right)^2 = \left(\sqrt{a} \cdot \sqrt{b}\right) \cdot \left(\sqrt{a} \cdot \sqrt{b}\right) = \left(\sqrt{a} \cdot \sqrt{a}\right) \cdot \left(\sqrt{b} \cdot \sqrt{b}\right) = \left(\sqrt{a}\right)^2 \cdot \left(\sqrt{b}\right)^2 = a \cdot b \Rightarrow \sqrt{a} \cdot \sqrt{b} = \sqrt{a \cdot b}$$

(2) Den Beweis der Divisionsregel führt man analog.

Beachte:
Wie eben gezeigt, gilt: $\sqrt{16 \cdot 9} = \sqrt{16} \cdot \sqrt{9}$
Dagegen gilt: $\sqrt{16 + 9} = \sqrt{25} = 5$ und $\sqrt{16} + \sqrt{9} = 4 + 3 = 7$, also $\sqrt{16 + 9} \neq \sqrt{16} + \sqrt{9}$.
Allgemein ist $\sqrt{a} + \sqrt{b} \neq \sqrt{a+b}$ und $\sqrt{a} - \sqrt{b} \neq \sqrt{a-b}$.

Manchmal lässt sich der Radikand so in ein Produkt zerlegen, dass man die Wurzel aus wenigstens einem Faktor leicht bestimmen kann. Die Multiplikationsregel (von rechts nach links gelesen) ermöglicht dann das **teilweise Wurzelziehen**. So gilt z. B.
$\sqrt{75} = \sqrt{25 \cdot 3} = \sqrt{25} \cdot \sqrt{3} = 5\sqrt{3}$ oder $\sqrt{3a^2} = \sqrt{3} \cdot \sqrt{a^2} = \sqrt{3}\,|a|$.

Beispiel 1
Forme in einen Term ohne Wurzelzeichen um.
a) $\sqrt{(-6)^2}$ b) $\sqrt{(r+s)^2}$ c) $\sqrt{25x^2y^2}$ d) $\sqrt{81c^2 + 144c^2}$
Lösung:
a) $\sqrt{(-6)^2} = |-6| = 6$
b) $\sqrt{(r+s)^2} = |r+s|$
c) $\sqrt{25x^2y^2} = \sqrt{(5xy)^2} = 5\,|xy|$
d) $\sqrt{81c^2 + 144c^2} = \sqrt{225c^2} = 15\,|c|$

Beispiel 2
Für welche Zahlen sind die Terme a) $\left(\sqrt{-3x}\right)^2$ b) $\sqrt{x+2}$ c) $\sqrt{\frac{1}{x^2}}$ definiert?
Lösung:
a) $-3x \geqq 0 \Rightarrow x \leqq 0$ b) $x+2 \geqq 0 \Rightarrow x \geqq -2$ c) $x^2 > 0$ gilt für alle $x \in \mathbb{R}\setminus\{0\}$

Beispiel 3
Vereinfache ohne Taschenrechner.
a) $\sqrt{3} \cdot \sqrt{12}$ b) $\sqrt{81\,000\,000}$ c) $\sqrt{81+16}$ d) $\sqrt{y} \cdot \sqrt{y^3}$
e) $\frac{\sqrt{48}}{\sqrt{3}}$ f) $\sqrt{\frac{225u^2}{0{,}04}}$ g) $8\sqrt{5} + 2\sqrt{5}$ h) $\sqrt{24} + \sqrt{150}$

Tipp zu h):
Verkleinere zuerst alle Radikanden durch teilweises Wurzelziehen so weit wie möglich. Fasse dann gleiche Radikanden mit dem Distributivgesetz zusammen.

Lösung:
a) $\sqrt{3} \cdot \sqrt{12} = \sqrt{3 \cdot 12} = \sqrt{36} = 6$
b) $\sqrt{81\,000\,000} = \sqrt{81} \cdot \sqrt{10^6} = 9 \cdot 10^3 = 9000$
c) $\sqrt{81 + 16} = \sqrt{97}$
d) $\sqrt{y} \cdot \sqrt{y^3} = \sqrt{y \cdot y^3} = \sqrt{y^4} = y^2$
e) $\frac{\sqrt{48}}{\sqrt{3}} = \sqrt{\frac{48}{3}} = \sqrt{16} = 4$
f) $\sqrt{\frac{225u^2}{0{,}04}} = \frac{\sqrt{225u^2}}{\sqrt{0{,}04}} = \frac{15\,|u|}{0{,}2} = 75\,|u|$
g) $8\sqrt{5} + 2\sqrt{5} = \sqrt{5}\,(8+2) = \sqrt{5} \cdot 10 = 10\sqrt{5}$
h) $\sqrt{24} + \sqrt{150} = 2\sqrt{6} + 5\sqrt{6} = 7\sqrt{6}$

Aufgaben

3
Forme in einen Term ohne Wurzelzeichen um und vereinfache.
a) $\sqrt{(-8)^2}$ b) $\sqrt{(a-b)^2}$ c) $3\sqrt{(-3{,}5)^2}$
d) $\sqrt{(-x-y)^2}$ e) $\sqrt{16x^4 \cdot 2}$ f) $-\sqrt{49x^2y^2}$
g) $\sqrt{4 \cdot (16x)^2}$ h) $\sqrt{(-10)^{-6}}$ i) $\left(\sqrt{4b^2}\right)^2 \cdot 3$
k) $\sqrt{\left(\frac{-4}{9a}\right)(-a)}$ l) $\sqrt{\frac{1}{a^8}}$ m) $\sqrt{16^{-4}} + 0{,}5$

4
Vereinfache ohne Taschenrechner.
a) $\sqrt{100x^2 + 21x^2}$ b) $\sqrt{100b^2 - (8b)^2}$
c) $\sqrt{6} \cdot \sqrt{54}$ d) $\sqrt{-a(-8a-a)}$
e) $7\sqrt{3} + 4\sqrt{3}$ f) $\sqrt{12{,}5} \cdot \sqrt{50} + 4$
g) $\sqrt{0{,}3} \cdot \sqrt{2} \cdot \sqrt{5{,}4}$ h) $-3 + \sqrt{180} : \sqrt{5}$
i) $\sqrt{52} : \sqrt{0{,}13}$ k) $\sqrt{2{,}5} \cdot \sqrt{10}$
l) $\sqrt{32} : \sqrt{4} + 7\sqrt{2}$ m) $5\sqrt{2} - 8\sqrt{2}$

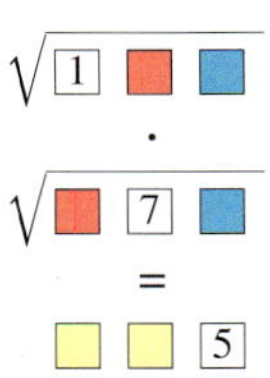

In die gleichfarbigen Kästchen gehören die gleichen Ziffern, aber welche?

5
Welche Terme haben den gleichen Wert?
(1) $\frac{42}{\sqrt{7}}$ (2) $(\sqrt{7})^2 \cdot (\sqrt{2})^2$ (3) $\sqrt{4 \cdot 2 \cdot 14}$
(4) $8\sqrt{7} - 4\sqrt{7}$ (5) $3\sqrt{7} \cdot 2$ (6) $\sqrt{7} \cdot \sqrt{28}$
(7) $9\sqrt{7} - \sqrt{63}$ (8) $\sqrt{112}$ (9) $42\sqrt{7} : 3\sqrt{7}$

6
Forme in einen Term ohne Wurzelzeichen um. Gib an, für welche Zahlen der Term definiert ist. Achte darauf, wo im Ergebnis wirklich Betragsstriche notwendig sind.
a) $\sqrt{3a} \cdot \sqrt{3a}$ b) $\left(\sqrt{16x}\right)^2$
c) $\sqrt{(-x-1)^2}$ d) $\left(\sqrt{-x-1}\right)^2$
e) $\sqrt{r} \cdot \sqrt{r^3}$ f) $\sqrt{0{,}4t^2} \cdot \sqrt{0{,}4t^4}$
g) $\sqrt{3u^2} : \sqrt{27u^2}$ h) $\sqrt{0{,}01s} : \sqrt{0{,}09t^2s}$
i) $\frac{\sqrt{24u^3}}{\sqrt{6u}}$ k) $\frac{\sqrt{18x}}{\sqrt{2x^3}}$

Lösungssalat zu 7:

7

Vereinfache ohne Taschenrechner.

a) $\sqrt{\frac{4}{3}} \cdot \sqrt{27} - 3 \cdot \frac{1}{2}$
b) $\sqrt{5\frac{1}{3}} \cdot \sqrt{12}$
c) $\frac{\sqrt{17} \cdot \sqrt{3{,}5} \cdot \sqrt{7}}{\sqrt{8{,}5}}$
d) $\frac{\sqrt{10 \cdot 2{,}16}}{\sqrt{2{,}16} \cdot \sqrt{2{,}5}}$
e) $\sqrt{\frac{6}{35}} : \sqrt{\frac{10}{21}}$
f) $\sqrt{(-16)^2} - 3$

8

Ziehe teilweise die Wurzel.

a) $\sqrt{24}$ b) $\sqrt{48}$ c) $\sqrt{50}$
d) $\sqrt{98\,z^5}$ e) $\sqrt{125}$ f) $\sqrt{288}$
g) $\sqrt{2000}$ h) $\sqrt{5\,x - x}$ i) $\sqrt{2\,a^2}$
k) $\sqrt{18\,u^2}$ l) $\sqrt{u^3 v^3}$ m) $\sqrt{20\,v^2 w^3}$
n) $\sqrt{4{,}9}$ o) $\sqrt{1210}$ p) $\sqrt{0{,}4}$

Arthur Holly Compton

9

Der amerikanische Physiker Arthur Holly Compton sagte im Jahre x, er sei $\sqrt{x}$ Jahre alt. Neun Jahre vorher hatte er den Physiknobelpreis erhalten, den als erster Physiker Wilhelm Conrad Röntgen im Jahre 1901 bekommen hatte.
In welchem Jahr erhielt Compton den Nobelpreis?

10

Suche den Weg so, dass die Rechenoperation am Pfeil den Term richtig umformt. Entlang dieses Weges erhält man ein Lösungswort.

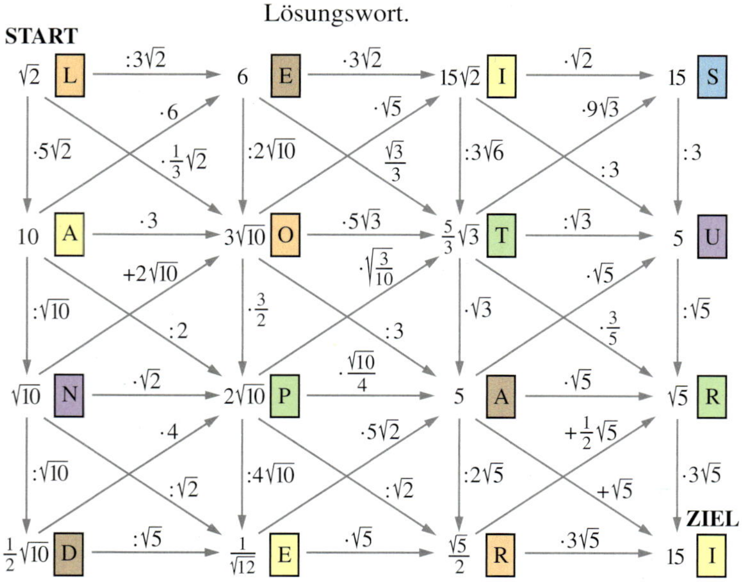

11

Vereinfache. Manchmal kann man auch teilweise radizieren.

a) $-2\sqrt{11} + 2\sqrt{11}$
b) $\sqrt{10} - 7\sqrt{10}$
c) $6\sqrt{5} - \sqrt{5}$
d) $\sqrt{6} - 6\sqrt{6} + 3\sqrt{6}$
e) $\sqrt{8} + \sqrt{2}$
f) $\sqrt{12\,a^3} - \sqrt{3\,a^3}$
g) $6\sqrt{48} - \sqrt{27}$
h) $-\sqrt{20} - 3\sqrt{5}$
i) $\sqrt{20\,x} - \sqrt{45\,x}$
k) $\sqrt{0{,}75} - \sqrt{0{,}03}$
l) $\sqrt{\frac{1}{2}} - \sqrt{\frac{9}{2}}$
m) $2\sqrt{0{,}05} + \sqrt{\frac{5}{9}}$
n) $\sqrt{2} + \sqrt{8} - \sqrt{32}$
o) $\sqrt{45} + 3\sqrt{2} - \sqrt{80}$
p) $\sqrt{225 - 81}$
q) $\left(\sqrt{32} : \sqrt{8}\right)^2 - 3$

12

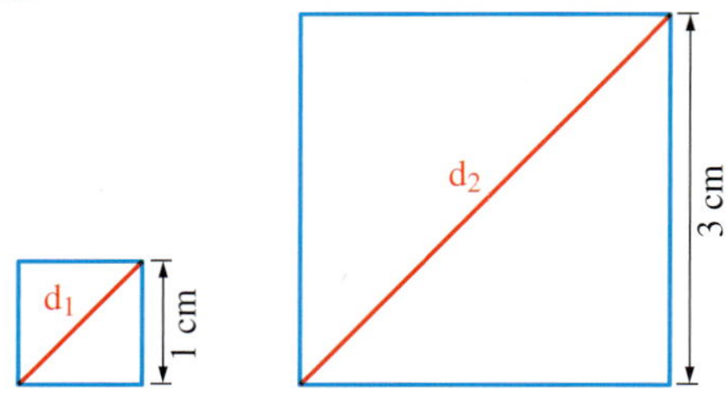

Die Diagonalen der abgebildeten Quadrate werden als Seiten eines Rechtecks gewählt. Wie groß ist der Flächeninhalt A dieses Rechtecks?

a) Miss dazu die Längen der Diagonalen und rechne mit rationalen Zahlen.
b) Arbeite jetzt mit irrationalen Zahlen und berechne ein exaktes Ergebnis.

13

Für welche reellen Zahlen gilt

a) $\sqrt{(-x)^2} = -x$;
b) $\sqrt{(-x)^2} = x$;
c) $\sqrt{(-x)^2} = |x|$;
d) $\sqrt{(-x)^2} = |-x|$?

14

Herr Groß hat ein rechteckiges, umzäuntes Grundstück, das fünfmal so lang wie breit ist. Bei einer Baulandumlegung erhält er dafür ein gleich großes quadratisches Grundstück. Er will den alten Zaun verwenden.

a) Wie viel Meter Zaun bleiben übrig, wenn das rechteckige Grundstück 9 m breit ist? Wie viel Prozent der ursprünglichen Zaunlänge sind dies etwa?
b) Wie viel Prozent sind es, wenn das alte Grundstück die Breite b hat? Was fällt dir auf?

15

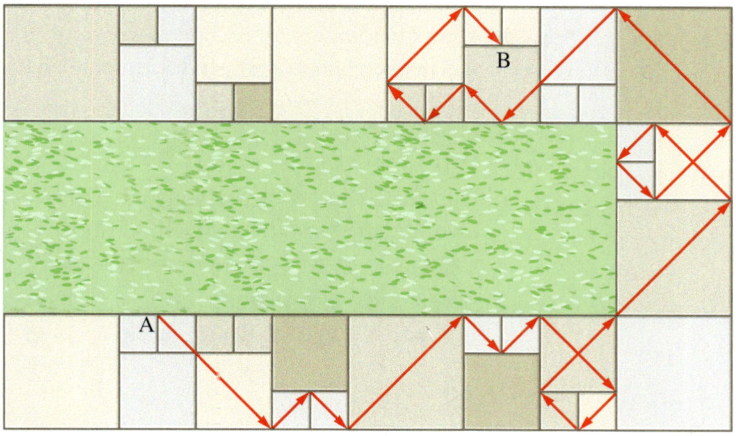

Die Skizze zeigt eine Rasenfläche, die mit speziell angefertigten Steinplatten eingefasst ist. Eine große Platte hat einen Flächeninhalt von ca. 981 cm², eine mittlere Platte von 436 cm² und eine kleine Platte hat einen Flächeninhalt von 109 cm².

a) Eine Ameise spaziert an einem schönen Sommertag den eingezeichneten Weg von A nach B. Wie lang ist der Weg?

b) Übertrage mit deinem Banknachbarn das Plattenmuster maßstabsgetreu auf ein kariertes Blatt Papier. Jeder zeichnet den Weg einer Ameise ein. Vergleicht die Länge der beiden Wege.

16

In den folgenden Rechnungen sind Fehler. Finde und verbessere sie in deinem Heft. Arbeite mit deinem Banknachbarn.

a) $\sqrt{x^2y^3} = xy\sqrt{y}$

b) $7\sqrt{5} \cdot 2\sqrt{5} = 14\sqrt{5}$

c) $\sqrt{98} = \sqrt{49+49} = \sqrt{49} + \sqrt{49} = 7 + 7 = 14$

d) $3\sqrt{7} + 3\sqrt{10} = 3\sqrt{17}$

e) $\sqrt{(x+y)^2} = x + y$

17

a) Gib zwei verschiedene irrationale Zahlen an, deren Produkt 6 ist.

b) Gib zwei verschiedene irrationale Zahlen an, deren Quotient 2 ist.

c) Schreibe $\sqrt{12}$ als Produkt aus einer rationalen und einer irrationalen Zahl.

18

Es ist $\sqrt{257} \approx 16{,}03$ und $\sqrt{2570} \approx 50{,}70$.
Bestimme ohne Taschenrechner Näherungswerte für

a) $\sqrt{25\,700}$; b) $\sqrt{257\,000}$;
c) $\sqrt{0{,}257}$; d) $\sqrt{0{,}0257}$.

19

Eleganter geht es ohne Taschenrechner.
Ordne die Terme der Größe nach.
Es ergibt sich ein Lösungswort.

a) $\sqrt{0{,}01 \cdot 81}$ [L]	b) $\sqrt{144 : 16}$ [L]
c) $\sqrt{0{,}49 \cdot 36}$ [A]	d) $\sqrt{10\frac{6}{25}}$ [I]
e) $\sqrt{3 \cdot 0{,}04 \cdot 27}$ [P]	f) $\sqrt{\frac{0{,}04}{625}}$ [M]
g) $\sqrt{300} : \sqrt{3}$ [N]	h) $\sqrt{3\frac{1}{16}}$ [I]
i) $\sqrt{\frac{0{,}49}{196}}$ [U]	k) $\sqrt{3} \cdot \sqrt{12}$ [T]
l) $\sqrt{900} : 30$ [T]	m) $\sqrt{32} \cdot \sqrt{2}$ [O]
n) $\sqrt{\frac{144}{9}}$ [K]	o) $\sqrt{98} : \sqrt{2}$ [I]

20

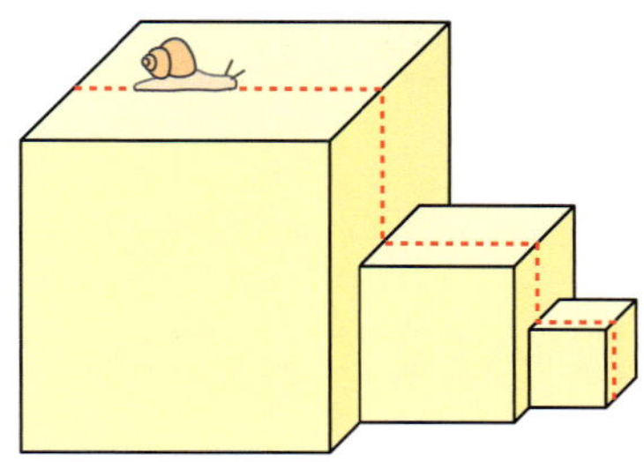

Eine Seitenfläche des großen Würfels ist doppelt so groß wie eine Seitenfläche des mittleren Würfels. Eine Seitenfläche des kleinen Würfels ist halb so groß wie eine Seitenfläche des mittleren Würfels. Die Oberfläche des großen Würfels beträgt 120 dm². Wie lang ist die eingezeichnete Kriechspur der Schnecke?

21

Vereinfache die Terme durch Ausmultiplizieren.

a) $(\sqrt{6} - \sqrt{24}) \cdot \sqrt{6}$ b) $(\sqrt{12} + \sqrt{75}) \cdot \sqrt{5-2}$
c) $\sqrt{7} \cdot (\sqrt{28} - \sqrt{63})$ d) $(\sqrt{2} - \sqrt{3}) \cdot (\sqrt{2} + \sqrt{3})$
e) $\sqrt{x} \cdot (\sqrt{xy} + \sqrt{4x})$ f) $(\sqrt{ab} - \sqrt{bc}) \cdot \sqrt{b}$

22

a) $\sqrt{169\,000\,000}$ b) $\sqrt{0{,}000\,000\,9}$
c) $\sqrt{0{,}000\,000\,000\,01}$ d) $\sqrt{16\cdot 10^8}$
e) $\sqrt{4\cdot 10^{-6}}-\sqrt{4}$ f) $\sqrt{25\cdot 10^4}+\sqrt{7^4}$

23

Schreibe als eine Wurzel aus einem Term. Welche Bedingungen müssen die Variablen erfüllen, damit der Term definiert ist?

a) $3\cdot\sqrt{2}$ b) $2\cdot\sqrt{3}$ c) $10\cdot\sqrt{10}$
d) $\frac{1}{2}\cdot\sqrt{8}$ e) $\frac{2}{5}\cdot\sqrt{50}$ f) $a\sqrt{a}$
g) $3b\sqrt{b}$ h) $x\sqrt{y\cdot x^{-1}}$ i) $r^4\sqrt{r}$
k) $\frac{3y}{\sqrt{y^2}}$ l) $\frac{x^3y}{\sqrt{\frac{8}{xy}}}$ m) $3y\cdot\sqrt{\frac{x}{y^2}}$

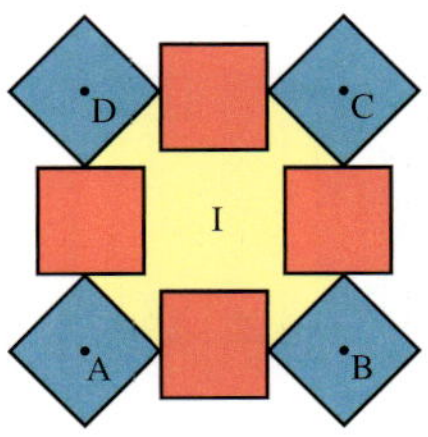

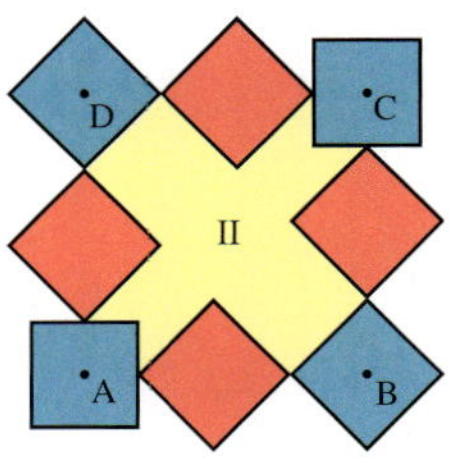

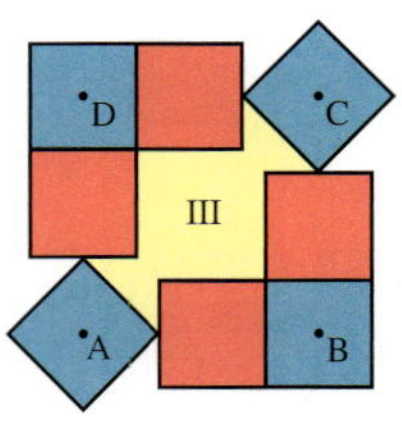

24

Vereinfache folgende Terme. Schreibe Betragsstriche nur, wo sie nötig sind.

a) $\sqrt{x}+\sqrt{x}$ b) $5\sqrt{a}-7\sqrt{a}$
c) $\sqrt{3b}+\sqrt{75b}$ d) $3\sqrt{a^2b}-5a\sqrt{b}$
e) $3\sqrt{ab}+4\sqrt{a}\cdot\sqrt{b}$ f) $\sqrt{x^2y}-x\sqrt{y}+\sqrt{x}$
g) $\left(\sqrt{4rs^2}+2\sqrt{s}\right):2$ h) $\sqrt{cd}\cdot\sqrt{c^2d}:d$
i) $\left(\sqrt{x^2}\cdot\sqrt{y^2}-x\sqrt{y^2}\right):|y|$

25

Die blauen und roten Quadrate in den Figuren am Rand haben die Seitenlängen s.

a) Bestimme jeweils den Flächeninhalt des Quadrats ABCD und den Flächeninhalt der gelben Fläche.
b) Wie viel Prozent vom Flächeninhalt des Quadrats ABCD macht der Flächeninhalt der gelben Fläche jeweils aus?

26

Welcher Zusammenhang besteht in A und B jeweils zwischen den Zahlen a, b, c und d, wenn die Rechnungen richtig sind?

(A)	$a\sqrt{x}$	+	$b\sqrt{x}$	=	☐
	·		·		·
	$c\sqrt{y}$	+	$d\sqrt{y}$	=	☐
	=		=		=
	☐	+	☐	=	☐

(B)	$a\sqrt{x}$	:	$b\sqrt{y}$	=	☐
	+		−		−
	$c\sqrt{x}$	:	$d\sqrt{y}$	=	☐
	=		=		=
	☐	:	☐	=	☐

27

Überlege dir eine Aufgabe mit mindestens einer Quadratwurzel und mindestens zwei Rechenzeichen, die folgendes Ergebnis hat:

a) 3 b) $\frac{1}{2}$ c) -4

28

Zum Knobeln. Alle vorkommenden gleichen Zeichen bedeuten gleiche Ziffern.

√■▲▲ = ■▲; √✻ = ▶; √◆● = ●√○;
√▼▼ = ●√■■; ●√○ − ▶√○ = √○;
√○ · ▶√○ = ■✻; √▶○ + ●√● = ◆√●.

29

a) Stimmt die folgende Gleichung?

$\sqrt{\frac{4}{18}}=\frac{2}{3}\sqrt{\frac{1}{2}}$

Wie kann man dies nachprüfen? Untersuche die folgenden Vorgehensweisen auf ihre Richtigkeit.

(I) Peter bringt auf der rechten Seite der Gleichung $\frac{2}{3}$ mit unter die Wurzel und vergleicht mit der linken Seite.
(II) Nicola rechnet die linke Seite der Gleichung aus, indem sie teilweise radiziert und dann mit der rechten Seite vergleicht.
(III) Da auf beiden Seiten der Gleichung positive Zahlen stehen, quadriert Matthias beide Seiten der Gleichung und vergleicht.
(IV) Maximilian subtrahiert von der linken Seite der Gleichung $\frac{2}{3}$ und schaut nach, ob das Ergebnis $\sqrt{\frac{1}{2}}$ ist.
(V) Sarah dividiert $\sqrt{\frac{4}{18}}$ durch $\sqrt{\frac{1}{2}}$ und prüft, ob das Ergebnis $\frac{2}{3}$ ist.

b) Zeige mit einer geeigneten Methode, dass $3\sqrt{4-2\sqrt{3}}=3\sqrt{3}-3$ wirklich stimmt.

G 30

Gib jeweils drei verschiedene Funktionen an,

a) die bei x = 2 eine Nullstelle besitzen,
b) deren Graphen sich im Punkt A(1 | 3) schneiden,
c) deren Graphen sich nicht schneiden,
d) mit Definitionsmenge $D_f=\mathbb{R}\setminus\{2\}$.

6 Binomische Formeln

1

Herr Kraut kauft zwei quadratische Teppichreste: einen der Größe $4\,m \times 4\,m$ und einen der Größe $1\,m \times 1\,m$. Kann er mit diesen beiden Teppichen den Fußboden eines $5\,m \times 5\,m$ großen Zimmers vollständig bedecken?

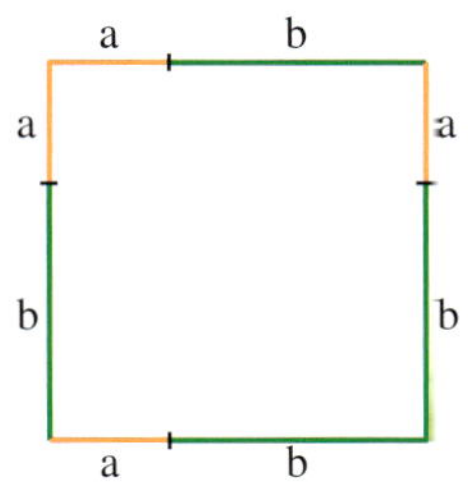

2

a) Erläutere an der Figur links, dass die Terme $(a+b)^2$ und a^2+b^2 nicht äquivalent sind.
b) Übertrage diese Figur in dein Heft und skizziere darin geeignete Teilflächen, so dass man den Term $(a+b)^2$ mit Hilfe der Inhalte dieser Teilflächen ausdrücken kann.

Anhand der folgenden Figur erkennt man:

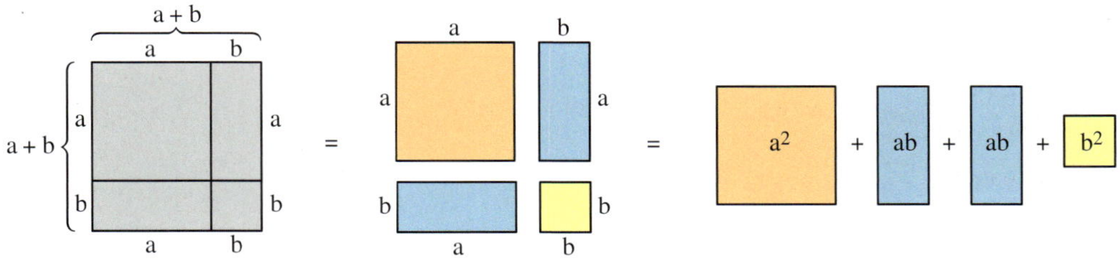

$(a+b)^2 \quad = a \cdot a + a \cdot b + a \cdot b + b \cdot b \quad = \quad a^2 \quad + \quad 2ab \quad + b^2$

bis *(lat.): zweimal*
nomen *(lat.): Namen*

Zweigliedrige Terme wie $a+b$ oder $a-b$ nennt man auch **Binome**.
Die oben geometrisch gezeigte Gleichheit kann man auch algebraisch nachweisen.
Quadrate von Binomen kann man auf folgende Weise in Summen verwandeln:

$$(a+b)^2 = (a+b)\cdot(a+b) = a^2 + ab + ba + b^2 = a^2 + 2ab + b^2$$
$$(a-b)^2 = (a-b)\cdot(a-b) = a^2 - ab - ba + b^2 = a^2 - 2ab + b^2$$

Ferner ist: $(a+b)\cdot(a-b) = a^2 - ab + ba - b^2 = a^2 - b^2$

Binomische Formeln:

$\mathbf{(a+b)^2 = a^2 + 2ab + b^2}$ (1. binomische Formel)
$\mathbf{(a-b)^2 = a^2 - 2ab + b^2}$ (2. binomische Formel)
$\mathbf{(a+b)\cdot(a-b) = a^2 - b^2}$ (3. binomische Formel)

Häufig wendet man die binomischen Formeln „rückwärts" (von rechts nach links) an, um Summen in Produkte umzuwandeln. Möchte man z. B. prüfen, ob sich der Term $49x^2 - 84xy + 36y^2$ in ein Produkt verwandeln lässt, so untersucht man, ob er sich in der Form $\square^2 \pm 2\cdot\square\cdot\bigcirc + \bigcirc^2 = (\square \pm \bigcirc)^2$ schreiben lässt:
$49x^2 - 84xy + 36y^2 = \boxed{7x}^2 - 2\cdot\boxed{7x}\cdot(6y) + (6y)^2 = (\boxed{7x} - (6y))^2 = (7x - 6y)^2$

Binomische Formeln sind auch nützlich um Wurzelterme zu vereinfachen (siehe Beispiel 4).

Beispiel 1
Berechne 71^2 mit Hilfe der binomischen Formeln möglichst geschickt.
Schreibe deinen Gedankengang auf.

Lösung:
$71^2 = (70+1)^2 = 70^2 + 2\cdot 70\cdot 1 + 1^2$
$= 4900 + 140 + 1 = 5041$

Alternative Lösung bei d):
$\left(-\frac{1}{2}x-7\right)^2$
$=\left((-1)\left(\frac{1}{2}x+7\right)\right)^2$
$=(-1)^2\left(\frac{1}{2}x+7\right)^2$
$=1\cdot\left(\frac{1}{2}x+7\right)^2$
$=\left(\frac{1}{2}x\right)^2+2\cdot\frac{1}{2}x\cdot 7+7^2$
$=\frac{1}{4}x^2+7x+49$

nnak naM
nehcsimonib eid
nov hcua nlemroF
sknil hcan sthcer
!nesel

Beispiel 2
Verwandle in eine Summe:
a) $(2u+v)^2$ b) $(5a-\sqrt{7})(5a+\sqrt{7})$ c) $(-2+\sqrt{3})^2$ d) $\left(-\frac{1}{2}x-7\right)^2$
Lösung:
a) $(2u+v)^2 = (2u)^2+2\cdot 2u\cdot v+v^2 = 4u^2+4uv+v^2$
b) $(5a-\sqrt{7})(5a+\sqrt{7}) = (5a)^2-(\sqrt{7})^2 = 25a^2-7$
c) $(-2+\sqrt{3})^2 = (\sqrt{3}-2)^2 = (\sqrt{3})^2-2\cdot\sqrt{3}\cdot 2+2^2 = 3-4\sqrt{3}+4 = 7-4\sqrt{3}$
d) $\left(-\frac{1}{2}x-7\right)^2 = \left(-\frac{1}{2}x\right)^2+2\cdot\left(-\frac{1}{2}x\right)\cdot(-7)+(-7)^2 = \frac{1}{4}x^2+7x+49$

Beispiel 3
Verwandle, falls möglich, in ein Produkt von Binomen:
a) x^2+6x+9 b) $p^2-6{,}25$ c) $36b^2-12bc+4c^2$
Lösung:
a) $x^2+6x+9 = x^2+2\cdot x\cdot 3+3^2 = (x+3)^2$ b) $p^2-6{,}25 = p^2-2{,}5^2 = (p+2{,}5)(p-2{,}5)$
c) Bei $36b^2-12bc+4c^2$ lässt sich keine binomische Formel anwenden.

Beispiel 4
Schreibe ohne Wurzel: $\sqrt{1{,}69z^2+5{,}2z+4}$
Lösung:
$\sqrt{1{,}69z^2+5{,}2z+4} = \sqrt{(1{,}3z)^2+2\cdot 1{,}3z\cdot 2+2^2} = \sqrt{(1{,}3z+2)^2} = |1{,}3z+2|$

Beispiel 5
Wie muss c gewählt werden, damit sich der Term $25x^2-40x+10+c$ als Quadrat schreiben lässt?
Lösung:
$$\left.\begin{array}{ll} 25x^2-40x+10+c &= (5x)^2-2\cdot 5x\cdot 4+10+c \\ (5x+4)^2 &= (5x)^2-2\cdot 5x\cdot 4+16 \end{array}\right\} \Rightarrow 10+c=16 \Rightarrow c=6$$

Aufgaben

Francesco Binomi (1472 – 1483) Entdecker der binomischen Formeln. Recherchiere, wie die binomischen Formeln zu ihrem Namen kamen.

3
Verwandle in eine Summe.
a) $(x+y)^2$ b) $(x+3)^2$ c) $(u-v)^2$
d) $(4-a)^2$ e) $(a-4)^2$ f) $(5+y)^2$
g) $\left(\frac{1}{2}+z\right)^2$ h) $\left(\frac{1}{3}z-1\right)^2$ i) $\left(\frac{2}{5}+2c^2-c^2\right)^2$
k) $(\sqrt{2}-u)^2$ l) $(3x+5)^2$ m) $(2\sqrt{3}-3\sqrt{2})^2$

4
Verwandle in eine Differenz.
a) $(r+3)(r-3)$ b) $(8v+w)(8v-w)$
c) $\left(\frac{1}{2}-z\right)\left(z+\frac{1}{2}\right)$ d) $(0{,}1s-5)(0{,}1s+5)$
e) $(5-\sqrt{3})(5+\sqrt{3})$ f) $(\sqrt{8}+\sqrt{5})(\sqrt{5}-2\sqrt{2})$

5
Achte besonders auf die Vorzeichen.
a) $(-\sqrt{a}+3b)^2$ b) $(-4p-\sqrt{5q})^2$
c) $(-2-y)(-2+y)$ d) $(-\sqrt{9}a^3-b)^2$

6
a) $(\sqrt{7}x+8y)^2$ b) $(0{,}8x-0{,}5a)^2$
c) $(ab+\sqrt{2})^2$ d) $(7-\sqrt{3})(7+\sqrt{3})$
e) $\left(\frac{3}{4}s+1{,}1r\right)^2$ f) $\left(7-6-\frac{x}{8}\right)^2$
g) $\left(\frac{3}{4}f^2+\frac{1}{4}g^2\right)^2$ h) $\left(\frac{1}{4}u-\frac{1}{3}v\right)^2$
i) $(9c^2-d)(9c^2+d)$ k) $(a^2x-ax^2)^2$

7
Berechne mit den binomischen Formeln:
a) 31^2 b) 79^2 c) 82^2 d) $39\cdot 41$

8
Schreibe ohne Wurzel.
a) $\sqrt{4a^2+12a+9}$ b) $\sqrt{9p^2-6p+1}$
c) $\sqrt{16+24y+9y^2}$ d) $\sqrt{r^4+4r^2+4}$
e) $\sqrt{\frac{4}{9}x^2+y^2+\frac{4}{3}xy}$ f) $\sqrt{0{,}25u^2-u+1}$

9

Wurde hier korrekt umgeformt?
Wenn nein, wie muss es richtig heißen?

- $(4a-b+5c)^2=16a^2+b^2+25c^2$
- $28c^2+84cd+63a^2=7(2c+3d)^2$
- $(6x+3y)^2=6x^2+36x+3y^2$
- $55ab^2-75b^3+5b^2=5b^2\cdot(11a-15b)$
- $100x^2+10xy+y^2=(10x+y)^2$

10

Schreibe, falls möglich, als Produkt von Binomen. Wenn nötig, klammere zuvor einen Faktor aus.

a) $16r^2-64$ b) $3p^2-6pv+3v^2$
c) $\frac{1}{4}a^2+\sqrt{2}\,ab+2b^2$ d) $\frac{1}{3}f^2+\frac{2}{3}fg+\frac{1}{3}g^2$
e) $\frac{x^2}{9}+2xy+9y^2$ f) $25x^2-15xy+9y^2$
g) $25a^4-81b^2$ h) $16t^2+49s^2$
i) $2-8a+8a^2$ k) u^2-2
l) $2x^2+12x+18$ m) $9t^2-66tr-121r^2$

11

Übertrage das nebenstehende Quadrat ins Heft und beschrifte es so, dass dadurch die 2. binomische Formel veranschaulicht wird.

12

a) Welche der Terme sind äquivalent? Begründe mit den binomischen Formeln.

$(x+2)^2$ | x^2-2 | $x^2-10x+25$ | $(x-5)^2$ | $9-4x^2$ | x^2+4x+4
$(3x+1)^2$ | $(3-2x)\cdot(-2x+3)$ | $(x-\sqrt{2})\cdot(x+\sqrt{2})$ | $1-4x+4x^2$ | $9x^2-6x+1$
$(3x-1)^2$ | $|6x-1|$ | $(3+4x)^2$ | $16x^2+24x+9$ | $1+6x+9x^2$ | $4-9x^2$
$\sqrt{36x^2-12x+1}$ | $(1-2x)^2$ | $|3x+1|$ | $\sqrt{9x^2+6x+1}$ | $(2-3x)\cdot(2+3x)$

b) Erstelle zehn Paare von äquivalenten Termen und schreibe sie auf zwanzig gleich große Kärtchen. Nun könnt ihr „Binomi-Memory“ spielen. Dabei bilden zwei äquivalente Terme jeweils ein Paar.

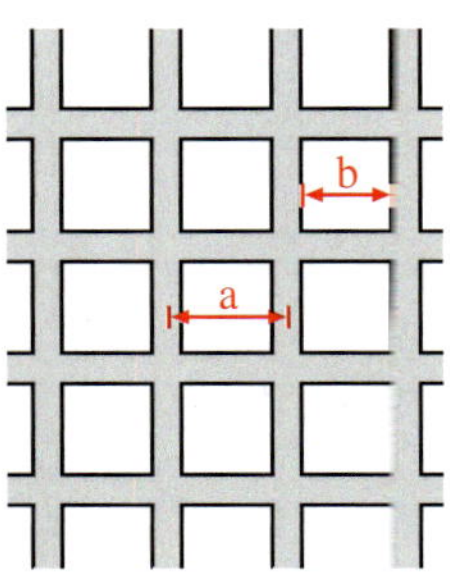

13

Um Gewicht zu sparen, verwendet man statt ganzer Bleche manchmal Lochbleche. Wie groß muss das aus einem Quadrat der Seitenlänge a entfernte Quadrat der Seitenlänge b sein, wenn ein Blech noch 75 % seines ursprünglichen Gewichtes besitzen soll?

14

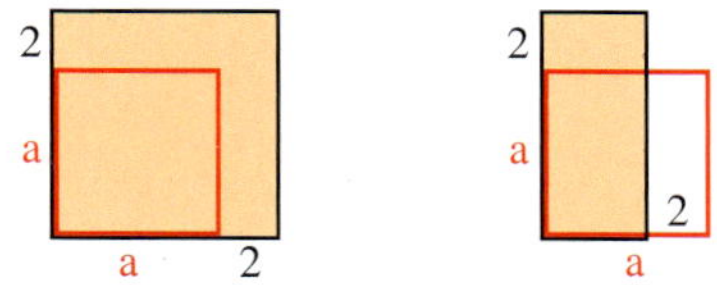

a) Die Seiten eines Quadrats werden wie in der linken Figur um 2 cm vergrößert. Gib einen Term für die Zunahme des Flächeninhalts an. Vereinfache den Term.
b) Eine Seite des Quadrats wird wie in der rechten Figur um 2 cm vergrößert, die andere um 2 cm verkleinert. Wie ändert sich der Flächeninhalt?

15

Ergänze die Summe, so dass der entstehende Term als Quadrat einer Summe oder Differenz geschrieben werden kann. Schreibe das Quadrat auf.

a) $e^2+■+f^2$ b) $g^2+2gh+■$
c) $x^2-■+a^2$ d) $■-12r+r^2$
e) $i^2+25-■$ f) $3k^2-2\cdot\sqrt{3}\,k+■$
g) $■+x^2+16$ h) $64n^2+■+9c^2$
i) $t^2+m^2-■$ k) $x^4-2x^2+■$
l) $4d^6-■+16e^4$ m) $■+\frac{1}{4}ab^2+a^2$

16

Vereinfache.

a) $(x+y)^2+(3x+y)\cdot x-y(y-1)$
b) $(p-q)^2+(p-q)(q+p)+2pq$
c) $\left(u+\frac{1}{3}\right)^2-\left(u-\frac{1}{3}\right)\left(\frac{1}{2}+u\right)-\frac{5}{18}$
d) $6a^3+6\cdot(a-b)^2-3a^2\cdot 2(a+1)+12ab$

17

Ersetze in den Gleichungen jeweils passend die Zeichen ●, ■ und ▶.

a) $\left(\frac{1}{2}ax+●\right)^2=■+2axy+▶$
b) $\left(■+\frac{1}{2}z\right)^2=\frac{1}{9}y^2+▶+●$
c) $(▶-■)^2=●-60a+25$
d) $(4n^2-●)(■+●)=▶-\frac{1}{16}m^2$
e) $\frac{1}{2}(2x-▶)^2=●-6xy+■$
f) $3(■-▶)^2=●-18\sqrt{a}\,b+27b^2$

G 18

Berechne für $x=0$, $x=1$ und $x=2{,}5$ die Termwerte von
$T(x)=[1{,}5+x:(-0{,}2)]\cdot x-\frac{1}{2}$.

7 Termumformungen

1
Begründe die Termumformungen auf der Tafel.

2
Thomas macht eine Überschlagsrechnung:
$\frac{1}{\sqrt{2}-1} = \sqrt{2}+1 \approx 2{,}4.$
Wie hat Thomas gerechnet?

Überschlagsrechnungen sind einfacher, wenn im Nenner keine Wurzel steht:
$\frac{1}{\sqrt{2}} \approx \frac{1}{1{,}4} \approx ?$
$\frac{1}{\sqrt{2}} = \frac{\sqrt{2}}{2} \approx \frac{1{,}4}{2} = 0{,}7$

Mit Bruchtermen lässt sich häufig leichter rechnen (z. B. bei Überschlagsrechnungen), wenn im Nenner keine Wurzeln auftreten. Wurzeln lassen sich folgendermaßen aus dem Nenner eines Bruchterms entfernen:

1. Der Nenner eines Bruches besteht aus einer Wurzel. Man erweitert mit dieser Wurzel.
   Es gilt z. B. $\frac{3}{\sqrt{2}} = \frac{3\cdot\sqrt{2}}{\sqrt{2}\cdot\sqrt{2}} = \frac{3\cdot\sqrt{2}}{2}$.
2. Der Nenner eines Bruches ist eine Summe oder eine Differenz, in der Quadratwurzeln vorkommen. Man nutzt beim Erweitern geschickt die 3. binomische Formel:
   $\frac{3}{\sqrt{7}-\sqrt{5}} = \frac{3\cdot(\sqrt{7}+\sqrt{5})}{(\sqrt{7}-\sqrt{5})\cdot(\sqrt{7}+\sqrt{5})} = \frac{3\cdot(\sqrt{7}+\sqrt{5})}{7-5} = \frac{3\cdot(\sqrt{7}+\sqrt{5})}{2}$

Diese Umformungen werden als **Rationalmachen des Nenners** bezeichnet.

Manchmal kann es auch sinnvoll sein, z. B. bei Termwertberechnungen mit dem Taschenrechner, so umzuformen, dass im Nenner Wurzeln entstehen:
$\frac{\sqrt{a}-\sqrt{b}}{a-b} = \frac{1}{\sqrt{a}+\sqrt{b}}$

Manche Bruchterme lassen sich durch die Anwendung binomischer Formeln so umformen, dass man anschließend kürzen kann. Terme können damit vereinfacht werden.
Es gilt z. B. $\frac{a-b}{\sqrt{a}-\sqrt{b}} = \frac{(\sqrt{a}+\sqrt{b})(\sqrt{a}-\sqrt{b})}{\sqrt{a}-\sqrt{b}} = \sqrt{a}+\sqrt{b}$ oder $\frac{2x^2-4xy+2y^2}{x-y} = \frac{2(x-y)^2}{x-y} = 2(x-y)$

Beachte:
Bei Bruchtermen mit Variablen kann sich durch Umformungen die Definitionsmenge ändern. Z. B. ist der Bruchterm $\frac{1}{4+\sqrt{x}}$ für alle $x \geqq 0$ definiert.

Durch Rationalmachen des Nenners $\frac{1\cdot(4-\sqrt{x})}{(4+\sqrt{x})(4-\sqrt{x})} = \frac{4-\sqrt{x}}{16-x}$ wird der Term verändert und dadurch die Definitionsmenge weiter eingeschränkt, da zusätzlich gelten muss: $x \neq 16$.

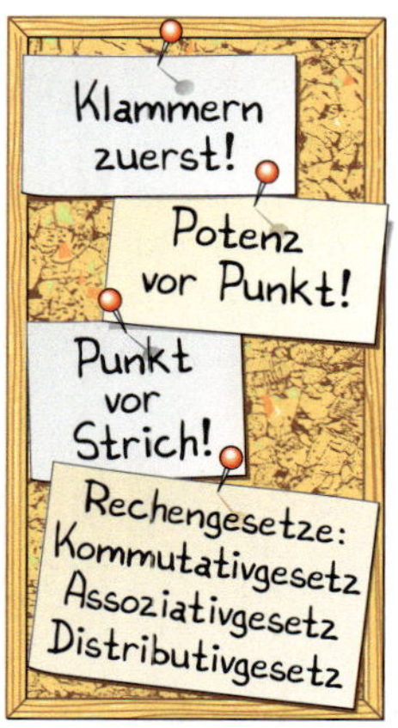

Beispiel 1
Es gilt $\sqrt{3} \approx 1{,}7$ und $\sqrt{13} \approx 3{,}6$. Führe mit diesen Werten Überschlagsrechnungen durch.

a) $\frac{2}{\sqrt{3}}$ b) $\frac{1}{\sqrt{13}-\sqrt{3}}$

Lösung:
a) $\frac{2}{\sqrt{3}} = \frac{2\cdot\sqrt{3}}{\sqrt{3}\cdot\sqrt{3}} \approx \frac{2\cdot 1{,}7}{3} = \frac{3{,}4}{3} \approx 1{,}1$
b) $\frac{1}{\sqrt{13}-\sqrt{3}} = \frac{\sqrt{13}+\sqrt{3}}{13-3} \approx \frac{3{,}6+1{,}7}{10} = \frac{5{,}3}{10} = 0{,}53$

Beispiel 2
Kürze $\frac{30-6x}{\sqrt{5}+\sqrt{x}}$ so weit wie möglich.

Lösung: $\frac{30-6x}{\sqrt{5}+\sqrt{x}} = \frac{6(5-x)}{\sqrt{5}+\sqrt{x}} = \frac{6(\sqrt{5}-\sqrt{x})(\sqrt{5}+\sqrt{x})}{\sqrt{5}+\sqrt{x}} = 6(\sqrt{5}-\sqrt{x})$

Beispiel 3

Forme so um, dass im Nenner keine Wurzeln mehr auftreten. Gib gegebenenfalls an, für welche Zahlen der durch die Umformung veränderte Term nicht definiert ist. Begründe deine Vorgehensweise.

a) $\frac{5}{\sqrt{3}}$ b) $\frac{7}{\sqrt{1+a}}$ c) $\frac{4}{3-\sqrt{2}}$ d) $\frac{8}{1+\sqrt{a}}$

Lösung:

Im Nenner steht eine Wurzel. Also erweitert man den Bruch mit dieser Wurzel, da sie dann durch Quadrieren im Nenner verschwindet.

a) $\frac{5}{\sqrt{3}} = \frac{5 \cdot \sqrt{3}}{\sqrt{3} \cdot \sqrt{3}} = \frac{5 \cdot \sqrt{3}}{3}$ b) $\frac{7}{\sqrt{1+a}} = \frac{7 \cdot \sqrt{1+a}}{\sqrt{1+a} \cdot \sqrt{1+a}} = \frac{7 \cdot \sqrt{1+a}}{1+a}$

Im Nenner steht eine Summe bzw. eine Differenz. Man erweitert mit der entsprechenden Differenz bzw. Summe, damit nach Anwenden der 3. biomischen Formel die Wurzeln im Nenner wegfallen.

c) $\frac{4}{3-\sqrt{2}} = \frac{4(3+\sqrt{2})}{(3-\sqrt{2})(3+\sqrt{2})} = \frac{4(3+\sqrt{2})}{9-2} = \frac{4}{7}(3+\sqrt{2})$ d) $\frac{8}{1+\sqrt{a}} = \frac{8(1-\sqrt{a})}{(1+\sqrt{a})(1-\sqrt{a})} = \frac{8(1-\sqrt{a})}{1-a}$ für $a \neq 1$

Beachte:
So kommt man bei c) nicht weiter.

$\frac{4}{3-\sqrt{2}}$
$= \frac{4(3-\sqrt{2})}{(3-\sqrt{2})^2}$
$= \frac{12-4\sqrt{2}}{9-6\sqrt{2}+2}$

Aufgaben

3

Vereinfache durch Rationalmachen des Nenners so weit wie möglich.

a) $\frac{1}{\sqrt{2}}$ b) $\frac{5}{\sqrt{7}}$ c) $\frac{\sqrt{5}}{\sqrt{3}}$

d) $\frac{2\sqrt{11}}{\sqrt{14}}$ e) $\frac{7}{5\sqrt{3}}$ f) $\frac{\sqrt{5}-\sqrt{2}}{\sqrt{2}}$

g) $\frac{3\sqrt{5}+5\sqrt{3}}{\sqrt{6}}$ h) $\frac{5+\sqrt{8}}{\sqrt{45}}$ i) $\sqrt{2}+\frac{3}{\sqrt{2}}$

k) $\frac{5}{3-\sqrt{2}}$ l) $\frac{\sqrt{2}-1}{\sqrt{2}+1}$ m) $\frac{\sqrt{3}}{1+\sqrt{\frac{1}{3}}}$

4

Vereinfache.

a) $\frac{a^2+6a+9}{a^2-9}$ b) $3\sqrt{8}-\frac{7}{\sqrt{32}}$ c) $\frac{r^6-2r^3x+x^2}{x^3r^3-x^4}$

d) $\frac{\sqrt{12}}{\sqrt{35}}-\frac{\sqrt{35}}{\sqrt{12}}$ e) $\frac{4x^2-25}{6x-15}$ f) $\frac{(a-b)^2}{(b-a)^2}$

g) $\frac{\sqrt{6}}{\sqrt{6}-\sqrt{5}}$ h) $\frac{(r-2t)^2}{(r+2t)^2}$ i) $\frac{2-2c}{4-8c+4c^2}$

k) $\frac{x-144}{\sqrt{x}-12}$ l) $\frac{\sqrt{24}+\sqrt{6}}{\sqrt{24}-\sqrt{6}}$ m) $\frac{(2x-\sqrt{y})^2}{(\sqrt{y}-2x)^2}$

5

Bestimme Näherungswerte im Kopf mit Hilfe der links stehenden Tabelle.

a) $\frac{1}{\sqrt{2}}$ b) $\frac{3}{\sqrt{5}}$ c) $\frac{4}{\sqrt{7}}$

d) $\frac{2}{\sqrt{6}}$ e) $\frac{2\sqrt{2}}{\sqrt{5}}$ f) $\frac{1}{\sqrt{3}}$

g) $\frac{1}{\sqrt{6}}$ h) $\frac{3}{\sqrt{12}}$ i) $\frac{5}{\sqrt{500}}$

n	Näherung für $\sqrt{n}$
2	1,41
3	1,73
5	2,24
6	2,45
7	2,65
8	2,83
10	3,16
11	3,32
12	3,46
13	3,61

6

Welche Zahl ist größer? Begründe.

$\sqrt{2}$ oder $1,41\overline{42}$

$\sqrt{3}$ oder 1,7323322333222…

$\frac{33\,333\,333\,333\,333}{\sqrt{3}}$ oder $\frac{55\,555\,555\,555\,555}{\sqrt{5}}$

7

Mache den Nenner rational. Welche Bedingungen müssen die Variablen erfüllen, damit der ursprüngliche und der umgeformte Term definiert sind?

a) $\frac{1}{\sqrt{a}}$ b) $\frac{b}{5\sqrt{a}}$ c) $\frac{2}{\sqrt{x+y}}$

d) $\frac{1}{1-\sqrt{a}}$ e) $\frac{\sqrt{x}+\sqrt{y}}{\sqrt{x}}$ f) $\frac{4}{a+\sqrt{3}}$

g) $\frac{\sqrt{x}-\sqrt{y}}{\sqrt{x}+\sqrt{y}}$ h) $\frac{\sqrt{s}-\sqrt{t}}{\sqrt{st}}$ i) $\frac{\sqrt{c}}{\sqrt{c+d}}$

k) $\frac{2\sqrt{a}+3\sqrt{b}}{3\sqrt{a}-2\sqrt{b}}$ l) $\sqrt{a}+\frac{5a}{\sqrt{a}}$ m) $\frac{2x-14}{\sqrt{x}+\sqrt{7}}$

8

Kürze. Welche Bedingungen müssen die Variablen im ursprünglichen und im umgeformten Term erfüllen, damit er definiert ist?

a) $\frac{a-1}{\sqrt{a}+1}$ b) $\frac{a-1}{\sqrt{a}-1}$ c) $\frac{a+2\sqrt{a}+1}{\sqrt{a}+1}$

d) $\frac{3a-12}{\sqrt{a}-2}$ e) $\frac{\sqrt{x}-5}{25-x}$ f) $\frac{5s^2-245}{s+7}$

g) $\frac{a-b}{\sqrt{a}+\sqrt{b}}$ h) $\frac{x^2-169}{x-13}$ i) $\frac{x+2\sqrt{xy}+y}{\sqrt{x}+\sqrt{y}}$

k) $\frac{12a^2-12ab+3b^2}{10a-5b}$ l) $\frac{0,5x-3}{0,25x^2-3x+9}$

Lösungssalat zu 9a:

9

a) Setze in $T(x) = x^2 - \sqrt{3}\,x - 3$ für x die folgenden Zahlen ein und berechne den Termwert: $-1, -\sqrt{3}, \sqrt{2}, \sqrt{3}, 3$.

b) Erstelle zum Term $T(x) = \sqrt{x+3}$ eine Wertetabelle und zeichne den zugehörigen Graphen. Gib an, für welche Zahlen der Term definiert ist.

10

a) Welches der Zeichen <, =, > muss im Kästchen stehen?

(1) $\sqrt{16+9} \;\square\; \sqrt{16} + \sqrt{9}$

(2) $\sqrt{12^2 + 5^2} \;\square\; \sqrt{12^2} + \sqrt{5^2}$

(3) $\sqrt{13-11} \;\square\; \sqrt{13} - \sqrt{11}$

(4) $\sqrt{0{,}25 - 0{,}16} \;\square\; \sqrt{0{,}25} - \sqrt{0{,}16}$

b) Eine der beiden Ungleichungen

$\sqrt{a} + \sqrt{b} < \sqrt{a+b}$ bzw. $\sqrt{a} + \sqrt{b} > \sqrt{a+b}$

ist für alle positiven Zahlen a und b richtig. Überlege, welche der beiden Ungleichungen richtig ist. Suche mit deinem Nachbarn nach einer algebraischen oder geometrischen Begründung. Vielleicht hilft dir die Zeichnung links bei der geometrischen Begründung.

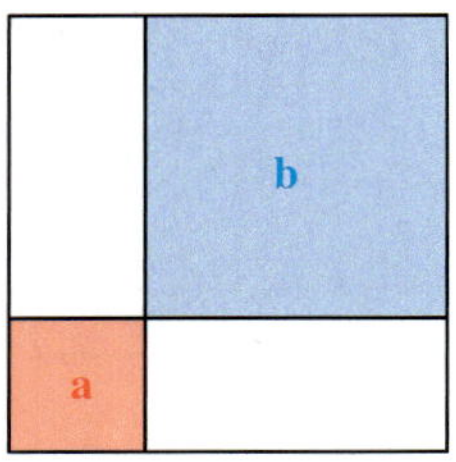

11

Vereinfache die Terme.

a) $\left(\sqrt{a-1} - \sqrt{a+1}\right)\left(\sqrt{a+1} + \sqrt{a-1}\right)$

b) $2\sqrt{6} - 3\sqrt{6} - \sqrt{6} - \left(\sqrt{2} - \sqrt{3} + \sqrt{2}\right)^2$

c) $\left(\sqrt{x^2-4} + \sqrt{x^2+4}\right)\left(\sqrt{x^2-4} - \sqrt{x^2+4}\right)$

d) $\frac{2}{3}\sqrt{5} + \sqrt{6} + \frac{1}{3}\sqrt{5} - 2\sqrt{6} - 3\sqrt{24}$

e) $\sqrt{2} - \sqrt{2}\left(\sqrt{a} + \sqrt{b}\right)\left(\sqrt{2a} + \sqrt{2b}\right)$

f) $\left(r + \sqrt{24}\right)\left(2\sqrt{6} - r\right)(-1)$

g) $4(-x-y)\left(\frac{1}{2}\sqrt{x} + \sqrt{\frac{1}{2}}\,y\right)^2$

h) $0{,}2\left(\sqrt{2s} - 5\sqrt{t}\right)\left(\sqrt{2s} + 5\sqrt{t}\right) - 2{,}5^{-1} \cdot s$

i) $\left(\sqrt{2u-v} + \sqrt{2u+v}\right)\left(\sqrt{2u-v} - \sqrt{2u+v}\right)$

k) $0{,}004\left(\sqrt{x} - \sqrt{y}\right)\left(\sqrt{xy} + \sqrt{y}\right) \cdot 25 - 25$

l) $\left(\sqrt{49-16} + \sqrt{77} - \sqrt{33}\right) : \sqrt{11}$

m) $\frac{\sqrt{a^2 + 2ab + b^2}}{|a+b|}$ n) $\frac{\sqrt{k^2 - 2kg + g^2}}{|10k - 10g|}$

12

Löse die Gleichungen im Kopf.

a) $\sqrt{x} = 10$ b) $\sqrt{z} = 2{,}5$ c) $\sqrt{x} = \frac{1}{2}$

d) $\sqrt{y} = -4$ e) $\sqrt{x} = 0$ f) $\sqrt{x-3} = 5$

g) $\sqrt{2x} = 0{,}5$ h) $\sqrt{-y} = -3$ i) $-\sqrt{z} = -3$

Zum Lösen von **Wurzelgleichungen:**

$\sqrt{x^2-16} + x = 2$	Isoliere die Wurzel auf einer Seite der Gleichung.
$\sqrt{x^2-16} = -x + 2$	Quadriere beide Seiten der Gleichung.
$\left(\sqrt{x^2-16}\right)^2 = (-x+2)^2$	
$x^2 - 16 = x^2 - 4x + 4$	Löse die entstandene Gleichung.
$4x = 20 \;\Rightarrow\; x = 5$	

Probe: linke Seite: $\sqrt{25-16} + 5 = \sqrt{9} + 5 = 3 + 5 = 8$; rechte Seite: 2

Die Probe zeigt, dass 5 keine Lösung der Wurzelgleichung ist.

Beim Quadrieren kann sich eine Gleichung ergeben, die eine andere Lösung hat als die ursprüngliche Gleichung. Eine **Probe** in der ursprünglichen Gleichung ist deshalb unerlässlich. Das Quadrieren beider Seiten einer Gleichung muss also keine Äquivalenzumformung sein!

13

a) $\sqrt{2x-3} - 5 = 0$ b) $3 - \sqrt{5y+2} = 7$

c) $\sqrt{\frac{z}{2} - 6} + 5 = -3$ d) $3\sqrt{4x-5} = 12$

e) $\sqrt{x^2-16} = x - 2$ f) $\sqrt{z^2-1} = -z + 2$

g) $\sqrt{3}\,x - \sqrt{12}\,y = -8$ und $x + y = \sqrt{3}$

h) $x - \sqrt{7}\,y = 2\sqrt{3}$ und $x = \left(\sqrt{7}\right)^{-1} y$

i) $-\sqrt{8}\,x - 3y = 8$ und $2\sqrt{2}\,x + 8y = 4$

Erinnerung:
Lineare Gleichungssysteme kannst du mit dem Einsetzungs- oder mit dem Additionsverfahren lösen.

G 14

Ein Würfel mit 1 dm Kantenlänge wird aus Würfeln mit 1 cm Kantenlänge ohne Zwischenräume zufällig zusammen gesetzt, wobei die kleinen Würfel bis auf einen roten alle weiß sind.

a) Wie viele kleine Würfel braucht man?

b) Mit welcher Wahrscheinlichkeit hat der entstandene Würfel einen roten Fleck?

8 n-te Wurzeln

1
Ein Händler will für eine Werbeaktion ca. 4000 kleine Würfel zu einem einzigen großen aufschichten. Wie viele Würfel braucht er dazu und wie viele Würfel hoch wird der große Würfel?

Die folgenden Tabellen kann man in beiden Richtungen benutzen:

Potenzieren →

x	x^2
0	0
1	1
2	4
3	9
4	16
5	25

← Radizieren

Potenzieren →

x	x^3
0	0
1	1
2	8
3	27
4	64
5	125

← Radizieren

Die Beziehung $4^2 = 16$ können wir auch so ausdrücken: 4 ist die zweite Wurzel (oder Quadratwurzel) aus 16, geschrieben $\sqrt[2]{16} = 4$ (kurz: $\sqrt{16} = 4$).
Entsprechend können wir $2^3 = 8$ deuten. Da $2 \cdot 2 \cdot 2 = 8$ ist, heißt 2 die **dritte Wurzel** (oder die **Kubikwurzel**) aus 8, geschrieben $\sqrt[3]{8} = 2$.
Entsprechend können wir auch die vierte, fünfte, … Wurzel erklären. Wie bei Quadratwurzeln werden auch höhere Wurzeln nur für nicht negative Zahlen definiert.

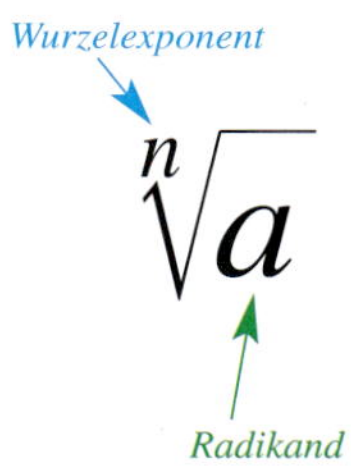

Definition
Für $a \geqq 0$ ist $\sqrt[n]{a}$ diejenige nicht negative Zahl, deren n-te Potenz a ergibt.
$\sqrt[n]{a}$ heißt **n-te Wurzel** aus a. ($n \in \mathbb{N}$, $n \geqq 2$)

$x^3 = -8$
$x = -\sqrt[3]{8}$
$x = -2$

Beachte:
n-te Wurzeln sind nur für nicht negative Radikanden definiert. Obwohl z. B. $(-2)^3 = -8$ ist, gibt es die 3-te Wurzel aus -8 nicht. Aber $x^3 = -8$ hat die Lösung $x = -2$.

In der Praxis werden Näherungswerte von n-ten Wurzeln mit dem Taschenrechner bestimmt. Übliche Tastenfolge am Taschenrechner zur Berechnung von $\sqrt[5]{2}$:
5 [$\sqrt[x]{\ }$] 2 [=]
Anzeige: 1,1486983549…

n-te Wurzeln können mit Hilfe einer Intervallschachtelung näherungsweise bestimmt werden, wie folgendes Beispiel für $\sqrt[5]{2}$ zeigt.

$1{,}1 < \sqrt[5]{2} < 1{,}2$, denn $1{,}1^5 < 2 < 1{,}2^5$
$1{,}14 < \sqrt[5]{2} < 1{,}15$, denn $1{,}14^5 < 2 < 1{,}15^5$
$1{,}148 < \sqrt[5]{2} < 1{,}149$, denn $1{,}148^5 < 2 < 1{,}149^5$

Auf zwei Nachkommastellen gerundet ist $\sqrt[5]{2} \approx 1{,}15$.

Beispiel 1
Bestimme ohne Taschenrechner a) $\sqrt[3]{8}$ b) $\sqrt[5]{100\,000}$ c) $\sqrt[4]{16}$
Lösung:
a) $8 = 2^3$, also $\sqrt[3]{8} = 2$ b) $100\,000 = 10^5$, also $\sqrt[5]{100\,000} = 10$ c) $2^4 = 16$, also $\sqrt[4]{16} = 2$

Beispiel 2
Bestimme die Lösungsmenge a) $x^4 = 81$ b) $x^3 = -10$
Lösung: a) $x = \sqrt[4]{81} = 3$ oder $x = -\sqrt[4]{81} = -3$; $L = \{-3; 3\}$ b) $x = -\sqrt[3]{10}$; $L = \{-\sqrt[3]{10}\}$

Aufgaben

Lösungssalat zu 2 a)–f):

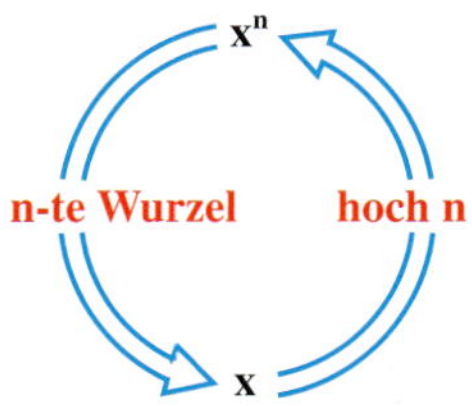

Zum Überlegen:
Der Radikand ist eine 8 mit 19 Nullen:
$\sqrt[3]{80000\ldots}$
Ist die 3. Wurzel eine natürliche Zahl?

2
Vereinfache. Arbeite ohne Taschenrechner.
a) $\sqrt[3]{1000}$ b) $\sqrt[5]{32}$ c) $\sqrt[4]{81}$
d) $\sqrt[10]{0}$ e) $\sqrt[4]{\frac{1}{16}}$ f) $\sqrt[5]{0{,}00001}$
g) $\sqrt{10000}$ h) $\sqrt[6]{64}$ i) $\sqrt[4]{\frac{1}{625}}$
k) $\sqrt[4]{256}$ l) $\sqrt[4]{\frac{1}{81}}$ m) $\sqrt[10]{1024}$
n) $\sqrt{0{,}01}$ o) $\sqrt[4]{49^{-2}}$ p) $\sqrt[5]{0{,}00243}$
q) $\sqrt{x^4}$ r) $\sqrt[4]{a^{12}}$ s) $\sqrt[3]{a^{-6}}$

3
Schreibe mit einem Wurzelzeichen.
(Beispiel: $2^4 = 16$; $\sqrt[4]{16} = 2$).
a) $2^6 = 64$ b) $3^8 = 6561$ c) $625 = 5^4$
d) $4{,}41 = 2{,}1^2$ e) $0{,}7^3 = \frac{343}{1000}$ f) $20\frac{1}{4} = 4{,}5^2$

4
Bestimme näherungsweise mit dem Taschenrechner auf zwei Nachkommastellen.
a) $\sqrt[4]{281}$ b) $\sqrt[3]{81}$ c) $\sqrt[5]{7213}$
d) $\sqrt[5]{5}$ e) $\sqrt[10]{4000}$ f) $\sqrt[3]{624}$

5
Welche Gleichungen sind richtig?
Prüfe durch Potenzieren.

a) $\sqrt[4]{2401} = 7$
b) $\sqrt{0{,}0576} = 0{,}24$
c) $\sqrt[3]{2744} = 15$
d) $\sqrt[3]{27{,}44} = 1{,}4$
e) $0{,}12 = \sqrt[4]{0{,}00020736}$
f) $\sqrt[3]{0{,}216} = \frac{3}{5}$
g) $3{,}1 = \sqrt[3]{29{,}791}$
h) $\sqrt[7]{(-777)^2} = -7$

6
Aus einer Zahl wurde zuerst die Quadratwurzel gezogen, dann aus dem Ergebnis die dritte Wurzel, aus diesem Ergebnis die 4-te Wurzel. Das Ergebnis lautet
a) 1; b) 10; c) 0,1; d) 2.

$\sqrt[3]{2\frac{2}{7}} = 2\cdot\sqrt[3]{\frac{2}{7}}$
$\sqrt[3]{3\frac{3}{26}} = 3\cdot\sqrt[3]{\frac{3}{26}}$
$\sqrt[3]{4\frac{4}{63}} = 4\cdot\sqrt[3]{\frac{4}{63}}$

7
a) Sonderbare Rechnungen. Prüfe nach.
b) Formuliere eine Regel.

8
Berechne für $\sqrt[3]{4}$ ($\sqrt[4]{2}$) mit Hilfe einer Intervallschachtelung einen unteren und einen oberen Näherungswert, die sich bis zur zweiten Nachkommastelle nicht unterscheiden.

9
Bestimme, falls möglich
a) $2\cdot\sqrt[3]{27}$ b) $\left(\sqrt[3]{2}\right)^3$ c) $\sqrt[3]{8} + \sqrt[3]{1}$
d) $\sqrt{196} + \sqrt[3]{64}$ e) $\sqrt[3]{24-51}$ f) $\sqrt[4]{5^4} + 20\,\%$

10
Gib die Lösungsmenge an.
a) $x^4 = 625$ b) $y^5 - 1024 = 0$
c) $x^4 = 5$ d) $\frac{19}{6}y^3 = -0{,}684$
e) $343 + z^3 = 0$ f) $(x-4)^3 = 8$

11
a) Wie erkennt man ohne Taschenrechner, dass diese Rechnungen falsch sind?
$\sqrt[3]{3514} = 15$; $\sqrt{4{,}9} = 0{,}7$
b) Erfinde ähnliche Aufgaben und lass den Nachbarn/die Nachbarin erklären.

12
Berechne die Kantenlänge eines Würfels mit dem Volumen
a) $27\,m^3$, b) $125\,dm^3$, c) $64\,l$,
d) $10^6\,cm^3$, e) $10^{-3}\,cm^3$, f) $8\cdot10^{12}\,l$.

13
Wie viel m Draht braucht man etwa, um das Kantenmodell eines Würfels mit dem Volumen $5\,dm^3$ herzustellen? Wie viel m^2 Papier ist ca. nötig, um den Würfel zu bespannen?

14
Ein Gebrauchtwagen, der vor 3 Jahren 13 310 € kostete, kostet nun 8000 €. Wie viel % verlor das Auto jährlich an Wert, wenn die Wertminderung in jedem Jahr mit dem gleichen Prozentsatz angesetzt wird?

15
Von vier Zahlen a, b, c, d haben je zwei aufeinanderfolgende den gleichen Quotienten. Berechne b und c für $a = 5$ und $d = 135$.

G 16
Zeichne ein Dreieck ABC. Konstruiere über den Seiten dieses Dreiecks drei gleichseitige Dreiecke AC_1B, BA_1C und CB_1A.
Begründe: Die Strecken $[AA_1]$, $[BB_1]$ und $[CC_1]$ sind gleich lang.

9 Potenzen mit rationalen Exponenten

$\sqrt{2^8} = 2^4$	$\sqrt{2^4} = 2^2$	$\sqrt{2^2} = 2^1$	$\sqrt{2^1} = \ldots$
$\sqrt[3]{5^{27}} = 5^9$	$\sqrt[3]{5^9} = 5^3$	$\sqrt[3]{5^3} = 5^1$	$\sqrt[3]{5^1} = \ldots$

1
Überprüfe mit Hilfe der Wurzeldefinition die Richtigkeit der gezeigten Rechnungen. Wie würdest du die beiden Reihen fortsetzen?

Im Folgenden untersuchen wir, was geschieht, wenn eine Potenz mit 2 potenziert wird.

$$2 \xrightarrow{\text{hoch } 2} 4 \xrightarrow{\text{hoch } 2} 16 \xrightarrow{\text{hoch } 2} 256 \longrightarrow \ldots$$
$$2^1 \xrightarrow{\cdot 2} 2^2 \xrightarrow{\cdot 2} 2^4 \xrightarrow{\cdot 2} 2^8 \xrightarrow{\cdot 2}$$

Potenzieren mit 2 bedeutet, dass der Exponent mit 2 multipliziert wird.

Nun untersuchen wir, was geschieht, wenn aus einer Potenz die Quadratwurzel gezogen wird.

$$\ldots 256 \xrightarrow{\sqrt{\ }} 16 \xrightarrow{\sqrt{\ }} 4 \xrightarrow{\sqrt{\ }} 2 \xrightarrow{\sqrt{\ }} \sqrt{2} \longrightarrow \ldots$$
$$2^8 \xrightarrow{:2} 2^4 \xrightarrow{:2} 2^2 \xrightarrow{:2} 2^1 \xrightarrow{:2} \boxed{?} \xrightarrow{:2}$$

Wird aus einer Potenz die 2. Wurzel oder Quadratwurzel gezogen, so wird ihr Exponent durch 2 dividiert.

Setzt man die obige Reihe nach rechts weiter logisch fort, so liegt es nahe, zu vereinbaren, dass $2^{\frac{1}{2}}$ dasselbe bedeuten soll wie $\sqrt{2}$, $2^{\frac{3}{2}} = (2^3)^{\frac{1}{2}}$ dasselbe wie $\sqrt[2]{2^3} = \sqrt{2^3}$ usw.
Allgemein bedeutet $a^{\frac{p}{q}}$ (mit $a > 0$) dann $\sqrt[q]{a^p}$.

Übliche Tastenfolge am Taschenrechner zur
a) Berechnung von $\sqrt[7]{4^3}$:

7 [$\sqrt[n]{\ }$] 4 [x^y] 3 [=]

b) Berechnung von $4^{\frac{3}{7}}$:

4 [x^y] 3 [$a^b\!/\!c$] 7 [=]

oder

4 [^] (3 [$a^b\!/\!c$] 7) [=]

Anzeige: 1,81144732853

Definition
Für positive Grundzahlen a wird vereinbart: $a^{\frac{p}{q}} = \sqrt[q]{a^p}$ und $a^{-\frac{p}{q}} = \frac{1}{\sqrt[q]{a^p}}$ $(p \in \mathbb{Z},\ q \in \mathbb{N})$

Insbesondere gilt für $n \in \mathbb{N}$, $n > 1$: $a^{\frac{1}{n}} = \sqrt[n]{a}$
Damit lassen sich die in der letzten Lerneinheit definierten n-ten Wurzeln als Potenzen mit rationalen Exponenten schreiben.

Beispiel
a) Schreibe als Potenz: $\sqrt[7]{4^3}$
b) Schreibe als Wurzel: $7^{\frac{2}{5}}$

Lösung:
a) $\sqrt[7]{4^3} = 4^{\frac{3}{7}}$ b) $7^{\frac{2}{5}} = \sqrt[5]{7^2}$

Aufgaben

2
Schreibe mit dem Wurzelzeichen und berechne, falls möglich.
a) $25^{\frac{1}{2}}$ b) $27^{\frac{1}{3}}$ c) $\left(\frac{1}{4}\right)^{\frac{1}{2}}$ d) $64^{-\frac{1}{3}}$
e) $4^{\frac{3}{2}}$ f) $81^{-0,25}$ g) $10^{\frac{5}{2}}$ h) $c^{-0,2}$

3
Schreibe als Potenz.
a) $\sqrt{5}$ b) $\sqrt[3]{6}$ c) $\sqrt[3]{24^2}$ d) $\sqrt{5^6}$
e) $\sqrt[4]{3^3}$ f) $\sqrt[8]{x^5}$ g) $\frac{1}{\sqrt[3]{4}}$ h) $\frac{1}{\sqrt[5]{a^2}}$

4
Schreibe als Potenz, kürze und schreibe danach wieder als Wurzel.
a) $\sqrt[4]{3^2}$ b) $\sqrt[6]{2^3}$ c) $\sqrt[8]{x^4}$ d) $\sqrt[8]{s^6}$
e) $\frac{1}{\sqrt[10]{2^8}}$ f) $\frac{1}{\sqrt[3]{(-7)^6}}$ g) $\frac{1}{\sqrt[4]{(-2)^2}}$ h) $\frac{1}{\sqrt[16]{a^4}}$

5
Berechne mit dem Taschenrechner auf vier Nachkommastellen genau.
a) $\sqrt[4]{3}$ b) $\sqrt[5]{14}$ c) $\sqrt[10]{2}$ d) $\sqrt[5]{0,5}$
e) $\sqrt[4]{0,5}$ f) $\sqrt[6]{0,5}$ g) $\sqrt[3]{23}$ h) $\sqrt[3]{10}$

10 Rechnen mit Potenzen mit rationalen Exponenten

1

a) Warum kann man die Aufgaben an der Tafel schneller im Kopf rechnen als mit Hilfe eines Taschenrechners?

b) Gib weitere solche Aufgaben an.

2

Ist das Produkt (der Quotient) zweier Quadratzahlen wieder eine Quadratzahl?

Im Folgenden werden Regeln für das Rechnen mit Potenzen hergeleitet.

Bei gleicher Basis:

Betrachtet man Potenzen mit **gleicher Basis und unterschiedlichen Exponenten**, so gilt für $a \neq 0$ und $m, n \in \mathbb{N}$:

Die Exponenten werden addiert.
$2^4 \cdot 2^3 = 2^7$

$$\mathbf{a^m \cdot a^n} = \underbrace{(a\cdot a\cdot\ldots\cdot a)}_{\text{m Faktoren}}\cdot\underbrace{(a\cdot a\cdot\ldots\cdot a)}_{\text{n Faktoren}} = \underbrace{a\cdot a\cdot\ldots\ldots\cdot a}_{\text{m + n Faktoren}} = \mathbf{a^{m+n}}$$

Quotienten mit gleichen Faktoren in Nenner und Zähler kann man kürzen, deshalb gilt:

Die Exponenten werden subtrahiert.
$2^5 : 2^3 = 2^2$

$$\mathbf{a^m : a^n} = \frac{a^m}{a^n} = \frac{\overbrace{a\cdot a\cdot\ldots\cdot a}^{\text{m Faktoren}}}{\underbrace{a\cdot a\cdot\ldots\cdot a}_{\text{n Faktoren}}} \left\{\begin{array}{ll} \overset{\text{falls } m \geqq n}{=} \dfrac{\overbrace{a\cdot a\cdot\ldots\cdot a}^{\text{m-n Faktoren}}}{1} = \underbrace{a\cdot a\cdot\ldots\ldots\cdot a}_{\text{m-n Faktoren}} \\ \overset{\text{falls } m < n}{=} \dfrac{1}{\underbrace{a\cdot a\cdot\ldots\cdot a}_{\text{n-m Faktoren}}} = \dfrac{1}{a^{n-m}} = a^{-(n-m)} \end{array}\right\} = \mathbf{a^{m-n}}$$

Bei gleichem Exponenten:

Bei Potenzen mit **unterschiedlicher Basis aber gleichem Exponenten**, gilt für $b \neq 0$ und $n \in \mathbb{N}$:

Die Basen werden multipliziert.
$3^2 \cdot 4^2 = 12^2$

$$\mathbf{a^n \cdot b^n} = \underbrace{(a\cdot a\cdot\ldots\cdot a)}_{\text{n Faktoren a}}\cdot\underbrace{(b\cdot b\cdot\ldots\cdot b)}_{\text{n Faktoren b}} = \underbrace{(a\cdot b)\cdot(a\cdot b)\cdot\ldots\ldots\cdot(a\cdot b)}_{\text{n Faktoren (a·b)}} = \mathbf{(a \cdot b)^n}$$

Die Basen werden dividiert.
$8^3 : 2^3 = 4^3$

$$\mathbf{a^n : b^n} = \frac{a^n}{b^n} = \frac{\overbrace{a\cdot a\cdot\ldots\cdot a}^{\text{n Faktoren a}}}{\underbrace{b\cdot b\cdot\ldots\cdot b}_{\text{n Faktoren b}}} = \underbrace{\frac{a}{b}\cdot\frac{a}{b}\cdot\ldots\cdot\frac{a}{b}}_{\text{n Faktoren } \frac{a}{b}} = \left(\frac{\mathbf{a}}{\mathbf{b}}\right)^{\mathbf{n}} = \mathbf{(a : b)^n}$$

Potenz einer Potenz:

Bei der **Potenz einer Potenz** gilt für $m, n \in \mathbb{N}$:

Die Potenzen werden multipliziert.
$(2^3)^4 = 2^{12}$

$$\mathbf{(a^m)^n} = \underbrace{a^m \cdot a^m \cdot \ldots \cdot a^m}_{\text{n Faktoren}} = \underbrace{\underbrace{(a\cdot a\cdot\ldots\cdot a)}_{\text{m Faktoren}}\cdot\underbrace{(a\cdot a\cdot\ldots\cdot a)}_{\text{m Faktoren}}\cdot\ldots\cdot\underbrace{(a\cdot a\cdot\ldots\cdot a)}_{\text{m Faktoren}}}_{\text{n Klammern}} = \underbrace{a\cdot a\cdot\ldots\cdot a}_{\text{m·n Faktoren}} = \mathbf{a^{m \cdot n}}$$

Diese Regeln zum Rechnen mit Potenzen lassen sich auch auf Potenzen mit rationalen Exponenten übertragen. Dies soll am Beispiel $a^{\frac{p}{q}} \cdot b^{\frac{p}{q}} = (a \cdot b)^{\frac{p}{q}}$ mit $p \in \mathbb{Z}$ und $q \in \mathbb{N}$ exemplarisch gezeigt werden. Dazu potenzieren wir beide Seiten mit q und erhalten:

linke Seite: $\left(a^{\frac{p}{q}} \cdot b^{\frac{p}{q}}\right)^q = \left(\sqrt[q]{a^p} \cdot \sqrt[q]{b^p}\right)^q = \left(\sqrt[q]{a^p}\right)^q \cdot \left(\sqrt[q]{b^p}\right)^q = a^p \cdot b^p = (a \cdot b)^p$

rechte Seite: $\left((a \cdot b)^{\frac{p}{q}}\right)^q = \left(\sqrt[q]{(a \cdot b)^p}\right)^q = (a \cdot b)^p$

also gilt $a^{\frac{p}{q}} \cdot b^{\frac{p}{q}} = (a \cdot b)^{\frac{p}{q}}$.

Entsprechend begründet man die anderen beiden Potenzgesetze mit rationalen Exponenten.

Potenzgesetze:
Sind r und s rationale Zahlen und a und b positive reelle Zahlen, so gilt
für Potenzen mit gleicher Basis: $\mathbf{a^r \cdot a^s = a^{r+s}}$ und $\mathbf{a^r : a^s = a^{r-s}}$
für Potenzen mit gleichem Exponenten: $\mathbf{a^r \cdot b^r = (a \cdot b)^r}$ und $\mathbf{a^r : b^r = (a : b)^r}$
für Potenzen von Potenzen: $\mathbf{(a^r)^s = a^{r \cdot s}}$

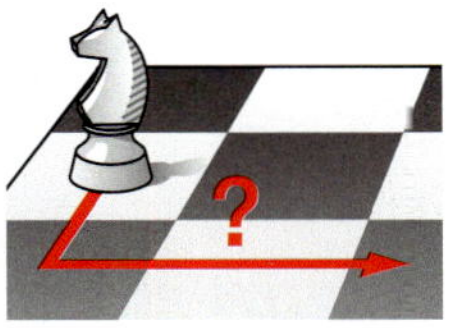

Strategie: Zurückführen auf etwas Bekanntes

Bemerkungen
(1) Statt neue Rechengesetze für Wurzelterme aufzustellen, werden Wurzeln in Potenzen mit rationalen Hochzahlen umgewandelt und dann diese Potenzgesetze angewandt.
(2) Analog zum Rationalmachen des Nenners in Termen mit Quadratwurzeln im Nenner erweitert man bei Termen mit einer n-ten Wurzel im Nenner diesen so, dass der Exponent im Nenner ganzzahlig wird:

$$\frac{1}{\sqrt{3}} = \frac{1}{3^{\frac{1}{2}}} = \frac{3^{\frac{1}{2}}}{3^{\frac{1}{2}} \cdot 3^{\frac{1}{2}}} = \frac{3^{\frac{1}{2}}}{3^1} = \frac{\sqrt{3}}{3};\quad \frac{1}{\sqrt[5]{3}} = \frac{1}{3^{\frac{1}{5}}} = \frac{1 \cdot 3^{\frac{4}{5}}}{3^{\frac{1}{5}} \cdot 3^{\frac{4}{5}}} = \frac{3^{\frac{4}{5}}}{3^1} = \frac{\sqrt[5]{3^4}}{3}$$

Beispiel 1
Vereinfache und schreibe als Potenz mit rationalem Exponenten.
a) $7^{\frac{1}{2}} : 7^{\frac{1}{3}}$ b) $\left(16^{\frac{3}{2}}\right)^{-\frac{1}{6}}$ c) $\sqrt[3]{11} \cdot \sqrt{11}$ d) $\sqrt[3]{\sqrt[5]{5}}$
Lösung:
a) $7^{\frac{1}{2}} : 7^{\frac{1}{3}} = 7^{\frac{1}{2} - \frac{1}{3}} = 7^{\frac{3}{6} - \frac{2}{6}} = 7^{\frac{1}{6}}$
b) $\left(16^{\frac{3}{2}}\right)^{-\frac{1}{6}} = 16^{\frac{3}{2} \cdot \left(-\frac{1}{6}\right)} = 16^{-\frac{1}{4}} = (2^4)^{-\frac{1}{4}} = \frac{1}{2}$
c) $\sqrt[3]{11} \cdot \sqrt{11} = 11^{\frac{1}{3}} \cdot 11^{\frac{1}{2}} = 11^{\frac{1}{3} + \frac{1}{2}} = 11^{\frac{5}{6}}$
d) $\sqrt[3]{\sqrt[5]{5}} = \left(5^{\frac{1}{5}}\right)^{\frac{1}{3}} = 5^{\frac{1}{5} \cdot \frac{1}{3}} = 5^{\frac{1}{15}}$

__Anmerkung zu Beispiel 2a:__ Statt nach dem Exponenten 3 „zu suchen", kann man auch so rechnen:
$\sqrt[3]{16} = 16^{\frac{1}{3}} = (2^4)^{\frac{1}{3}}$
$= 2^{\frac{4}{3}} = 2^{1 + \frac{1}{3}} = 2 \cdot 2^{\frac{1}{3}}$

__Anmerkung zu Beispiel 2b:__ Ohne Umwandlung in Potenzen sähe die 2. Umformung so aus:
$\sqrt[3]{5} \cdot \sqrt[3]{2^3} = \sqrt[3]{5 \cdot 2^3}$

Beispiel 2
a) Radiziere teilweise: $\sqrt[3]{16}$
b) Schreibe $\sqrt[3]{5} \cdot 2$ als eine Wurzel aus einem Term.
Lösung:
a) $\sqrt[3]{16} = (16)^{\frac{1}{3}} = (2^3 \cdot 2)^{\frac{1}{3}} = (2^3)^{\frac{1}{3}} \cdot 2^{\frac{1}{3}} = 2 \cdot 2^{\frac{1}{3}}$
b) $\sqrt[3]{5} \cdot 2 = 5^{\frac{1}{3}} \cdot 2^{\frac{3}{3}} = (5 \cdot 2^3)^{\frac{1}{3}} = 40^{\frac{1}{3}} = \sqrt[3]{40}$

Beispiel 3
Mache den Nenner rational: a) $\frac{1}{\sqrt[4]{6}}$ b) $\sqrt[3]{\frac{2}{5}}$
Lösung:
a) $\frac{1}{\sqrt[4]{6}} = \frac{1}{6^{\frac{1}{4}}} = \frac{1 \cdot 6^{\frac{3}{4}}}{6^{\frac{1}{4}} \cdot 6^{\frac{3}{4}}} = \frac{6^{\frac{3}{4}}}{6^1} = \frac{\sqrt[4]{6^3}}{6} = \frac{\sqrt[4]{216}}{6}$
b) $\sqrt[3]{\frac{2}{5}} = \frac{\sqrt[3]{2}}{\sqrt[3]{5}} = \frac{2^{\frac{1}{3}} \cdot 5^{\frac{2}{3}}}{5^{\frac{1}{3}} \cdot 5^{\frac{2}{3}}} = \frac{(2 \cdot 5^2)^{\frac{1}{3}}}{5^1} = \frac{\sqrt[3]{50}}{5}$

Aufgaben

__Tipp:__ Schreibe zuerst Wurzeln als Potenzen und rechne dann nach den Potenzgesetzen.

3
Vereinfache mit Hilfe der Potenzgesetze.
a) $5^{\frac{1}{2}} \cdot 5^{\frac{1}{4}}$ b) $10^{\frac{1}{2}} : 10^{\frac{1}{3}}$ c) $\sqrt{\sqrt{2}}$
d) $2^{-\frac{2}{3}} : 2^{-0,5}$ e) $a^{-\frac{1}{2}} \cdot a$ f) $3^x : 3^{-\frac{1}{2}}$
g) $2^{\frac{1}{4}} \cdot 3^{\frac{1}{4}}$ h) $4^{\frac{2}{5}} : 2^{\frac{2}{5}}$ i) $3^{-\frac{1}{6}} \cdot 6^{-\frac{1}{6}}$
k) $x^{\frac{2}{3}} : (2x)^{\frac{2}{3}}$ l) $\left(2^{\frac{1}{2}}\right)^4$ m) $\left(5^{\frac{2}{3}}\right)^{\frac{1}{4}}$
n) $\left(4^{\frac{1}{5}}\right)^{-\frac{3}{4}}$ o) $\left(3^{-\frac{3}{4}}\right)^{-\frac{4}{5}}$ p) $\left(2^{-\frac{1}{x}}\right)^x$
q) $\left(\sqrt[3]{2^4}\right)^{\frac{1}{2}}$ r) $\sqrt[3]{a^{-5}}$ s) $x^{-1} : x^{-\frac{3}{2}}$

4
Fasse die Potenzgesetze in Worte.

5
Gib das Ergebnis als eine Wurzel an.
a) $\sqrt[3]{4} \cdot \sqrt[4]{4}$ b) $\sqrt[5]{3} : \sqrt{3}$ c) $\sqrt[3]{5} : \sqrt{5^2}$
d) $\sqrt[3]{\sqrt[3]{5}}$ e) $\sqrt{\frac{1}{\sqrt{3}}}$ f) $\sqrt[3]{\frac{1}{x}} \cdot \sqrt[3]{x^2}$
g) $\sqrt[n]{\sqrt[3]{a}}$ h) $\sqrt{x} \cdot \sqrt{4x}$ i) $\sqrt[4]{2^9} : \sqrt{2^9}$

6

Beim Vereinfachen der folgenden Terme sind Fehler unterlaufen.

$$\sqrt[3]{7^5} : \frac{1}{(\sqrt{7})^4} = 7^{\frac{5}{3}} : 7^{\frac{4}{2}} =$$
$$7^{\frac{5}{3}} : 7^2 = 7^{\frac{5}{3}-2} =$$
$$7^{\frac{3}{3}} = 7$$

$$2 \cdot (8^3)^{\frac{1}{2}} : \frac{1}{\sqrt{2}} = 2 \cdot 8^{\frac{3}{2}} : 2^{-\frac{1}{2}} =$$
$$2 \cdot (2^3)^{\frac{3}{2}} : 2^{-\frac{1}{2}} = 2^1 \cdot 2^{\frac{9}{2}} : 2^{-\frac{1}{2}} =$$
$$2^{\frac{11}{2}-\frac{1}{2}} = 2^{\frac{10}{2}} =$$
$$2^5 = 32$$

Suche sie und berichtige in deinem Heft.

7

Mache den Nenner rational.

a) $\frac{1}{\sqrt{5}}$ b) $\frac{1}{\sqrt[3]{4}}$ c) $\sqrt[3]{\frac{2}{3}}$ d) $\frac{1}{\sqrt[4]{2}}$ e) $\frac{2}{\sqrt[4]{4}}$

Lösungssalat zu 8:

8

Vereinfache.

a) $\sqrt[3]{4} \cdot \sqrt[3]{2} + \left(\sqrt[5]{2}\right)^{-10}$ b) $\left(\sqrt[3]{320} : \sqrt[3]{5}\right) : 4$

c) $\left(\sqrt[5]{2^3} + 3 \cdot \sqrt[5]{2^3}\right) \cdot 2^{\frac{2}{5}}$ d) $\sqrt[4]{24} \cdot \sqrt[4]{18} \cdot \sqrt[4]{48}$

e) $\sqrt[3]{7} \cdot \left(\sqrt[3]{49} - \sqrt[3]{7^{-1}}\right)$ f) $\sqrt[3]{4} \cdot \sqrt{2} \cdot \sqrt[6]{32}$

9

Eine Zahl a wird durch Potenzieren größer, durch Wurzelziehen kleiner. Stimmt das? Begründe.

Satelliten, die über einem Ort der Erdoberfläche stehen zu scheinen, heißen ***geostationäre*** *Satelliten.*

10

Mit der Formel $v = \left(\frac{4 \cdot 10^{14}}{d}\right)^{\frac{1}{2}} \frac{m}{s}$ kann die Geschwindigkeit v eines geostationären Satelliten mit $d = 4{,}137 \cdot 10^7$ (Abstand vom Erdmittelpunkt in m) bestimmt werden. Berechne Geschwindigkeit und Höhe des Satelliten über der Erdoberfläche (Erdradius 6370 km).

11

Vereinfache.

a) $\frac{\sqrt{8}}{2}$ b) $\frac{\sqrt{27}}{3}$ c) $\left(\sqrt[3]{5}\right)^6$ d) $\frac{2}{\sqrt{12}}$

e) $\left(\sqrt[8]{x}\right)^4$ f) $\frac{10}{\sqrt{50}}$ g) $\frac{\sqrt[3]{40}}{2}$ h) $\frac{\sqrt[3]{54}}{6}$

i) $\frac{2x}{\sqrt[4]{32}}$ k) $\left(\sqrt[4]{x}\right)^{-2}$ l) $\left(\sqrt{y^{-4}}\right)^{-2}$ m) $\frac{15}{\sqrt[3]{500}}$

n) $\frac{3\sqrt{16}}{2}$ o) $\left(\sqrt{5}\right)^{2n}$ p) $\left(\sqrt[n]{t^3}\right)^{2n}$ q) $\sqrt[2n]{x^n}$

Nimm einen Taschenrechner und berechne die 5. Potenz deines Lebensalters. Sag mir die Endziffer deines Ergebnisses und ich sage dir, wie alt du bist.

12

Probiere selbst (vgl. Randspalte). Begründe.

13

a) $\left(\sqrt{11} - \sqrt{10}\right) \cdot \left(\sqrt{11} + \sqrt{10}\right) + 2\sqrt{3} \cdot 2\sqrt{3}$

b) $\left(\sqrt{2} + 1\right) \cdot \left(\sqrt[4]{2} - 1\right) \cdot \left(\sqrt[4]{2} + 1\right)$

c) $\sqrt[7]{2^3} \cdot 2^{\frac{4}{7}} - 3 \cdot \left(2^{\frac{4}{7}} + 3^{\frac{4}{7}} : 3^{-\frac{3}{7}}\right)$

d) $\sqrt[4]{48} - 2 \cdot \left(\sqrt[4]{3} + \sqrt{8} \cdot \sqrt{2}\right)$

14

a) Welche Terme sind gleich groß?

$\frac{1}{\sqrt{2}}$ | $\sqrt[3]{4}$ | 2 | $4^{\frac{1}{3}}$ | $\frac{1}{5}\sqrt{10}$ | $\frac{1}{\sqrt[3]{4}}$

$\sqrt{\frac{2}{5}}$ | $\sqrt{5}$ | $(5^3)^{\frac{1}{6}}$ | $\frac{1}{2}\sqrt{2}$ | $\sqrt[3]{8}$ | $\sqrt[9]{4^{-3}}$

b) Erstellt weitere Paare von gleichwertigen Termen und schreibt jeden Term auf ein Kärtchen.
Damit habt ihr ein Memory-Spiel.

15 ▦

a) Ein Taschenrechner zeigt die Zahl 2 an. Welche Zahl zeigt er an, wenn man 1- (2-; 3-; n-)mal die $\sqrt{\ }$-Taste drückt? Notiere diese Zahlen mit einem einzigen Wurzelzeichen.

b) Berechne $\sqrt[16]{15}$ mit Hilfe der $\sqrt{\ }$-Taste des Taschenrechners auf 4 Nachkommastellen.

16

In einem Biologiebuch steht für die Körperoberfläche eines Menschen (in m^2) folgende Formel: $O = 0{,}007184 \cdot m^{0{,}425} \cdot h^{0{,}725}$, wobei m = Masse in kg und h = Länge in cm. Berechne deine Körperoberfäche.

17

Bestimme die Lösungsmenge.

a) $\sqrt{x} = 11$ b) $\sqrt[3]{y} = -8$

c) $\sqrt[5]{2x} + 1 = 0$ d) $2 - \sqrt[3]{z^2} = 0$

e) $\sqrt[4]{\frac{1}{16}x} = 1$ f) $\sqrt[4]{27z} = 4^2 - 13$

G 18

Wie groß ist der Anteil der rot gefärbten Fläche an der Quadratfläche?

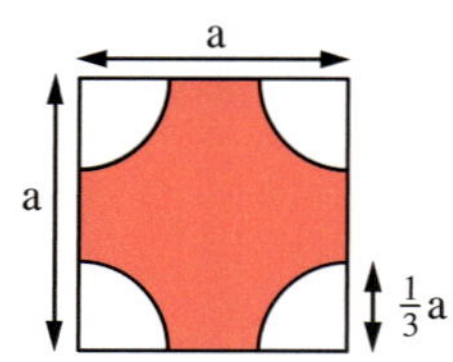

Thema:

Wurzelziehen per Hand

Wo man heute den Taschenrechner verwendet, musste man früher noch „per Hand“ rechnen. In den Klassen 3 bis 5 hast du die schriftlichen Rechenverfahren der Addition, Subtraktion, Multiplikation und Division gelernt. Auch für das Ziehen einer Quadratwurzel gibt es ein schriftliches Verfahren, das du hier kennenlernen kannst.

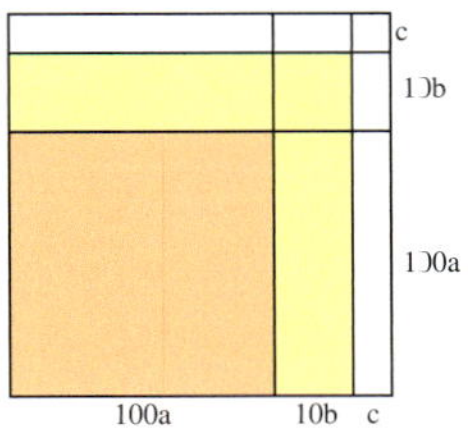

$\sqrt{139\,876}$ soll bestimmt werden. Da $10\,000 < 139\,876 < 1\,000\,000$, liegt $\sqrt{139\,876}$ zwischen 100 und 1 000. Ist $\sqrt{139\,876}$ eine natürliche Zahl, dann hat sie drei Ziffern. In diesem Fall kann man schreiben: $\sqrt{139\,876} = a \cdot 100 + b \cdot 10 + c = 100a + 10b + c$,
wobei a, b, c die drei Ziffern der gesuchten Zahl sind; es gilt $1 \leqq a \leqq 9$ und $0 \leqq b, c \leqq 9$.
Mit Hilfe der Zeichnung links am Rand erkennt man:

$$139\,876 = \left(\sqrt{139\,876}\right)^2 = (100a + 10b + c)^2$$
$$= (100a)^2 + (2 \cdot 100a + 10b) \cdot 10b + (2 \cdot 100a + 2 \cdot 10b + c) \cdot c$$
$$= a^2 \cdot 10\,000 + (2 \cdot 10a + b) \cdot b \cdot 100 + [2 \cdot (100a + 10b) + c] \cdot c$$

Um jetzt a, b und c zu bestimmen, muss man jeden Summanden mit möglichst groß gewählten a, b bzw. c von 139 876 subtrahieren, wobei die Reste nicht negativ werden dürfen:

1. Schritt: $139\,876 - a^2 \cdot 10\,000$ ergibt für $a^2 \leqq 13$ einen positiven Rest, dieser ist für $a = 3$ am kleinsten. Also: $139\,876 - 3^2 \cdot 10\,000 = 49\,876$.

2. Schritt: $49876 - (2 \cdot 10 \cdot 3 + b) \cdot b \cdot 100 = 49\,876 - (60 + b)\,b \cdot 100$. Auf jeden Fall muss $498 \geqq (60 + b)\,b$ sein, dies gilt für $b \leqq 7$: $(498 - 60 \cdot 7 = 78;\ 78 > 7^2)$.
Also: $49\,876 - (60 + 7) \cdot 7 \cdot 100 = 49\,876 - 469 \cdot 100 = 2\,976$.

3. Schritt: $2\,976 - [2 \cdot (100 \cdot 3 + 10 \cdot 7) + c] \cdot c = 2\,976 - (740 + c) \cdot c$
Dies ergibt null für $c = 4$: $\quad 2\,976 - (740 + 4) \cdot 4 = 2\,976 - 2\,976$.

Nebenstehend ist gezeigt, wie man diese Überlegungen als abgekürzte Rechnung aufschreibt. Dabei teilt man von den Einern beginnend immer Blöcke mit zwei Ziffern ab. Die gedruckten Kommentare und die Pfeile erläutern, wie die einzelnen Zahlen zustande kommen. Vergleiche mit den zuvor beschriebenen Überlegungen.

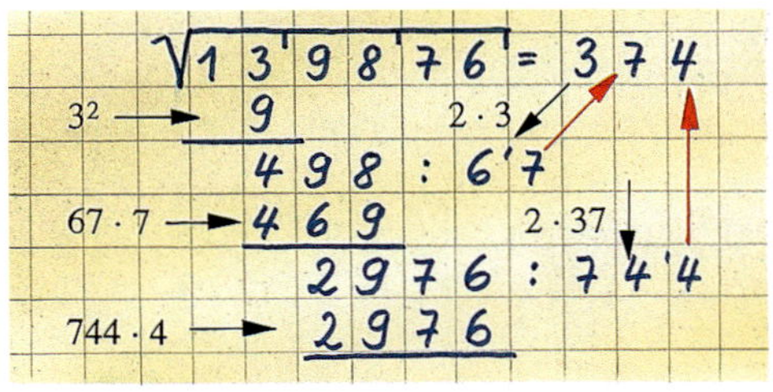

Unten links sieht man,, wie man entsprechend $\sqrt{70\,140\,625}$ berechnen kann. Auch wenn der Radikand keine Quadratzahl ist, kann man das Verfahren anwenden. Man setzt im Ergebnis ein Komma, und beim Radikanden „hängt man Nullen an“ (siehe unten rechts).

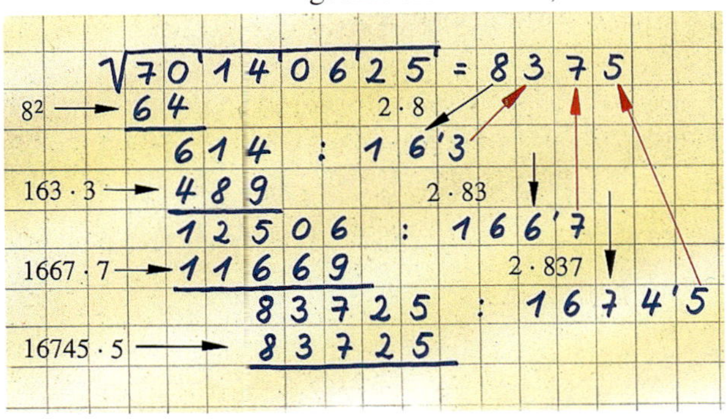

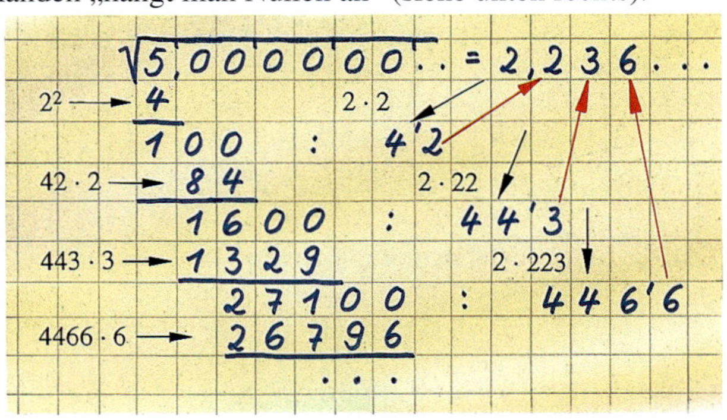

1
Arbeite ohne Taschenrechner.
a) $\sqrt{1369}$ b) $\sqrt{9025}$ c) $\sqrt{12\,769}$

2
Berechne auf 3 Nachkommastellen genau.
a) $\sqrt{3}$ b) $\sqrt{8}$ c) $\sqrt{11}$

Lesetext:

Musikalische  Stimmungen

Mit Saiten, wie sie z. B. bei Streich- oder Zupfinstrumenten verwendet werden, kann man Töne verschiedener Höhen erzeugen. Die Tonhöhe hängt von der Schwingungszahl pro Zeit, d. h. der Frequenz, ab. Die Frequenz gibt man in Hertz (Hz) an: 1 Hz = 1 Schwingung in der Sekunde. Je größer die Frequenz ist, desto höher ist der Ton. Zum Musizieren verwendet man Töne, die „gut zueinander passen“. Diese Töne kann man „festlegen“, indem man die Frequenz eines Ausgangstones und die Verhältnisse aller ausgewählten Tonfrequenzen zueinander angibt.

Das pythagoräische Stimmungsprinzip

Pythagoras (580–496 v. Chr.) und seine Schüler untersuchten mit Hilfe eines Monochords, welche Töne gut zusammen klingen.
Sie verglichen den Ton einer Saite, den Grundton, mit den Tönen, die man erhält, wenn man jeweils nur einen Teil dieser Saite (bei gleicher Spannung) schwingen lässt:

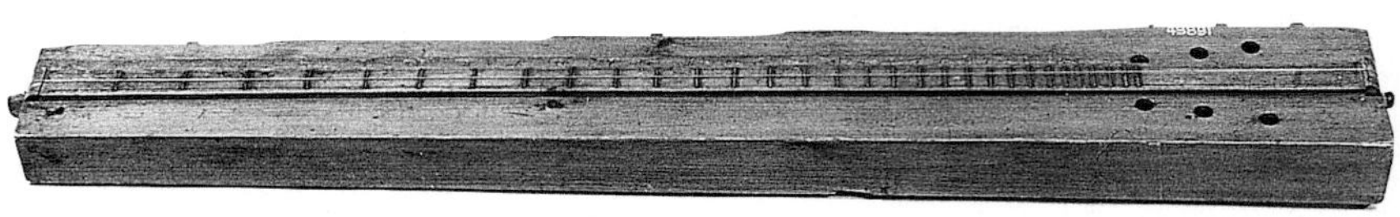

Monochord

Der Grundton und der Ton der halben Saite klingen besonders harmonisch zusammen. Einen guten Zusammenklang ergeben auch der Grundton und der Ton von $\frac{2}{3}$ der Saite. Ebenfalls (noch) angenehm klingen der Grundton und der Ton von $\frac{3}{4}$ der Saite.
Die Frequenz eines Tones ist umgekehrt proportional zur Länge der schwingenden Saite. Hat der Grundton die Frequenz f_0, so haben die drei mit ihm gut klingenden Töne deshalb die Frequenzen $2 \cdot f_0$, $\frac{3}{2} \cdot f_0$ und $\frac{4}{3} \cdot f_0$.
Das Verhältnis der Frequenzen $\frac{3}{2} \cdot f_0$ und $\frac{4}{3} \cdot f_0$ ist $\frac{9}{8}$. Die Pythagoräer nutzten das Frequenzverhältnis $\frac{9}{8}$, um weitere Töne festzulegen. Die folgende Tabelle zeigt eine „pythagoräische Tonleiter“ mit heutigen Tonbezeichnungen c′, d′, e′, …

Tonbezeichnung	c′	d′	e′	f′	g′	a′	h′	c″
Frequenz	f_0	$\frac{9}{8} \cdot f_0$	$\frac{81}{64} \cdot f_0$	$\frac{4}{3} \cdot f_0$	$\frac{3}{2} \cdot f_0$	$\frac{27}{16} \cdot f_0$	$\frac{243}{128} \cdot f_0$	$2 \cdot f_0$
Frequenzverhältnis zum folgenden Ton	8 : 9	8 : 9	243 : 256	8 : 9	8 : 9	8 : 9	243 : 256	

Der Zusammenklang von Tönen, deren Frequenzen im Verhältnis kleiner ganzer Zahlen stehen, empfindet man als besonders angenehm. Betrachtet man jedoch in der pythagoräischen Stimmung z. B. die Tonika (den Grundakkord) c′– e′– g′ von C-Dur, so erhält man das Frequenzverhältnis 64 : 81 : 96 (d. h.: zu c′– e′ gehört das Frequenzverhältnis 64 : 81 und zu e′– g′ das Frequenzverhältnis 81 : 96).
Dem pythagoräischen Stimmungsprinzip warf man Klangarmut vor allem beim Spielen von Akkorden vor.
Didymos (geb. 63 v. Chr.) entwickelte ein Stimmungsprinzip, das sehr gut die Forderung nach harmonischem Zusammenklang der Töne erfüllt:

Das diatonische Stimmungsprinzip

Tonbezeichnung	c′	d′	e′	f′	g′	a′	h′	c″
Frequenz	f_0	$\frac{9}{8} \cdot f_0$	$\frac{5}{4} \cdot f_0$	$\frac{4}{3} \cdot f_0$	$\frac{3}{2} \cdot f_0$	$\frac{5}{3} \cdot f_0$	$\frac{15}{8} \cdot f_0$	$2 \cdot f_0$
Frequenzverhältnis zum folgenden Ton	8 : 9	9 : 10	15 : 16	8 : 9	9 : 10	8 : 9	15 : 16	

Der Tonika c′– e′– g′ von C-Dur entspricht nun das Frequenzverhältnis 4 : 5 : 6. Weil die diatonische Skala im besonderen Maße den harmonischen Zusammenklang von Tönen unterstützt, heißt sie auch **reine** Tonskala.

Die diatonische Stimmung bereitet Schwierigkeiten, wenn man eine Tonleiter mit einem anderen Grundton spielen will, denn: Wählt man z. B. d als Grundton einer Tonleiter, so muss der fünfte Ton die Frequenz $\frac{3}{2} \cdot (\frac{9}{8} \cdot f_0) = \frac{27}{16} \cdot f_0$ haben. Diese Frequenz ist jedoch in der Tabelle auf Seite 36 unten nicht vorhanden (a hat die Frequenz $\frac{5}{3} \cdot f_0$). Dieses Problem versuchte man durch Einfügen von weiteren Tönen zu beheben. Rechts sieht man eine entsprechende Klaviatur, die jedoch beim Bau und Spiel Schwierigkeiten bereitete.

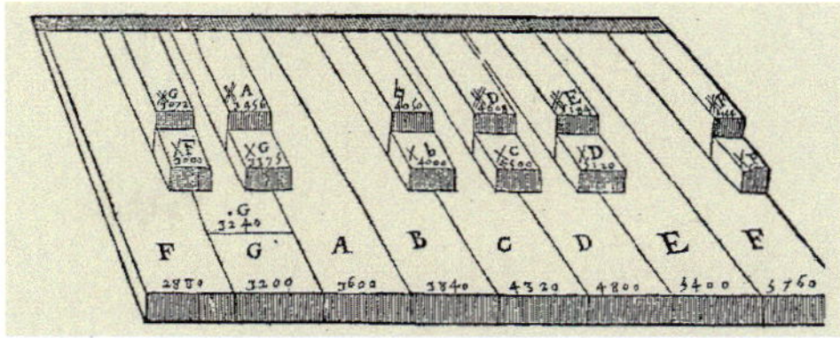

Klaviatur mit 19 Tonschritten in der Oktave aus Marin Mersennes „Harmonie universelle“

Zudem stimmt weder beim pythagoräischen, noch beim diatonischen Stimmungsprinzip die Übereinanderschichtung von 12 Quinten mit der Schichtung von 7 Oktaven überein:

$$\left(\frac{3}{2}\right)^{12} = 129{,}746\ldots \neq 128 = \left(\frac{2}{1}\right)^{7}$$

Fis-Dur müsste daher geringfügig höher klingen als Ges-Dur. Diese Abweichung wird pythagoräisches Komma genannt. Fügt man in der diatonischen Tonleiter zwischen die benachbarten Töne mit größerem Abstand noch die Halbtöne cis, dis, fis, gis und ais ein und versucht, durch geringfügiges Verstimmen alle Halbtonschritte aneinander anzugleichen, so erhält man eine sogenannte **temperierte Stimmung**.
Für eine solche Stimmung komponierte J. S. Bach seinen Zyklus „Das wohltemperierte Klavier“.

Der Mathematiker Marin Mersenne (1588–1648) und der Orgelbauer Andreas Werckmeister (1645–1706) entwickelten schließlich eine spezielle temperierte Stimmung:

Die gleichstufige Stimmung
Alle Frequenzen werden hierbei so gewählt, dass das Frequenzverhältnis k zweier benachbarter Töne stets gleich ist.

Tonbezeichnung	c′	cis′	d′	dis′	e′	f′	fis′	g′	gis′	a′	ais′	h′	c″
Frequenz	f_0	$k \cdot f_0$	$k^2 \cdot f_0$	$k^3 \cdot f_0$	$k^4 \cdot f_0$	$k^5 \cdot f_0$	$k^6 \cdot f_0$	$k^7 \cdot f_0$	$k^8 \cdot f_0$	$k^9 \cdot f_0$	$k^{10} \cdot f_0$	$k^{11} \cdot f_0$	$2 \cdot f_0$

Also ist $k^{12} \cdot f_0 = 2 \cdot f_0$ und somit $k = \sqrt[12]{2}$.
Das Frequenzverhältnis der Quinte $\left(\sqrt[12]{2}\right)^7 = 1{,}498\ldots$ ist bei der gleichstufigen Stimmung geringfügig kleiner als 3 : 2; 12 solche Quinten sind genau so groß wie 7 Oktaven: Das pythagoräische Komma ist damit beseitigt.
Die gleichstufige Stimmung liegt vermittelnd zwischen den beiden anderen Stimmungen; so hat z. B. der Ton e′
in der pythagoräischen Stimmung die Frequenz $\frac{81}{64} \cdot f_0 = 1{,}265\,625 \cdot f_0$,
in der diatonischen Stimmung die Frequenz $\frac{5}{4} \cdot f_0 = 1{,}25 \cdot f_0$,
in der gleichstufige Stimmung die Frequenz $\left(\sqrt[12]{2}\right)^4 \cdot f_0 = \sqrt[3]{2} \cdot f_0 \approx 1{,}259\,921 \cdot f_0$.
Um eine Stimmung komplett anzugeben, muss man auch die Frequenz eines Bezugstones benennen.
1939 wurde auf einer Konferenz in London die Frequenz 440 Hz für den sogenannten Kammerton a′ festgelegt.
Manchmal wird jedoch für den Ton a′ aus künstlerischen Gründen eine höhere oder tiefere Frequenz als 440 Hz gewählt.

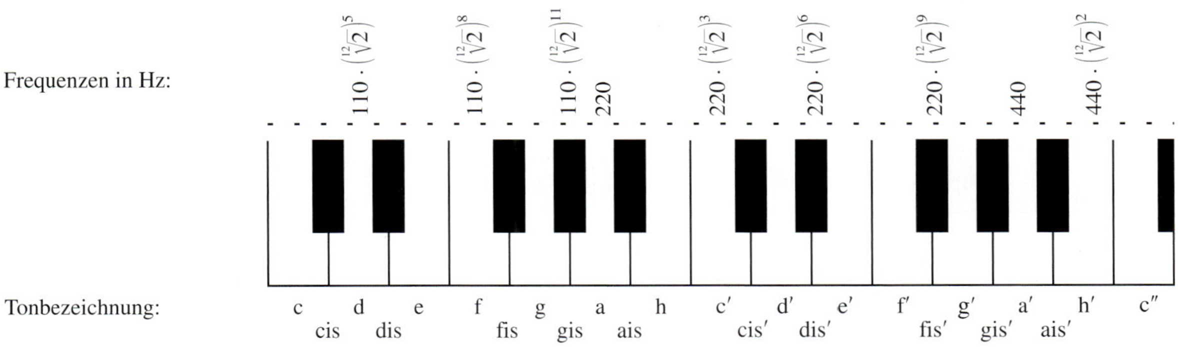

Die gleichstufige Stimmung hat gegenüber der diatonischen Stimmung den Vorteil, dass jeder Ton Grundton einer Tonleiter sein kann. Sie hat jedoch gegenüber der diatonischen Stimmung auch einen Nachteil – welchen?

Lesetext:

Zur Geschichte der irrationalen Zahlen

Der Begriff der Zahl kommt vom (Ab-)Zählen. So war mit einer Zahl ursprünglich eine Anzahl gemeint, also eine natürliche Zahl (und mit diesen Zahlen lernt man auch heute in der Grundschule erst einmal das Rechnen).

Aber schon vor 4000 Jahren benutzten die **Ägypter** einfache Brüche zur Beschreibung von Bruchteilen.

Vielleicht erinnerst du dich noch an den Lesetext „Bruchrechnung ägyptisch“ im Band 6.

Die **Baylonier** verwendeten 60stel-Brüche zur Beschreibung rationaler Zahlen, eine Einteilung, die heute noch bei Stunden in Minuten und Minuten in Sekunden gebräuchlich ist.
In alten babylonischen Texten findet man auch Näherungen für $\sqrt{2}$:
$\sqrt{2} \approx 1\frac{25}{60}$ und $\sqrt{2} \approx 1\frac{24}{60} + \frac{51}{3600} + \frac{10}{216000}$.
Die erste Näherung ist auf 0,002 genau, die zweite Näherung sogar auf 0,0000006 genau.

Rechne nach!

mathemata (griechisch): das zu Lernende

Die **Griechen** waren die Ersten, die Mathematik als eine grundlegende Wissenschaft auffassten. Dabei zählten sie zur Mathematik die Arithmetik, die Geometrie, die Astronomie und die Musik (!). **Pythagoras von Samos** soll gesagt haben: „*Alles ist Zahl.*“ Obwohl die **Griechen** im praktischen Rechnen die Bruchrechnung der Babylonier übernommen hatten, versuchten sie die Welt allein durch natürliche Zahlen zu beschreiben.

Vergleiche dazu die Aufgaben auf Seite 184

Mit Rechensteinen legten die Griechen Muster und entdeckten dabei viele interessante arithmetischen Zusammenhänge.

In der Geometrie benötigt man zum Messen von Streckenlängen wiederum Zahlen:

So ist z. B. die Strecke a 5-mal so lang wie die Strecke s.
Nicht immer ist aber die Länge einer Strecke ein Vielfaches der Länge einer anderen Strecke. In diesem Fall verglichen die Griechen beide Strecken mit einem *gemeinsamen Maß* s :

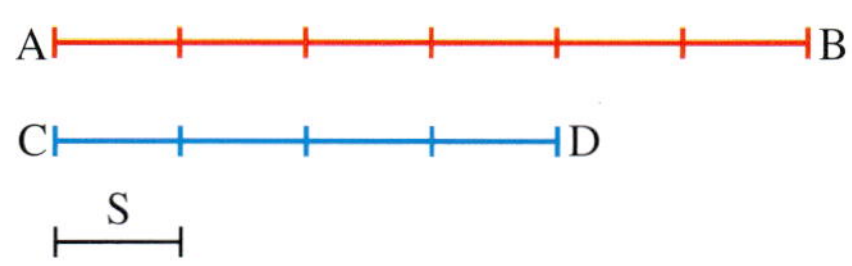

Hier ist $\overline{AB} = 6\,s$ und $\overline{CD} = 4\,s$, die Strecken $\overline{AB}$ und $\overline{CD}$ haben das gemeinsame Maß s. Hierfür schrieben sie das Zahlverhältnis 6 : 4 und sie konnten so Strecken mit Hilfe natürlicher Zahlen vergleichen. Die Griechen glaubten, dass man zu zwei Strecken immer ein solches gemeinsames Maß finden kann. Man nehme dazu einfach nur eine genügend kleine Strecke.

Zu den Zahlenverhältnissen in der Musik vgl. auch den Lesetext S. 36f.

In der Astronomie erkannte schon **Thales**, dass bei der richtig von ihm vorhergesagten Sonnenfinsternis des Jahres 585 v. Chr. die Sonne durch den Mond verdeckt wird. Thales konnte recht gut die Umlaufbahnen der Gestirne berechnen, wobei er allerdings annahm, dass sich die Sonne wie der Mond um die Erde drehten. Für Sonnendurchmesser und Durchmesser der Kreisbahn der Sonne gab er das Verhältnis 1 : 720 an, ebenfalls für Monddurchmesser und Mondbahn. Die Griechen nahmen an, dass auch für alle anderen astronomischen Daten solche einfachen Zahlenverhältnisse herrschen.

Beim Untersuchen von Musikinstrumenten fanden Pythagoras und seine Schüler heraus, dass Tonintervalle harmonisch klingen, wenn sich z. B. die Länge der Saiten mit besonders einfachen Zahlverhältnissen ausdrücken lassen. So entspricht die Oktave einem Verhältnis von 1 : 2 (= $\frac{1}{2}$), d. h., bei halber Saitenlänge erklingt die Oktave. Entsprechend entdeckten sie für die Quinte das Verhältnis 2 : 3, für die Quarte 3 : 4.

Einfache Zahlenverhältnisse waren somit für die Griechen gleichbedeutend mit Harmonie. Sie glaubten, die Musik, die Geometrie, die ganze Welt sei auf Harmonie, d. h. auf einfachen Zahlverhältnissen, gegründet.

Hippasos von Metapont (um 470 vor Christus), einem Schüler von Pythagoras, wird die Entdeckung zugeschrieben, dass es Strecken ohne gemeinsames Maß gibt.
Es gibt begründete Vermutungen, dass Hippasos Strecken ohne gemeinsames Maß zuerst beim regelmäßigen Fünfeck gefunden hat. Hier haben wie beim Quadrat Diagonale d und Seite a kein gemeinsames Maß, d. h. $\frac{d}{a}$ ist irrational.
Damit zerstörte er zugleich das griechische Weltbild, man könne alles durch natürliche Zahlen und Verhältnisse natürlicher Zahlen beschreiben. Die Legende erzählt, dass Hippasos aus dem Bund der Schüler von Pythagoras ausgeschlossen wurde und er als Strafe der Götter bei einem Schiffsuntergang im Meer ertrunken sei.

Mit der Erkenntnis, dass es Strecken ohne gemeinsames Maß gibt, waren zugleich die irrationalen Zahlen entdeckt.
Platon (427 – 347 v. Chr.) berichtet von der Irrationalität von $\sqrt{3}, \sqrt{5}, \ldots, \sqrt{17}$.
Ein algebraischer Beweis der Irrationalität von $\sqrt{2}$ findet sich zuerst bei **Euklid** (um 300 v. Chr., vgl. Seite 11).
Ein Rechnen mit den irrationalen Zahlen ist bei den griechischen Mathematikern nicht zu finden, es tritt erstmals bei arabischen Mathematikern auf (um 1000 n. Chr.).

Pythagoras

Thales

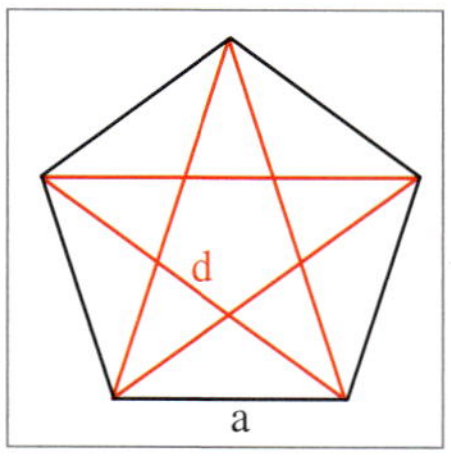

An dieser Figur vermutlich entdeckte Hippasos Strecken ohne gemeinsames Maß.

Platon

Euklid

Im **Mittelalter** wird die Bezeichnung „numeri irrationales“ gebräuchlich, also „Zahlen wider die Vernunft (= Ratio)“.
Der deutsche Theologe und Mathematiker **Michael Stifel** (1487 – 1567) diskutierte in seiner „Arithmetica integra“ (1544) die Frage, ob die irrationalen Zahlen „wirkliche Zahlen“ seien.
Er kommt zu der Ansicht, dass sie einerseits der Wirklichkeit entsprechen, da sie in der Geometrie auftreten, andererseits sie sich aber einer „exakten Berechnung“ entziehen.

Die Beschreibung der reellen Zahlen als Punkte der Zahlengeraden stammt von dem französischen Philosophen und Mathematiker **René Descartes** (1596 – 1650).
Er erklärte dann auch geometrisch, wie man reelle Zahlen addiert und multipliziert.

Die Beschreibung der rellen Zahlen wie auf den Seiten 12, 15 und 16 mit Hilfe von Intervallschachtelungen erfolgte erstmals 1892 in den „Vorlesungen über die Natur der Irrationalzahlen“ von **Paul Bachmann** (1837 – 1920).

Die Grundlagen dazu hatten zuvor die beiden deutschen Mathematiker **Karl Weierstraß** (1815 – 1897) und **Georg Cantor** (1845 – 1918) gelegt.
Cantor konnte 1873 beweisen, dass die Menge $\mathbb{R}$ der reellen Zahlen (im Gegensatz zu $\mathbb{Q}$) nicht abzählbar ist.

Stifel

Descartes

Bachmann

Weierstraß

Cantor

Rückblick

Reelle Zahlen

Rationale Zahlen lassen sich als endliche oder periodische (unendliche) Dezimalbrüche darstellen.
Zahlen, die sich nicht durch endliche und nicht durch perodische Dezimalbrüche darstellen lassen, heißen **irrationale Zahlen**.
Rationale und irrationale Zahlen bilden zusammen die Menge der **reellen Zahlen** $\mathbb{R}$.

Rationale Zahlen: $5;\ \frac{3}{7};\ 2{,}8;\ 5{,}\overline{3};\ \sqrt{9}$
Irrationale Zahlen: $\sqrt{7};\ 3+\sqrt{7};\ 2\cdot\sqrt{7}$

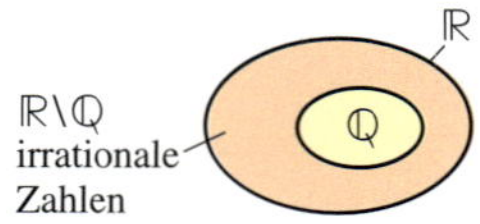

Quadratwurzel

Für $a \geqq 0$ ist $\sqrt{a}$ diejenige nicht negative Zahl, deren Quadrat a ergibt. $\sqrt{a}$ heißt Quadratwurzel, a heißt Radikand.
Aus einer negativen Zahl kann man keine Wurzel ziehen.

$\sqrt{2{,}25} = 1{,}5$; denn $1{,}5^2 = 2{,}25$
$\sqrt{-4}$ existiert nicht

Für $a \geqq 0$ gilt $\left(\sqrt{a}\right)^2 = a$. Für alle $a \in \mathbb{R}$ gilt: $\sqrt{a^2} = |a|$

$(\sqrt{6})^2 = 6;\quad \sqrt{(-6)^2} = \sqrt{36} = 6 = |-6|$

Rechenregeln für Quadratwurzeln

Für $a, b \geqq 0$ gilt:
(1) $\sqrt{a}\cdot\sqrt{b} = \sqrt{a\cdot b}$ (Multiplikationsregel)
(2) $\sqrt{a}:\sqrt{b} = \sqrt{a:b}$ bzw. $\frac{\sqrt{a}}{\sqrt{b}} = \sqrt{\frac{a}{b}}$ für $b \neq 0$ (Divisionsregel)
Achtung: $\sqrt{a} + \sqrt{b} \neq \sqrt{a+b}$

$\sqrt{3}\cdot\sqrt{75} = \sqrt{3\cdot 75} = \sqrt{225} = 15$
$\sqrt{48}:\sqrt{3} = \sqrt{48:3} = \sqrt{16} = 4$
$\sqrt{4} + \sqrt{9} \neq \sqrt{4+9}$

n-te Wurzeln

Für $a \geqq 0$ ist $\sqrt[n]{a}$ diejenige nicht negative Zahl, deren n-te Potenz a ergibt. $\sqrt[n]{a}$ heißt n-te Wurzel aus a. ($n \in \mathbb{N}$, $n \geqq 2$)

$\sqrt[3]{8} = 2$, denn $2^3 = 8$
$\sqrt[3]{-8}$ existiert nicht

Potenzen mit rationalen Exponenten

Für $a \geqq 0$, $p \in \mathbb{Z}$ und $q \in \mathbb{N}$ ist $a^{\frac{p}{q}} = \sqrt[q]{a^p}$ und $a^{-\frac{p}{q}} = \frac{1}{\sqrt[q]{a^p}}$
Insbesondere gilt für $n \in \mathbb{N},\ n > 1$: $a^{\frac{1}{n}} = \sqrt[n]{a}$

$16^{\frac{3}{4}} = \sqrt[4]{16^3} = \sqrt[4]{2^{12}} = 2^3 = 8$
$125^{\frac{1}{3}} = \sqrt[3]{125} = \sqrt[3]{5^3} = 5$

Potenzgesetze

Sind $r, s \in \mathbb{Q}$ und a und b positive reelle Zahlen, so gilt
für Potenzen mit gleicher Basis: $a^r\cdot a^s = a^{r+s}$ und $a^r : a^s = a^{r-s}$
für Potenzen mit gleichem Exp.: $a^r\cdot b^r = (a\cdot b)^r$ und $a^r : b^r = (a:b)^r$
für Potenzen von Potenzen: $(a^r)^s = a^{r\cdot s}$

$3^5\cdot 3^4 = 3^{5+4} = 3^9;\ 3^7 : 3^5 = 3^{7-5} = 3^2$
$3^8\cdot 2^8 = (3\cdot 2)^8 = 6^8;\ 6^8 : 2^8 = (6:2)^8 = 3^8$
$(4^2)^3 = 4^{2\cdot 3} = 4^6$

Rationalmachen des Nenners

Damit im Nenner eines Bruchterms keine Wurzeln mehr auftreten, muss man diesen Bruchterm geschickt erweitern.

$\frac{4}{\sqrt{3}} = \frac{4\cdot\sqrt{3}}{\sqrt{3}\cdot\sqrt{3}} = \frac{4}{3}\sqrt{3};\ \frac{1}{\sqrt[4]{5}} = \frac{1\cdot 5^{\frac{3}{4}}}{5^{\frac{1}{4}}\cdot 5^{\frac{3}{4}}} = \frac{1}{5}\sqrt[4]{5^3}$

Binomische Formeln

(1) $(a+b)^2 = a^2 + 2ab + b^2$
(2) $(a-b)^2 = a^2 - 2ab + b^2$
(3) $(a+b)(a-b) = a^2 - b^2$

$(3x + 5y)^2 = 9x^2 + 30xy + 25y^2$
$(2u - 7v)^2 = 4u^2 - 28uv + 49v^2$
$(3p + 2q)(3p - 2q) = 9p^2 - 4q^2$

Aufgaben zum Üben und Wiederholen

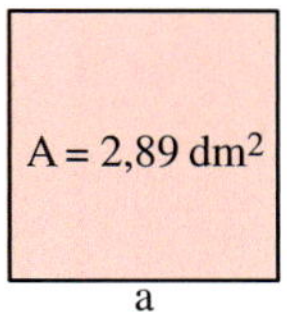

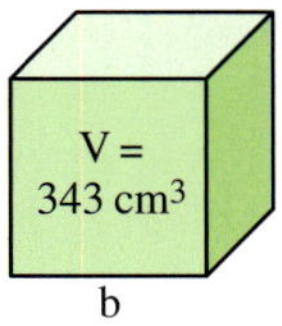

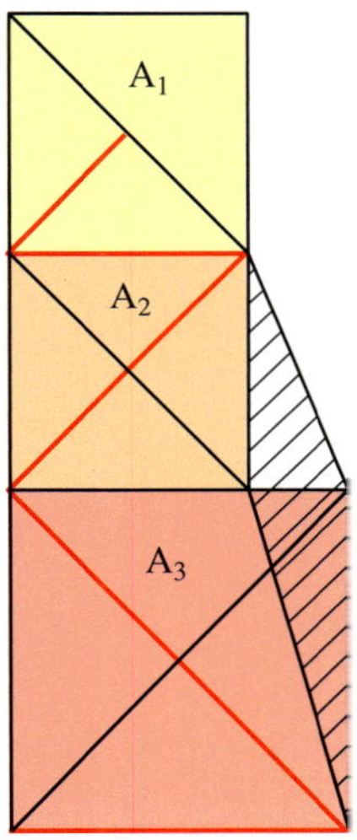

Quadratflächen
$A_1 = A_2 = 9\,cm^2$
$A_3 = 32\,cm^2$

Die Lösungen zu den Aufgaben dieser Seite findest du auf Seite 190.

1

Ziehe die Wurzel so weit wie möglich.

a) $\sqrt{169}$ b) $\sqrt{0{,}0001}$ c) $\sqrt[3]{162\,z^3}$

d) $\sqrt{500}$ e) $-\sqrt{10^8 u^4}$ f) $\sqrt[3]{8\,u^3 v^5}$

g) $\sqrt[3]{64\,v^6}$ h) $\sqrt[5]{243\,a^6}$ i) $\sqrt[4]{625}$

k) $\sqrt{3\frac{1}{16}}$ l) $\sqrt{\frac{0{,}09}{81}}$ m) $-\sqrt{\frac{121}{81}}$

2

Berechne die Seitenlänge a des Quadrats und die Kantenlänge b des Würfels links.

3

Welche der folgenden Zahlen sind natürliche (ganze; rationale; reelle) Zahlen?

$-\left(\sqrt{2}\right)^2$; $\sqrt{8}$; $-\frac{1}{6}$; $15{,}\overline{23}$; $-\sqrt{3}$; π; $\sqrt{1{,}69}$; $\left(-\sqrt{10}\right)^2$; 5^3; $6^{2,5}$; $-0{,}\overline{4}$

4

Welche der Produkte sind irrational?

a) $\sqrt{0{,}36}\cdot\sqrt{1{,}21}$ b) $\sqrt{37}\cdot\sqrt{37}$

c) $25\cdot\sqrt{5}$ d) $\left(2+\sqrt{2}\right)^2$

5

a) Wie lang sind alle in der Figur rot eingezeichneten Strecken zusammen?

b) Berechne den Flächeninhalt der schraffierten Fläche genau.

6

Vereinfache die Terme.

a) $\frac{1}{4}\cdot\sqrt{0{,}16}$ b) $8\sqrt{5}-2\sqrt{5}+\sqrt[6]{5^3}$

c) $\left(\sqrt{8a}-\sqrt{6a}\right)\cdot\sqrt{2a}$ d) $-\sqrt{(-a-b)^2}$

e) $\sqrt{25-16}-\sqrt{5}-3$ f) $\sqrt{14a^2+2a^2}$

g) $\sqrt{3}\cdot\sqrt{12}\cdot\frac{1}{\sqrt[4]{5^8}}$ h) $\sqrt{3}\cdot\left(\frac{3}{\sqrt{3}}-\sqrt{3}\right)$

i) $\sqrt{3{,}63}:\sqrt{3}$ k) $\sqrt{121\cdot 1{,}96}$

l) $\sqrt{b}\cdot\sqrt{b^5}-\sqrt[9]{b^3}$ m) $\sqrt{45a^2}:\sqrt{5a^4}$

n) $\sqrt{0{,}49:4}+\sqrt{8^4}$ o) $\sqrt{27}-8\cdot\frac{1}{2}\sqrt{3}$

p) $x^4\cdot x^{\frac{1}{2}}\cdot x^{1,5}+\left(x^{-2}\cdot x^{\frac{1}{3}}\right)^3$

q) $\sqrt{8}+\sqrt{2}\cdot\left(\sqrt{c}+\sqrt{x}\right)\cdot\left(\sqrt{2c}-\sqrt{2x}\right)$

r) $\sqrt{0{,}01p^2-0{,}6pq+9q^2}$

s) $\sqrt{4rs^3}\cdot\sqrt{2r^3}\cdot\sqrt{18rs^2}-2\sqrt{rs}\cdot(rs)^2$

t) $\left(\frac{x^2+2x+1}{2x+2}-\frac{3}{2}\right)\cdot(x-5)\cdot\sqrt[3]{64}+14x$

7

Löse die Gleichungen.

a) $(x-5)^3=8$ b) $y^2=0{,}25$ c) $\sqrt{y}=3$

d) $\sqrt{x^2+2}=-4$ e) $z^5=1024$ f) $\sqrt[4]{12x}=2$

8

Verwandle in eine Summe bzw. Differenz.

a) $\left(\frac{1}{5}x+2\right)^2$ b) $\left(a+\sqrt{3}\right)\left(a-\sqrt{3}\right)$

c) $5\cdot(7u-v)^2$ d) $(-2x-3y)(-2x+3y)$

e) $\left(\sqrt{3}s+t^2\right)^2$ f) $(-r-5k)^2\cdot r$

g) $\left(\frac{1}{8}p-1\right)^2$ h) $(-x^2a+3)(x^2a+3)$

9

Berechne.

a) $\sqrt[4]{81}\cdot 4+\sqrt[3]{9-1}-\left(\sqrt{4}\right)^2+6\cdot\sqrt[3]{216}$

b) $2\cdot\sqrt[3]{125^{-1}}-4\sqrt{5}:\sqrt{5}+\sqrt[3]{54}+\sqrt[3]{128}$

c) $2\sqrt{6}+3\sqrt{6}-\left(\sqrt{10}-\sqrt{6}+\sqrt{10}\right)^2-8\sqrt{15}$

d) $\left(\sqrt{7}+\sqrt{6}\right)\cdot\left(\sqrt{7}-\sqrt{6}\right)\cdot\left(\sqrt[3]{2}\right)^6\cdot 36^{-\frac{1}{2}}$

e) $\frac{1}{5}\left(3\sqrt{50}-4\sqrt{75}\right)-\sqrt{2}\cdot 3+\sqrt{4\cdot 3^{-1}}\cdot\sqrt{27}$

f) $\left(\sqrt{108}-\sqrt{48}\right):2+\left(2\sqrt{50}-50\sqrt{2}\right)^2-\sqrt{3}$

10

Ergänze so, dass der entstehende Term als Quadrat einer Summe oder Differenz geschrieben werden kann. Schreibe es auf.

a) k^2+36- ■ b) $121n^2-$ ■ $+4c^2$

c) $9x^4-6x^2+$ ■ d) ■ $+\frac{1}{4}cb^2+c^2$

11

Mache den Nenner rational und vereinfache.

a) $\sqrt{5}+\frac{2}{\sqrt{5}}$ b) $\frac{\sqrt{3}}{1-\sqrt{2}}$ c) $\frac{2-\sqrt{6}}{2+\sqrt{6}}$ d) $\frac{1}{\sqrt[3]{5}}$

12

Vereinfache mit Hilfe der Potenzgesetze.

a) $7^{\frac{1}{2}}\cdot 7^{\frac{1}{3}}$ b) $\left(\sqrt[3]{2}\right)^6$ c) $2^{-\frac{1}{3}}:2$

d) $\left(5^{-\frac{1}{8}}\right)^4$ e) $(a^x)^{-x}$ f) $4^{\frac{1}{9}}\cdot 2^{\frac{1}{3}}$

g) $\sqrt[5]{2}\cdot\sqrt{2}$ h) $\sqrt[3]{\frac{1}{3}}:\sqrt[4]{3}$ i) $\sqrt[6]{\sqrt{h}}$

13

Gib die Definitionsmenge an und kürze so weit wie möglich. Wie ändert sich dadurch die Definitionsmenge?

a) $\frac{z-1}{\sqrt{z}-1}$ b) $\frac{z+1}{\sqrt{z}+1}$ c) $\frac{r-144}{\sqrt{r}+12}$

II Die Satzgruppe des Pythagoras

1 Der Kathetensatz

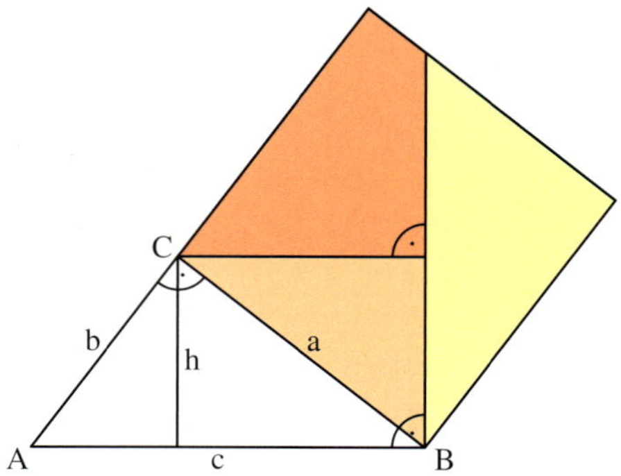

1

Zeichne entsprechend der nebenstehenden Figur ein rechtwinkliges Dreieck ABC mit $a > b$. Zeichne anschließend das Quadrat über der Kathete a und teile es wie angegeben in drei Teilstücke auf. Schneide die Einzelteile des Quadrats aus.
Versuche nun, sie zu einem Rechteck zusammenzulegen. Was kannst du über die Seitenlängen des entstandenen Rechtecks aussagen?

__hypo__ (griech.): unter
__teino__ (griech.): ich spanne
__káthetos__ (griech.): die herabgelassene, d. h. senkrechte, Linie

Bezeichnungen bei rechtwinkligen Dreiecken:
Man nennt die dem rechten Winkel gegenüberliegende Seite die **Hypotenuse**, die beiden anderen Seiten die **Katheten**. Die Höhe zur Hypotenuse zerlegt diese in zwei **Hypotenusenabschnitte**.

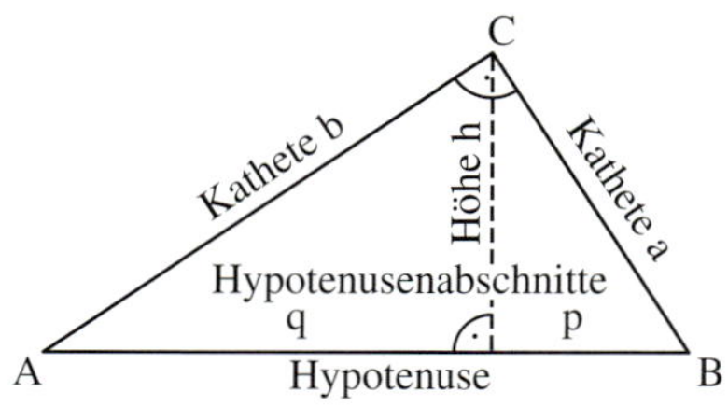

In der rechts gezeichneten Figur sind das rechtwinklige Dreieck ABC und das Teildreieck CBD zueinander ähnlich, da sie in der Größe zweier Winkel übereinstimmen:
$\sphericalangle ACB = \sphericalangle BDC$ und $\sphericalangle CBA = \sphericalangle CBD$.
Daher gilt: $\overline{AB} : \overline{BC} = \overline{CB} : \overline{BD}$
$\Rightarrow \quad c : a = a : p$
$\Rightarrow \quad a^2 = c \cdot p$

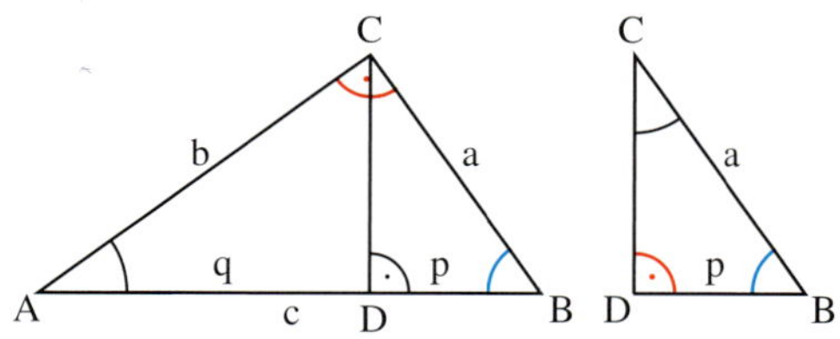

Aus der Ähnlichkeit von ΔABC und ΔACD erhält man auf analoge Weise: $b^2 = c \cdot q$.
Diese beiden Gleichungen lassen sich jeweils als Beziehung zwischen Flächeninhalten auffassen. Man kann dies in folgender Weise ausdrücken:

Kathetensatz:
Für jedes rechtwinklige Dreieck gilt:
Das Quadrat über einer Kathete ist flächengleich zum Rechteck aus der Hypotenuse und dem anliegenden Hypotenusenabschnitt.
Es gilt: $\mathbf{a^2 = c \cdot p}$
$\mathbf{b^2 = c \cdot q}$

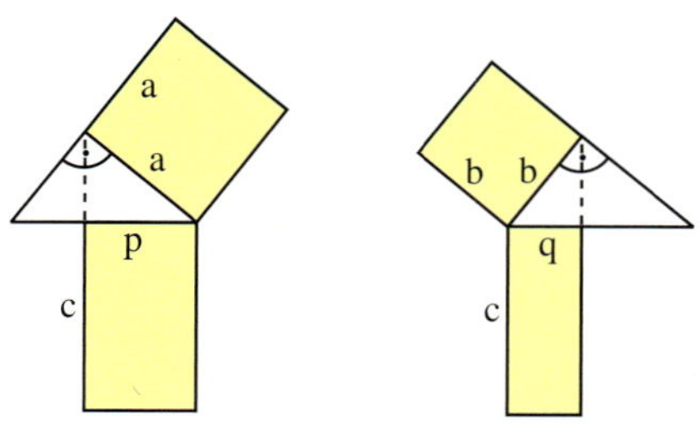

Mit Hilfe des Kathetensatzes lässt sich zu einem gegebenen Rechteck stets ein flächengleiches Quadrat (vgl. Beispiel 1) und umgekehrt zu einem gegebenen Quadrat stets ein flächengleiches Rechteck konstruieren.

Beispiel 1

Konstruiere zu einem gegebenen Rechteck ABCD mit $a = c = 5\,cm$ und $b = d = 3\,cm$ ein flächengleiches Quadrat. Gib einen Konstruktionsplan an.

Lösung:

Konstruktionsidee:
Man deutet die längere Rechtecksseite (hier [DC]) als Hypotenuse, die kürzere (hier [AD]) als Hypotenusenabschnitt eines rechtwinkligen Dreiecks und konstruiert das Dreieck sowie das dazugehörige Kathetenquadrat.

Konstruktionsplan:

(1) A, B, C und D sind durch $\overline{AB} = a$, $\overline{AD} = d$, $\overline{BC} = b$ und $\sphericalangle BAD = \sphericalangle CBA = 90°$ gegeben.

(2) H liegt 1. auf der Strecke [DC]
2. auf dem Kreis k(D; d)

(3) E liegt 1. auf dem Thaleskreis über [DC]
2. auf dem Lot zu [DC] durch H

(4) F liegt 1. auf der Geraden CE
2. auf dem Kreis $k(E; \overline{DE})$

(5) G liegt 1. auf dem Kreis $k(F; \overline{EF})$
2. auf dem Kreis $k(D; \overline{DE})$

Konstruktion:

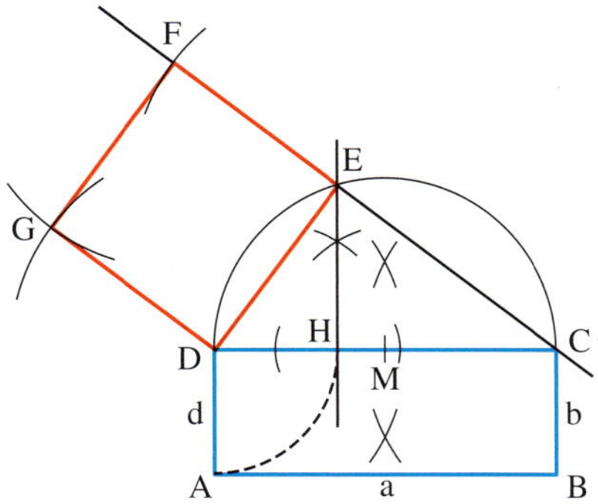

Beispiel 2

Berechne zu einem rechtwinkligen Dreieck mit den Hypotenusenabschnitten $p = 2{,}5\,cm$ und $q = 7{,}5\,cm$ die Längen der Dreiecksseiten.

Lösung:

Für die Hypotenuse c gilt: $c = p + q = 2{,}5\,cm + 7{,}5\,cm = 10{,}0\,cm$

Für die Katheten a und b gilt nach dem Kathetensatz:

$a^2 = c \cdot p = 10\,cm \cdot 2{,}5\,cm = 25\,cm^2 \Rightarrow a = \sqrt{25}\,cm = 5{,}0\,cm$

$b^2 = c \cdot q = 10\,cm \cdot 7{,}5\,cm = 75\,cm^2 \Rightarrow b = \sqrt{75}\,cm \approx 8{,}7\,cm$

Aufgaben

2

Beschreibe, wie man aus einem Rechteck mit den Seiten a und b ein flächengleiches Quadrat konstruieren kann. Konstruiere das entsprechende Quadrat für

a) $a = 4{,}5\,cm$ und $b = 2\,cm$
b) $a = 6\,cm$ und $b = 2{,}5\,cm$
c) $a = 0{,}15\,dm$ und $b = 50\,mm$

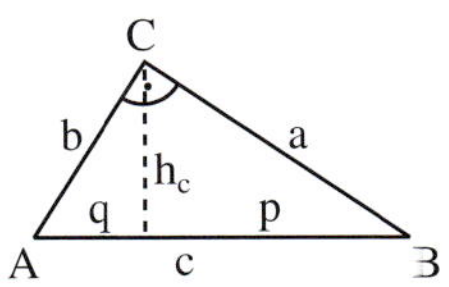

3

Berechne die fehlenden Größen für ein rechtwinkliges Dreieck ABC mit der Hypotenuse c (siehe Figur links).

	a	b	c	p	q	h_c	A
a)		6,4 cm			3,2 cm		
b)			8 m	80 cm		24 dm	
c)				3,2 cm	5 cm		16,4 cm²
d)			250 m		6,25 dm		
e)	50 mm		0,15 m				
f)				$1\frac{1}{2}$ cm		4 cm	12 cm²

4

Konstruiere ein Quadrat mit dem gegebenen Flächeninhalt.

a) $12\,cm^2$ b) $20\,cm^2$ c) $0{,}28\,dm^2$
d) $3{,}5 \cdot 10^3\,mm^2$ e) $7\,cm^2$ f) $3{,}6 \cdot 10^{-3}\,m^2$
g) $13 \cdot 10^{-6}\,ha$ h) $8\,cm^2$ i) $1{,}69\,dm^2$

5

a) Berechne Umfang und Flächeninhalt des Rechtecks.

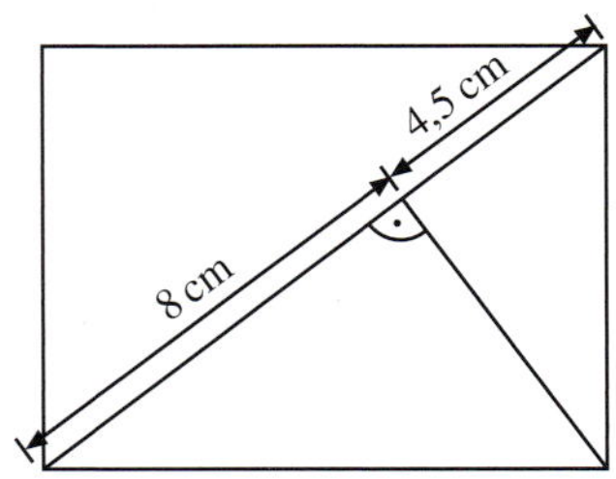

b) Die Diagonale eines Quadrats ist 4 cm lang. Berechne die Länge seiner Seite.

c) Die Diagonale eines Quadrats hat die Länge a. Gib seinen Flächeninhalt an.

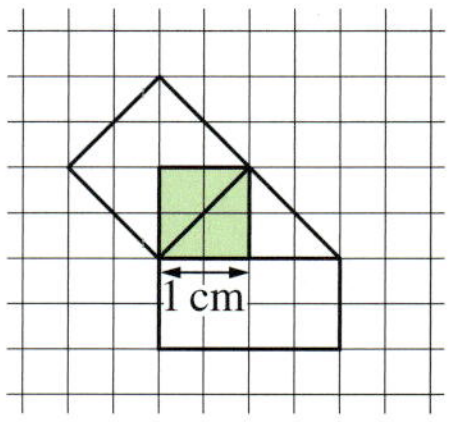

6
Bestimme mit Hilfe des Kathetensatzes die Länge der Diagonalen des grünen Quadrats.

7
Konstruiere ein Parallelogramm ABCD mit $a = 45\,\text{mm}$, $h_a = 0{,}6\,\text{dm}$ und $\alpha = 70°$ (ein Dreieck ABC mit $c = 7 \cdot 10^{-2}\,\text{m}$, $h_c = 6{,}3\,\text{cm}$ und $\beta = 40°$). Konstruiere dann ein dazu flächengleiches Quadrat. Wie lang ist eine Quadratseite?

8
Konstruiere eine Strecke der angegebenen Länge.

a) $\sqrt{6}$ cm b) $\sqrt{18}$ cm
c) $\sqrt{24}$ cm d) $\sqrt{13}$ cm

Zu Aufgabe 9:

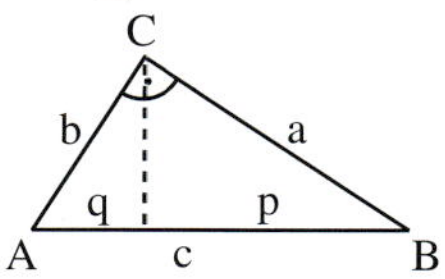

$p = 4\,\text{m}$ $a = 60\,\text{dm}$
$q = 5\,\text{m}$ $b = 3\sqrt{5}\,\text{m}$

$A = 24\,\text{cm}^2$ $a = 6\,\text{cm}$
$h_c = 60\,\text{mm}$ $q = 2{,}8\,\text{cm}$

$a = 5\,\text{cm}$ $b = 20\,\text{mm}$
$\alpha = 50°$ $c = 0{,}8\,\text{dm}$

$c = 1{,}2 \cdot 10^2\,\text{mm}$ $p = 9\,\text{cm}$
$q = 3 \cdot 10^{-2}\,\text{m}$ $h_c = 3\sqrt{3}\,\text{cm}$

$\alpha = 50°$ $a = 400\,\text{mm}$
$\beta = 40°$ $b = 0{,}5\,\text{m}$

9
Auf den Kärtchen stehen Angaben für Dreiecke, die bei C einen rechten Winkel haben sollen. Welche davon existieren? Begründe.

10
Verwandle ein Quadrat mit der Seitenlänge 4,3 cm (3,5 cm) in ein flächengleiches Rechteck, bei dem eine Seite 6 cm lang ist.

11
Bei einem rechtwinkligen Dreieck hat das Quadrat über einer Kathete den Flächeninhalt $16\,\text{cm}^2$.

a) Zeichne das Dreieck, wenn zusätzlich bekannt ist, dass die Hypotenusenabschnitte gleich groß sind. Welchen Flächeninhalt hat dieses Dreieck?
b) Zeichne das Dreieck, wenn zusätzlich bekannt ist, dass der zur Kathete gehörige Hypotenusenabschnitt viermal so lang ist wie der andere. Welche Länge hat h_c?

12
In einem rechtwinkligen Dreieck gilt: Die Fläche des Quadrates über der einen Kathete umfasst genau 25 % (80 %) der Fläche des Quadrates über der anderen Kathete.

a) Konstruiere ein mögliches Dreieck.
b) Welche Angabe(n) benötigt man noch, damit man in a) eine eindeutige Lösung erhält?

13

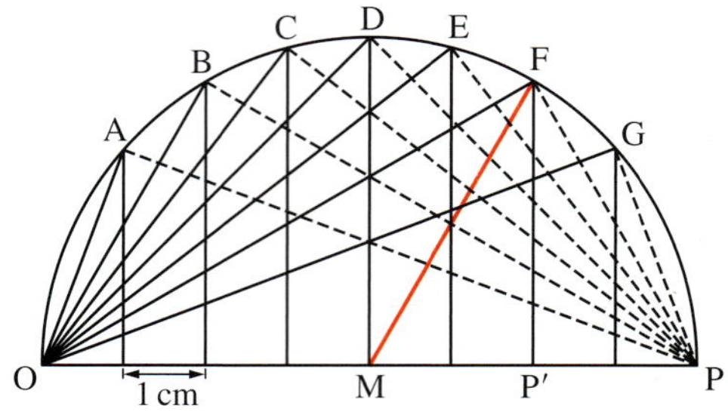

Die Länge des Durchmessers [OP] des gegebenen Halbkreises beträgt 8 cm. Die einzelnen Teilstrecken sind jeweils 1 cm lang.

a) Berechne die Längen der Strecken [OA], [OB], …, [OG].
b) Berechne die Flächeninhalte der Dreiecke OPD und OPF.
c) Um wie viel Prozent ist der Flächeninhalt des Dreiecks OP′F kleiner als der Flächeninhalt des Dreiecks OPF?
d) Vergleiche die Flächeninhalte der Dreiecke MPF und OMF.
e) Wie groß ist der Winkel ∢ MOF?

14
Zeichne eine beliebige Strecke und nenne ihre Länge a.
Konstruiere mit Hilfe des Kathetensatzes eine Strecke der Länge $\frac{1}{a}$.

15

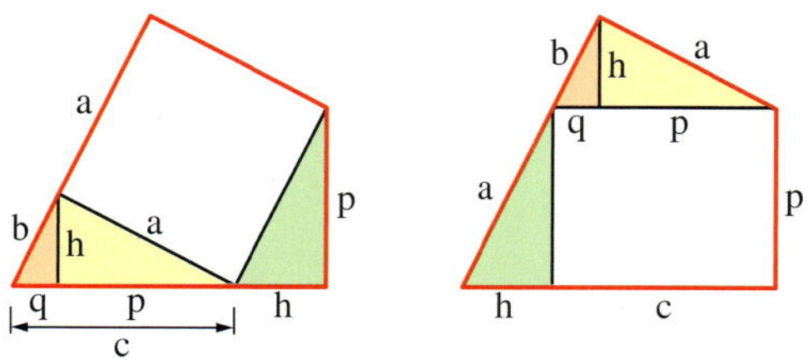

Die rot umrandeten Figuren sind kongruent. Beweise mit Hilfe der Figuren den Kathetensatz.

G 16
a) Erkläre im Term b^{-2} die Bedeutung des Minuszeichens im Exponenten.
b) Berechne 4^{-2}; 2^{-4}; $4^{0,5}$; $(-2)^4$; $(-4)^{-2}$.
c) Schreibe als Potenz mit einer möglichst kleinen natürlichen Zahl als Basis: 81; $\frac{1}{7}$; 1000000; 4^3; $\frac{1}{128}$; 0,01; 64 %.

2 Der Satz des Pythagoras

1
Vergleiche in der linken Figur die beiden Flächeninhalte der Quadrate über den Katheten mit dem Flächeninhalt des Quadrats über der Hypotenuse.

2
Zeichne wie in der rechten Figur ein rechtwinkliges Dreieck und die Quadrate über den Katheten. Schneide die Quadrate aus und zerteile sie wie angegeben. Kannst du aus den Teilen ein einziges Quadrat legen?

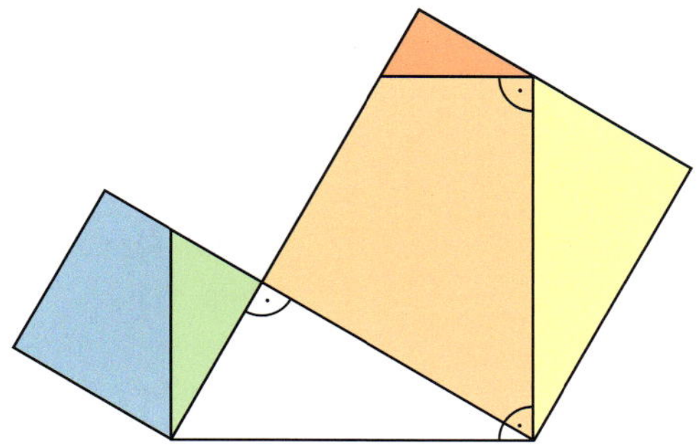

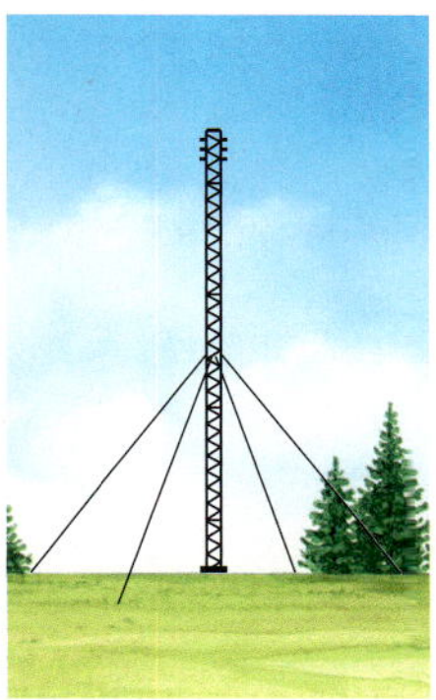

Im Alltag steht man oft vor dem Problem, die Länge einer Strecke zu bestimmen, die nicht direkt gemessen werden kann. Die Figur links zeigt ein Beispiel dafür: Um einen Sendemast zu befestigen, werden Stahlseile in 50 m Höhe am Mast angebracht und in 40 m Entfernung vom Fuß des Mastes verankert. Kann man mit diesen Informationen die Länge bestimmen, die die Seile in gespanntem Zustand haben werden?

Mathematisch entspricht dies der Frage, ob man in einem rechtwinkligen Dreieck aus den Längen der beiden Katheten die Länge der Hypotenuse berechnen kann.
Folgende Überlegungen zeigen, dass dies möglich ist.

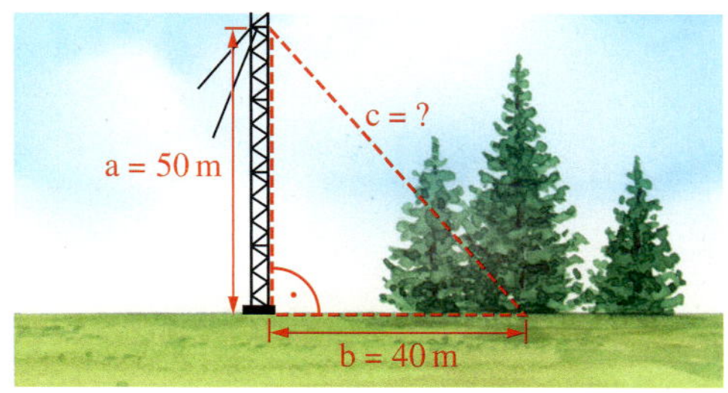

Nach dem Kathetensatz gilt für rechtwinklige Dreiecke mit den Katheten a und b und der Hypotenuse c:
(I) $a^2 = c \cdot p$
(II) $b^2 = c \cdot q$
Die Addition beider Gleichungen ergibt:
$a^2 + b^2 = c\,p + c\,q = c\,(p + q) = c \cdot c = c^2$.
Es ergibt sich also der Zusammenhang $a^2 + b^2 = c^2$, den man auch als Beziehung zwischen Flächeninhalten der Quadrate über den Dreiecksseiten deuten kann.

Lösung des Seilproblems:
Es gilt also
$c^2 = (50\,m)^2 + (40\,m)^2$
$c^2 = 2500\,m^2 + 1600\,m^2$
$= 4100\,m^2$
$\Rightarrow c = \sqrt{4100}\,m \approx 64\,m$

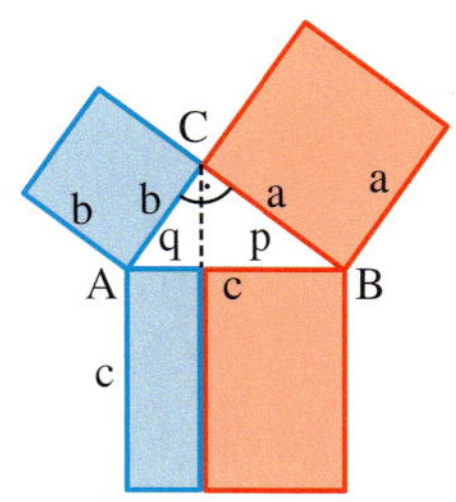

Der Satz des Pythagoras wird zwar nach Pythagoras von Samos (etwa 580–500 v. Chr.) benannt, wurde aber schon etwa 1700 v. Chr. von den Babyloniern benutzt.

Satz des Pythagoras:
In jedem rechtwinkligen Dreieck haben die Quadrate über den Katheten zusammen den gleichen Flächeninhalt wie das Quadrat über der Hypotenuse.

Es gilt: $\mathbf{a^2 + b^2 = c^2}$

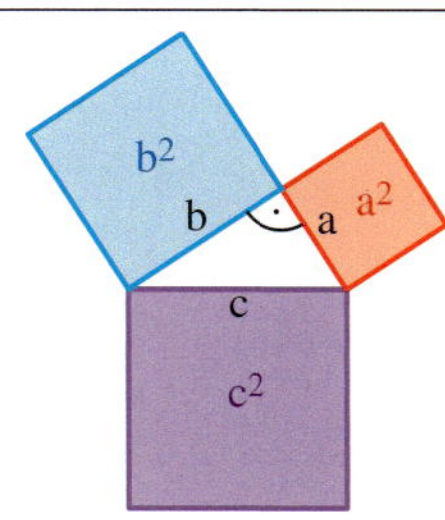

Beispiel 1
Berechne die Länge g des Giebelbalkens. Beschreibe dein Vorgehen.

Lösung:
Die gesuchte Länge g entspricht der Hypotenusenlänge des rechtwinkligen Dreiecks mit den Katheten der Länge 4,8 m und 5,1 m.
$\Rightarrow g^2 = (4{,}8\,\text{m})^2 + (5{,}1\,\text{m})^2 = 49{,}05\,\text{m}^2$
$\Rightarrow g = \sqrt{49{,}05}\,\text{m} \approx 7{,}0\,\text{m}$

Beispiel 2
Berechne den Flächeninhalt A des gleichschenkligen Dreiecks ABC.

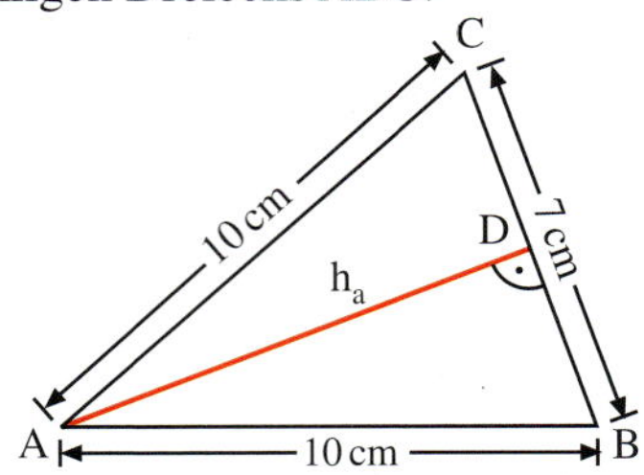

Lösung:
Es gilt: $h_a^2 + \overline{BD}^2 = \overline{AB}^2$
$\Rightarrow h_a^2 = \overline{AB}^2 - \overline{BD}^2$
$\Rightarrow h_a^2 = (10\,\text{cm})^2 - (3{,}5\,\text{cm})^2 = 87{,}75\,\text{cm}^2$
$\Rightarrow h_a = \sqrt{87{,}75}\,\text{cm}$
$\Rightarrow A = \frac{1}{2} \cdot 7\,\text{cm} \cdot \sqrt{87{,}75}\,\text{cm} \approx 33\,\text{cm}^2$

Aufgaben

3
Welche Aussage(n) kann man über die in den Dreiecken auftretenden Streckenlängen mit Hilfe des Satzes des Pythagoras bzw. des Kathetensatzes machen? Notiere jeweils die entsprechende(n) Gleichung(en).

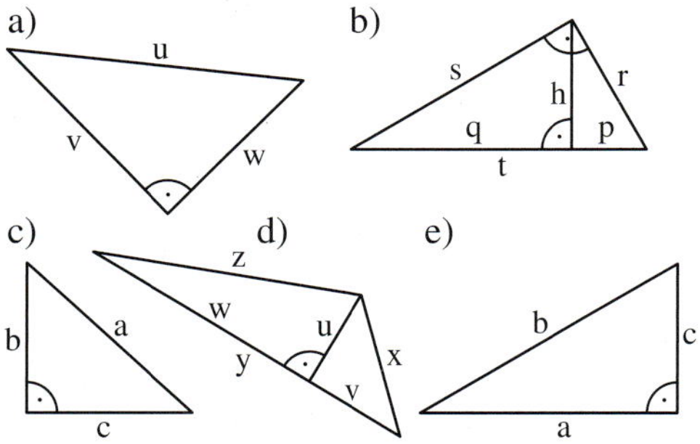

4
Berechne die fehlende Seitenlänge.

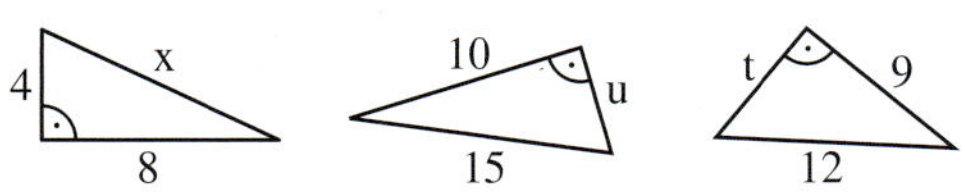

5
Berechne für die rechtwinkligen Dreiecke in der Tabelle die fehlende Seitenlänge.

Lösungssalat zu 5: (Maßzahlen teilweise gerundet)

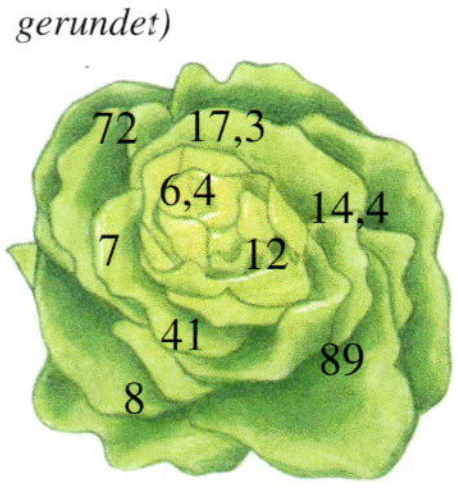

6
Berechne bei den rechtwinkligen Dreiecken die fehlende Seitenlängen.

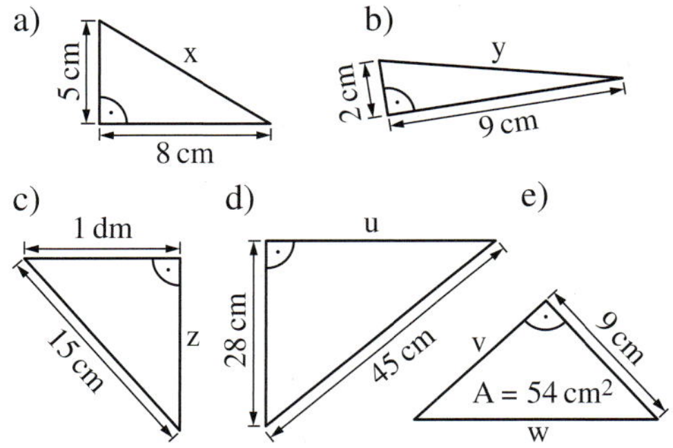

7
Die Gleichungen geben Beziehungen zwischen den Seitenlängen von rechtwinkligen Dreiecken an. Skizziere dazu jeweils ein Dreieck und beschrifte die Seiten.

$u^2 = v^2 + w^2$

$x = \sqrt{z^2 - y^2}$

$a^2 = b^2 - c^2$

$d^2 - c^2 = f^2$

$\sqrt{(r-t)(r+t)} = s$

	a)	b)	c)	d)	e)	f)	g)	h)	i)
Kathete r	40 cm	8 mm	24 cm	390 dm		0,065 km		0,05 dm	$6 \cdot 10^4\,\mu\text{m}$
Kathete s	9 cm	12 mm		0,080 km	35 cm		10 km	$4 \cdot 10^{-3}\,\text{m}$	
Hypotenuse t			2,5 dm		0,37 m	9700 cm	$2 \cdot 10^5\,\text{dm}$		0,10 m

8

Wie hoch darf ein Schrank höchstens sein, damit man ihn wie gezeichnet durch Kippen aufstellen kann?

9

Von einem Rechteck sind der Flächeninhalt und eine Seitenlänge bekannt. Berechne die Länge der Diagonale und gib eine aus dem Alltag bekannte Fläche an, die ungefähr die angegebenen Maße besitzt.

a) $A = 71{,}4\,a$ und $b = 105\,m$
b) $A = 200{,}9\,dm^2$ und $a = 98\,cm$
c) $A = 117{,}6\,cm^2$ und $a = 105\,mm$

Zu Aufgabe 10:

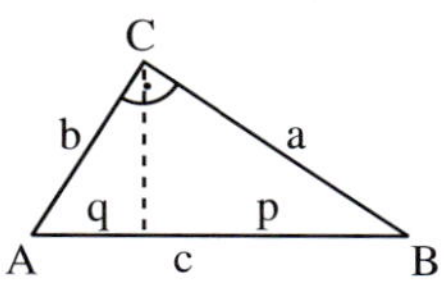

10

Berechne die fehlenden Größen für ein rechtwinkliges Dreieck ABC mit der Hypotenuse c (siehe Figur links). Konstruiere (gegebenenfalls maßstabsgetreu verkleinert) das Dreieck anschließend und vergleiche.

	a	b	c	p	q	h_c	A
a)	8,0 cm		0,1 m				
b)		37 mm			0,12 dm		
c)				6,4 cm		4,0 cm	
d)		8,0 cm					0,14 dm²
e)				2,0 cm	6,0 cm		

Lösungssalat zu 10 c–e: (Maßzahlen, teilweise gerundet)

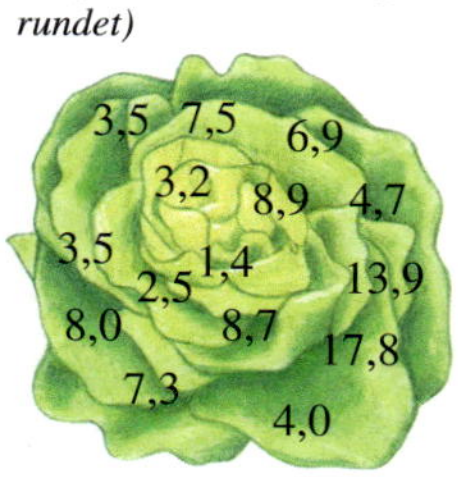

11

a) In einem gleichschenkligen Dreieck mit 16 cm (1,2 m) langer Basis misst die Höhe auf die Basis 15 cm (70 cm). Wie lang ist ein Schenkel dieses Dreiecks? Fertige eine Skizze an. Runde auf cm.
b) In einem gleichschenkligen Dreieck gilt: $a = b = 37\,cm$ (50 cm) und $h_c = 35\,cm$ (2,4 dm). Berechne die Länge der Basis c.
c) Ein gleichschenkliges Dreieck hat eine 18 cm (32 dm) lange Basis und 12 cm (4 m) lange Schenkel. Welche Länge hat die Höhe auf die Basis?
d) Die Basiswinkel eines gleichschenkligen Dreiecks betragen 60°, die Länge der Basis beträgt 5 cm. Welche Länge hat die Höhe auf die Basis?
e) Erfinde selbst eine ähnliche Aufgabe und lass sie von deinem Nachbarn lösen.

12

In einem gleichschenkligen Dreieck ABC mit dem Flächeninhalt $0{,}27\,dm^2$ hat die Basis [AB] die Länge 9 cm. Berechne die Länge der Höhe h_c und die Länge der Schenkel.

13

Berechne den Flächeninhalt des Dreiecks mit den angegebenen Seitenlängen.

a) $a = 13\,cm$; $b = 13\,cm$; $c = 10\,cm$
b) $a = 50\,mm$; $b = 0{,}5\,dm$; $c = 5\,cm$
c) $r = 40\,mm$; $t = 16\,mm$; $s = 4\,cm$
d) $y = 3\,m$; $x = 1{,}5 \cdot 10^2\,cm$; $y = 30\,dm$

14

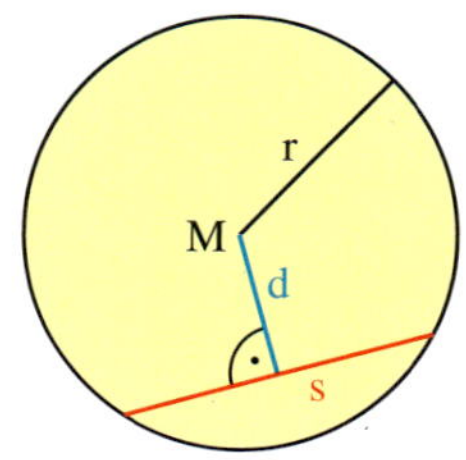

a) In einem Kreis mit dem Radius 10 cm (1,5 m) wird eine 12 cm (8 dm) lange Sehne s gezogen. Welchen Abstand hat die Sehne vom Mittelpunkt M des Kreises?
b) Eine Gerade hat vom Mittelpunkt M eines Kreises mit dem Radius 25 cm (1,4 m) den Abstand 14 mm (600 mm). Wie lang ist die Sehne, die der Kreis aus der Geraden ausschneidet?

15

a) Berechne die Seitenlänge eines Quadrats mit der Diagonalen $d = 7{,}5\,cm$.
b) Berechne die Seitenlänge eines gleichseitigen Dreiecks mit der Höhe $h = 3{,}6\,cm$.

16

Das folgende Trapez ist achsensymmetrisch, d. h. es gilt $\overline{AD} = \overline{BC}$.

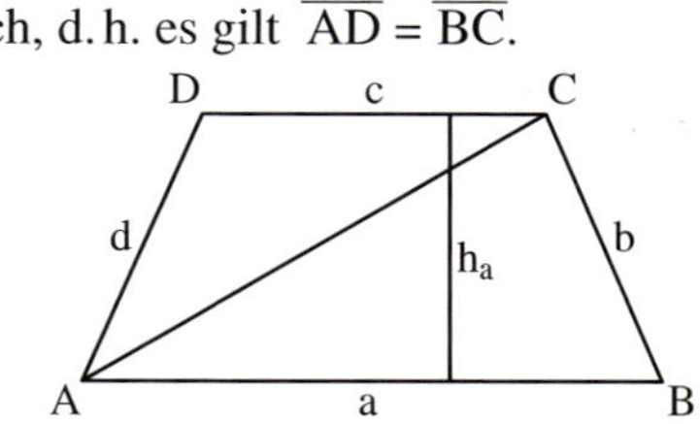

a) Berechne die Länge eines Schenkels für $a = 18\,cm$; $c = 6\,cm$; $h_a = 8\,cm$ (für $a = 1{,}4\,m$; $c = 70\,cm$; $h_a = 5{,}4\,dm$).
b) Berechne die Größe des Flächeninhalts für $a = 3\,dm$; $b = 15\,cm$; $c = 12\,mm$.

17

a) In einem rechtwinkligen Dreieck mit einer 40 cm langen Hypotenuse ist eine Kathete doppelt (dreimal) so lang wie die andere. Wie lang sind die beiden Katheten? Runde auf zwei Nachkommastellen.

b) In einem gleichschenkligen Dreieck sind die Schenkel doppelt so lang wie die Basis. Die Höhe auf die Basis ist 5 cm lang. Berechne die Länge der Basis.

c) Der Flächeninhalt eines gleichschenkligen Dreiecks beträgt $50\,\text{cm}^2$. Die Länge der Basis beträgt das $1\frac{1}{4}$-fache der Höhe auf die Basis. Berechne den Umfang des Dreiecks. Runde auf mm.

18 Abstand zweier Punkte

Zeichne die Punkte P und Q jeweils in ein Koordinatensystem mit der Längeneinheit 1 cm ein und bestimme ihren Abstand durch Zeichnung und Rechnung.

Beispiel:

P(2|1); Q(5|2)

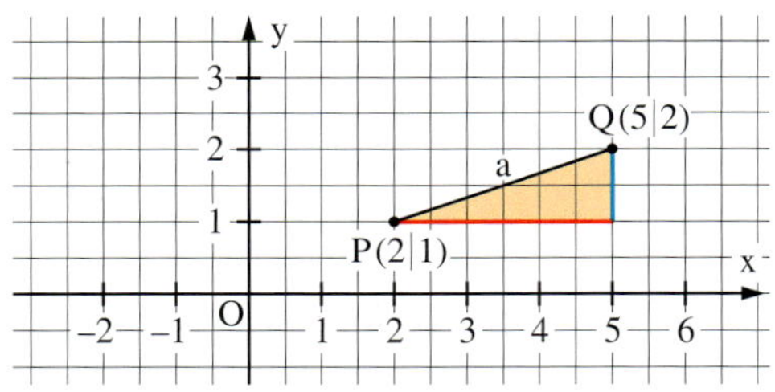

$a^2 = (5\,\text{cm} - 2\,\text{cm})^2 + (2\,\text{cm} - 1\,\text{cm})^2$

$ = (3\,\text{cm})^2 + (1\,\text{cm})^2 = 10\,\text{cm}^2$

$\Rightarrow\ a = \sqrt{10}\,\text{cm} \approx 3{,}2\,\text{cm}$

a) P(2|1); Q(5|5) b) P(−3|4); Q(2|−1)

c) P(3|0); Q(0|−4) d) P(−5|−4); Q(4|6)

e) P($-3\frac{1}{2}$|−1); Q(0,7|4)

f) Gib eine Formel für den Abstand a der Punkte $P(x_1|y_1)$ und $Q(x_2|y_2)$ an.

19

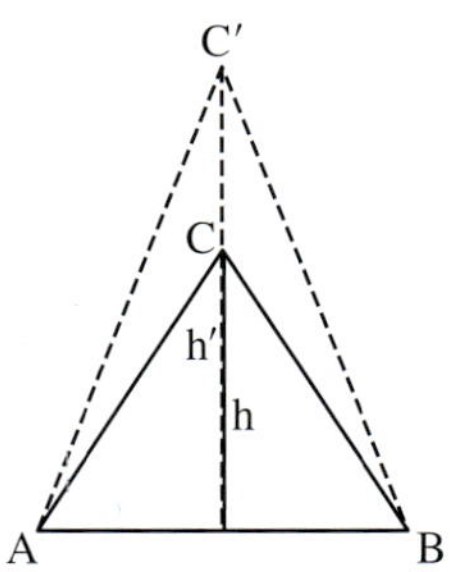

Das gleichschenklige Dreieck ABC hat eine 5 cm lange Basis, sein Flächeninhalt beträgt $20\,\text{cm}^2$. Durch „Ziehen" der Spitze C entsteht das gleichschenklige Dreieck ABC′, dessen Flächeninhalt 20 % größer ist.

a) Um wie viel Prozent ist h′ größer als h? Um wie viel Prozent ist h kleiner als h′?

b) Max behauptet: „[AC′] ist 20 % größer als [AC]." Hat er recht? Begründe.

20

In einem Prospekt ist angegeben: „LCD-Fernseher 16 : 9; 80 cm." Dabei gibt 16 : 9 das Verhältnis der Seitenlängen an. Passt der Bildschirm in eine 75 cm breite Schranknische?

Begründe durch Rechnung.

21

Ein gleichschenkliges Dreieck ABC ist durch folgende Maße gegeben:

a = b = 13 cm und c = 10 cm.

a) Ermittle die Höhen h_a und h_b durch Konstruktion.

b) Berechne h_a und h_b. Vergleiche mit dem Ergebnis der Konstruktion.
(Anleitung: h_c teilt das Dreieck ABC in zwei rechtwinklige Teildreiecke. Berechne zunächst die Höhe von einem dieser Teildreiecke mit Hilfe des Kathetensatzes und des Satzes des Pythagoras. Nutze dann den Strahlensatz.)

c) Lässt sich h_a auch anders berechnen?

22

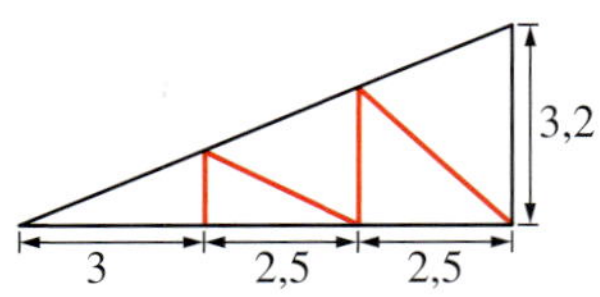

Die Figur zeigt einen sogenannten Fachwerkträger, der zum Beispiel bei großen Dachkonstruktionen Verwendung findet (Maße in Meter). Berechne die Längen der vier rot gezeichneten Füllstäbe.

G 23

„Wenn es regnet, ist die Straße nass." Dieser Satz ist wahr, seine Umkehrung gilt jedoch nicht. Formuliere selbst drei wahre Sätze, deren Umkehrungen nicht wahr sind.

3 Kehrsatz zum Satz des Pythagoras

1

Im alten Ägypten (um 2000 v. Chr.) mussten nach der jährlichen Nilschwemme die Felder neu vermessen werden. Die „Seilspanner“ benutzten dabei zur Bestimmung von rechten Winkeln eine Knotenschnur mit Knoten in gleichen Abständen (siehe Figur links).

a) Bastelt selbst solche Knotenschnüre. Markiert dazu auf einer Paketschnur genügend viele gleich lange Abschnitte, so dass ihr Schnüre der Länge 24, 30 bzw. 36 herstellen könnt. Versucht dann, wie die alten Ägypter, ein Dreieck zu spannen, das einen rechten Winkel hat. Wie lang sind in diesem Fall eure Seitenlängen (in Knotenabständen)?

b) Gebt weitere Längen von Knotenschnüren an, mit denen man ebenso ein rechtwinkliges Dreieck spannen kann. Wie seid ihr auf die Anzahl gekommen?

2 💻

Eine passende DGS-Datei befindet sich im Internet-Auftritt.

Zeichne mit Hilfe eines DGS ein Dreieck ABC und die Quadrate über seinen Seiten. Lass dir jeweils die Längen der Quadratseiten, die Größe des Winkels bei C und die Werte der Terme $T_1(a; b) = a^2 + b^2$ und $T_2(c) = c^2$ anzeigen. Bewege nun den Punkt C und suche Stellen, an denen die Werte der Terme $T_1(a; b)$ und $T_2(c)$ gleich sind. Was fällt dir auf?

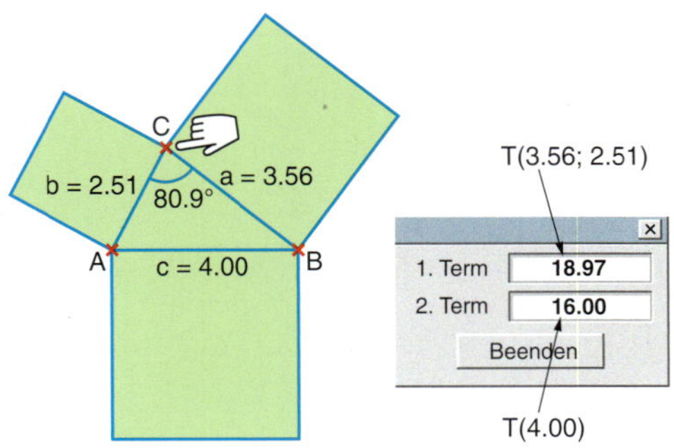

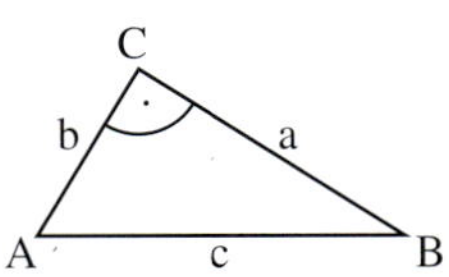

Erinnere dich daran, dass der Kehrsatz zu einem Satz auch falsch sein kann: „Wenn es Sonntag ist, dann ist schulfrei“ ist richtig. „Wenn schulfrei ist, dann ist Sonntag“ stimmt dagegen nicht.

Vertauscht man Voraussetzung und Behauptung eines Satzes, so erhält man seinen Kehrsatz. Um den Satz des Pythagoras umzukehren, schreiben wir ihn zunächst in der Wenn-Dann-Form auf: „Wenn ein Dreieck ABC bei C einen rechten Winkel hat, dann gilt $a^2 + b^2 = c^2$.“ Die Aussage des entstehenden Kehrsatzes ist wiederum wahr (siehe Beweis auf S. 50):

Kehrsatz zum Satz des Pythagoras:
Wenn in einem Dreieck ABC (mit den Seiten a, b und c) $a^2 + b^2 = c^2$ gilt, dann hat das Dreieck bei C einen rechten Winkel.

Der Kehrsatz besagt, dass man allein anhand der Seitenlängen eines Dreiecks entscheiden kann, ob ein Dreieck rechtwinklig ist.

Beweis des Kehrsatzes zum Satz des Pythagoras: In einem Dreieck ABC (rot), dessen Winkel unbekannt sind, gelte $a^2 + b^2 = c^2$. Wir vergleichen das Dreieck ABC mit einem Dreieck A′B′C′ (blau), das bei C′ einen rechten Winkel und Katheten der Länge a und b hat; seine Hypotenuse sei c′. Dann ist $a^2 + b^2 = (c')^2$ und somit $c' = c$. Die Dreiecke ABC und A′B′C′ stimmen also in entsprechenden Seiten überein. Nach dem Kongruenssatz SSS sind sie daher kongruent und es gilt $\gamma = \gamma' = 90°$.

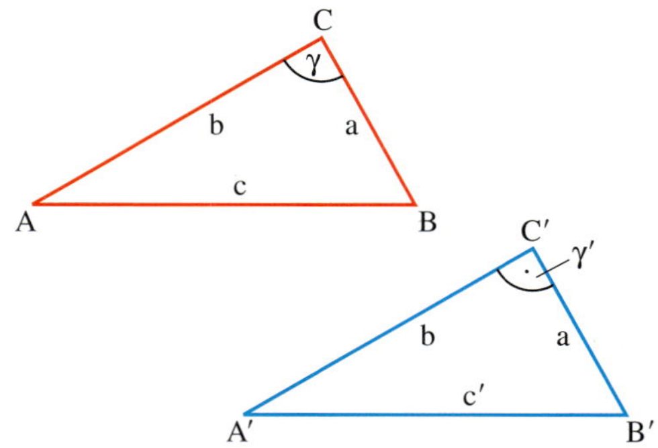

Beispiel
Prüfe, ob ein Dreieck mit den Seiten $a = 40\,\text{cm}$, $b = 41\,\text{cm}$ und $c = 9\,\text{cm}$ rechtwinklig ist.
Lösung:
$41^2 = 1681$, $40^2 = 1600$ und $9^2 = 81$. Also gilt $b^2 = a^2 + c^2$, das Dreieck ist rechtwinklig.

Aufgaben

3
Prüfe, ob das Dreieck mit den Seiten u, v und w rechtwinklig ist. Falls nicht, ändere eine Länge so ab, dass es rechtwinklig wird.

	a)	b)	c)	d)	e)
u	28 cm	16 cm	2,9 dm	2,86 m	2,6 dm
v	45 cm	62 cm	45 cm	2,90 m	500 mm
w	53 cm	64 cm	530 mm	48 cm	$4{,}0 \cdot 10^{-4}$ km

4

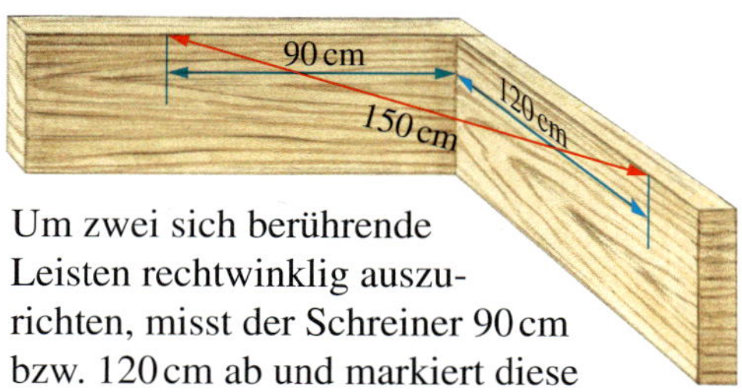

Um zwei sich berührende Leisten rechtwinklig auszurichten, misst der Schreiner 90 cm bzw. 120 cm ab und markiert diese Stellen. Dann werden die beiden Leisten so ausgerichtet, dass die Markierungen 150 cm Abstand haben. Erkläre dieses Verfahren.

Das Verfahren ist recht genau. Misst man die Strecken auf Millimeter genau, so weicht die Winkelgröße um höchstens 0,2° von 90° ab.

5
Berechne den Flächeninhalt des Dreiecks mit den angegebenen Seitenlängen.
a) $a = 12\,\text{cm}$; $b = 5\,\text{cm}$; $c = 13\,\text{cm}$
b) $x = 75\,\text{mm}$; $y = 75\,\text{mm}$; $z = 9\,\text{cm}$
c) $u = 0{,}8\,\text{dm}$; $v = 8\sqrt{2}\,\text{cm}$; $w = 8\,\text{cm}$

Lösungssalat zu 5:

6
Für ein Dreieck mit den Seiten a, b und c gelte $a^2 + a^2 = c^2$.
a) Handelt es sich um ein rechtwinkliges Dreieck? Begründe.
b) Zeichne für $a = 2\,\text{cm}$ fünf verschiedene mögliche Dreiecke. Wie viele rechtwinklige Dreiecke kann man zeichnen?
c) Wie lang muss b (in Abhängigkeit von a) sein, damit das Dreieck rechtwinklig ist?
d) Bestimme den Bereich, in dem die Werte von b liegen können.

7

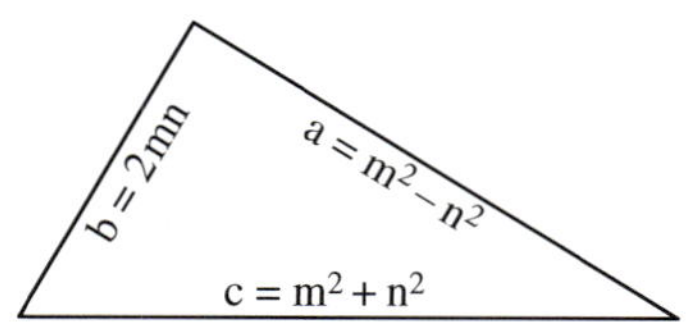

„Für m, n ∈ ℕ mit m > n ist das Dreieck ein rechtwinkliges Dreieck."
a) Beweise die Aussage.
b) Bringe die Aussage in Wenn-Dann-Form.
c) Setze für m und n natürliche Zahlen ein. Gib so fünf Beispiele für „pythagoräische Zahlen" a, b, c an. Recherchiere zum Thema „pythagoräische Zahlen".

G 8
Löse das Gleichungssystem.
a) $8p - 5q = 37$
$8p + 11q = 21$
b) $5u + 9v - 42 = 0$
$10u + 3v - 39 = 0$

4 Der Höhensatz

1
Die Dachbalken des Hauses bilden einen rechten Winkel. Berechne die Höhe h des Firstes über dem Dachboden (vgl. Skizze).

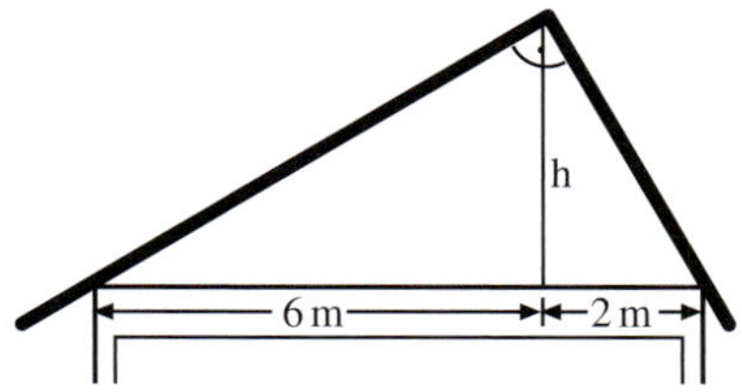

Bei einem rechtwinkligen Dreieck kann man die Höhe des Dreiecks direkt aus den Hypotenusenabschnitten berechnen.

Höhensatz:
Für jedes rechtwinklige Dreieck gilt:
Das Quadrat über der Höhe ist flächengleich zum Rechteck aus den beiden Hypotenusenabschnitten.
Es gilt: $\mathbf{h^2 = p \cdot q}$

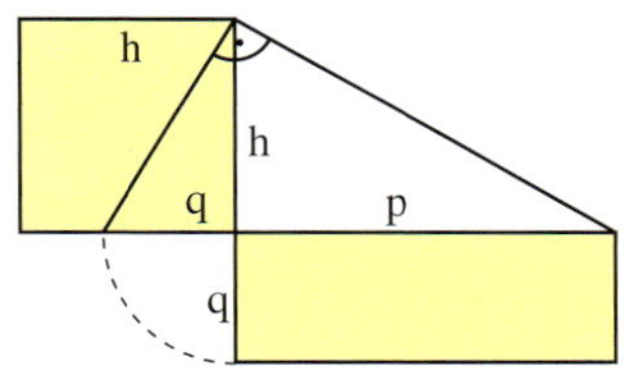

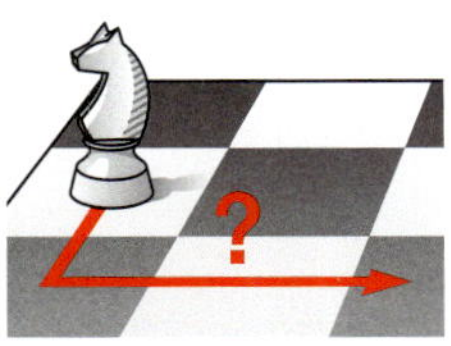

Strategie: *Zurückführen auf etwas Bekanntes*

Beweis des Höhensatzes:
Für jedes rechtwinklige Dreieck ABC gilt nach dem Satz des Pythagoras:
(I) $h^2 = b^2 - q^2$,
nach dem Kathetensatz:
(II) $b^2 = c \cdot q = (q + p) \cdot q$.
Das Einsetzen von (II) in (I) ergibt:
$h^2 = (q + p) \cdot q - q^2 = q^2 + p \cdot q - q^2 = p \cdot q$

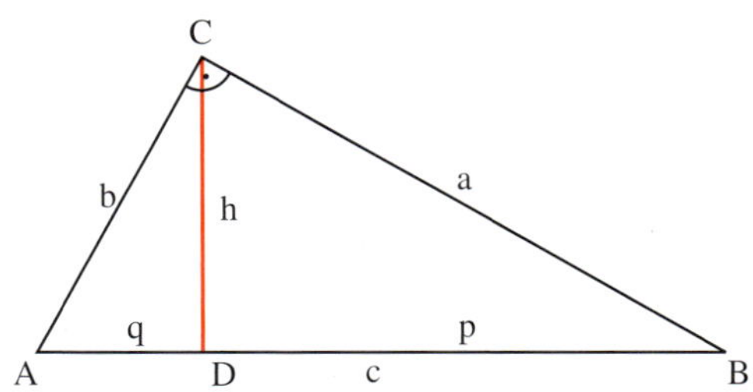

Beispiel 1
Verwandle mit Hilfe des Höhensatzes ein gegebenes Rechteck ABCD in ein flächengleiches Quadrat. Beschreibe dein Vorgehen.
Lösung:
Die Seite [DC] des Rechtecks wird um die andere Seite b verlängert. Die so entstandene Strecke [EC] betrachtet man als Hypotenuse eines rechtwinkligen Dreiecks und zeichnet den Thaleskreis darüber. Das Lot zu [EC] durch D schneidet den Thaleskreis in F. Die Höhe h = [DF] des rechtwinkligen Δ ECF ist die gesuchte Quadratseite.

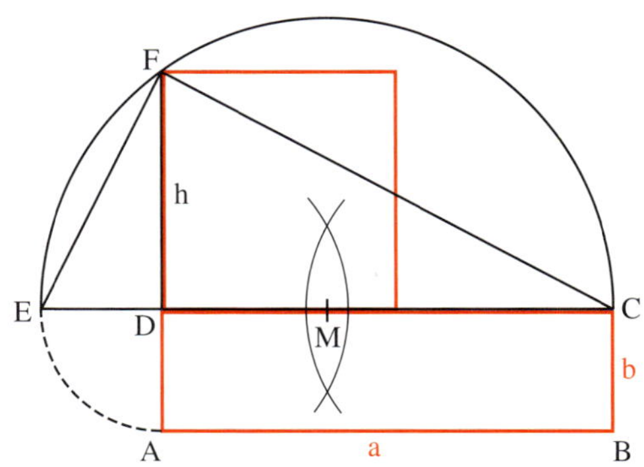

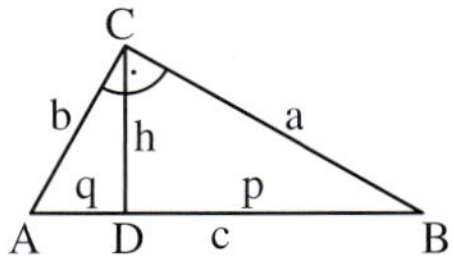

Beispiel 2

Von einem rechtwinkligen Dreieck sind bekannt: $h = 4{,}0\,\text{cm}$; $q = 1{,}5\,\text{cm}$.
Berechne die fehlenden Stücke.
Lösung:
Nach dem Höhensatz ist $h^2 = p \cdot q$; $p = \frac{h^2}{q}$; $p = \frac{16}{1{,}5}\,\text{cm} = 10\frac{2}{3}\,\text{cm} \approx 10{,}7\,\text{cm}$.
Für die Hypotenuse gilt $c = q + p$; $c = 1{,}5\,\text{cm} + 10\frac{2}{3}\,\text{cm} = 12\frac{1}{6}\,\text{cm} \approx 12{,}2\,\text{cm}$.
Für die Katheten gilt jeweils nach dem Kathetensatz:
$a^2 = c \cdot p \Rightarrow a^2 = 12\frac{1}{6} \cdot 10\frac{2}{3}\,\text{cm}^2 = 129\frac{7}{9}\,\text{cm}^2 \Rightarrow a = \sqrt{129\frac{7}{9}}\,\text{cm} \approx 11{,}4\,\text{cm}$
$b^2 = c \cdot q \Rightarrow b^2 = 12\frac{1}{6} \cdot 1{,}5\,\text{cm}^2 = 18\frac{1}{4}\,\text{cm}^2 \Rightarrow b = \sqrt{18{,}25}\,\text{cm} \approx 4{,}3\,\text{cm}$

Aufgaben

Lösungssalat zu 3 c–e: (Maßzahlen, teilweise gerundet)

2

Zeichne ein Rechteck mit den Seiten a und b. Konstruiere dazu mit Hilfe des Höhensatzes ein Quadrat mit gleichem Flächeninhalt.
a) $a = 5{,}0\,\text{cm}$ und $b = 1{,}8\,\text{cm}$
b) $a = 4{,}2\,\text{cm}$ und $b = 2{,}8\,\text{cm}$
c) $a = 2{,}0\,\text{cm}$ und $b = 4{,}7\,\text{cm}$

3

Berechne die fehlenden Größen für ein rechtwinkliges Dreieck ABC mit der Hypotenuse c. (Siehe Figur zu Beispiel 2.)

	a	b	c	p	q	h	A
a)				1,6 cm	10,0 cm		
b)				4,0 cm		6,0 cm	39,0 cm²
c)	0,08 m					30 mm	
d)			7,0 cm		0,04 m		
e)	45 mm	0,4 dm					

4

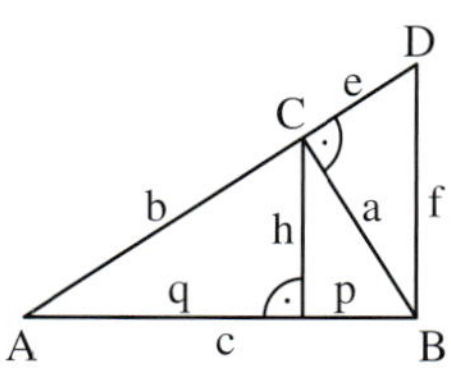

a) In nebenstehender Figur gilt $h = 5{,}0\,\text{cm}$ und $q = 8{,}0\,\text{cm}$. Berechne alle fehlenden Streckenlängen.
b) Es können auch zwei andere Bestimmungsstücke gewählt werden, um die restlichen Streckenlängen zu berechnen. Wähle zwei aus und beschreibe in Worten, wie du Schritt für Schritt die anderen Längen berechnen könntest. Begründe jeden Schritt.

5

Konstruiere eine Strecke der angegebenen Länge.
a) $\sqrt{8}\,\text{cm}$ b) $\sqrt{10}\,\text{cm}$ c) $\sqrt{7}\,\text{cm}$ d) $\sqrt{11}\,\text{cm}$

6

Ein Straßentunnel mit halbkreisförmigen Querschnitt ist am Boden 10 m breit. Kann der 5,8 m breite Schwertransport den Tunnel passieren?

7

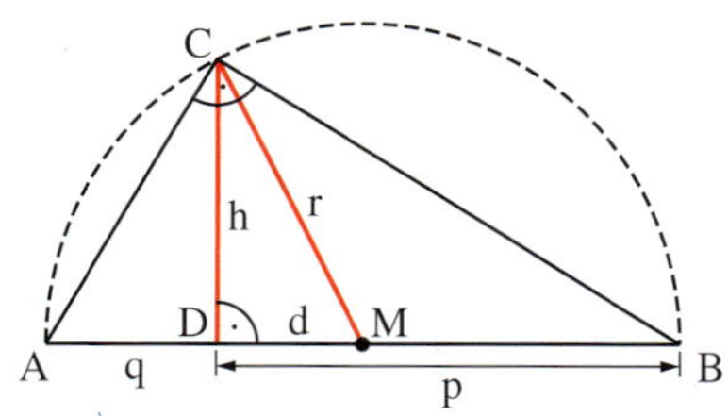

Bringe die Schritte zum Beweis des Höhensatzes in die richtige Reihenfolge und begründe jeden Beweisschritt.

$\Rightarrow h^2 = p \cdot q$

$(r + d) \cdot (r - d) = p \cdot q$

$r^2 - d^2 = (r + d) \cdot (r - d)$

$h^2 = r^2 - d^2$

G 8

Welche der Zahlen $\sqrt{3}$; $-\frac{1}{7}$; $0{,}\overline{8}$; -5; 0; $\sqrt{9}$; π; $-1{,}2\overline{3}$; $\sqrt{8}$; $2{,}010010001\ldots$; -8; 5; $3\frac{1}{17}$; $\sqrt{1}$; $-\sqrt{2}$ sind natürlich, ganz, rational, reell?

5 Berechnungen an Figuren und Körpern

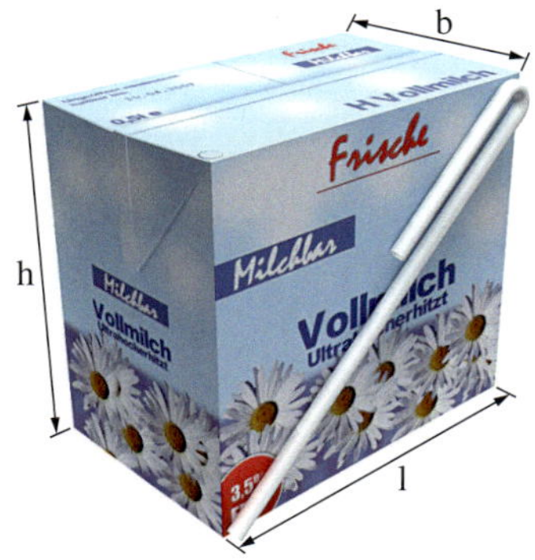

1
Eine Molkerei füllt Milchdrinks in Getränketüten mit $h = 5{,}9\,\text{cm}$, $l = 8{,}8\,\text{cm}$ und $b = 5{,}0\,\text{cm}$ ab. An den Verpackungen ist seitlich ein Strohhalm befestigt.

a) Welche Länge darf der umgebogene Strohhalm höchstens haben, damit er nicht über die Verpackung hinausragt?

b) Wie lang muss der aufgebogene Strohhalm mindestens sein, damit er beim Trinken nicht in die Verpackung rutscht?

In den vorherigen Lerneinheiten haben wir drei mathematische Sätze kennengelernt: Kathetensatz, Satz des Pythagoras und Höhensatz. Diese sogenannten pythagoräischen Sätze ermöglichen eine Vielzahl von Längenberechnungen in Vielecken und geometrischen Körpern. Im Folgenden wird zum Beispiel der Satz des Pythagoras dazu verwendet, drei häufig benutzte Formeln herzuleiten.

Diagonale eines Quadrates

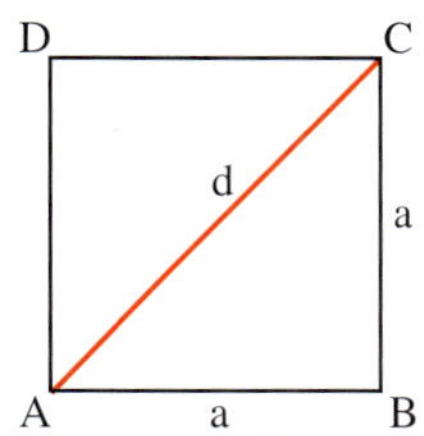

$\mathbf{d = a\sqrt{2}}$

Wendet man den Satz des Pythagoras auf das Dreieck ABC an, so ergibt sich:

$a^2 + a^2 = d^2$

also $d^2 = 2a^2$

bzw. $d = a\sqrt{2}$

Höhe im gleichseitigen Dreieck

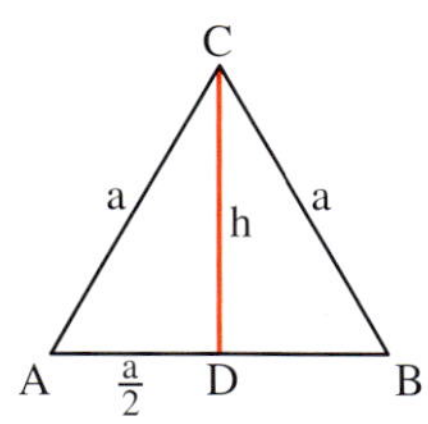

$\mathbf{h = \frac{a}{2}\sqrt{3}}$

Wendet man den Satz des Pythagoras auf das Dreieck ADC an, so ergibt sich:

$h^2 + \left(\frac{a}{2}\right)^2 = a^2$

also $h^2 = \frac{3}{4}a^2$

bzw. $h = \frac{a}{2}\sqrt{3}$

Räumliche Diagonale eines Würfels

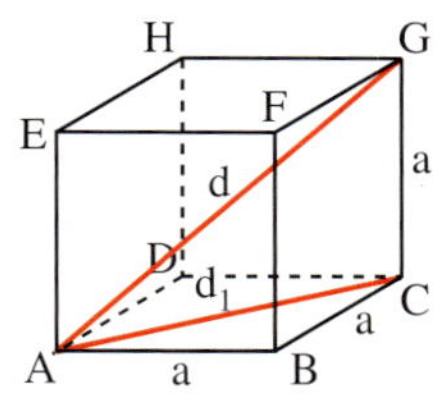

$\mathbf{d = a\sqrt{3}}$

Wendet man den Satz des Pythagoras auf das Dreieck ACG an, so ergibt sich:

$d_1^2 + a^2 = d^2$. Einsetzen von $d_1^2 = 2a^2$ ergibt $3a^2 = d^2$

bzw. $d = a\sqrt{3}$.

Strategie: *Einzeichnen einer Hilfslinie*
Durch Einzeichnen von d_1 erkennt man gut, wie die Würfeldiagonale d ermittelt werden kann: Bestimmung von d_1 und Anwendung des Satzes von Pythagoras auf das Hilfsdreieck ACG.

Bemerkung
Bei Anwendungsaufgaben zur Längenberechnung muss man häufig erst geeignete rechtwinklige Dreiecke suchen und kann dann mit ihrer Hilfe Schritt für Schritt unbekannte Längen bestimmen (vgl. Beispiel 2).

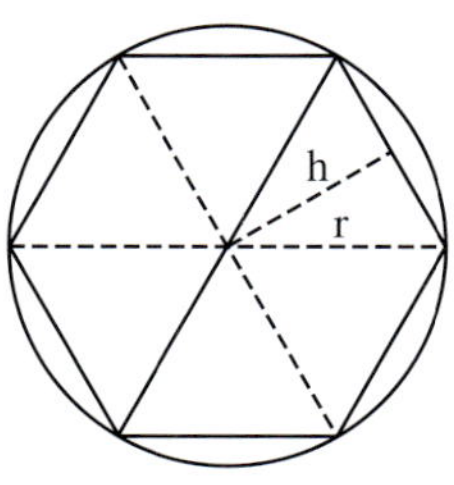

Beispiel 1
Berechne den Flächeninhalt des aus sechs gleichseitigen Dreiecken bestehenden regelmäßigen Sechsecks, das einem Kreis mit dem Radius $r = 8{,}0\,\text{cm}$ einbeschrieben ist.

Lösung:
$A = 6 \cdot \frac{1}{2} \cdot r \cdot h = 6 \cdot \frac{1}{2} r \cdot \frac{r}{2}\sqrt{3} = \frac{3}{2} r^2 \sqrt{3};$
$A = \frac{3}{2} \cdot 64 \cdot \sqrt{3}\,\text{cm}^2 = 96 \cdot \sqrt{3}\,\text{cm}^2 \approx 166\,\text{cm}^2$

Beispiel 2

Berechne die Körperhöhe h und die Höhe k der Seitenflächen der quadratischen Pyramide, wenn die Seite $a = 6{,}0\,cm$ der Grundfläche und die Länge $s = 9{,}0\,cm$ der Seitenkanten gegeben sind.
Erläutere dein Vorgehen.

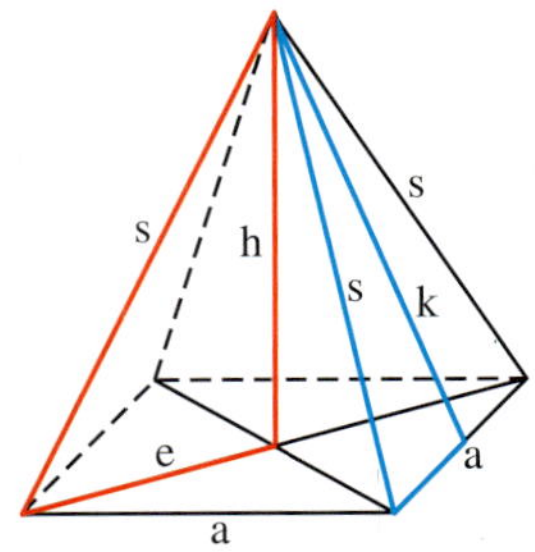

Lösung:
Berechnung der Körperhöhe h:
Um h mit Hilfe des roten Dreiecks zu berechnen, muss man zunächst die Länge der Dreiecksseite e bestimmen. Es gilt:
$e = \frac{1}{2}a\sqrt{2} = 3\sqrt{2}\,cm$ (halbe Diagonale des Grundflächenquadrats)
Satz des Pythagoras (im roten Dreieck):
$h^2 + e^2 = s^2 \Rightarrow h^2 = s^2 - e^2 = 81\,cm^2 - 18\,cm^2 = 63\,cm^2 \Rightarrow h = \sqrt{63}\,cm \approx 7{,}9\,cm$
Berechnung der Seitenhöhe k:
Satz des Pythagoras (im blauen Dreieck):
$k^2 + \left(\frac{a}{2}\right)^2 = s^2;\; k^2 = s^2 - \frac{a^2}{4} \Rightarrow k^2 = 81\,cm^2 - \frac{36}{4}cm^2 = 72\,cm^2 \Rightarrow k = \sqrt{72}\,cm \approx 8{,}5\,cm$

Aufgaben

Zu Aufgabe 7:

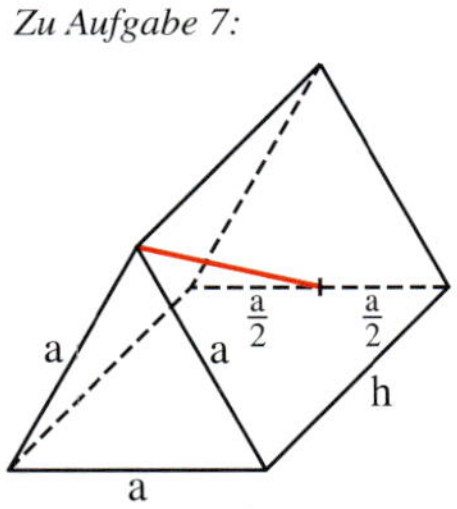

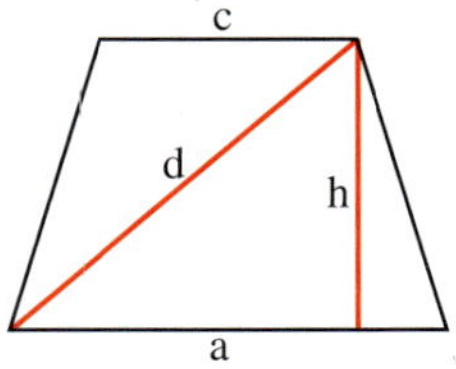

2
a) Berechne die Diagonale eines Quadrates mit der Seite $a = 4\,cm$ $\left(1\frac{1}{2}\,m;\; \sqrt{2}\,cm\right)$.
b) Berechne die Höhe und den Flächeninhalt eines gleichseitigen Dreiecks mit der Seite $a = 10\,cm$ $\left(2\frac{1}{4}\,m;\; 2\sqrt{3}\,dm\right)$.

3
a) Wie lang ist die Seite eines Quadrats, dessen Diagonale 12 cm lang ist?
b) Welchen Umfang (Flächeninhalt) hat ein gleichseitiges Dreieck mit der Höhe 9 cm?

4
Welchen Flächeninhalt (Umfang) hat ein gleichseitiges Dreieck mit einem Umfang von 1 m (einem Flächeninhalt von $1\,m^2$)?

5
Ein achsensymmetrisches Trapez hat die Grundseiten a und c sowie die Höhe h.
a) Berechne d für $a = 9{,}0\,cm$; $c = 6{,}0\,cm$ und $h = 4{,}5\,cm$. Beschreibe dein Vorgehen und begründe die Schritte.
b) Bestimme d allgemein in Abhängigkeit von a, c und h.
Zeige dann durch Termumformung, dass gilt: $d = \frac{1}{2}\sqrt{(a + c)^2 + 4h^2}$.
c) Wie groß ist h, wenn $a = 8\,cm$, $c = 0{,}4\,dm$ und $d = 0{,}16\,dm$?

6
a) Berechne die Raumdiagonale eines Würfels mit der Kantenlänge $a = 8\,cm$ $\left(4\frac{1}{2}\,m\right)$.
b) Berechne die Kantenlänge eines Würfels mit der Raumdiagonalen $d = 8\,cm$ $\left(2\sqrt{3}\,m\right)$.

7
Beim Prisma auf der Randspalte gilt $a = 5{,}0\,cm$ und $h = 10{,}0\,cm$. Wie lang ist die rote Strecke?

8
Aus welchen Angaben lässt sich die Höhe h berechnen? Nenne verschiedene Möglichkeiten und beschreibe jeweils, wie man bei der Berechnung vorgehen muss.

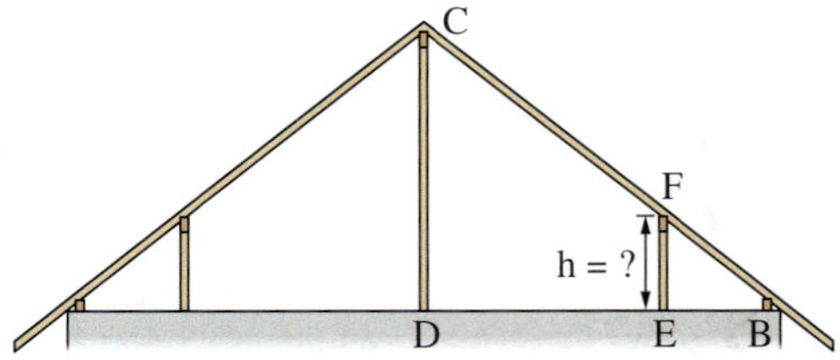

9
a) Zeige: Für die Raumdiagonale d eines Quaders mit den Kanten a, b und c gilt: $d^2 = a^2 + b^2 + c^2$
b) Berechne d für $a = 4{,}5\,cm$; $b = 6{,}0\,cm$; $c = 10\,cm$ ($a = 12\,dm$; $b = 70\,m$; $c = 25\,m$).

10

Berechne Umfang und Flächeninhalt.

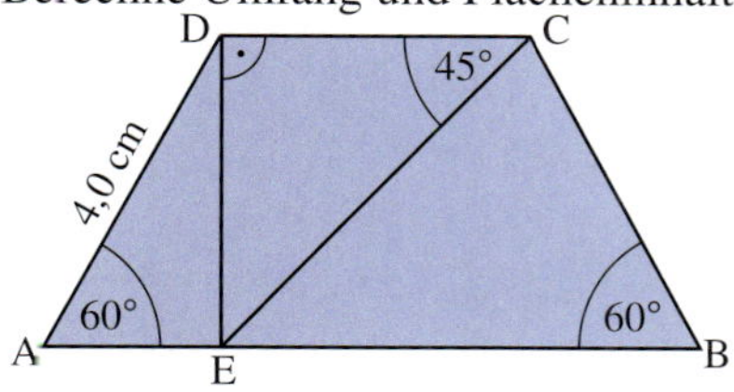

11

Einem Kreis mit Radius r ist ein regelmäßiges Sechseck (rot) einbeschrieben und ein regelmäßiges Sechseck umbeschrieben.

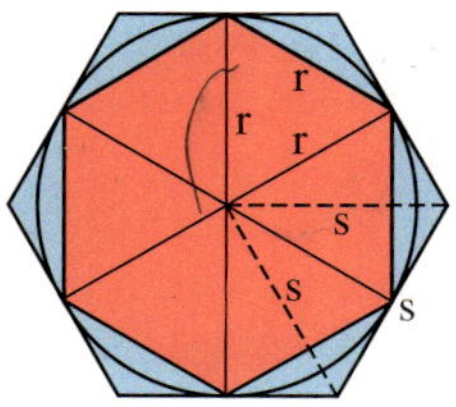

a) Berechne für $r = 6\,\text{cm}$ Umfang und Flächeninhalt beider Sechsecke.
b) Die beiden Sechsecke sind zueinander ähnlich. Was bedeutet das?
c) Wegen der Ähnlichkeit gibt es ein $k \in \mathbb{R}$, so dass $s = k \cdot r$. Zeige: $k = \frac{2}{3} \cdot \sqrt{3}$
d) Bestimme Umfang und Flächeninhalt beider Sechsecke in Abhängigkeit von r.
e) Zeige, dass für die Umfänge bzw. Flächeninhalte folgende Zusammenhänge gelten: $U_{blau} = k \cdot U_{rot}$ und $A_{blau} = k^2 \cdot A_{rot}$.

12

Einem Kreis mit Radius r ist ein regelmäßiges Achteck einbeschrieben.

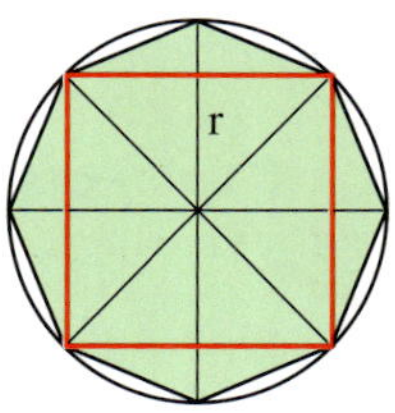

a) Das rote Viereck ist ein Quadrat. Warum?
b) Bestimme Umfang und Flächeninhalt des Achtecks in Abhängigkeit von r.

Lösungssalat zu 13: (Maßzahlen, gerundet)

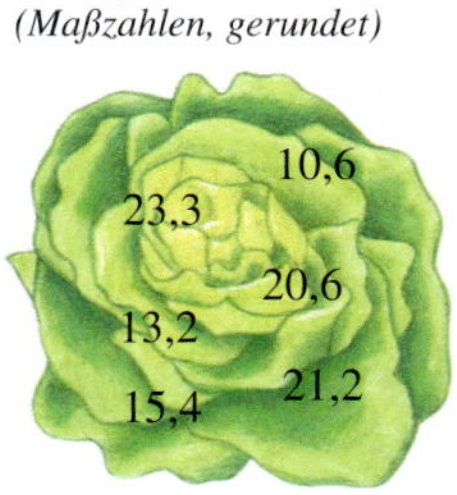

13

Berechne für eine quadratische Pyramide mit den Kanten a und s und der Körperhöhe h (vgl. Figur zu Beispiel 2) die fehlende dritte Größe und den Oberflächeninhalt.

a) $a = 20\,\text{cm}$ und $s = 25\,\text{cm}$
b) $s = 18\,\text{cm}$ und $h = 10\,\text{cm}$
c) $a = 24\,\text{cm}$ und $h = 16\,\text{cm}$

14

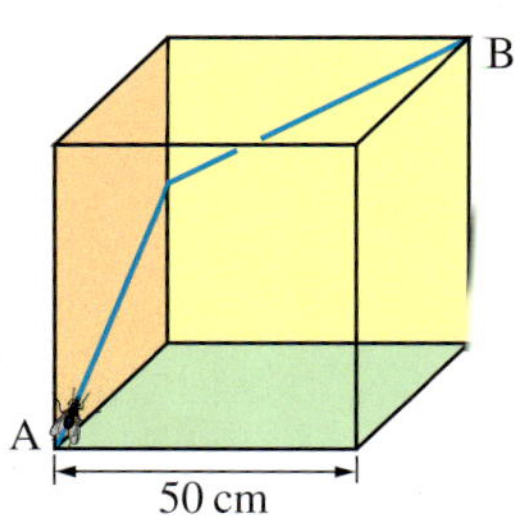

In der würfelförmigen Schachtel kann eine Fliege von A nach B krabbeln oder fliegen.

a) Um wie viel Prozent ist die kürzeste Krabbelstrecke länger als die kürzeste Flugstrecke?
b) Die Fliege krabbelt entlang eines kürzesten Wegs. Mit welcher Wahrscheinlichkeit wählt sie den eingezeichneten Weg?

15

Der Eingangsbereich des Kunstmuseums Louvre in Paris wurde mit einer großen quadratischen Glaspyramide überdacht. Sie bedeckt eine Fläche von etwa $1225\,\text{m}^2$. Die Seitenflächen bestehen nahezu vollständig aus Glas. Insgesamt wurden zur Erstellung der Pyramide etwa $2000\,\text{m}^2$ Glas benötigt. Wie hoch ist dieses Bauwerk ungefähr?

16

a) Berechne die Längen von First, Grat und Kehle.
b) Berechne die Größe der Dachfläche.

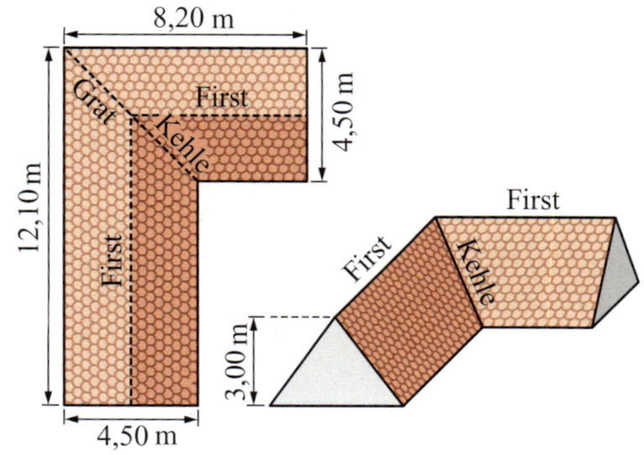

17

Auf einen Quader wurde eine Pyramide mit quadratischer Grundfläche gesetzt. Berechne den Abstand der Spitze S von der Ecke A der Grundfläche.

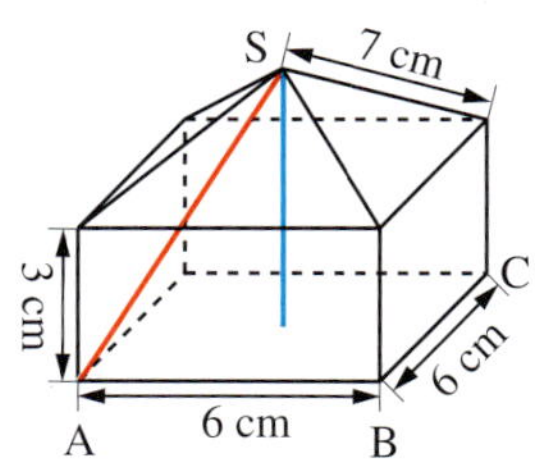

18

Von einem Quader wurde eine Ecke abgeschnitten. Berechne den Flächeninhalt der Schnittfläche.

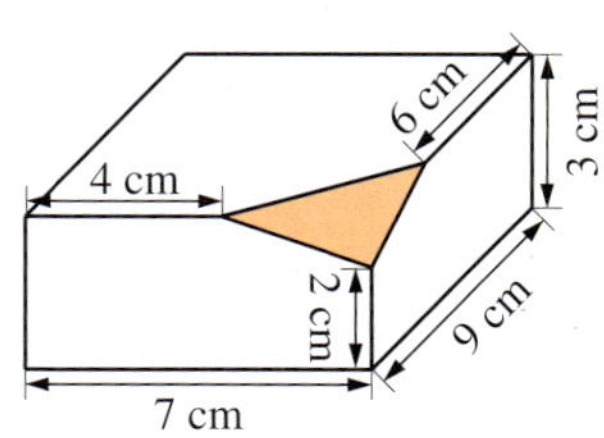

Hinweis zu Aufgabe 19: *Die Zeichnung zeigt schematisch, dass die Erdkrümmung die Entfernung begrenzt, aus der ein Bauwerk der Höhe h noch sichtbar ist.*

19

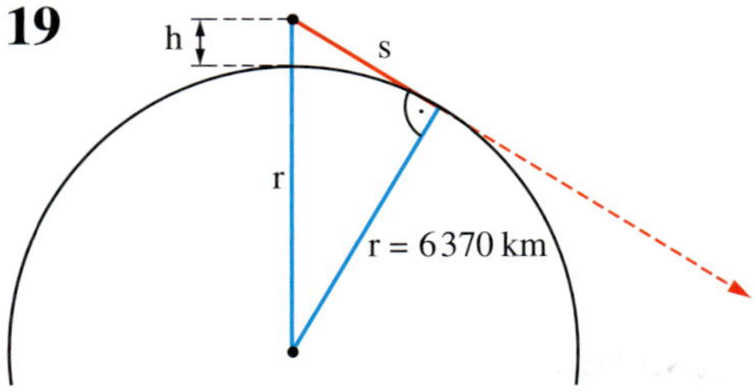

a) An einer Küste steht ein Leuchtturm der Höhe h. Zeige, dass gilt: $s = \sqrt{2rh + h^2}$.

b) Berechne die Entfernung s für einen Leuchtturm der Höhe $h = 30\,m$ (für ein Flugzeug, das sich in 8 km Höhe befindet). Schätze den Wert zuerst.

c) Man kann als „Faustformel" $s = \sqrt{2rh}$ benutzen. Warum? Wie groß ist der Fehler?

d) Die Lichtstrahlen des Leuchtturms soll man auf See noch in 22 km Entfernung sehen können. Wie hoch muss die Lichtquelle mindestens angebracht werden?

e) Hat Eva (siehe Randspalte) recht?

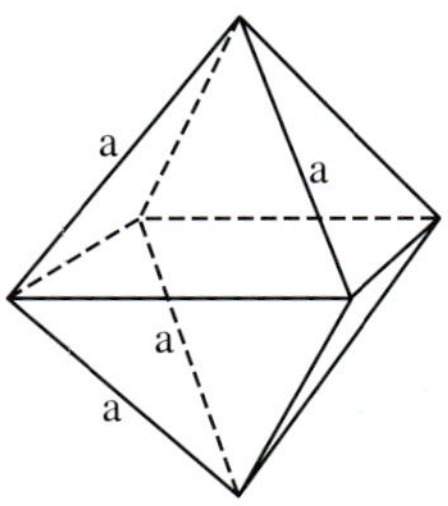

20

Ein Oktaeder ist ein regelmäßiger Körper mit acht gleichseitigen Dreiecken als Seitenflächen.

a) Gib den Abstand gegenüberliegender Ecken in Abhängigkeit von a an.

b) Gib seinen Oberflächeninhalt an.

21

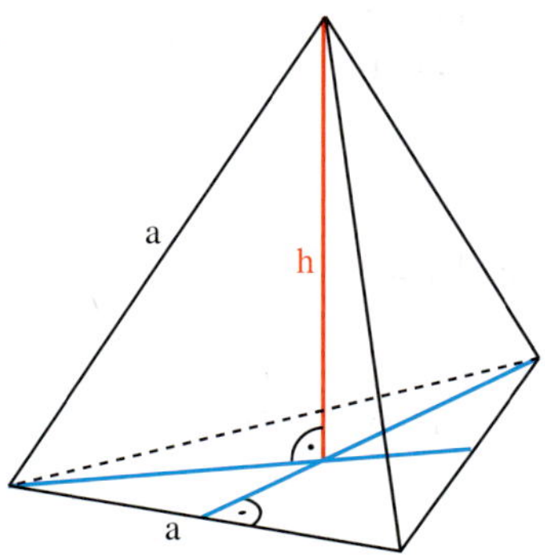

Die Oberfläche eines Tetraeders besteht aus 4 gleichseitigen Dreiecken.

a) Bestimme die Höhe h des Tetraeders in Abhängigkeit von a. Benutze dabei, dass sich die blau eingezeichneten Linien gegenseitig im Verhältnis 2 : 1 teilen.

b) Wie viele cm ist ein Tetraeder mit dem Oberflächeninhalt $1\,m^2$ hoch?

22

Moritz möchte sich ein Drahtmodell einer Pyramide basteln, die er in sein 14 cm hohes Regalfach stellen kann. Die Kantenlänge a der quadratischen Grundfläche soll 6 cm betragen. Er überlegt sich, dass er das Modell nur dann aus einem einzigen Stück herstellen kann, wenn er eine Grundkante doppelt nimmt.

a) Moritz möchte, dass die Pyramide möglichst hoch und die Länge s der Seitenkante ganzzahlig ist. Wie lang muss er den Draht wählen?

b) Wie hoch wird Moritz' Pyramide?

c) Gib allgemein die Pyramidenhöhe h in Abhängigkeit von der Drahtlänge L an.

d) Bastle selbst ein Drahtmodell mit $a = 6\,cm$ und $h = 7\,cm$. Wie lang ist bei dir die Seitenkante s?

*23

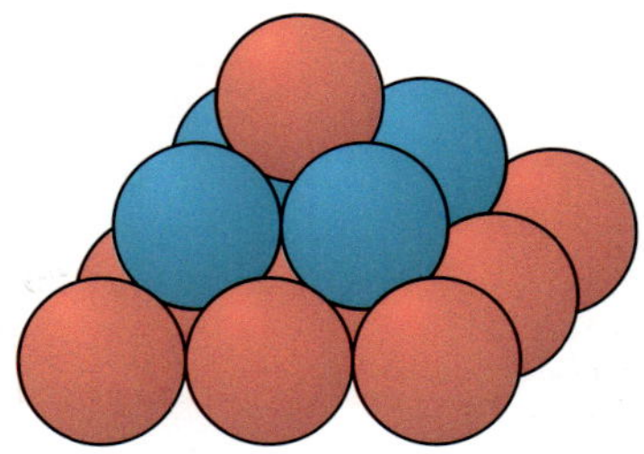

Vierzehn gleich große Kugeln mit dem Radius r werden wie abgebildet aufeinandergeschichtet, so dass sich benachbarte Kugeln berühren. Wie hoch ist der Stapel?

G 24

Bestimme die Gleichungen der Geraden.

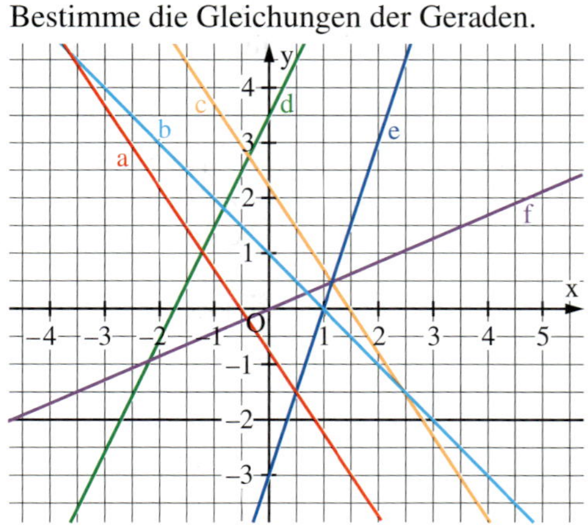

Thema:

Beweise für den Satz des Pythagoras

Vom Satz des Pythagoras existieren hunderte von Beweisen. Einige besondere werden hier vorgestellt.

Die Abbildung rechts stammt aus den „Elementen“ von Euklid, der bedeutendsten Darstellung der griechischen Mathematik, insbesondere der Geometrie.

1 Beweis von Euklid (300 v. Chr.)

a) Vergleiche die Flächeninhalte des Kathetenquadrates FBAG mit dem des Dreiecks FBC, des Dreiecks ABD und des Rechtecks mit den Seiten [BD] und [DL]. Gehe entsprechend mit dem zweiten Kathetenquadrat vor.

b) Vergleiche diesen Beweis mit dem Beweis des Kathetensatzes.

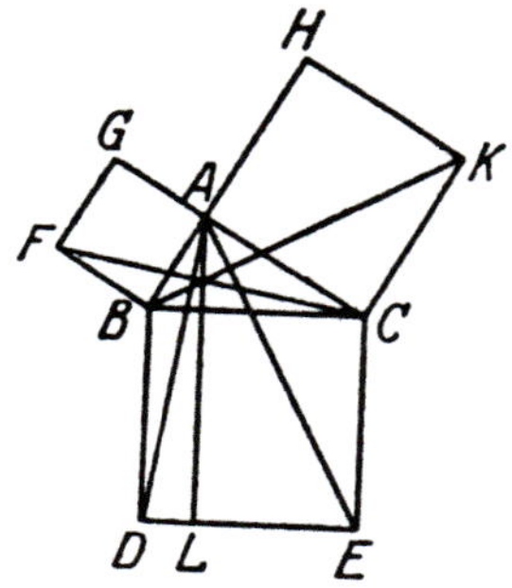

Der „Stuhl der Braut“ stammt aus Indien, etwa 900 n. Chr. Diese merkwürdige Bezeichnung entstand möglicherweise durch einen Übersetzungsfehler.

2 „Der Stuhl der Braut“

a) Wo befindet sich das rechtwinklige Dreieck, wo die Kathetenquadrate, wo das Hypotenusenquadrat?

b) Ergänze das gelbe Fünfeck auf zwei Arten. Zeige so, dass das Hypotenusenquadrat zerlegungsgleich zu den beiden Kathetenquadraten ist.

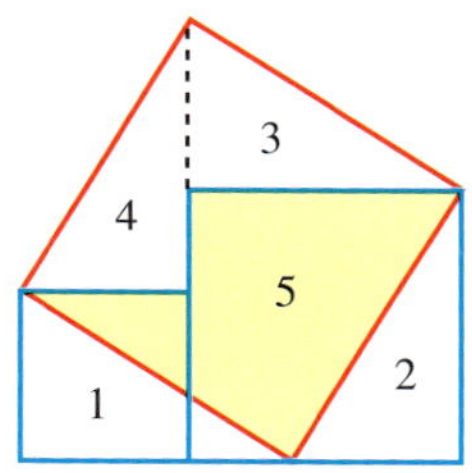

Der berühmte italienische Maler, Bildhauer und Architekt Leonardo da Vinci (1452 – 1519) befasste sich auch mit Philosophie und Mathematik, insbesondere mit der Geometrie.

3 Beweis von Leonardo da Vinci

a) Welche Symmetrieeigenschaften hat das blau (rot) umrandete Sechseck?

b) Zeige, dass man eine Hälfte des einen Sechsecks durch eine Drehung in eine Hälfte des anderen Sechsecks überführen kann. Was folgt daraus für die Flächeninhalte beider Sechsecke bzw. der drei Quadrate?

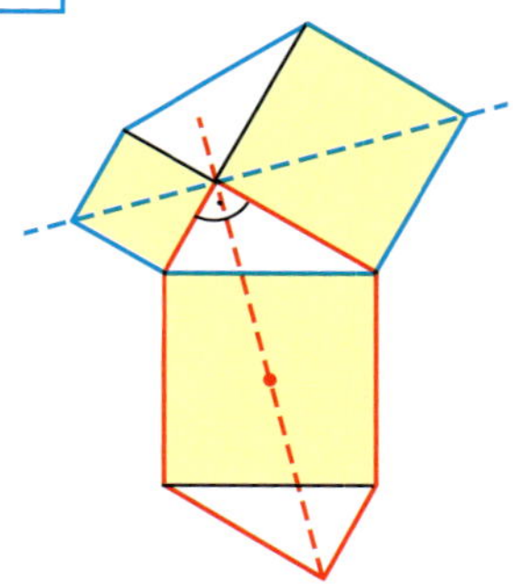

Der Philosoph Arthur Schopenhauer (1788 – 1860) kritisierte die Unanschaulichkeit vieler Beweise in der Mathematik. Aufgabe 4 zeigt, wie er es besser machen wollte.

*4 Zerlegungsbeweis von Schopenhauer

In der Figur sind alle Trennlinien parallel zu einer der Dreiecksseiten. Zeige:
Die Dreiecke bzw. Vierecke 1, 2, 3, 4 und 5 sind jeweils kongruent.
Überlege dazu, wie man die Dreiecke bzw. Vierecke ineinander überführen kann.

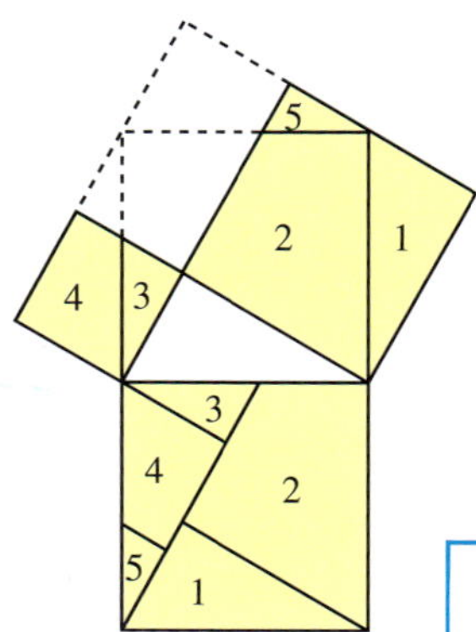

James Garfield (1831 – 1881) war der 20. Präsident des USA. 1876 bewies er den Satz des Pythagoras wie in Aufgabe 5.

5 Beweis von Garfield

Berechne den Flächeninhalt des Trapezes PQRS auf zwei Arten:
mit der Flächenformel und als Summe der Dreiecksflächen.
Vereinfache die sich ergebende Gleichung.

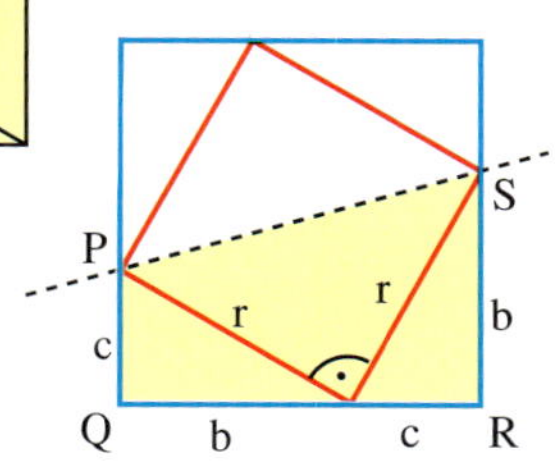

Thema:

Gut bedacht

Die meisten Häuser haben ein Dach (z. B. aus Dachziegeln, Stegplatten, Kupferblech …), das von einer Konstruktion aus Holz, dem sogenannten Dachstuhl, getragen wird. Auch Carports oder Terrassenüberdachungen bestehen häufig aus Holzkonstruktionen. Vor dem Bau bedarf es einer genauen Planung, wie viele Holzbalken bzw. -bretter und Dachmaterialien benötigt werden und wie diese zusammengebaut werden sollen.
Im Folgenden sollt ihr für verschiedene Holzkonstruktionen Material- und Arbeitskosten kalkulieren bzw. eine Terrassenüberdachung selbst planen.

Kleine Fachkunde

Die Dachkonstruktion nennt man auch **Dachstuhl**. Viele Teile im Dachstuhl tragen zur Stabilität der gesamten Konstruktion bei. Bestimmte Kanthölzer haben bei den Zimmerleuten spezielle Namen.

Sparren
Teil der Unterkonstruktion für die Dachziegel

Pfette
trägt die Sparren und sammelt die senkrecht auf das Dach wirkenden Lasten

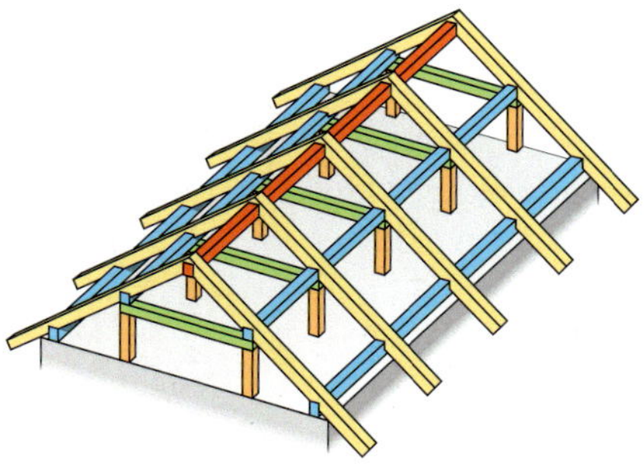

First
Oberkante des Daches

Pfosten
stützt die Pfetten ab

Kehlbalken
zusätzliche Aussteifung der Sparren

Holzliste

In der Holzliste schreiben Zimmerleute den Holzbedarf für einen Auftrag übersichtlich auf. Mit Hilfe der Summenwerte kann man für ein bestimmtes Kantholz leicht den „Volumenbedarf" ermitteln.

Einzelpositionen								
			Länge in m		Holzquerschnitt			
Position	Artikel	Stück	einzeln	gesamt	8 cm x 16 cm	12 cm x 12 cm	12 cm x 16 cm	12 cm x 24 cm
1	Sparren	8	4,20	33,60	33,60			
2	Pfetten	2	5,20	10,40	10,40			
3	Pfosten	3	2,30	6,90		6,90		
	Summe				44,00	6,90		

Vereinbarung zu den Maßangaben

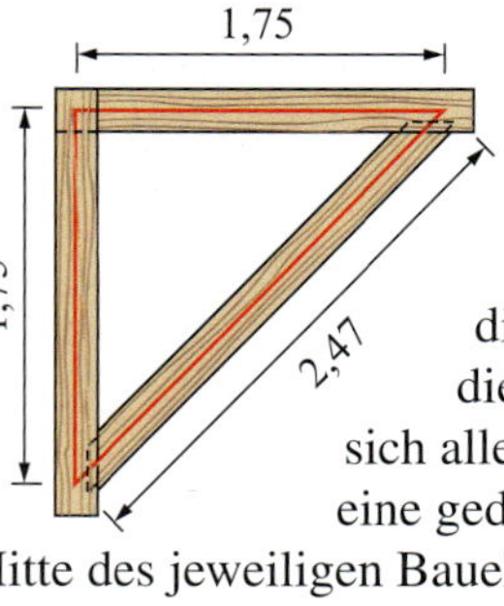

Um einfacher rechnen zu können, vereinbaren wir für die Zeichnungen in diesem Thema, dass sich alle Maßangaben auf eine gedachte Linie in der Mitte des jeweiligen Bauelements beziehen.

Falzdachziegel

Rechteckige Falzdachziegel haben eine Größe von 42 cm × 25 cm. Da sie überlappend ausgelegt werden, deckt jeder der Ziegel eine Fläche von rund 34 cm × 20 cm ab.

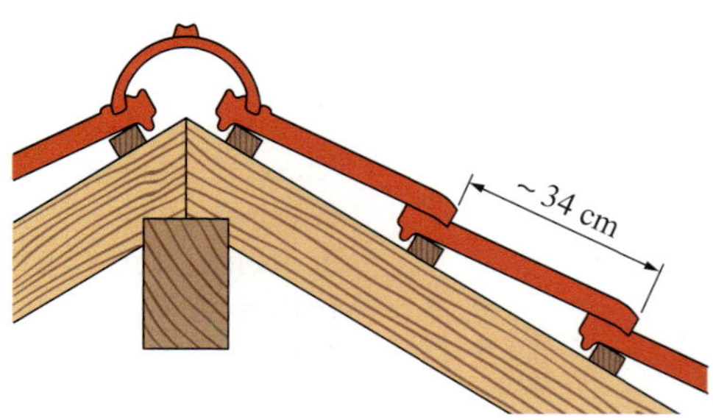

Um die Ziegel anbringen zu können, werden auf den Sparren in parallelen Reihen Dachlatten angebracht.

Kalkulation bei Zimmereiarbeiten
Die Materialkosten sind nur ein Teil der Kosten, die der Kunde zu bezahlen hat. Es kommt noch der Arbeitsaufwand für das Zuschneiden des Holzes und das Aufstellen des Dachstuhls bzw. einer Holzkonstruktion (wie z. B. beim Carport) hinzu. Dafür hat jede Zimmerei ihre Erfahrungswerte.
Der Durchschnittslohn bei der Firma Holzbau beträgt 12,20 € pro Stunde. Dabei geht sie davon aus, dass ein Arbeiter im Schnitt 5 laufende Meter (lfm) Holz pro Stunde verarbeitet. Zum Beispiel sind in der Holzliste auf S. 58 44 lfm für 8/16-Kantholz und 6,90 lfm für 12/12-Kantholz zu berücksichtigen. Zum Anbringen von Verschalungen kalkulieren sie 3 m² pro Stunde.
Zusätzlich entstehen dem Betrieb Kosten für Büro, Sozialabgaben für die Beschäftigten und Steuern. Dies wird bei jedem Auftrag durch einen Aufschlag auf die Materialkosten (+ 12 %) und auf die Lohnkosten (+ 130 %) berücksichtigt.

1

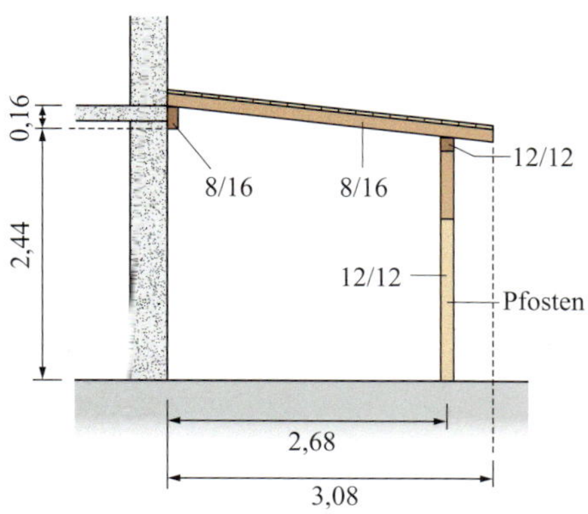

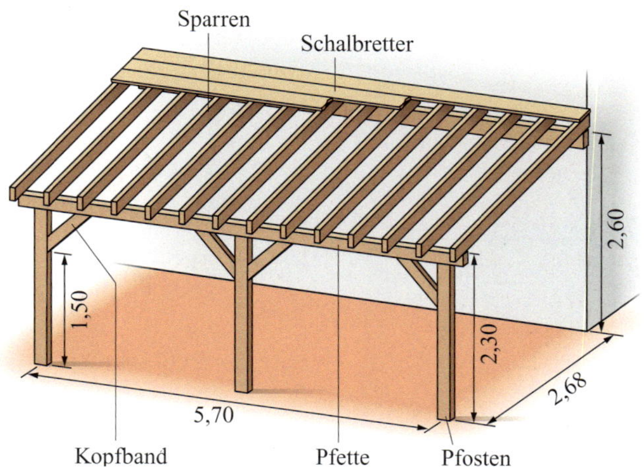

Holzpreise (ohne MwSt.)		
Kantholz	8/16	223,00 €/m³
Kantholz	12/12	223,00 €/m³
Kantholz	12/16	247,00 €/m³
Schalholz		6,50 €/m²
Dachlatten		0,40 €/m

Dachmaterialpreise (o. MwSt.)	
Falzziegel	1,00 €/Stück
Firstziegel	18,00 €/m
Stegplatten 8 mm	16,40 €/m²
Regenrinnen	6,00 €/m

12/16 gibt an, dass der rechteckige Querschnitt des Kantholzes die Seitenlängen 12 cm und 16 cm hat.

Die Abbildungen zeigen Planskizzen für den Bau eines Carports.
a) Stellt eine Holzliste auf.
b) Berechnet die Materialkosten, berechnet für Verschnitt einen Zuschlag von 12 %.
c) Fertigt eine Aufstellung der Kosten für die Zimmereiarbeiten an.

2

Sucht euch selbst Aufgaben zum rechts abgebildeten Dach und löst sie. Ideen: Holzmenge, Holzkosten, Anzahl der Ziegel, Angebot für eine Kundin …

3

Eine „Eckterrasse" soll überdacht werden (Holzkonstruktion und Stegplatten, vgl. Liste oben). Plant eine solche Überdachung. Fertigt Skizzen an, die über Aussehen und Materialbedarf Aufschluss geben. Kalkuliert Material- und Arbeitskosten. Bastelt ein Modell aus Holz. Präsentiert eure Skizzen, Planungen und Modelle in einer Ausstellung.

Beispiel für eine „Eckterrasse":

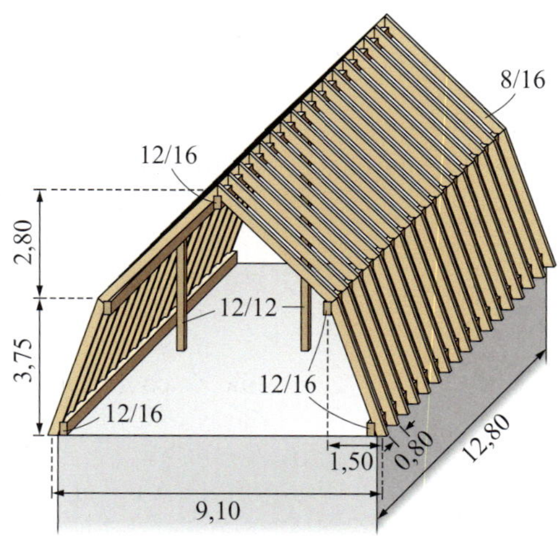

Rückblick

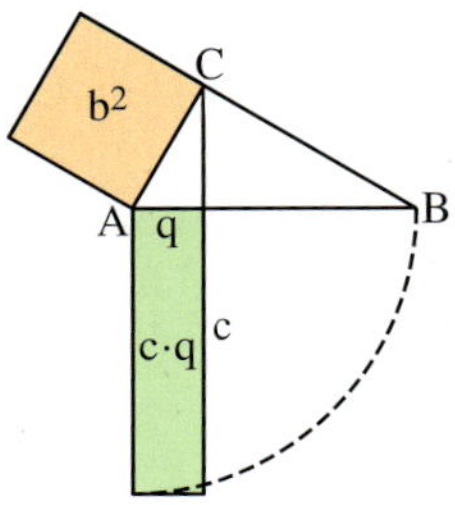

Kathetensatz
Für jedes rechtwinklige Dreieck gilt:
Das Quadrat über einer Kathete ist flächengleich zum Rechteck aus der Hypotenuse und dem anliegenden Hypotenusenabschnitt.
Es gilt: $\mathbf{a^2 = c \cdot p}$
$\mathbf{b^2 = c \cdot q}$

Berechnung von p und der Höhe h.

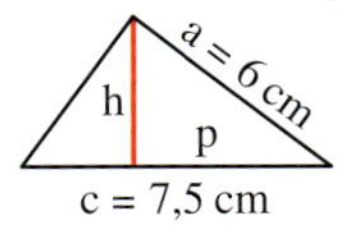

*Nach dem **Kathetensatz** ist:*
$c \cdot p = a^2$
$p = a^2 : c$
$p = (6^2 : 7{,}5)\,cm = 4{,}8\,cm$

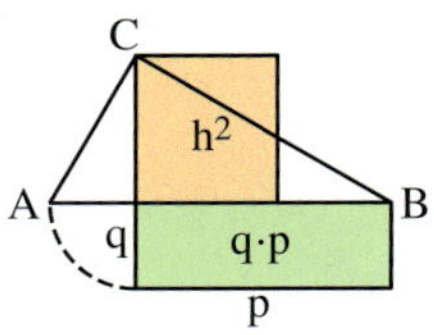

Höhensatz
Für jedes rechtwinklige Dreieck gilt:
Das Quadrat über der Höhe ist flächengleich zum Rechteck aus den beiden Hypotenusenabschnitten.
Es gilt: $\mathbf{h^2 = p \cdot q}$

*Nach dem **Höhensatz** gilt mit*
$q = c - p = 7{,}5\,cm - 4{,}8\,cm = 2{,}7\,cm$
und
$h^2 = p \cdot q = 4{,}8 \cdot 2{,}7\,cm^2$:
$h = \sqrt{12{,}96}\ cm = 3{,}6\,cm$

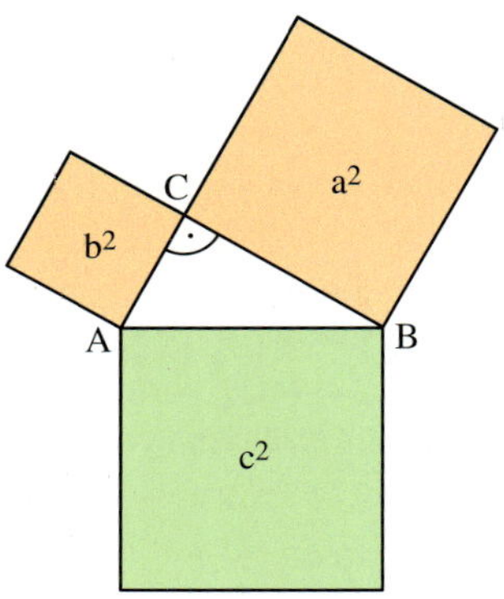

Satz des Pythagoras
In jedem rechtwinkligen Dreieck haben die Quadrate über den Katheten zusammen den gleichen Flächeninhalt wie das Quadrat über der Hypotenuse.
Es gilt: $\mathbf{a^2 + b^2 = c^2}$

Kehrsatz zum Satz des Pythagoras
Wenn in einem Dreieck ABC (mit den Seiten a, b und c) $a^2 + b^2 = c^2$ gilt, dann hat das Dreieck bei C einen rechten Winkel.

Bestimmung der Raumdiagonalen d aus den Kantenlängen des Quaders.

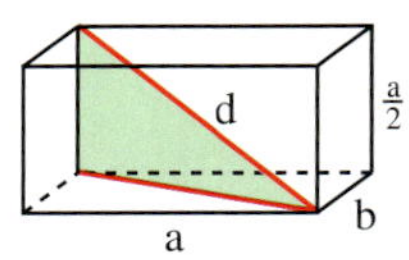

Ist d_1 die Diagonale der Grundfläche, so gilt:
$d_1^2 = a^2 + b^2$
Für das markierte Dreieck gilt:
$d^2 = d_1^2 + \left(\frac{a}{2}\right)^2$
Einsetzen von $d_1^2 = a^2 + b^2$ ergibt:
$d^2 = a^2 + b^2 + \left(\frac{a}{2}\right)^2 = \frac{5}{4}a^2 + b^2$
$d = \sqrt{\frac{5}{4}\,a^2 + b^2}$

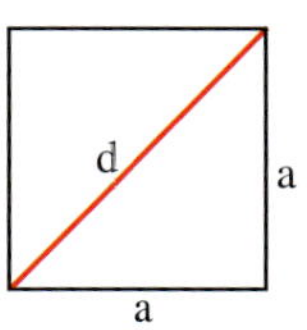

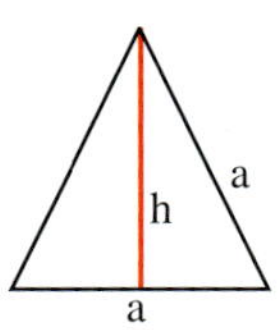

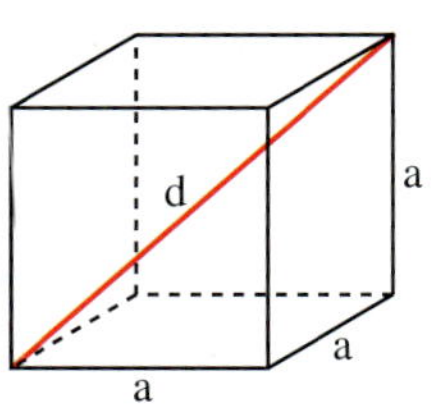

Nützliche Formeln
Diagonale d eines Quadrates mit der Seitenlänge a:
$$d = a\sqrt{2}$$
Höhe h im gleichseitigen Dreieck mit der Seitenlänge a:
$$h = \frac{a}{2}\sqrt{3}$$
Räumliche Diagonale d eines Würfels mit der Kantenlänge a:
$$d = a\sqrt{3}$$

Berechnung der Länge der Diagonalen d für a = 8 cm.

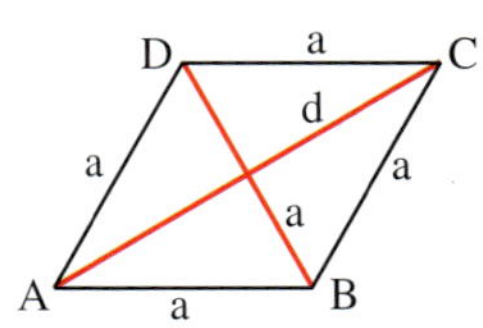

Das Dreieck BCD ist gleichseitig, die Höhe h des Dreiecks ist die halbe Diagonale der Raute.
$\frac{d}{2} = \frac{a}{2}\sqrt{3}$
$d = a\sqrt{3}$; $d = 8 \cdot \sqrt{3}\ cm \approx 13{,}9\,cm$

Aufgaben zum Üben und Wiederholen

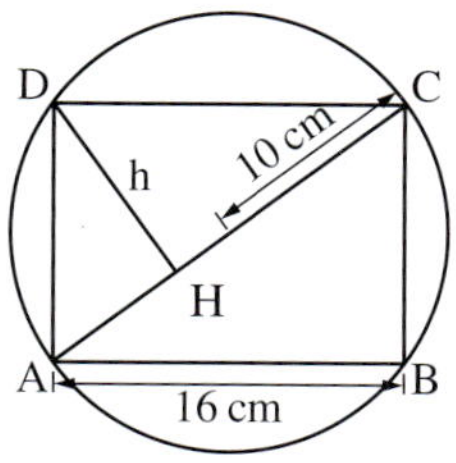

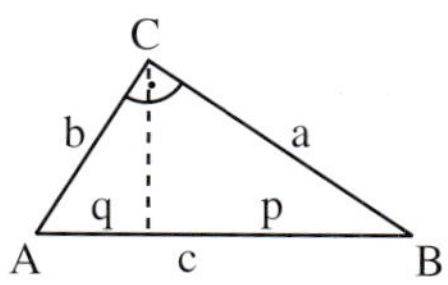

1
Zeichne ein Rechteck mit den Seiten a und b. Konstruiere dazu ein flächengleiches Quadrat. Wie lang ist die Quadratseite q? Miss bzw. berechne sie. Vergleiche.
a) a = 8,0 cm und b = 4,5 cm
b) a = 0,6 dm und b = 35 mm
c) a = 0,02 m und b = 7,2 cm

2
Das Rechteck ABCD ist dem Kreis einbeschrieben (siehe Figur auf der Randspalte). Berechne die Höhe h des Dreiecks ACD.

3
Berechne die fehlenden Größen für ein rechtwinkliges Dreieck ABC mit der Hypotenuse c (siehe Figur links).

	a	b	c	p	q	h_c	A
a)			12,5 cm	0,5 dm			
b)					60 cm	1,8 m	
c)	34 mm		0,08 m				
d)				4,5 cm	45 mm		
e)	70 cm						38,5 dm^2

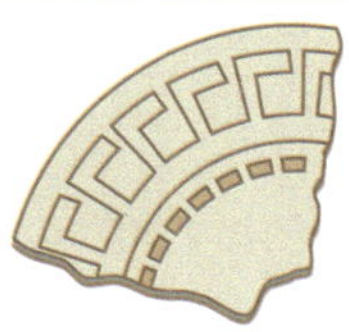

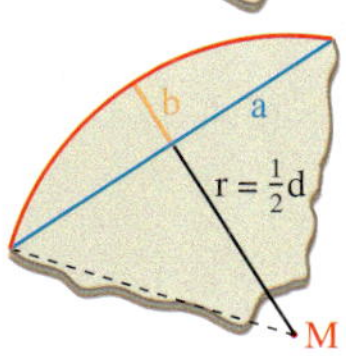

4
Um den Tellerdurchmesser d zu bestimmen, übertragen Archäologen die Form des Bruchstücks auf ein Blatt Papier und bemaßen es.
a) Bestimme d für a = 12 cm und b = 2 cm.
b) Zeige mit dem Höhensatz: $d = \frac{a^2}{4b} + b$.

5
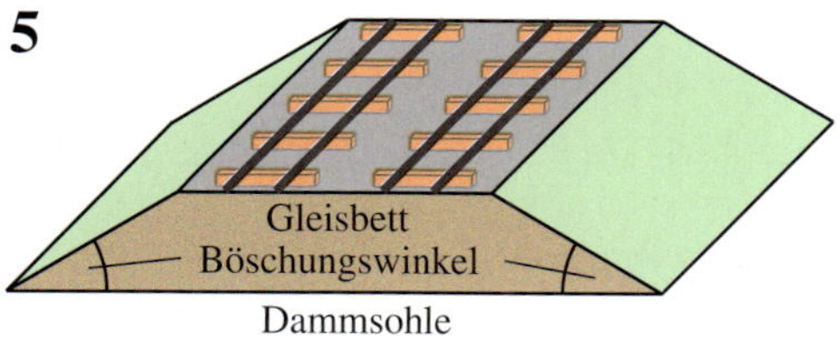

Für eine Eisenbahnstrecke soll ein 6,5 m hoher Damm mit einem Böschungswinkel von 30° und einer Gleisbettbreite von 13,7 m gebaut werden. Wie breit muss die Dammsohle gewählt werden?

6
Welche Fläche hat ein Dreieck mit a = 6 cm; $b = 6\sqrt{2}$ cm; c = 6 cm? Ist es rechtwinklig?

Die Lösungen zu den Aufgaben dieser Seite findest du auf Seite 190.

7
Berechne die Dachfläche.
a)
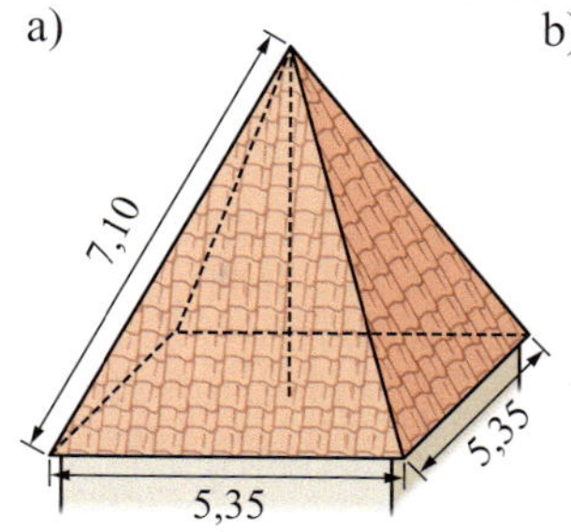

b)
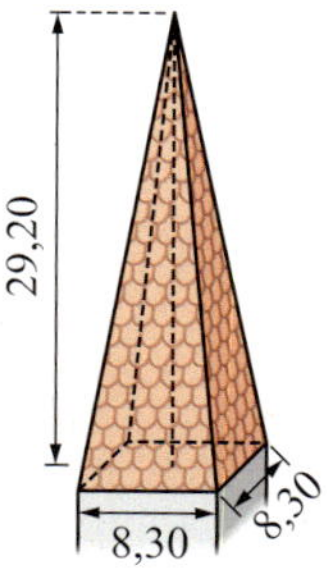

8
Bei einer Pyramide mit quadratischer Grundfläche der Seitenlänge b hat jede Seitenkante die Länge 2 b. Berechne die Oberfläche der Pyramide in Abhängigkeit von b.

9
Das abgebildete Fünfeck besteht aus einem Quadrat und einem gleichseitigen Dreieck.

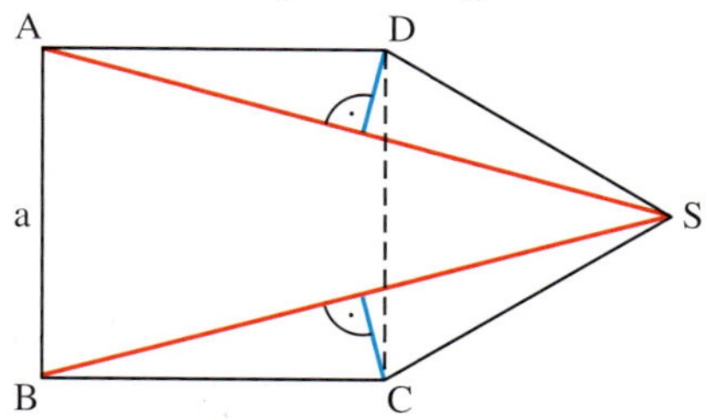

a) Berechne für die Kantenlänge a = 4,0 cm die Länge $\overline{AS}$ der Strecke [AS].
b) Gib in Abhängigkeit von a einen Term für $\overline{AS}$ an. Vereinfache den Term.
c) Wie viel Prozent der Fünfecksfläche werden durch das ΔBSA abgedeckt? Rechne zunächst mit a = 4,0 cm, dann allgemein in Abhängigkeit von a. Vergleiche.

10
Für das Prisma gilt a = 6,0 cm; b = d = 4,0 cm; c = 3,0 cm und h = 8,0 cm. Wie lang ist die rote Strecke?

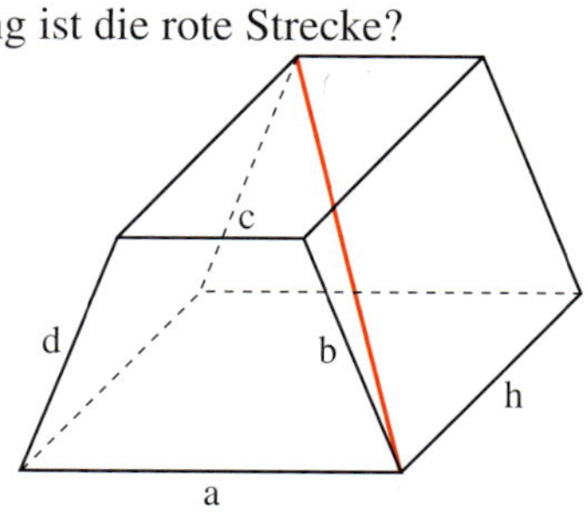

1 Erkennen quadratischer Funktionen und Gleichungen

1

Ordne die rechts gezeichneten Funktionsgraphen den folgenden Funktionen zu:

f_1: $x \mapsto 0{,}5\,x^2 + 2\,x - 1$; f_2: $x \mapsto 1 - x^2$;

f_3: $x \mapsto -0{,}5\,x + 2$; f_4: $x \mapsto \frac{1}{x}$.

Löse anhand der Graphen die folgenden Gleichungen:

$0{,}5\,x^2 + 2\,x - 1 = 0$;

$2 - 0{,}5\,x = 0{,}5\,x^2 + 2\,x - 1$;

$1 - x^2 = \frac{1}{x}$; $1 - x^2 = -2$.

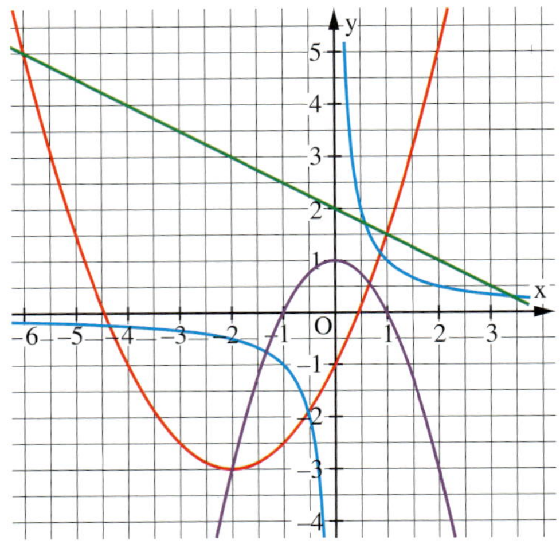

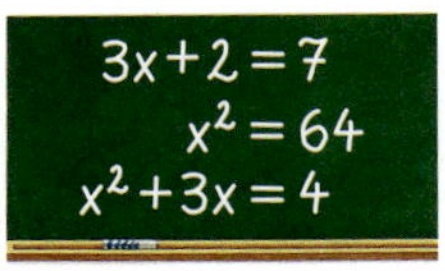

2

Welche Gleichung(en) auf der Tafel kannst du schon rechnerisch lösen?

Ausblick:
Im Laufe des Kapitels wirst du sehen, dass sich auch für solche quadratischen Gleichungen ein Lösungsverfahren entwickeln lässt.

Lineare Gleichungen lassen sich mit dem bekannten Vorgehen rechnerisch lösen:

z.B.: $3\,x - 2 = 7 \quad | + 2$
$3\,x = 9 \quad | : 3$
$x = 3$

Bei Gleichungen, in denen die Variable auch quadratisch auftaucht, führt dieses Vorgehen nicht zum Ziel:

z.B.: $2\,x^2 - 4{,}2\,x - 5{,}4 = 0 \quad | + 5{,}4$
$2\,x^2 - 4{,}2\,x = 5{,}4$ ⟶ ?

Mit Hilfe der zugehörigen Funktionsgraphen lassen sich jedoch Lösungen näherungsweise finden.

So ist in das nebenstehende Koordinatensystem der Graph der Funktion
f: $x \mapsto 2\,x^2 - 4{,}2\,x - 5{,}4$ eingezeichnet.
Die Variable taucht im Funktionsterm quadratisch auf.

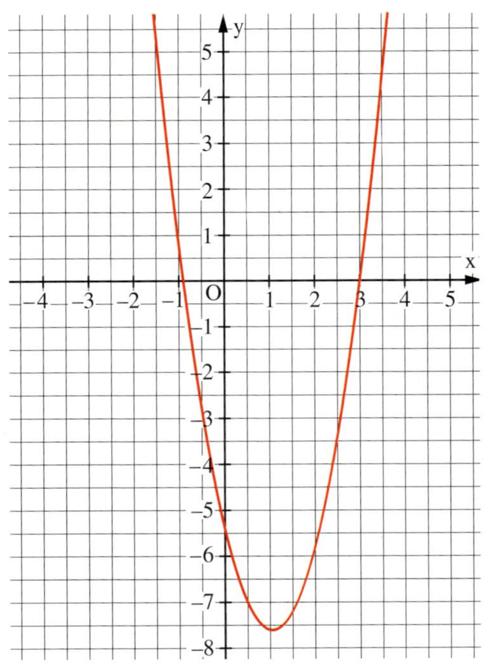

Erinnerung:
Nullstellen einer Funktion f sind die x-Werte der Schnittpunkte des zugehörigen Funktionsgraphen mit der x-Achse, also die Lösungen der Gleichung f(x) = 0.

Die Lösungen der Gleichung
$2\,x^2 - 4{,}2\,x - 5{,}4 = 0$
sind die Nullstellen des Graphen von f.
Man sieht am Graphen, dass es zwei solche Lösungen gibt, nämlich $x_1 \approx -1$ und $x_2 \approx 3$.

Beim Einsetzen einer Zahl in den Term x^2 ist das Setzen einer Klammer hilfreich, wenn auch nicht immer notwendig.

Durch Einsetzen dieser beiden Werte in den Funktionsterm

$$2 \cdot (-1)^2 - 4{,}2 \cdot (-1) - 5{,}4 = 2 + 4{,}2 - 5{,}4 = 0{,}8$$

$$2 \cdot (3)^2 - 4{,}2 \cdot 3 - 5{,}4 = 18 - 12{,}6 - 5{,}4 = 0$$

erkennt man, dass $x_2 = 3$ sogar exakte Lösung der Gleichung ist.

Quadratische Funktionen besitzen Funktionsgraphen, die einander ähnlich sehen, wie z. B.

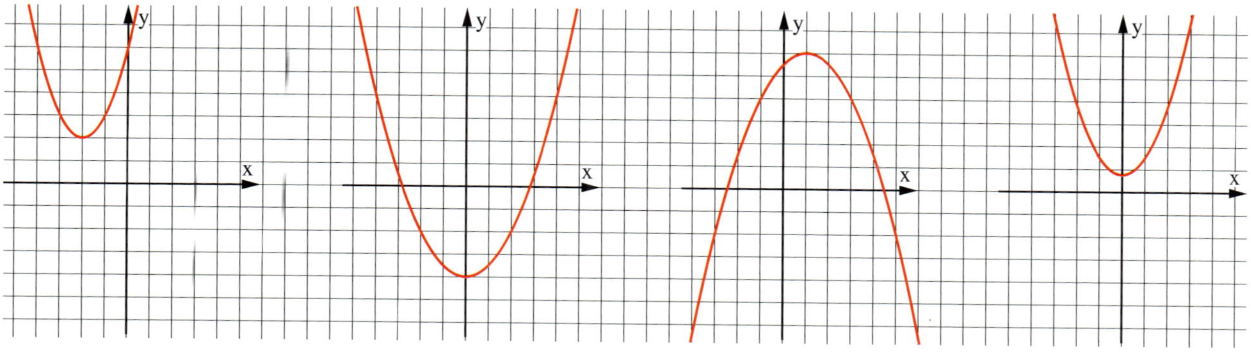

Die Graphen von quadratischen Funktionen nennt man **Parabeln**.

Parabeln können nach oben oder nach unten geöffnet sein.
Sie können sich in der Weite ihrer Öffnung unterscheiden.

Der jeweils tiefste Punkt einer Parabel – wenn sie nach oben geöffnet ist – bzw. der jeweils höchste Punkt – wenn sie nach unten geöffnet ist – heißt der **Scheitelpunkt der Parabel**, kurz der **Scheitel der Parabel**.

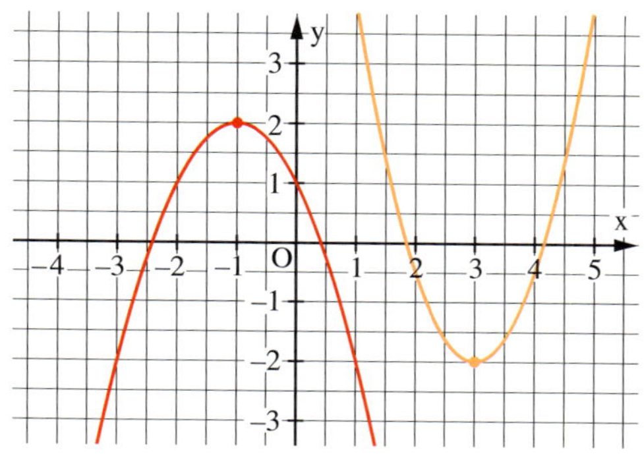

Eine Funktion der Form $f\colon x \mapsto a\,x^2 + b\,x + c \quad (a \neq 0)$ heißt **quadratische Funktion**, wie z. B.

$f\colon x \mapsto 4\,x^2 + 3\,x - 1;\quad g\colon x \mapsto 3 - x^2;\quad h\colon z \mapsto -2\,z^2 + \frac{3}{2}z.$

Gleichungen wie $4\,x^2 + 3\,x - 1 = 0;\quad 3 - x^2 = 0$ oder $-2\,z^2 + \frac{3}{2}z = 0;$
in denen die Variable quadratisch vorkommt, nennt man **quadratische Gleichungen**.

Bei der Funktion	$f\colon x \mapsto 4\,x^2 + 3\,x - 1$	ist also $a = 4,\ b = 3$ und $c = -1,$
bei	$g\colon x \mapsto 3 - x^2$	ist $a = -1,\ b = 0$ und $c = 3,$
und bei	$h\colon z \mapsto -2\,z^2 + \frac{3}{2}z$	ist $a = -2,\ b = \frac{3}{2}$ und $c = 0.$

Bemerkung
Eine quadratische Gleichung lässt sich immer auf die Form $a\,x^2 + b\,x + c = 0$ mit beliebigen reellen Zahlen a, b und c bringen.
So kann beispielsweise auch die Gleichung $2\,x^2 - 3\,x = 2 - 2\,x - x^2$ auf diese Form gebracht werden:

$$2\,x^2 - 3\,x = 2 - 2\,x - x^2 \quad | -2 + 2\,x + x^2$$
$$3\,x^2 - x - 2 = 0;$$

hier ist also $a = 3,\ b = -1$ und $c = -2.$

Beispiel

a) Erstelle zur Funktion $f\colon x \mapsto 0{,}75\,x^2 - 1{,}5\,x - 3$ eine Wertetabelle und zeichne den Funktionsgraphen. Lies die Lösungen der Gleichung $0{,}75\,x^2 - 1{,}5\,x - 3 = 0$ näherungsweise ab.

b) Zeichne die Graphen der Funktionen $g_1\colon x \mapsto 0{,}75\,x^2$ und $g_2\colon x \mapsto 1{,}5\,x + 3$ in das gleiche Koordinatensystem und lies die Lösungen der Gleichung $0{,}75\,x^2 = 1{,}5\,x + 3$ ab. Was stellst du fest?

Lösung:

a) Wertetabelle:

x	−3	−2	−1	0
y	8,25	3	−0,75	−3

x	1	2	3	4
y	−3,75	−3	−0,75	3

Näherungslösungen sind
$x_1 \approx -1{,}2$
und
$x_2 \approx 3{,}2$

b) Die Lösungen sind die x-Werte der Schnittpunkte.
Dies sind die gleichen Werte wie in a), da die beiden Gleichungen äquivalent zueinander sind, sie also für die gleichen x-Werte erfüllt sind.

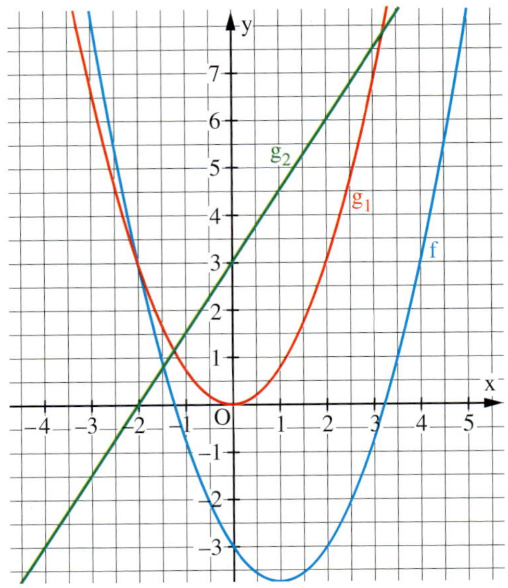

Aufgaben

3 💻

Zeichne mit einem Funktionsplotter die Graphen der Funktionen. Notiere jeweils die Gleichung, deren Lösungen die Nullstellen sind.
Gib näherungsweise die Nullstellen (falls die Funktion solche besitzt) und die Koordinaten des Scheitelpunktes an.

a) $f\colon x \mapsto 0{,}5\,x^2 - x + 2$
b) $f\colon t \mapsto -0{,}5\,t^2 + 3$
c) $f\colon x \mapsto -x^2 + \frac{3}{2}x - 1$
d) $f\colon x \mapsto 2\,x^2 + 1$
e) $f\colon z \mapsto 4\,z^2 - 3\,z - 1{,}5$

4

Zeichne den Graph der beschriebenen Funktion unter Verwendung einer Wertetabelle. Lies näherungsweise die Nullstellen und den Scheitelpunkt am Graph ab. Welches Problem kann bei der Bestimmung des Scheitelpunkts auftreten?

a) $f\colon x \mapsto -x^2 + 4\,x - 3$
b) $x \mapsto 2\,x^2 + x - 5$
c) $y = \frac{1}{2}x^2 - \frac{3}{20}x - 1$

5

Quadratische Funktionen lassen sich allgemein in der Form $f(x) = a\,x^2 + b\,x + c$ beschreiben. Ordne den Funktionen alle zutreffenden Karten zu. Wie viele Sterne erhalten die Funktionen?

$f_1(x) = 3\,x - 1 - x^2$
$f_2(x) = -3\,x^2 + x$
$f_3(x) = x^2 - 2\,x^2 + 1$
$f_4(x) = 2 + x - x^2 + 2\,x$
$f_5(x) = 80\,\%\,x^2 - 20\,\%\,x + 100\,\%$
$f_6(x) = -0{,}5\,x^2 - \frac{2}{3}x^2 - \frac{11}{6}x^2$

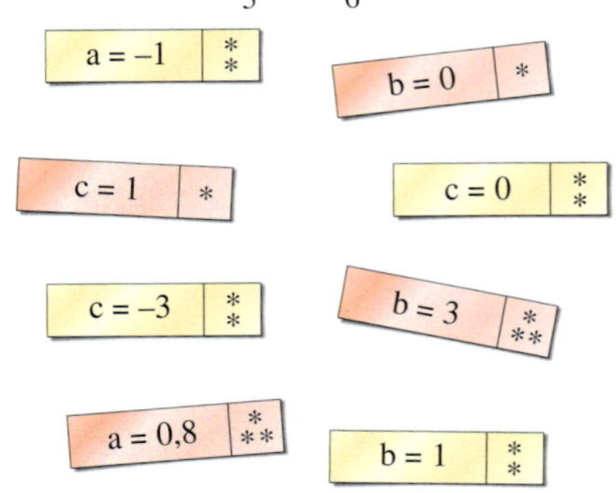

Erinnerung zu 9:
$f(x) > 0$ bedeutet am Graph von f, dass der Punkt $(x|f(x))$ oberhalb der x-Achse liegt.

6

In das nachfolgende Koordinatensystem wurde der Graph der Funktion
f: $x \mapsto \frac{1}{2}x^2 + 2x - \frac{1}{2}$ eingezeichnet.
Gib die Gleichungen an, die jeweils von den x-Werten der Punkte A, B, C, D, E und F gelöst werden.

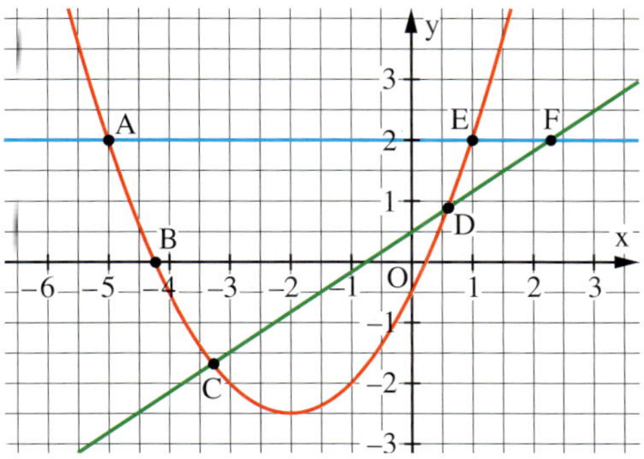

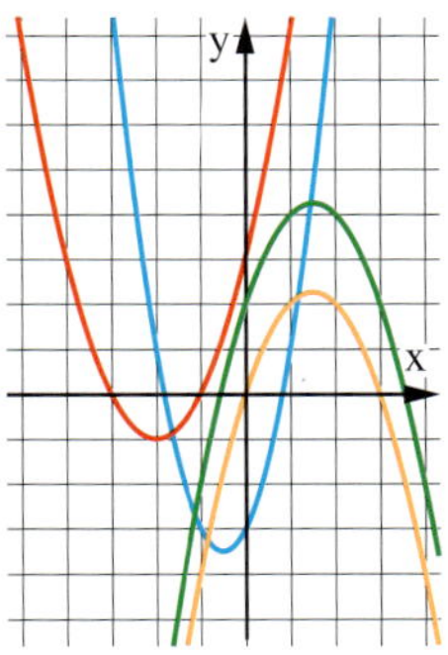

7

Begründe, welche der 4 Graphen auf dem Rand zu der Funktion f: $x \mapsto x^2 + 4x + 3$ gehören könnten.

8

In das nachfolgende Koordinatensystem wurde der Graph der Funktion
f: $x \mapsto -0{,}75x^2 + 1{,}9x + 1{,}7$
eingezeichnet.
Lies die Nullstellen näherungsweise ab.
Setze die erhaltenen Näherungslösungen in die Nullstellengleichung ein und suche nach einer besseren Näherung, bis du jeweils die Zahl mit zwei Nachkommastellen gefunden hast, die der Lösung am nächsten liegt.

Die Gleichung $f(x) = 0$, mit der man die Nullstellen der Funktion f bestimmt, heißt ***Nullstellengleichung****.*

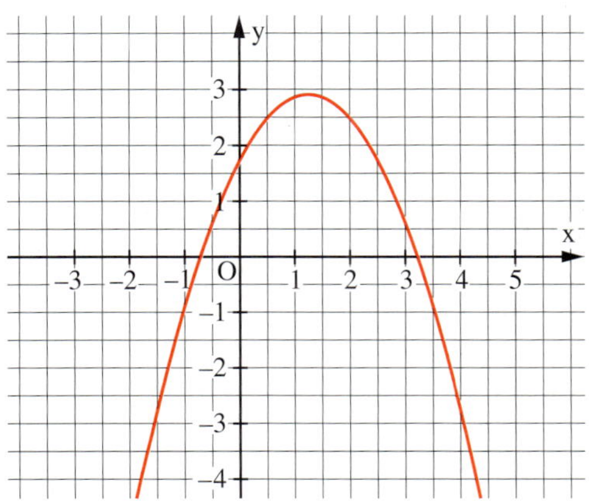

Hinweis: Als Erleichterung der Rechenarbeit bietet sich ein Tabellenkalkulationsprogramm an.

9 Ungleichungen

Ähnlich wie man die Lösungen von Gleichungen am passenden Funktionsgraphen ablesen kann, ist dies auch für Ungleichungen möglich.

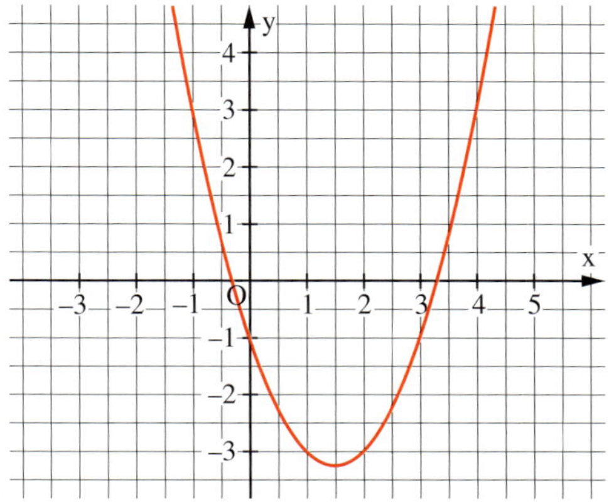

So ist am Graph der Funktion
f: $x \mapsto x^2 - 3x - 1$ zu sehen, dass die Ungleichung $x^2 - 3x - 1 < 0$ für alle x zwischen etwa $-0{,}3$ und $3{,}3$ erfüllt ist und dementsprechend $x^2 - 3x - 1 > 0$ für alle x, die kleiner als $-0{,}3$ oder größer als $3{,}3$ sind.
Löse jeweils näherungsweise die Ungleichung(en)

a) $2x^2 - x < 0$ und $2x^2 - x > 0$;
b) $x^2 - x - 4 < 0$;
c) $-x^2 + x + 2 > 0$.

G 10

Erstelle zu dem Kreisdiagramm ein entsprechendes Säulendiagramm.

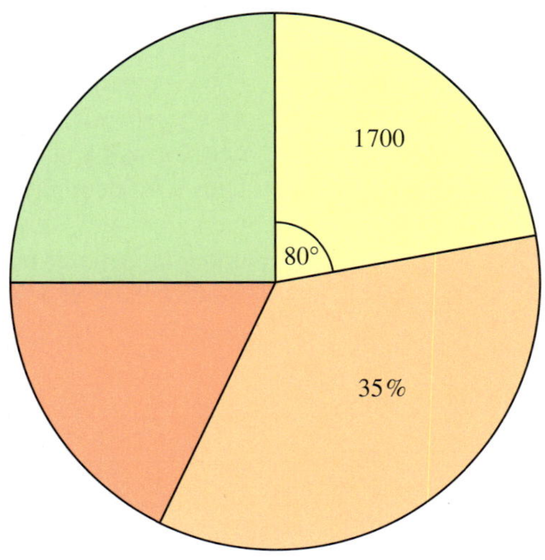

2 Verschiebung der Normalparabel in y-Richtung

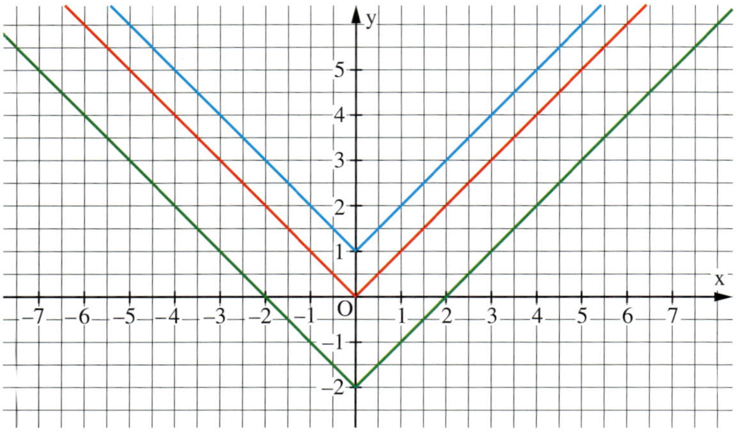

1

Die Graphen der drei Funktionen
f: $x \mapsto |x|$, g: $x \mapsto |x| + 1$ und
h: $x \mapsto |x| - 2$ sind links in ein gemeinsames Koordinatensystem gezeichnet.

a) Ordne den Funktionen die zugehörigen Graphen zu und beschreibe den Zusammenhang, der zwischen den drei Graphen besteht.

b) Lies die Nullstellen der drei Funktionen an den Graphen ab.

c) Wie wäre der Graph von k: $x \mapsto |x| + 2$ in das Koordinatensystem mit einzuzeichnen? Besitzt k Nullstellen?

Der Graph der Funktion $x \mapsto x^2$ heißt **Normalparabel**.

x	−1,5	−1	−0,5	0	0,5	1	1,5
x^2	2,25	1	0,25	0	0,25	1	2,25

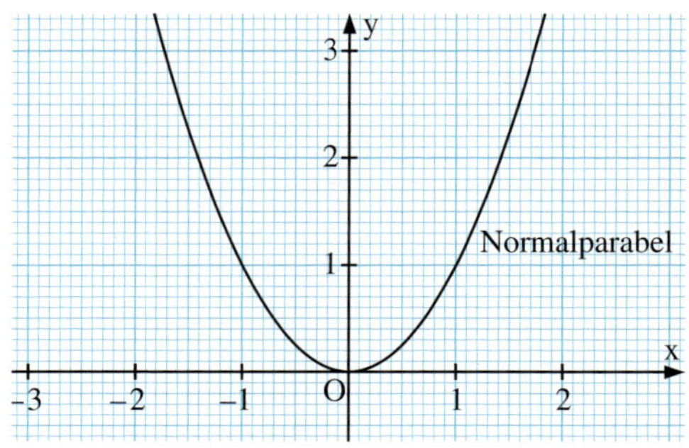

An der Wertetabelle und am Graphen kann man folgende Eigenschaften erkennen:

Die Normalparabel lässt sich gut mit Hilfe einer Schablone zeichnen. Eine solche Schablone kannst du basteln oder fertig kaufen.

Eigenschaften der Funktion $x \mapsto x^2$:

(1) Alle Funktionswerte sind größer oder gleich 0.

(2) Für jede Zahl x gilt: $f(x) = f(-x)$.

(3) Der kleinste Funktionswert ist 0.

Eigenschaften der Normalparabel:

(1) Sie verläuft „oberhalb“ der x-Achse.

(2) Sie ist symmetrisch zur y-Achse.

(3) Der Punkt $S(0|0)$ ist der Scheitelpunkt der Normalparabel.

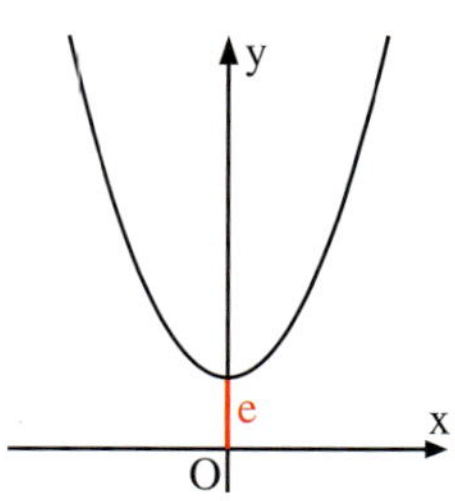

Die Graphen der Funktionen der Form $x \mapsto x^2 + e$ entstehen durch Verschiebung der Normalparabel entlang der y-Achse. Dies wird deutlich, wenn man die Wertetabellen und Graphen der Funktionen $x \mapsto x^2$; $x \mapsto x^2 + 1{,}5$ und $x \mapsto x^2 - 1$ miteinander vergleicht:

x	−2	−1,5	−1	−0,5	0	0,5	1	1,5	2
x^2	4	2,25	1	0,25	0	0,25	1	2,25	4
$x^2 + 1{,}5$	5,5	3,75	2,5	1,75	1,5	1,75	2,5	3,75	5,5
$x^2 - 1$	3	1,25	0	−0,75	−1	−0,75	0	1,25	3

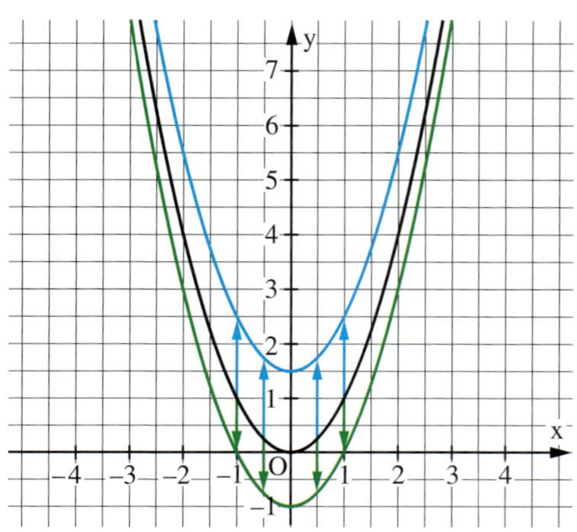

Der Graph der Funktion $x \mapsto x^2 + e$ ist eine entlang der y-Achse verschobene Normalparabel mit dem Scheitelpunkt $S(0|e)$.

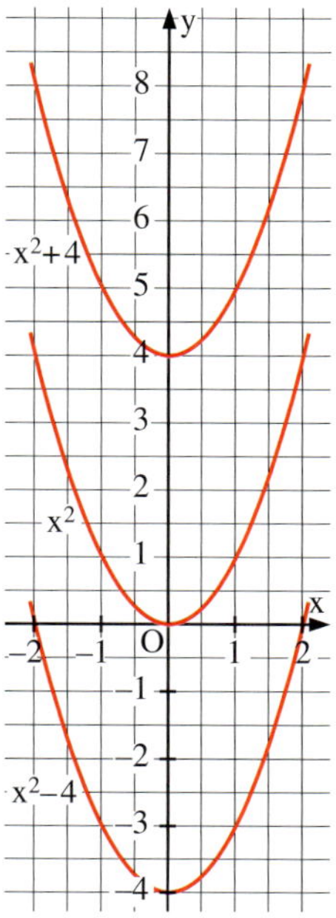

Bemerkung

Bei der Verschiebung einer Parabel in y-Richtung wird jeder Punkt um die gleiche Strecke verschoben. Da jedoch die Parabeln nach außen hin immer steiler werden, entsteht optisch der falsche Eindruck, die Verschiebung sei dort weniger groß.

Um die Nullstellen einer Funktion $f: x \mapsto x^2 + e$ rechnerisch zu bestimmen, löst man die Gleichung $x^2 + e = 0$.

Falls $e > 0$ ist, so ist die Gleichung unlösbar.
Z.B.: $e = 4$
$x^2 + 4 = 0 \quad \Leftrightarrow \quad x^2 = -4$
Es gibt keine Zahl, deren Quadrat gleich -4 ist.
Lösungsmenge von $x^2 + 4 = 0$:
$L = \{\}$
Also besitzt die Funktion keine Nullstellen.

Falls $e < 0$ ist, kann man die beiden Lösungen so bestimmen: z.B.: $e = -11$
$x^2 - 11 = 0 \quad \Leftrightarrow \quad x^2 = 11$
Es gibt zwei Zahlen, deren Quadrat gleich 11 ist: $x_1 = -\sqrt{11}$ und $x_2 = \sqrt{11}$.
Lösungsmenge von $x^2 - 11 = 0$:
$L = \{-\sqrt{11}; \sqrt{11}\}$
Also besitzt die Funktion zwei Nullstellen.

Eine Gleichung der Form $x^2 + e = 0$ hat
- keine Lösung, falls $e > 0$.
- die einzige Lösung $x = 0$, falls $e = 0$.
- zwei Lösungen, falls $e < 0$.

Bemerkung

Um eine verschobene Normalparabel in ein Koordinatensystem einzuzeichnen, kannst du einen der folgenden Wege wählen:

– Wie stets beim Zeichnen von Funktionsgraphen kannst du eine Wertetabelle anfertigen und die daraus erhaltenen Wertepaare als Punkte in ein Koordinatensystem einzeichnen und geeignet verbinden.

– Wenn du eine Parabelschablone zur Verfügung hast, genügt es, den Scheitelpunkt zu kennen und die Schablone dort anzusetzen.

– Du kannst ausreichend viele Punkte der verschobenen Normalparabel schnell erhalten, indem du vom Scheitelpunkt $(s_x|s_y)$ aus jeweils
  - eine halbe Einheit nach rechts oder links gehst und eine viertel Einheit nach oben,
  - eine Einheit nach rechts oder links gehst und eine Einheit nach oben,
  - zwei Einheiten nach rechts oder links gehst und vier Einheiten nach oben.

x	s_x	$s_x-\frac{1}{2}$	$s_x+\frac{1}{2}$	s_x-1	s_x+1	s_x-2	s_x+2
y	s_y	$s_y+\frac{1}{4}$	$s_y+\frac{1}{4}$	s_y+1	s_y+1	s_y+4	s_y+4

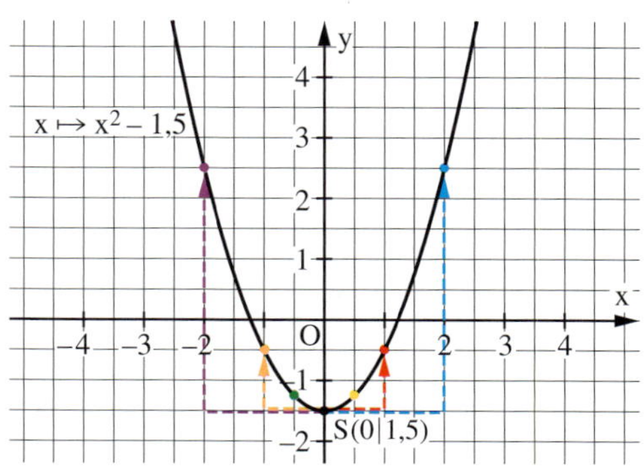

Strategie: *Zurückführen auf etwas Bekanntes*

Beispiel 1

Zeichne den Graphen der Funktion
f: $x \mapsto x^2 - 3{,}5$ im Bereich $x \in [-3; 3]$ und lies die Nullstellen näherungsweise ab.
Berechne die Nullstellen exakt.
Um wie viel Prozent ist der Ablesewert der positiven Nullstelle größer oder kleiner als der exakte Wert?

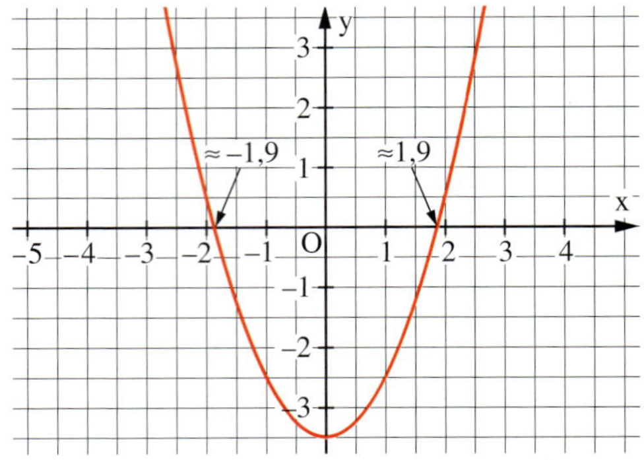

Lösung:

x	–3	–2	–1	0	1	2	3
y	5,5	0,5	–2,5	–3,5	–2,5	0,5	5,5

Berechnung der Nullstellen:

$x^2 - 3{,}5 = 0 \quad \Leftrightarrow \quad x^2 = 3{,}5$

$x_1 = \sqrt{3{,}5} \approx 1{,}871$

$x_2 = -\sqrt{3{,}5} \approx -1{,}871$

Ablesewerte: $x_1 \approx -1{,}9$; $x_2 \approx 1{,}9$
Prozentuale Abweichung:
$\frac{0{,}029}{1{,}871} \approx 0{,}015 = 1{,}5\,\%$

Beispiel 2

Erinnerung:
Die 3. Binomische Formel lautet allgemein
$(a + b)(a - b) = a^2 - b^2$

Erkläre, wie sich die Nullstellen der Funktion f: $x \mapsto (x + 2)(x - 2)$ ohne weitere Berechnung ablesen lassen.
Forme den Funktionsterm von f geeignet um und zeichne den Graphen der Funktion.

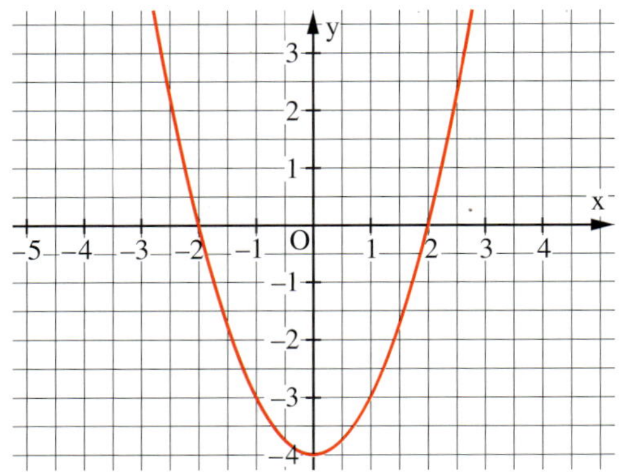

Lösung:
Die Lösungen der Gleichung
$(x + 2)(x - 2) = 0$ lassen sich unmittelbar ablesen, da einer der beiden Klammernterme gleich 0 sein muss und daher
$x_1 = -2$ und $x_2 = 2$.
$f(x) = (x+2)(x-2) = x^2 - 2^2 = x^2 - 4$

Beispiel 3

a) Stelle fest, wie der Punkt $P(-3\,|\,13)$ in Bezug zum Graphen der Funktion f: $x \mapsto x^2 + 2$ liegt.
b) Der Punkt $Q(-8\,|\,50)$ liegt auf dem Graphen der Funktion g: $x \mapsto x^2 + e$.
Gib den Scheitelpunkt des Graphen von g an.

Lösung:
a) $f(-3) = (-3)^2 + 2 = 11$
Da die y-Koordinate von P größer als 11 ist, liegt P oberhalb des Graphen von f.
b) $g(-8) = 50 \Rightarrow 64 + e = 50 \Rightarrow e = -14$
Der Scheitelpunkt ist der Punkt $S(0\,|\,-14)$.

Aufgaben

2

Zeichne in ein gemeinsames Koordinatensystem die Graphen der Funktionen
f_1: $x \mapsto x^2 - 2$; f_2: $x \mapsto x^2 - 1$; f_3: $x \mapsto x^2$ und f_4: $x \mapsto x^2 + 1$.
Lies die Nullstellen näherungsweise ab.
Überprüfe anschließend, ob die abgelesenen Werte exakt die Nullstellen sind.

3

Löse die Gleichungen rechnerisch:

a) $x^2 - 5 = 0$
b) $x^2 - 2 = 3$
c) $t^2 + 2 = 4$
d) $2 - x^2 = 3$
e) $4 = 3 - x^2$
f) $3z + 2 = 4$
g) $(x - 3)(x + 3) = 0$
h) $x^2 - 1 = 1 - x^2$
i) $x^2 = 0$
k) $3 + x^2 = -2$
l) $x^2 = x$
m) $1 = t^2 - 4$

4

a) Welche der Punkte $P(1{,}5|-0{,}25)$, $Q(-2{,}5|4{,}25)$, $R(1|-1{,}5)$, $S\left(\frac{3}{4}|-1{,}225\right)$, $T\left(\frac{11}{2}|27{,}75\right)$ liegen auf dem Graphen der Funktion $f: x \mapsto x^2 - 2{,}5$?

b) Die Punkte $A(-1{,}5|3{,}75)$, $B(-4|18{,}5)$, $C\left(\frac{1}{2}|1{,}75\right)$, $D(2{,}5|2{,}5)$ und $E\left(-\frac{1}{2}|-\frac{7}{2}\right)$ liegen auf drei Graphen der Form $x \mapsto x^2 + e$. Gib die Scheitelpunkte der Graphen an.

5

Gegeben ist die Funktion $g: x \mapsto x^2 - \frac{11}{8}$.

a) Berechne $g(-3{,}5)$, $g(-2)$, $g(0{,}2)$, $g\left(\frac{5}{3}\right)$.

b) Berechne die Nullstellen von g.

c) Für welche x-Werte ist der Funktionswert von g gleich 2 (5,4; −1,375; 0; −2,1)?

d) Welches ist der kleinste (größte) Funktionswert, den g annehmen kann?

6

Forme so um, dass sich die Nullstellen anhand des Funktionsterms direkt ablesen lassen.

a) $f(x) = x^2 - 9$ b) $f(x) = x^2 - 1$

c) $f(x) = x^2 + 1$ d) $f(x) = x^2 - 2{,}25$

7

Die Funktionen f, g, h und k haben die Form $x \mapsto x^2 + e$. f und g haben die Scheitelpunkte $S_f(0|-5)$ bzw. $S_g(0|1)$. Der Punkt $P(3|7)$ liegt auf dem Graphen von h und der Punkt $Q(1|3{,}5)$ auf dem Graphen von k. Verbinde in einem gemeinsamen Koordinatensystem jeweils die Punkte in der angegebenen Reihenfolge:
$(-3|f(-3))$ und $(-2|k(-2))$ und $(-2|f(-2))$
bzw. $(1|k(1))$ und $(-1|h(-1))$ und $(2|f(2))$
bzw. $(1|g(1))$ und $(1|f(1))$

8

Für $x^2 - x - 1{,}5 = 0$ ergibt sich durch Umformung die Gleichung $x^2 = x + 1{,}5$.

Löse die Gleichungen näherungsweise durch Zeichnen geeigneter Funktionsgraphen, indem du (wenn nötig) so umformst, dass die Lösungen Schnittpunkte einer Normalparabel und einer Geraden sind.

a) $x^2 = 3x + 1$ b) $x^2 - x + 2 = 0$

c) $x^2 + 4 = 3x$ d) $x^2 + 5x = 10$

e) $2x - x^2 = 3$ f) $2x^2 - 4x + 1 = 0$

9

Gib die Funktionsterme der vier Funktionen und ihre Nullstellen näherungsweise an.

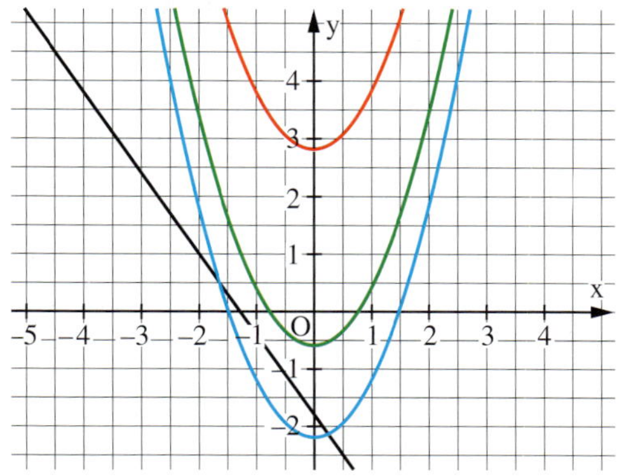

10

a) Zeichne in ein gemeinsames Koordinatensystem die Graphen der Funktionen $f: x \mapsto 0{,}5x - 2$ und $g: x \mapsto 0{,}5x + 2{,}5$. Mache mit Pfeilen deutlich, dass man durch Verschiebung des Graphen von f um 4,5 Einheiten in positive x-Richtung den Graphen von g erhält.

b) Zeichne in ein gemeinsames Koordinatensystem die Graphen der Funktionen $f: x \mapsto x^2 - 2$ und $g: x \mapsto x^2 + 2{,}5$. Mache mit Pfeilen deutlich, dass man durch Verschiebung des Graphen von f um 4,5 Einheiten in positive y-Richtung den Graphen von g erhält. Erkläre, warum der optische Eindruck diese Verschiebung jedoch nicht zu bestätigen scheint.

11

Löse zeichnerisch die Ungleichung $x^2 - 5 < 0$.

G 12

Bestimme einen Punkt im rechtwinkligen Dreieck ABC, der von den Katheten gleichen Abstand und von der Hypothenuse c den Abstand $\frac{1}{2}h_c$ hat.
Begründe deine Überlegung.

G 13

Ersetze die Zeichen ●, ■ und ▲ passend.

a) $\left(\frac{2}{5}y - ●\right)^2 = ■ - ▲ + 2\frac{1}{4}x^2$

b) $\frac{1}{4}(● + 3)^2 = ▲ + \frac{3}{2}x + ■$

3 Verschiebung der Normalparabel in x-Richtung

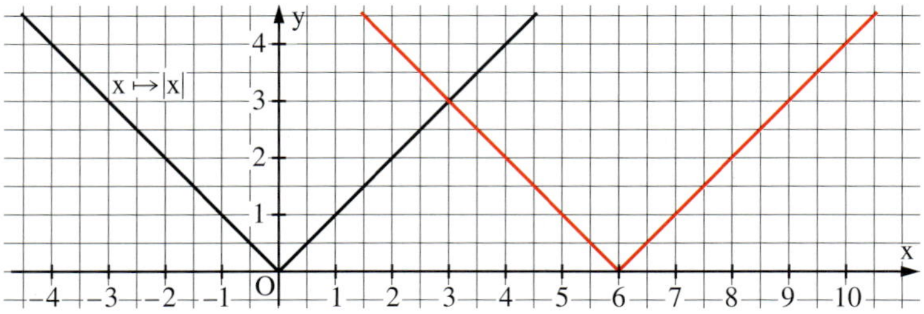

1
Ins Koordinatensystem links wurde zunächst der Graph von k: $x \mapsto |x|$ eingezeichnet. Zu welcher der drei Funktionen f: $x \mapsto |x-6|$, g: $x \mapsto |x+6|$ bzw. h: $x \mapsto |x| + 6$ gehört der rot gezeichnete Graph? Wo wäre der Graph von $x \mapsto |x+2|$ in das Koordinatensystem einzuzeichnen?

2
Zeichne mit Hilfe von Wertetabellen die Graphen von f: $x \mapsto (x-2)^2$, g: $x \mapsto (x+3)^2$ und h: $x \mapsto x^2 - 4x + 4$. Vergleiche die Graphen.

Die abgebildeten Funktionsgraphen und die Tabellen rechts machen deutlich:

Um die Richtung der Verschiebung zu erkennen, überlegt man sich am einfachsten, welche Zahl in der Klammer einzusetzen ist, damit diese Null ergibt, z. B. bei $x \mapsto (x+3)^2$: $x = -3$ ergibt in der Klammer 0; die Normalparabel ist also um 3 Einheiten nach links verschoben.

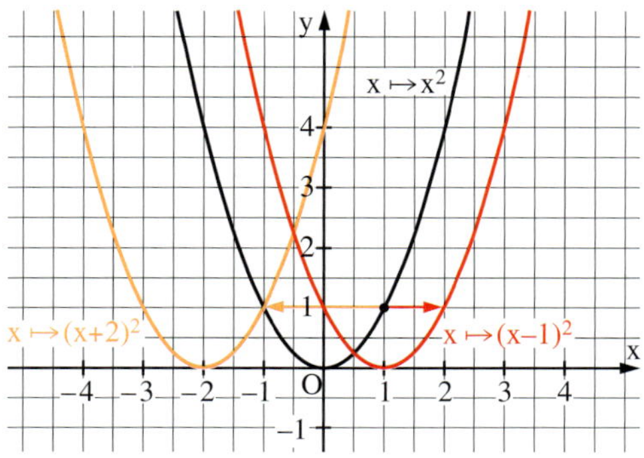

x	−2	−1	0	1	2
x^2	4	1	0	1	4
$(x-1)^2$	9	4	1	0	1

Der Graph von $x \mapsto (x-1)^2$ ist eine um 1 nach rechts verschobene Normalparabel.

x	−2	−1	0	1	2
x^2	4	1	0	1	4
$(x+2)^2$	0	1	4	9	16

Der Graph von $x \mapsto (x+2)^2$ ist eine um 2 nach links verschobene Normalparabel.

Eine Funktion, deren Graph eine ausschließlich in x-Richtung verschobene Normalparabel ist, besitzt eine Nullstelle, nämlich am Scheitelpunkt.

> Der Graph der Funktion $x \mapsto (x+d)^2$ ist eine entlang der x-Achse verschobene Normalparabel mit dem Scheitelpunkt $S(-d|0)$.
> Der x-Wert des Scheitelpunkts ist gleichzeitig die einzige Nullstelle der Funktion.

Erinnerung:
1. und 2. Binomische Formel:

$(a+b)^2 = a^2 + 2ab + b^2$
$(a-b)^2 = a^2 - 2ab + b^2$

Bei Funktionen wie beispielsweise f: $x \mapsto x^2 - 4x + 4$ erkennt man nicht unmittelbar, ob ihr Graph eine nur entlang der x-Achse verschobene Normalparabel ist.
Um dies zu entscheiden, prüft man mit Hilfe der binomischen Formeln, ob sich der Funktionsterm auf die Form $(x \pm \square)^2$ bringen lässt.

So ist
$$\begin{aligned} f(x) &= x^2 - 4x + 4 \\ &= x^2 - 2 \cdot x \cdot 2 + 2^2 = (x-2)^2. \\ &\ a^2 - 2\ a\ b + b^2 = (a-b)^2 \end{aligned}$$

Der Graph von f ist demnach eine um 2 Einheiten nach rechts verschobene Normalparabel.

Es ist also zu überprüfen, ob die Hälfte des Faktors bei x quadriert die Konstante (ohne x) ergibt.
Dies ist beispielsweise bei $h(x) = x^2 - 2x + 4$ nicht der Fall, da $(-1)^2 \neq 4$. Ebenso lässt sich $g(x) = x^2 + 4x - 4$ nicht auf die Form $g(x) = (x+d)^2$ bringen, da −4 nicht das Quadrat einer Zahl sein kann.

Beispiel 1

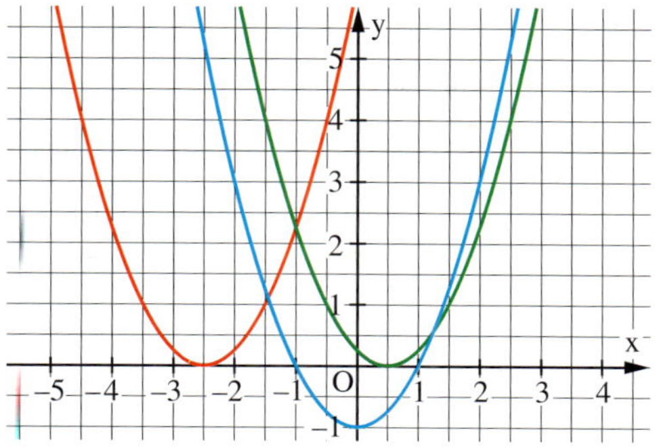

Gib die Funktionsterme und die Scheitelpunkte der drei links gezeichneten Funktionsgraphen an.

Lösung:

roter Graph:
$f(x) = (x + 2{,}5)^2$; $S(-2{,}5 \mid 0)$

grüner Graph:
$g(x) = (x - 0{,}5)^2$; $S(0{,}5 \mid 0)$

blauer Graph:
$h(x) = x^2 - 1$; $S(0 \mid -1)$

Beispiel 2

Welche Paare kannst du finden?

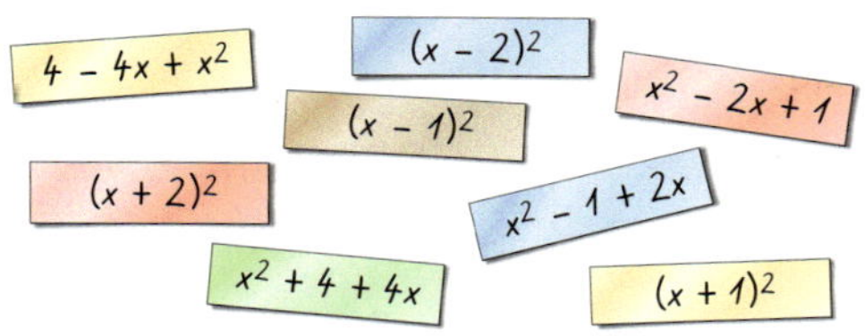

Lösung:
Es gibt nur 3 Paare. Die binomische Formeln liefern:

$(x - 2)^2 = 4 - 4x + x^2$;
$(x + 1)^2 = x^2 + 2x + 1 \neq x^2 - 1 + 2x$;
$(x - 1)^2 = x^2 - 2x + 1$;
$(x + 2)^2 = x^2 + 4 + 4x$.

Beispiel 3

Gib, sofern möglich, die Scheitelpunkte der Parabeln an, die Graphen zu den folgenden Funktionen sind:

a) $f(x) = x^2 - 8x + 16$
b) $g(x) = x^2 + 2x + 1$
c) $h(x) = x^2 + 0{,}5$
d) $k(x) = x^2 - x + 0{,}25$
e) $l(x) = x^2 - x + 1$

Lösung:
a) $f(x) = (x - 4)^2$ $S(4 \mid 0)$
b) $g(x) = (x + 1)^2$ $S(-1 \mid 0)$
c) $h(x) = x^2 + 0{,}5$ $S(0 \mid 0{,}5)$
d) $k(x) = (x - 0{,}5)^2$ $S(0{,}5 \mid 0)$
e) Da der Funktionsterm zu keiner binomischen Formel passt, lässt sich der Scheitelpunkt (noch) nicht angeben.

Aufgaben

3

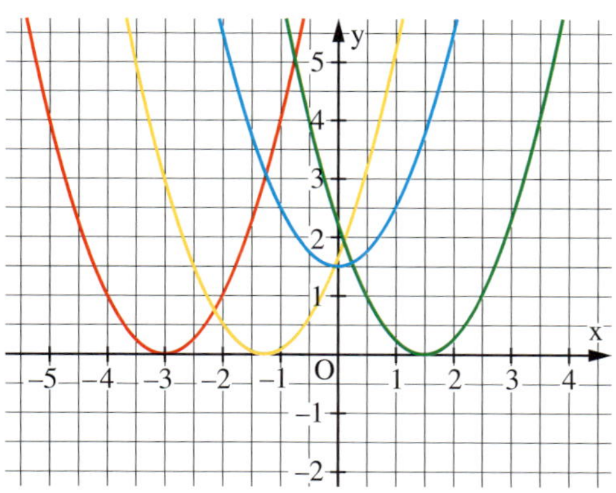

Gib die Funktionsterme zu den gezeichneten verschobenen Normalparabeln sowie deren Scheitelpunkte an.

4

Gib zum gegebenen Scheitelpunkt einer verschobenen Normalparabel jeweils einen passenden Funktionsterm in der Form $x \mapsto x^2 + ax + b$ an.

a) $S(-3 \mid 0)$ b) $S(1 \mid 0)$
c) $S(1{,}5 \mid 0)$ d) $S(0 \mid -2)$
e) $S(4{,}2 \mid 0)$ f) $S(-0{,}8 \mid 0)$

5

Untersuche, ob der Graph eine verschobene Normalparabel mit dem Scheitelpunkt auf der x-Achse ist.

a) $f(x) = x^2 - 12x + 36$
b) $g(x) = 2{,}89 + 3{,}4x + x^2$
c) $f(t) = 1{,}6t + t^2 + 0{,}81$
d) $h(x) = x^2 - 8x - 16$

6

Zeichne den Graph der Funktion

a) $x \mapsto (x + 1{,}5)^2$ b) $z \mapsto z^2 - 4z + 4$

c) $s \mapsto s^2 - 1{,}5$ d) $x \mapsto x^2 + 3x + 2{,}25$

7

Eine Funktion der Form $f(x) = (x + d)^2$ nimmt für $x = 1$ und für $x = 7$ den gleichen Funktionswert an. Für welchen x-Wert hat die Funktion ihren kleinsten y-Wert und wie groß ist dieser?

8

Suche für die Kästchen jeweils eine Zahl so, dass der Funktionsgraph eine verschobene Normalparabel mit Scheitelpunkt auf der x-Achse ist.

a) $f: x \mapsto x^2 - 7x + \square$

b) $f: x \mapsto x^2 + x + \square$

c) $f: x \mapsto x^2 + \square x + 4{,}84$

d) $f: x \mapsto x^2 - \square x + 121$

e) $f: x \mapsto x^2 - 11x - \square$

f) $f: x \mapsto x^2 + \square x - 9$

g) $f: x \mapsto x^2 - \square x + 20{,}25$

h) $f: x \mapsto x^2 - 3{,}8x + \square$

9

Handelt es sich hier um den Graph einer quadratischen Funktion? Diskutiere.

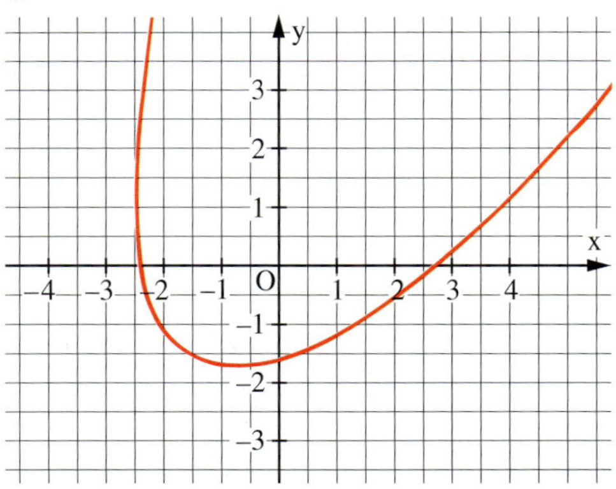

10

Ermittle die Nullstelle(n).

a) $f(x) = (x - 2)^2$

b) $f(y) = y^2 - 5$

c) $f(z) = z^2 - 2{,}2z + 1{,}21$

d) $f(a) = 3a - 2$

e) $f(b) = b^2 + 8b + 16$

11

In einer Kartonfabrik werden aus quadratischen Platten durch Herausschneiden von 2-dm-Quadraten an den Ecken und Hochklappen der Seitenteile offene Behälter hergestellt.

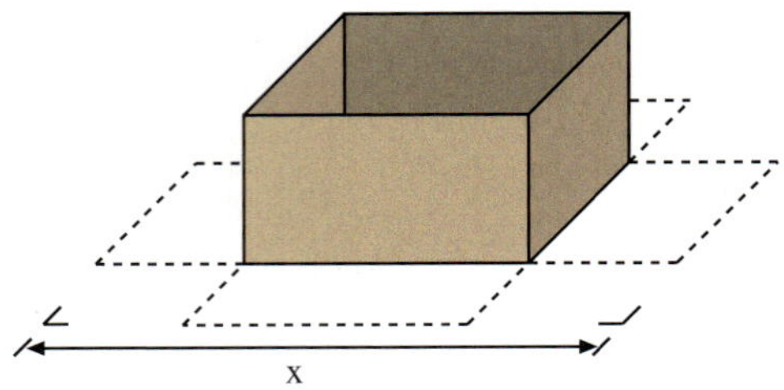

a) Gib einen Term für die Bodenfläche eines solchen Behälters an.

b) Berechne die Bodenfläche und die Gesamtfläche für $x = 1$ m (1,50 m; 8 dm).

c) Welche Werte für x sind sinnvoll?

12

Wir betrachten die Funktion $f: x \mapsto x^2$ und suchen eine Funktion g, die Graph einer verschobenen Normalparabel ist und für die jeweils die angegebenen Gleichungen gelten. Gib einen Funktionsterm von g an. Gibt es mehrere Möglichkeiten?

a) $f(0) = g(4)$ und $f(1) = g(5)$

b) $f(-1) = g(2{,}5)$ und $f(2) = g(5{,}5)$

c) $f(0) = g(-3)$

d) $f(-2) = g(-2) - 3$ und $f(1) = g(1) - 3$

e) $f(-2) = g(1)$

f) $f(1) = g(5)$ und $f(2) = g(6)$ und $f(-1) = g(7)$

g) $f(3) = g(3)$

h) $f(3) = g(-3)$

G 13

E ist ein beliebiger Punkt auf der Diagonalen [BD] eines Parallelogramms ABCD. Zeige, dass der Flächeninhalt der Dreiecke AED und ECD gleich groß ist.

G 14

Gegeben sind die Punkte A(–1 | 1,5), B(5 | –6,5) und C(11 | 1,5). Konstruiere den Umkreis des Dreiecks ABC.
Welche Bedeutung haben die Punkte E(5 | –3) und F(5 | –1,5) für das Dreieck ABC? Begründe deine Antwort.

4 Beliebige Verschiebung von Normalparabeln

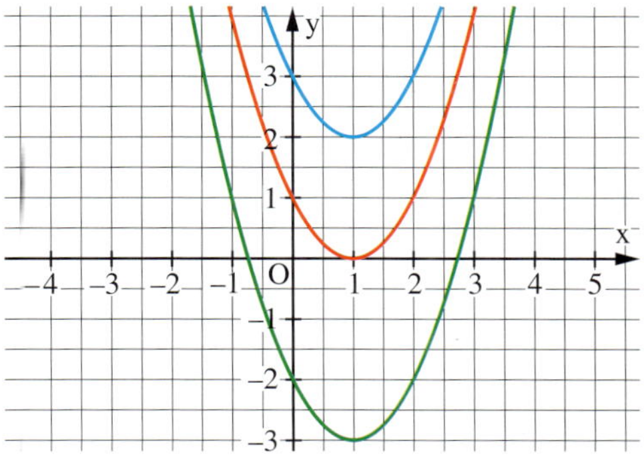

1

Die Graphen der Funktionen
f_1: $x \mapsto x^2 - 2x + 1$,
f_2: $x \mapsto x^2 - 2x + 3$,
f_3: $x \mapsto x^2 - 2x - 2$
sind in das nebenstehende Koordinatensystem eingezeichnet. Ordne die Graphen den Funktionen zu. Forme die Funktionsterme so um, dass man die Verschiebung des jeweiligen Graphen aus der Normalparabel am Term ablesen kann.

Die folgende Wertetabelle dient zur Untersuchung der Funktion $x \mapsto (x - 2)^2 + 1$:

x	−2	−1	0	1	2
x^2	4	1	0	1	4
$(x-2)^2$	16	9	4	1	0
$(x-2)^2 + 1$	17	10	5	2	1

Strategie: Zurückführen auf etwas Bekanntes

Man erkennt, dass der Graph eine um zwei Einheiten nach rechts und um eine Einheit nach oben verschobene Normalparabel ist, deren Scheitel S (2 | 1) ist.

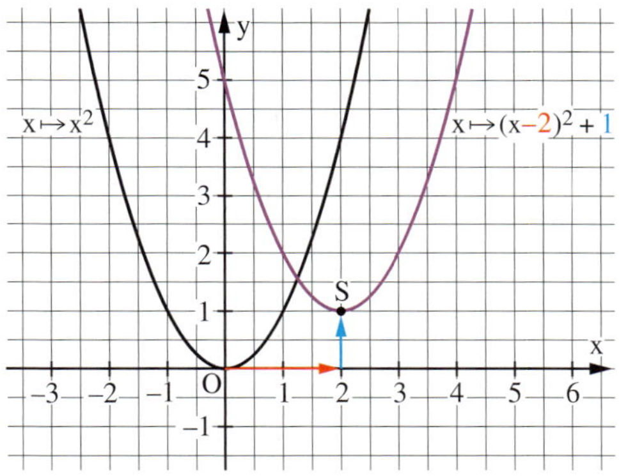

Ist eine quadratische Funktion wie z. B. $f: x \mapsto x^2 - 5x + 2$ gegeben, so ist der Scheitelpunkt und damit die Verschiebung des Graphen G_f aus der Normalparabel nicht direkt ablesbar. Unter Ausnutzung der binomischen Formeln lässt sich der Funktionsterm jedoch so umformen, dass die Verschiebungen anschließend leicht abzulesen sind:

Um die entsprechende binomische Formel verwenden zu können, wird der Zahlenfaktor an x halbiert und quadriert. Dies ist die Zahl, die addiert und anschließend wieder subtrahiert werden muss.

$$x^2 - 5x + 2 = x^2 - 2 \cdot x \cdot \tfrac{5}{2} + 2$$

$$= x^2 - 2 \cdot x \cdot \tfrac{5}{2} + \left(\tfrac{5}{2}\right)^2 - \left(\tfrac{5}{2}\right)^2 + 2$$

$a^2 - 2\,a\,b + b^2$

$$= \left(x - \tfrac{5}{2}\right)^2 - 6{,}25 + 2$$

$(a - b)^2$

$$= \left(x - \tfrac{5}{2}\right)^2 - 4{,}25$$

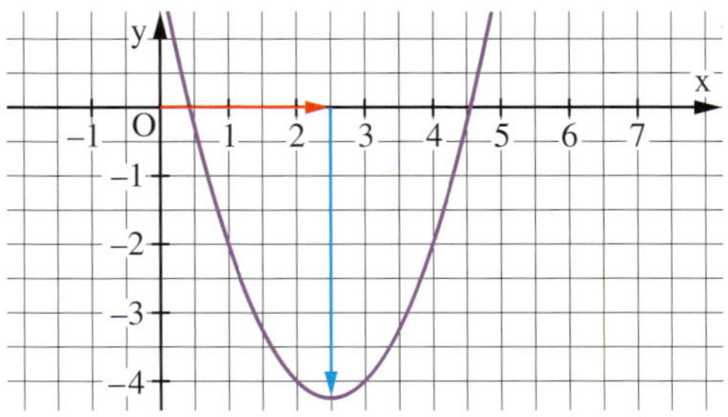

Der Graph von f ist also eine um $\frac{5}{2}$ Einheiten nach rechts und um 4,25 Einheiten nach unten verschobene Normalparabel.
Dieses hier durchgeführte Verfahren heißt **quadratische Ergänzung.**

> Jede quadratische Funktion der Form $f: x \mapsto x^2 + bx + c$ lässt sich durch quadratische Ergänzung auf die Form $f: x \mapsto (x + d)^2 + e$ bringen. Diese heißt **Scheitelpunktform**. Der Graph von f ist eine verschobene Normalparabel mit dem Scheitelpunkt S (−d | e).

Mit Hilfe der Scheitelpunktform lassen sich Aussagen über Nullstellen quadratischer Funktionen und über die Symmetrie ihrer Graphen machen.

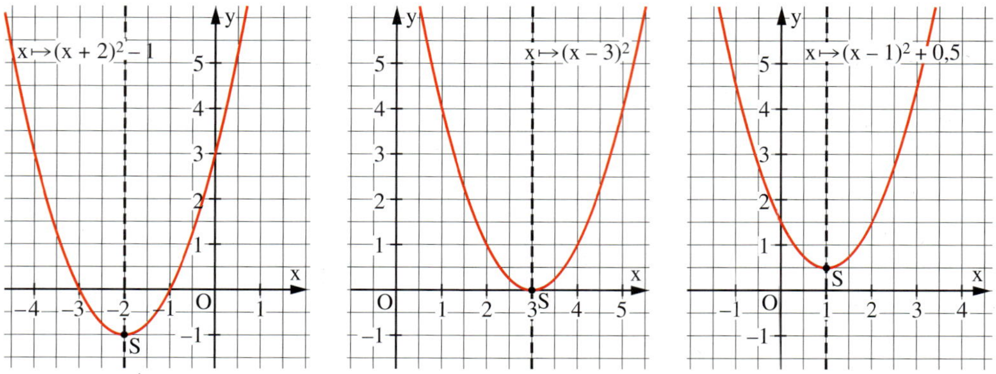

Kennt man von einer quadratischen Funktion f die Scheitelpunktform, so ist unmittelbar abzulesen, wie viele Nullstellen die Funktion besitzt:

Ist die Konstante e in der Scheitelpunktform negativ, so hat die Funktion zwei Nullstellen.

Ist e gleich Null, kommt also in der Scheitelpunktform nicht vor, so hat die Funktion eine Nullstelle.

Ist die Konstante e in der Scheitelpunktform positiv, so hat die Funktion keine Nullstelle.

Der Graph jeder verschobenen Normalparabel ist achsensymmetrisch zur senkrechten Gerade durch den Scheitelpunkt, da der quadratische Anteil in der Scheitelpunktform für jeweils zwei x-Werte, die gleich weit vom Scheitel entfernt sind, gleich groß ist (z. B. ist die Parabel in der linken Figur achsensymmetrisch zur Geraden mit der Gleichung $x = -2$).

Mit der quadratischen Ergänzung lässt sich nun auch jede quadratische Gleichung der Form $x^2 + ax + b = 0$ rechnerisch lösen:

z. B. $x^2 + 4x + 1 = 0$

$x^2 + 2 \cdot x \cdot 2 + 2^2 - 2^2 + 1 = 0$

$(x + 2)^2 - 3 = 0$

$(x + 2)^2 = 3$

Es gibt zwei Möglichkeiten, für die $(x + 2)^2$ gleich 3 ist, nämlich wenn $(x + 2) = \sqrt{3}$ beziehungsweise wenn $(x + 2) = -\sqrt{3}$ ist.

$x_1 = -2 + \sqrt{3}$ und $x_2 = -2 - \sqrt{3}$

sind also die beiden Lösungen der Gleichung.

Erinnerung:
Es gibt zwei Zahlen, deren Quadrat z^2 gleich 3 ist, nämlich $z_1 = -\sqrt{3}$ und $z_2 = \sqrt{3}$.

Man schreibt oft kurz:
$x_{1/2} = -2 \pm \sqrt{3}$

Die Funktion $f: x \mapsto x^2 + 4x + 1$ hat demnach den Scheitelpunkt $S(-2|-3)$ und die beiden Nullstellen $x_1 = -2 + \sqrt{3} \approx -0{,}3$ und $x_2 = -2 - \sqrt{3} \approx -3{,}7$.

Die Symmetrieachse des Graphen ist die Gerade mit der Gleichung $x = -2$.

$f(-5) = (-5 + 2)^2 - 3 = (-3)^2 - 3 = 9 - 3 = 6$

$f(1) = (1 + 2)^2 - 3 = (3)^2 - 3 = 9 - 3 = 6$

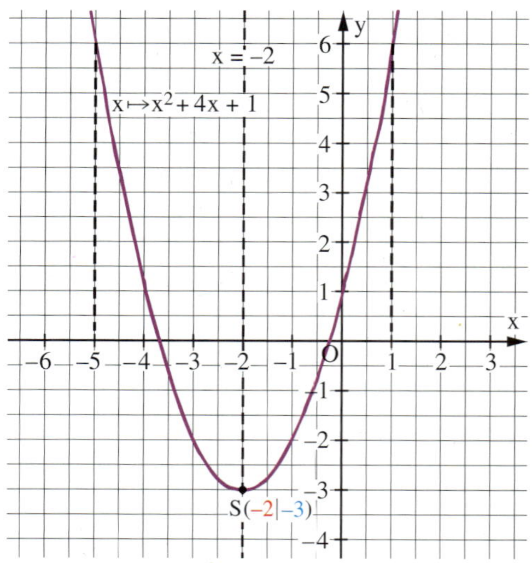

Beispiel 1

Eine verschobene Normalparabel hat den Scheitelpunkt $S(-3|-4)$. Gib den zugehörigen Funktionsterm in zwei Varianten an.

Lösung:

$f(x) = (x+3)^2 - 4$ (1. Variante)

$= x^2 + 6x + 9 - 4 = x^2 + 6x + 5$ (2. V.)

Beispiel 2

Bestimme den Scheitelpunkt der verschobenen Normalparabel, die Graph der Funktion
$f: x \mapsto x^2 - 3x - 4$ ist.
Entscheide, ohne zu zeichnen, ob die Funktion Nullstellen besitzt.

Lösung:

$$\begin{aligned} & x^2 - 3x - 4 \\ = {} & x^2 - 2 \cdot 1{,}5\,x + (1{,}5)^2 - (1{,}5)^2 - 4 \\ = {} & (x - 1{,}5)^2 - 6{,}25 \end{aligned}$$

Der Scheitelpunkt ist $S(1{,}5|-6{,}25)$.
Die Funktion besitzt zwei Nullstellen.

Beispiel 3

Zeichne jeweils die Funktionsgraphen, lies die Nullstellen, sofern solche vorhanden sind, näherungsweise ab und berechne sie genau.

a) $f: x \mapsto (x+1{,}5)^2 + 2$

b) $g: x \mapsto (x - 1{,}5)^2 - 2$

Lösung:

a) Die Funktion besitzt offenbar keine Nullstellen, da der Scheitelpunkt $S(-1{,}5|2)$ oberhalb der x-Achse liegt.

b) Am Graph erkennt man die beiden Nullstellen etwa bei $x_1 \approx 0$ und $x_2 \approx 3$.
Berechnung:
$(x - 1{,}5)^2 - 2 = 0$
$(x - 1{,}5)^2 = 2$

$x_1 - 1{,}5 = \sqrt{2}$ und	$x_2 - 1{,}5 = -\sqrt{2}$
$x_1 = 1{,}5 + \sqrt{2}$	$x_2 = 1{,}5 - \sqrt{2}$
$x_1 \approx 2{,}91$	$x_2 \approx 0{,}09$

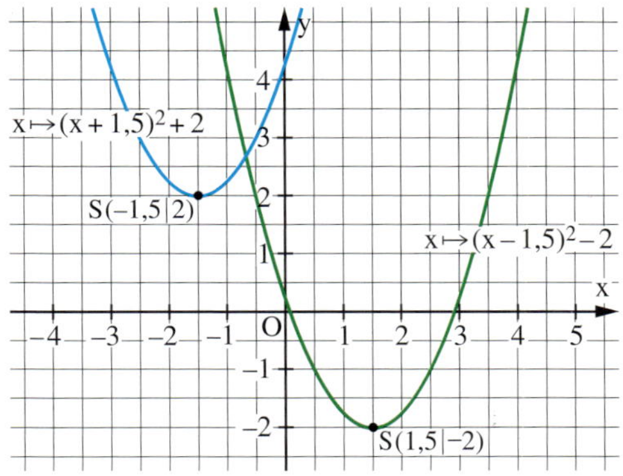

Aufgaben

Lösungssalat zu 2 (Nullstellen als Näherungswerte):

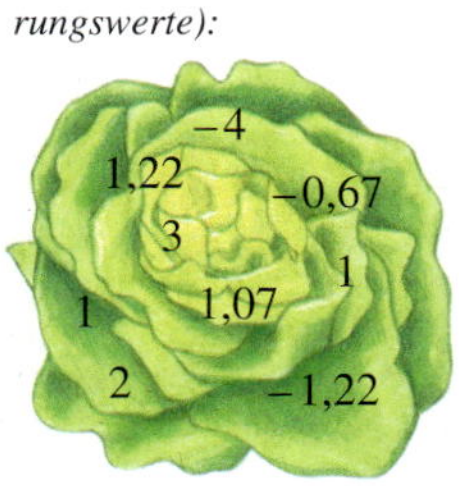

2

Gib jeweils die Koordinaten des Scheitels der verschobenen Normalparabel an und zeichne diese.
Berechne die Nullstelle(n) der Funktionen bzw. begründe, warum keine Nullstelle existiert.

a) $x \mapsto (x - 2)^2 - 1$
b) $x \mapsto (x + 4)^2$
c) $x \mapsto x^2 - 1{,}5$
d) $x \mapsto (x - 2{,}5)^2 + 1$
e) $x \mapsto x^2 - 2x + 1$
f) $x \mapsto (x - 0{,}2)^2 - \frac{3}{4}$
g) $x \mapsto 1{,}5 + (2+x)^2$
h) $x \mapsto (2 - x)^2$

3

Gib zu der verschobenen Normalparabel mit dem Scheitelpunkt S jeweils den zugehörigen Funktionsterm an.

a) $S(-2|2)$ b) $S(11|-9)$ c) $S(0|12)$
d) $S(0{,}45|0)$ e) $S\left(-\frac{3}{4}\middle|\frac{5}{3}\right)$ f) $S(-1{,}8|-18)$

4

Gib zu den unten abgebildeten verschobenen Normalparabeln jeweils eine Funktionsvorschrift an.

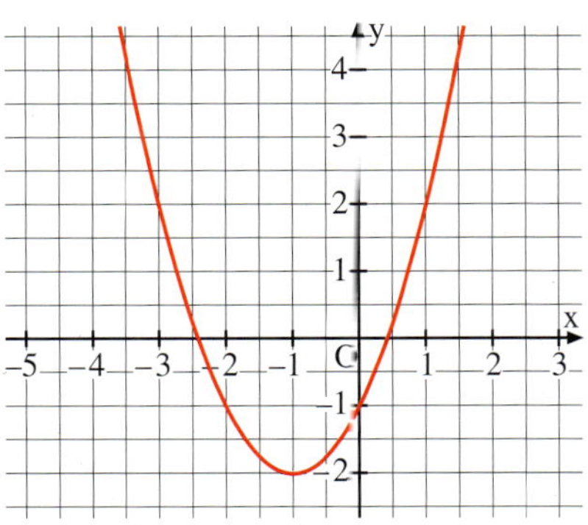

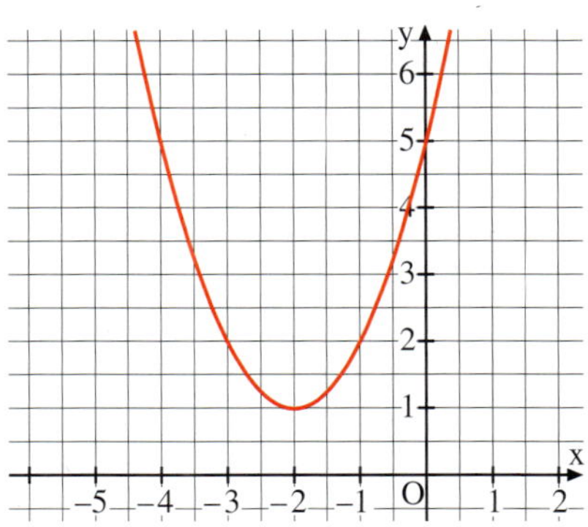

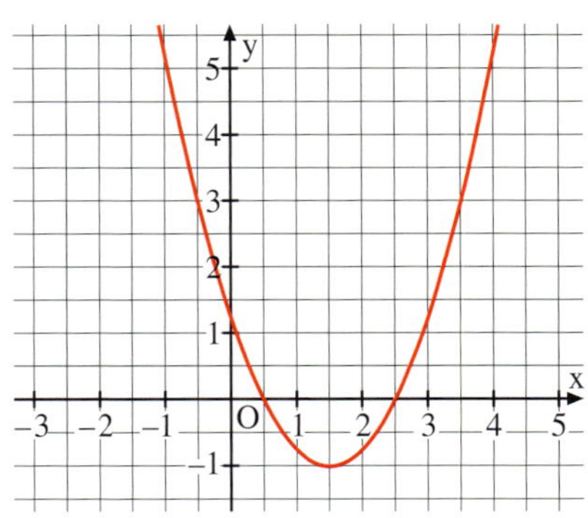

5

Untersuche, ob der Punkt P(−2|3) auf der verschobenen Normalparabel mit dem Scheitelpunkt S liegt.

a) S(−3|2) b) S(1|−3) c) S(0|−2)

6

$f_1: x \mapsto x^2 - 3x + 0{,}5$

$f_2: x \mapsto (x + 4{,}5)^2$

$f_3: x \mapsto (x - 0{,}5)^2 + 2$

$f_4: x \mapsto x^2 + 2{,}2x - 1{,}5$

$f_5: x \mapsto x^2 + 3{,}4x + 2{,}89$

$f_6: x \mapsto x^2 - 3$

$f_7: x \mapsto x^2 - 6{,}4x + 2{,}44$

$f_8: x \mapsto x^2 + 7x + 3$

Wie viel Prozent der Funktionen besitzen mindestens eine Nullstelle?
Wie viel Prozent der Scheitelpunkte der zugehörigen Parabeln liegen im ersten Quadranten des Koordinatensystems?
Wie viel Prozent der Scheitelpunkte liegen auf einer der beiden Koordinatenachsen?

7

Bestimme den Scheitelpunkt des Graphen von f.
Zeichne den Graphen und lies die Nullstellen näherungsweise ab.
Berechne anschließend die Nullstellen.

a) $f: x \mapsto x^2 - 6x + 9$ b) $f: x \mapsto x^2 - 6x + 4$
c) $f: x \mapsto x^2 + 2 - 4x$ d) $f: z \mapsto z^2 - z - 1$
e) $f: t \mapsto t^2 + 3t$ f) $f: x \mapsto 1 - 2x + x^2$
g) $f: z \mapsto z^2 - \frac{3}{2}z - \frac{1}{4}$ h) $f: x \mapsto x^2 - 2{,}5x$

8

Löse die Gleichung.

a) $x^2 - 4x + 1 = 0$ b) $2k - 3 + k = 1$
c) $10 = x^2$ d) $(x - 2)^2 = 2$
e) $(x + 2)^2 + 3 = 0$ f) $x^2 - 2x - 5 = x^2 - x$
g) $2x + x^2 - 1 = 0$ h) $(z - 1)(z + 2) = 0$
i) $-27x = x^2$ k) $x + 3 = x - 1$
l) $80\,\% \cdot x^2 = \frac{16}{5}$ m) $(t - 2)(t - 3) = 2$

9

Beschreibe in Worten, wie du den Graph der Funktion $f: x \mapsto (x - 2)^2 - 3$ möglichst schnell (ohne Schablone) in ein Koordinatensystem skizzierst.

10 Normalparabeln versenken

Deine Nachbarin/dein Nachbar denkt sich den Funktionsterm einer verschobenen Normalparabel aus.
Du nennst nun jeweils einen x-Wert und erhältst den zugehörigen Funktionswert mitgeteilt. Versuche, nach möglichst wenigen Werten den Funktionsterm zu nennen.

11

Welche natürlichen Zahlen sind gesucht?

a) Die Summe aus einer natürlichen Zahl und ihrem Quadrat ist 650.
b) Das Produkt zweier aufeinander folgender Zahlen ist 240.
c) Das Quadrat einer Zahl ist um 280 kleiner, als das Quadrat der um 10 vergrößerten Zahl.
d) Das Produkt einer Zahl und der um 18 kleineren Zahl ist 544.
e) Eine Zahl ist um 320 kleiner als das Quadrat der um 100 verkleinerten Zahl.
f) Das Produkt zweier Zahlen, die sich um 21 unterscheiden, ist das Quadrat der Zahl 36.

12

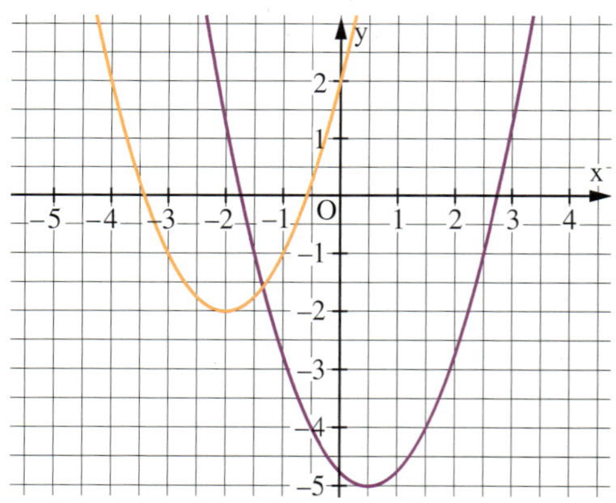

a) Bestimme den Schnittpunkt der verschobenen Normalparabeln rechnerisch.
b) Überlege dir, wie viele Schnittpunkte zwei unterschiedliche, beliebig verschobene Normalparabeln miteinander haben können. Betrachte hierzu mit einem Funktionsplotter weitere Beispiele. Begründe.
c) Überprüfe deine Überlegungen rechnerisch.

13

a) Gib einen Funktionsterm einer verschobenen Normalparabel mit den Nullstellen 1 und 8 an. Gibt es mehrere Möglichkeiten?

b) Gib einen Funktionsterm einer verschobenen Normalparabel mit der Nullstelle 3 an. Gibt es mehrere Möglichkeiten?

14

a) Eine verschobene Normalparabel und eine beliebige Gerade können zwei, einen oder keine Schnittpunkte haben.

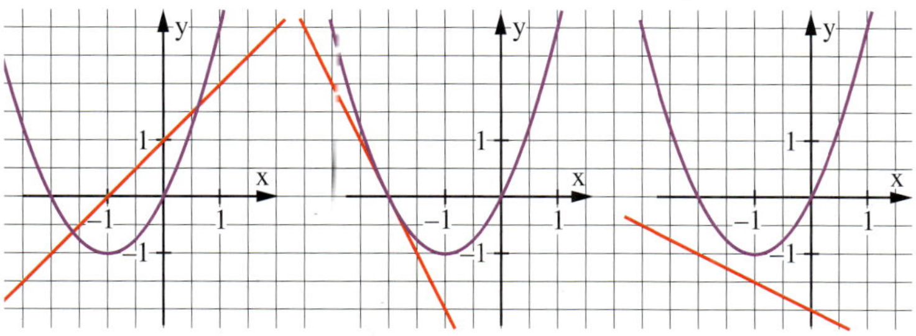

Bestimmt rechnerisch die Schnittpunkte.

b) Gebt euch eine beliebige verschobene Normalparabel vor. Untersucht, von welchen linearen Funktionen die Graphen mit der Normalparabel zwei Schnittpunkte besitzen und stellt euer Ergebnis auf einem Plakat dar.

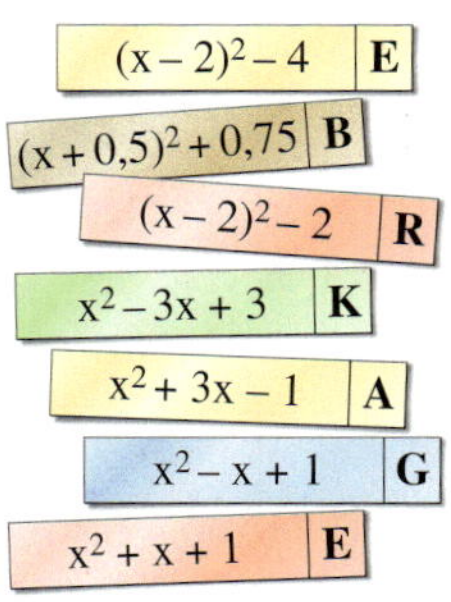

15

Suche nach Kartenpaaren. Vier Karten bleiben übrig und bilden ein Lösungswort.

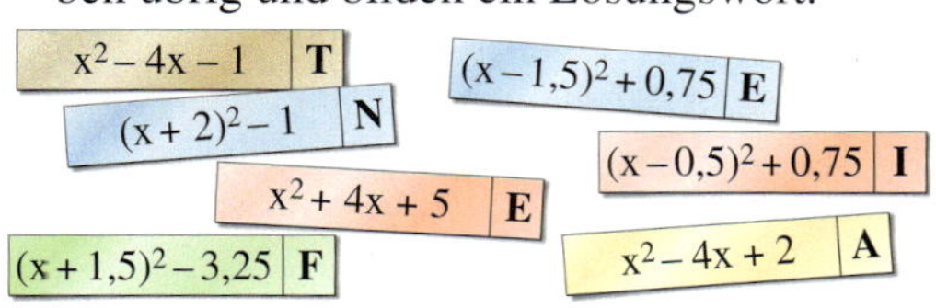

16

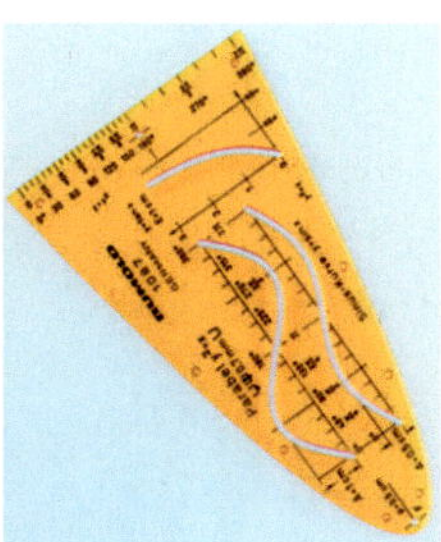

Zeichne unter Verwendung einer Parabelschablone die verschobene Normalparabel, die die angegebene(n) Bedingung(en) erfüllt.

a) $S(-1{,}5 \mid -2{,}5)$ b) $f(x) = -1 + (x+2)^2$

c) Nullstellen: $x_1 = -0{,}5$; $x_2 = 2{,}5$

d) Nullstelle $x_1 = -2{,}5$ und $P(1 \mid 1) \in G_f$

17

Bestimme zeichnerisch die Lösungsmenge der Ungleichung $x^2 - 4{,}8\,x < 1{,}4$.

18

In einer Stadt gibt es 1 710 325 verschiedene Telefonverbindungen von je zwei Teilnehmern. Wie viele Telefonanschlüsse gibt es?

19

Kann man durch zwei vorgegebene Punkte immer eine verschobene Normalparabel zeichnen? Begründe.

20

Gib den Funktionsterm einer quadratischen Funktion an, deren Graph eine verschobene Normalparabel ist, die zwei Nullstellen besitzt und auf der der Punkt $P(-3 \mid 1)$ liegt.

21

Bildet Arbeitsgruppen und wählt euch in jeder Gruppe eine Gerade im Koordinatensystem, die nicht durch den Koordinatenursprung geht und die nicht parallel zu einer der Achsen ist. Bestimmt die Terme von 10 unterschiedlichen quadratischen Funktionen in der Form $f(x) = a\,x^2 + b\,x + c$, deren Scheitel alle auf der vorgebenen Geraden liegen. Beschreibt euer Vorgehen und erstellt dazu ein Plakat.

G 22

Im Parallelogramm ABCD wird von D durch einen beliebigen Punkt R auf [BC] eine Halbgerade gezogen, welche die verlängerte Seite [AB] in Q schneidet.

a) Welche Dreiecke sind ähnlich?

b) Zeige, dass $\overline{CR} \cdot \overline{AQ}$ für jeden Punkt R den gleichen Wert hat.

G 23

Für ein Produkt lauten die Verkaufszahlen in den Quartalen des Jahres 2006:
I: 300; II: 330; III: 420; IV: 510. Im ersten Quartal 2007 wurden 540, im April 2007 wurden 195, im Mai 200 Stück verkauft. Stelle diese Daten in einem geeigneten Diagramm dar.
Der Marketingmanager der Firma meint, dass diese Verkaufszahlen mit einer linearen Funktion gut beschrieben werden können. Wann wäre demnach mit dem Verkauf des Produkts begonnen worden?

5 Enge und weite Parabeln

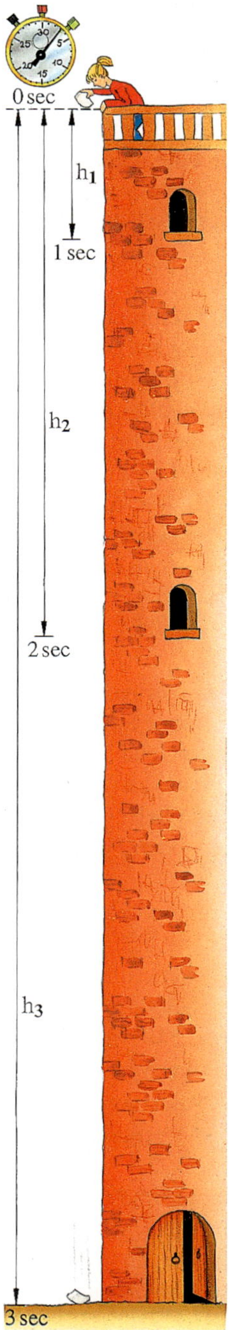

1

Eine Möglichkeit, die Höhe eines Turmes zu bestimmen:
Man lässt einen Stein fallen und bestimmt die Fallzeit in Sekunden (z. B. durch Zählen: einundzwanzig, zweiundzwanzig, …). Die Funktion $x \mapsto 5x^2$ ordnet der in Sekunden gemessenen Fallzeit ungefähr die Höhe in Meter zu.

a) Stelle für diese Funktion eine Tabelle auf und zeichne den dazugehörenden Graphen. Aus welcher Höhe wurde der Stein (vgl. Randspalte) fallen gelassen? In welchen Höhen befinden sich die Fenster?

b) Ergänze den Graphen von a) durch Spiegeln an der y-Achse und gib für den neuen Graphen die Definitionsmenge an. Vergleiche den neuen Graphen mit der Normalparabel.

Die Graphen von Funktionen der Form $x \mapsto ax^2$ $(a \neq 0)$ sind Parabeln, die jedoch für $|a| \neq 1$ eine andere Form haben als die Normalparabel. Die zu der jeweiligen Funktion gehörende Gleichung der Form $y = ax^2$ heißt **Gleichung der Parabel**.

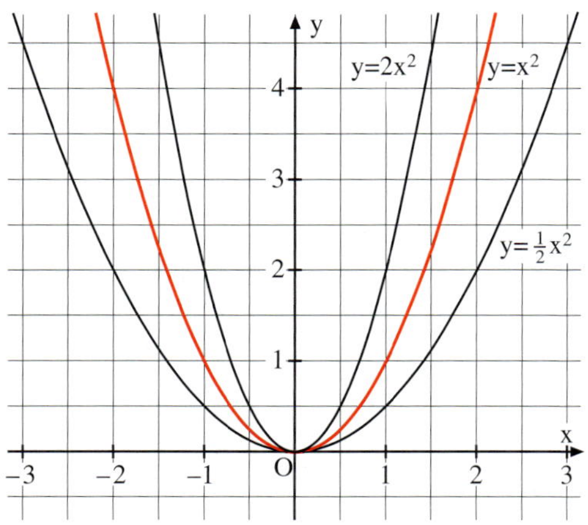

Die Parabel von $x \mapsto 2x^2$ ist enger als die Normalparabel, denn dem gleichen x-Wert ordnet die Funktion $x \mapsto 2x^2$ einen größeren y-Wert zu als die Funktion $x \mapsto x^2$.
Die Parabel von $x \mapsto \frac{1}{2}x^2$ ist weiter als die Normalparabel, denn dem gleichen x-Wert ordnet die Funktion $x \mapsto \frac{1}{2}x^2$ einen kleineren y-Wert zu als die Funktion $x \mapsto x^2$.

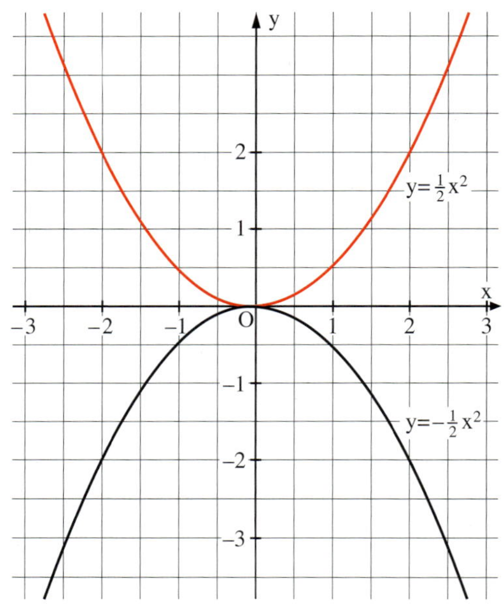

Die Parabel von $x \mapsto -\frac{1}{2}x^2$ erhält man, indem man die Parabel von $x \mapsto \frac{1}{2}x^2$ an der x-Achse spiegelt.

Diese Beispiele lassen sich verallgemeinern:

Die Parabel der Funktion $x \mapsto ax^2$ ist
- enger als die Normalparabel, falls $|a| > 1$.
- weiter als die Normalparabel, falls $|a| < 1$.

Die Parabel der Funktion $x \mapsto ax^2$ ist
- nach oben geöffnet, falls $a > 0$.
- nach unten geöffnet, falls $a < 0$.

Beispiel

Die Gleichungen der Parabeln in der Zeichnung rechts haben die Form $y = a x^2$.
Bestimme jeweils a.

Lösung:

P(1,5 | 1,5) liegt auf der roten Parabel.

$a \cdot (1{,}5)^2 = 1{,}5 \qquad | : (1{,}5)^2$

$a = \frac{2}{3}$, also $y = \frac{2}{3}x^2$

Q(1 | −4) liegt auf der blauen Parabel.

$-4 = a \cdot 1^2$

$a = -4$, also $y = -4x^2$

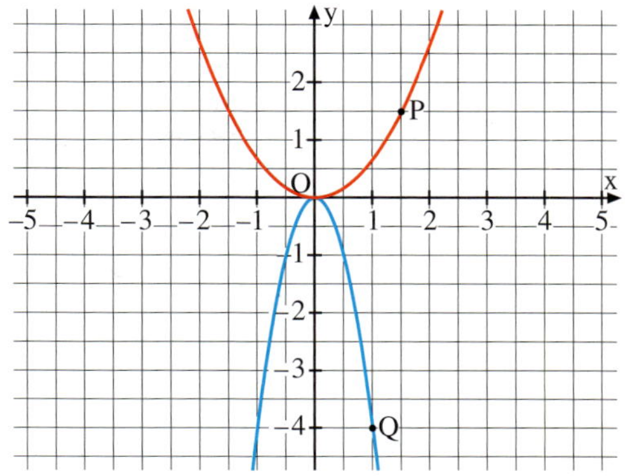

Aufgaben

2

Der Wasserstrahl hat etwa die Form einer Parabel mit der Gleichung $y = a x^2$.

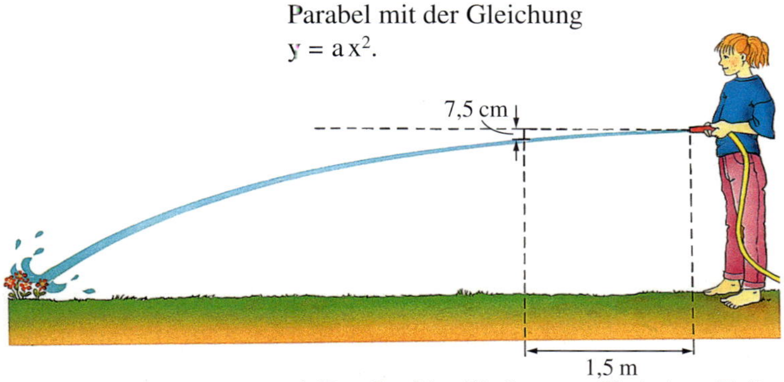

a) Der Strahl trifft 6 m von Christines Fuß entfernt auf den Boden. Wie hoch hält Christine das Schlauchende?

b) Wie hoch muss der Schlauch gehalten werden, damit der Wasserstrahl 7,50 m weit reicht?

c) Wie weit reicht der Wasserstrahl, wenn Christine auf eine Leiter steigt und so den Schlauch 3 m über dem Boden hält?

3

Die Graphen gehören zu Funktionen der Form $x \mapsto a x^2$. Bestimme a.

4

Zeichne mit Hilfe einer Wertetabelle die Graphen der Funktionen $x \mapsto a x^2$ mit $a = -\frac{1}{2}$ $\left(-\frac{1}{4};\ -1;\ 1;\ 2;\ 4\right)$ in dasselbe Koordinatensystem.

5

Gib an, ob die Parabel zu der gegebenen Gleichung nach oben bzw. nach unten geöffnet ist und ob sie enger ist oder weiter als die Normalparabel:

a) $y = 3{,}5\,x^2$

b) $y = -\frac{7}{11}x^2$

c) $y = 0{,}91\,x^2$

d) $y + 2x^2 = 0$

e) $-x^2 = -y$

f) $y = 80\,\% \cdot x^2$

g) $y = 1 + x^2$

h) $\frac{y}{2} = \frac{x^2}{3}$

6

Untersuche, ob der Punkt oberhalb, unterhalb oder auf der Parabel mit der Gleichung $y = 2{,}5\,x^2$ liegt.

a) A(2 | 10)

b) B(−2 | 10)

c) C(2 | −10)

d) D(7 | 122)

e) $E(-\sqrt{12}\,|\,30)$

f) $F(-1\,|\,\sqrt{6{,}25})$

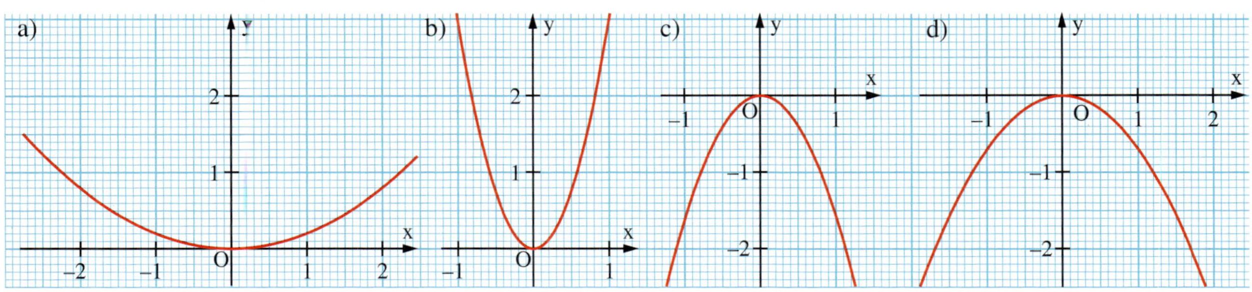

Die Müngstener Brücke wurde 1897 nach 3-jähriger Bauzeit fertiggestellt. Mit insgesamt 107 Metern über Grund ist sie die höchste Stahlgitterbrücke Deutschlands.

7

Bei vielen Bogenbrücken haben die Bögen die Form von Parabeln.

a) Das Foto zeigt die Müngstener Brücke bei Solingen: Legt man ein Koordinatensystem in den Scheitel des Bogens, so hat die Parabel die Gleichung $y = -\frac{1}{90}x^2$. Die Bogenhöhe beträgt 69 m. Berechne die Spannweite.

b) Der Brückenbogen der Fuldabrücke bei Guntershausen (unten) hat ebenfalls die Form einer Parabel mit der Gleichung $y = a x^2$ bei geeigneter Lage des Koordinatensystems. Bestimme a und berechne die fehlenden Pfeilerhöhen näherungsweise durch Berechnung der rot gekennzeichneten Abschnitte.

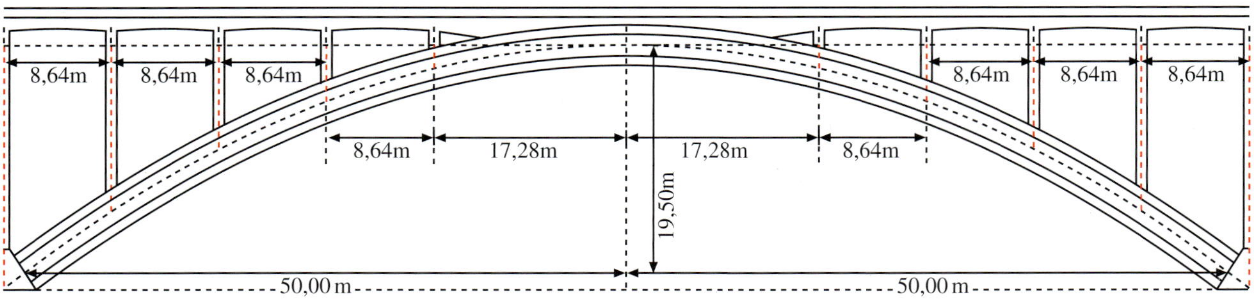

8

Der Bremsweg b (in m) eines Autos mit guten Bremsen kann nach der Formel $b = a \cdot (\frac{1}{10}v)^2$ berechnet werden. Hierbei ist die Geschwindigkeit v, bei der das Auto gebremst wird, in km/h angegeben.
Der Faktor a hängt vom Straßenzustand ab, d. h., ob die Straße z. B. trocken, nass oder schneebedeckt ist.

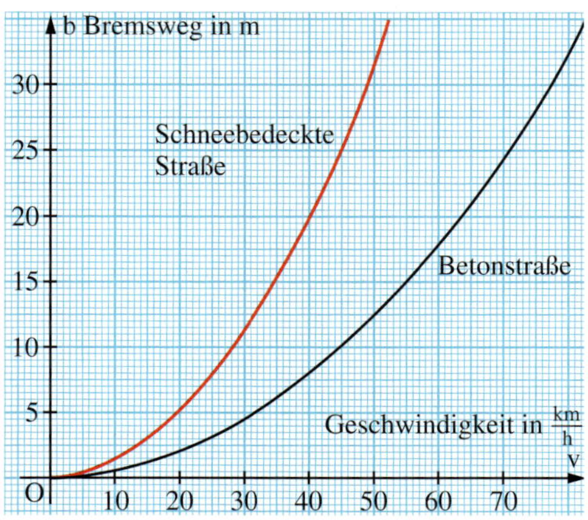

Bestimme aus dem Graphen den Faktor a für eine betonierte (schneebedeckte) Straße.

G 9

Löse die Gleichung
$$3\left(1 - \frac{x}{2}\right) + 2 = 2(x + 4) - 1.$$
Mach die Probe durch Einsetzen.

G 10

Alexander hat 100 Passanten befragt, ob sie die Farbe rot oder blau bevorzugen. Leider hat er seine Unterlagen dazu verloren und kann sich nur noch erinnern, dass 25 Frauen blau bevorzugten, insgesamt 48 Personen sich für rot entschieden und dass von den Befragten 54 Männer waren.

a) Stelle die Situation mit Hilfe einer Vierfeldertafel übersichtlich dar.

b) Am nächsten Tag trifft Alexander zufällig eine der befragten Personen. Wie groß ist die Wahrscheinlichkeit, dass es eine Frau ist?

c) Erläutere, was ein Laplace-Experiment ist. Formuliere anhand der Daten eine Fragestellung, die ein Laplace-Experiment ist. Beschreibe demgegenüber ein Experiment, welches kein Laplace-Experiment ist.

6 Allgemeine quadratische Funktionen und Gleichungen

1

a) Zeichne in ein Koordinatensystem eine Normalparabel und die Graphen der Funktionen $f_1\colon x \mapsto (x-2)^2$; $f_2\colon x \mapsto 3(x-2)^2$ und $f_3\colon x \mapsto 3(x-2)^2 - 1$ und vergleiche.

b) Bestimme die Nullstellen der Funktionen aus a).

c) Welche der Funktionen $g_1\colon x \mapsto 3x^2 - 12x - 13$; $g_2\colon x \mapsto 3x^2 - 4x + 3$ und $g_3\colon x \mapsto 3x^2 - 12x + 11$ hat denselben Graph wie f_3 aus a)?

Folgende Abbildungen fassen zusammen, was wir in den vorangegangenen Lerneinheiten einzeln untersucht haben. Die dargestellten Parabeln entstehen durch Form- und Lageveränderungen der Normalparabel.

(1) Parabeln, die weiter oder enger sind als die Normalparabel und eventuell an der x-Achse gespiegelt wurden:

Die in dieser Zeile gezeigten Formveränderungen der Normalparabel haben wir in der vorangegangenen Lerneinheit 5 genau untersucht.

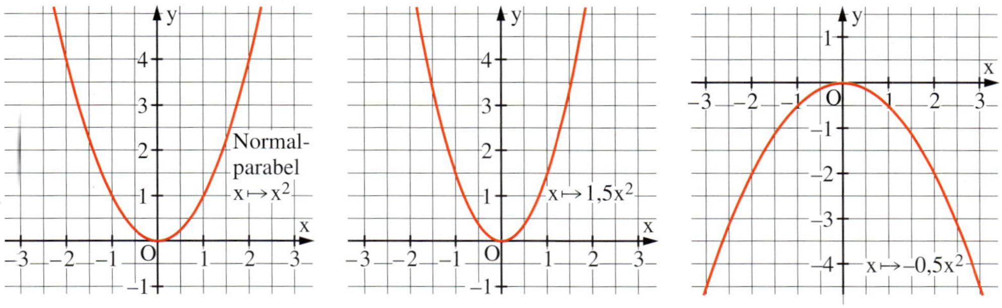

(2) Parabeln, die zusätzlich entlang der x-Achse verschoben wurden:

Die in dieser Zeile gezeigten Verschiebungen haben wir in der Lerneinheit 3 genau untersucht.

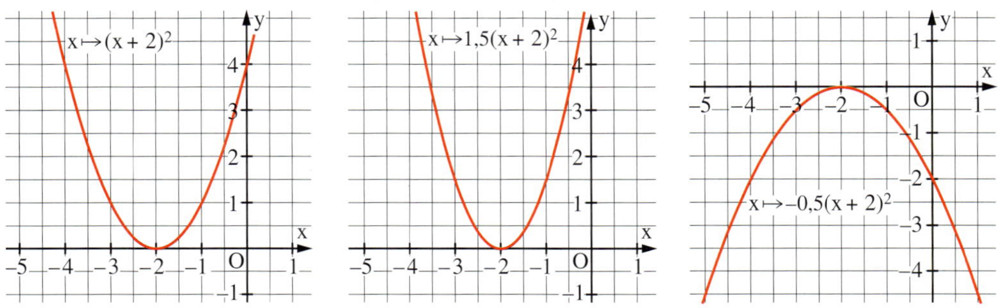

(3) Parabeln, die zusätzlich entlang der y-Achse verschoben wurden:

Die in dieser Zeile gezeigten Verschiebungen haben wir in den Lerneinheiten 2 und 4 genau untersucht.

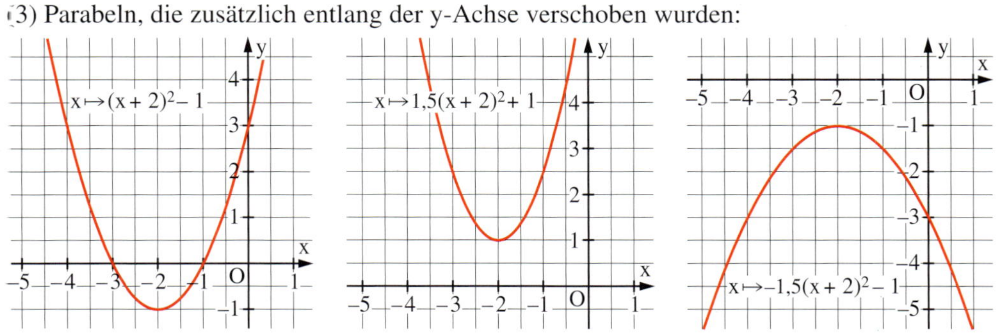

An den Funktionstermen der auf Seite 81 gezeigten Graphen kann man die Lage der zugehörigen Parabeln leicht ablesen, weil die Terme in der Scheitelpunktform angegeben sind. Jede quadratische Funktion, wie z. B. $f: x \mapsto 0{,}75\,x^2 + 4{,}5\,x + 3$, lässt sich jedoch durch quadratisches Ergänzen auf Scheitelpunktform bringen:

Beachte:
Zunächst wird der Faktor an x^2 ausgeklammert, so dass man anschließend auf die schon bekannte Weise vorgehen kann.

$$\begin{aligned} f(x) &= 0{,}75\,x^2 + 4{,}5\,x + 3 \\ &= 0{,}75\,[x^2 + 6\,x \qquad\qquad + 4] \\ &= 0{,}75\,[x^2 + 2 \cdot x \cdot 3 + 3^2 - 3^2 + 4] \\ &= 0{,}75\,[\qquad (x+3)^2 \qquad - 5 \quad] \\ &= 0{,}75\,(x+3)^2 - 3{,}75 \end{aligned}$$

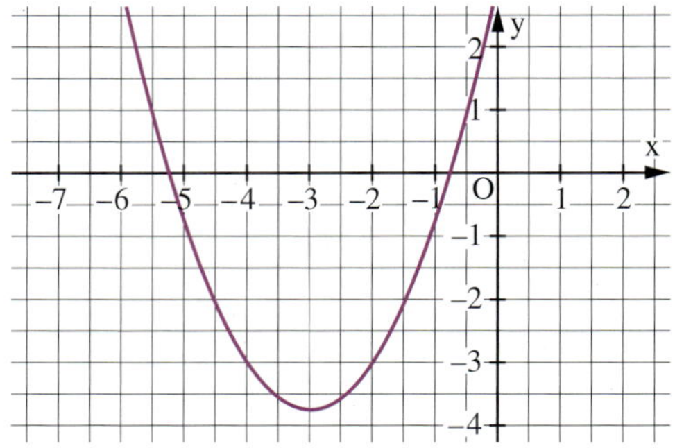

Der Scheitelpunkt ist $S(-3\,|\,-3{,}75)$.

Die Parabel ist nach oben offen und weiter als die Normalparabel.

> Jede quadratische Funktion der allgemeinen Form $f: x \mapsto a\,x^2 + b\,x + c$ lässt sich durch quadratisches Ergänzen auf die **Scheitelpunktform** $f(x) = a(x + d)^2 + e$ bringen.
> - Der Graph von f ist eine Parabel mit Scheitelpunkt $S(-d\,|\,e)$.
> - Eine solche Parabel ist enger (weiter) als die Normalparabel, falls $|a| > 1$ $(|a| < 1)$.
> - Sie ist nach oben (unten) geöffnet, falls $a > 0$ $(a < 0)$.

Bemerkung
Weil der Graph von $f: x \mapsto ax^2 + bx + c$ eine Parabel ist, bezeichnet man die zu f gehörige Funktionsgleichung $y = ax^2 + bx + c$ auch als **Parabelgleichung**.

Herleitung der allgemeinen Lösungsformel

$$\begin{aligned} &0{,}75\,x^2 + 4{,}5\,x + 3 = 0 \\ \Leftrightarrow\ &0{,}75\,(x-3)^2 - 3{,}75 = 0 \\ \Leftrightarrow\ &(x-3)^2 = \tfrac{3{,}75}{0{,}75} \\ \Leftrightarrow\ &x + 3 = \pm\sqrt{5} \\ \Leftrightarrow\ &x = \pm\sqrt{5} - 3 \end{aligned}$$

Eine allgemeine Gleichung, wie beispielsweise $0{,}75\,x^2 + 4{,}5\,x + 3 = 0$, kann man lösen, indem man den Funktionsterm links zunächst, wie oben gezeigt, auf Scheitelpunktform bringt. Führt man die bei der quadratischen Ergänzung notwendigen Schritte an der allgemeinen quadratischen Gleichung $ax^2 + bx + c = 0$ durch, so erhält man eine Lösungsformel. Diese Lösungsformel erspart dann das Durchführen der quadratischen Ergänzung beim Lösen von Gleichungen der Form $ax^2 + bx + c = 0$.

$$\begin{aligned} a\,x^2 + b\,x + c &= 0 \qquad |:a \text{ (für } a \neq 0) \\ x^2 + \frac{b}{a}x + \frac{c}{a} &= 0 \\ x^2 + 2 \cdot x \cdot \frac{b}{2a} + \left(\frac{b}{2a}\right)^2 - \left(\frac{b}{2a}\right)^2 + \frac{c}{a} &= 0 \\ \left(x + \frac{b}{2a}\right)^2 - \frac{b^2}{4a^2} + \frac{4ac}{4a^2} &= 0 \\ \Rightarrow \qquad \left(x + \frac{b}{2a}\right)^2 &= \frac{b^2 - 4ac}{4a^2} \end{aligned}$$

Diese Gleichung hat nur Lösungen, wenn die rechte Seite $\geqq 0$ ist, also wenn $b^2 - 4ac \geqq 0$ gilt:

$$x_{1/2} + \frac{b}{2a} = \pm\sqrt{\frac{b^2 - 4ac}{4a^2}} \quad \Rightarrow \quad x_{1/2} = -\frac{b}{2a} \pm \sqrt{\frac{b^2 - 4ac}{4a^2}}\,.$$

Da $\pm\sqrt{\frac{b^2 - 4ac}{4a^2}} = \frac{\pm\sqrt{b^2 - 4ac}}{2|a|} = \frac{\pm\sqrt{b^2 - 4ac}}{2a}$, sind

$$x_1 = \frac{-b + \sqrt{b^2 - 4ac}}{2a} \quad \text{und} \quad x_2 = \frac{-b - \sqrt{b^2 - 4ac}}{2a}$$

die beiden Lösungen der Gleichung, wenn $b^2 - 4ac > 0$ ist.

Eine quadratische Gleichung der Form $ax^2+bx+c = 0$ $(a \neq 0)$ hat
die beiden Lösungen $x_1 = \frac{-b+\sqrt{b^2-4ac}}{2a}$, $x_2 = \frac{-b-\sqrt{b^2-4ac}}{2a}$, falls $b^2-4ac > 0$,
genau eine Lösung $x = -\frac{b}{2a}$, falls $b^2-4ac = 0$,
keine Lösung, falls $b^2-4ac < 0$.

***discriminare** (lat.): unterscheiden*

Der Term b^2-4ac heißt **Diskriminante D**. Mit ihrer Hilfe kann man entscheiden, wie viele Lösungen eine quadratische Gleichung besitzt.

Bemerkungen

(1) In folgenden Fällen kann man quadratische Gleichungen ohne Verwendung der Lösungsformel geschickt lösen:

Es geht natürlich auch umständlicher:
$x_1 = \frac{0+\sqrt{0-4\cdot3\cdot(-6)}}{2\cdot3} = \frac{2\cdot\sqrt{18}}{2\cdot3} = \frac{3\cdot\sqrt{2}}{3} = \sqrt{2}$

– Ist in einer quadratischen Gleichung $b = 0$, also z. B. $3x^2-6 = 0$, so löst man die Gleichung so:

$3x^2-6 = 0 \quad |+6$
$3x^2 = 6 \quad |:3$
$x^2 = 2 \qquad \Rightarrow x_1 = \sqrt{2},\ x_2 = -\sqrt{2}$

Es geht natürlich auch umständlicher:
$x_1 = \frac{-6+\sqrt{36-4\cdot3\cdot0}}{2\cdot3} = \frac{-6+6}{2\cdot3} = 0$

– Ist in einer quadratischen Gleichung $c = 0$, also z. B. $3x^2+6x = 0$, so löst man die Gleichung so:

$3x^2+6x = 0$
$3x(x+2) = 0 \quad \Rightarrow \quad x_1 = 0,\ x_2 = -2$, weil einer der Faktoren gleich null sein muss.

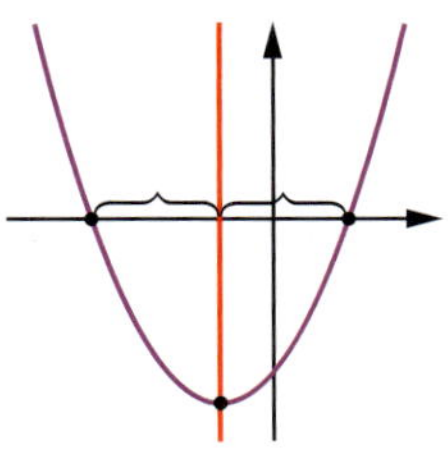

(2) Sind die beiden Nullstellen einer quadratischen Form berechnet worden, so lässt sich der Scheitelpunkt der zugehörigen Parabel leicht angeben:
Weil die Parabel achsensymmetrisch zur senkrechten Gerade durch den Scheitelpunkt ist, muss dieser gleich weit von den beiden Nullstellen entfernt sein. Der x-Wert des Scheitelpunkts liegt also in der Mitte zwischen den beiden Nullstellen: $x_s = \frac{1}{2}(x_1+x_2)$.
Der y-Wert des Scheitelpunktes lässt sich durch Einsetzen von x_s in den Funktionsterm ermitteln.

***substituere** (lat): ersetzen, austauschen*

Vergleiche hierzu auch Aufgabe 14.

(3) Manche Gleichungen lassen sich durch geschicktes Ersetzen der Variablen (d. h. durch **Substitution**) auf quadratische Form bringen. Insbesondere kann eine sogenannte **biquadratische Gleichung**, wie z. B. $2x^4+3x^2-1 = 0$ durch die Substitution $x^2 = z$ unmittelbar in die Form $2z^2+3z-1 = 0$ umgewandelt werden.
Aus den Lösungen dieser Gleichung errechnet man die Lösungen der Ausgangsgleichung.

Beispiel 1

Beschreibe den Graphen der Funktion
f: $x \mapsto 0{,}5x^2+2x+5$ möglichst genau, ohne ihn zu zeichnen.

Lösung:

$f(x) = 0{,}5(x^2+4x+10)$
$= 0{,}5(x^2+4x+2^2-2^2+10)$
$= 0{,}5[(x+2)^2+6]$
$= 0{,}5(x+2)^2+3$

Der Graph ist nach oben geöffnet, weiter als die Normalparabel und besitzt den Scheitelpunkt $S(-2|3)$.

Beispiel 2

Wie viele Lösungen besitzt die Gleichung?

a) $3x^2+8x+1 = 0$ b) $7x^2+x+5 = 0$
c) $3x-4 = 0$ d) $6x^2+6x+1{,}5 = 0$

Lösung:

a) Diskriminante $D = 8^2-4\cdot3\cdot1 = 52 > 0$
Die Gleichung hat also zwei Lösungen.
b) $D = 1^2-4\cdot7\cdot5 < 0 \Rightarrow$ keine Lösung
c) Es handelt sich um eine lineare Gleichung, die eine Lösung besitzt.
d) $D = 6^2-4\cdot6\cdot1{,}5 = 36-36 = 0$
Die Gleichung besitzt genau eine Lösung.

Beachte:
Würde man den Graphen nur mit Hilfe einer Wertetabelle zeichnen, so würde man den Scheitelpunkt evtl. nicht finden.

Beispiel 3

Berechne die Nullstellen der Funktion
f: $x \mapsto -1{,}5\,x^2 - 9\,x - 5$.
Zeichne den Funktionsgraphen unter Verwendung des Scheitelpunkts und einiger Funktionswerte.

Lösung:

$a = -1{,}5;\ \ b = -9;\ \ c = -5$

Lösungsformel:

$$x_{1/2} = \frac{-(-9) \pm \sqrt{(-9)^2 - 4\cdot(-1{,}5)\cdot(-5)}}{2\cdot(-1{,}5)}$$

$$x_{1/2} = \frac{9 \pm \sqrt{81 - 30}}{-3} = -3 \pm \tfrac{1}{3}\sqrt{51}$$

also: $x_1 = -3 + \frac{1}{3}\sqrt{51} \approx -0{,}62$

$x_2 = -3 - \frac{1}{3}\sqrt{51} \approx -5{,}38$

Scheitelpunkt: $x_S = \frac{1}{2}(x_1 + x_2) = -3$

$f(-3) = -1{,}5\cdot 9 - 9\cdot(-3) - 5 = 8{,}5$

$S(-3\,|\,8{,}5)$

Weitere Funktionswerte:

$f(-5) = -1{,}5\cdot 25 + 9\cdot 5 - 5 = 2{,}5 = f(-1)$

$f(-4) = -1{,}5\cdot 16 + 9\cdot 4 - 5 = 7 \quad = f(-2)$

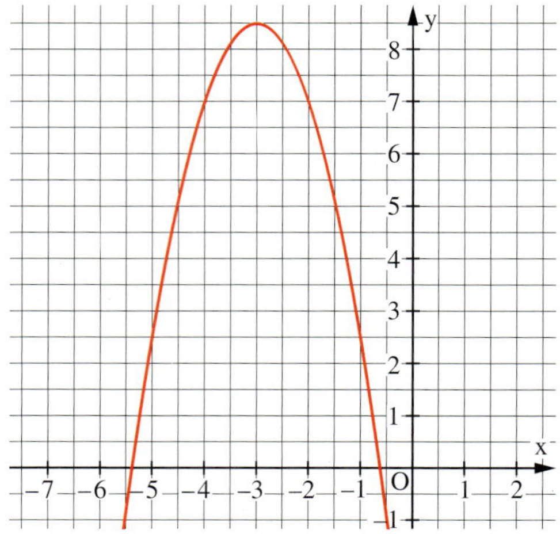

Aufgaben

2

Beschreibe, wie man sich den jeweiligen Graphen aus seinem linken Nachbargraphen entstanden denken kann. Gib die Funktionsterme der zu den Graphen gehörigen quadratischen Funktionen an.

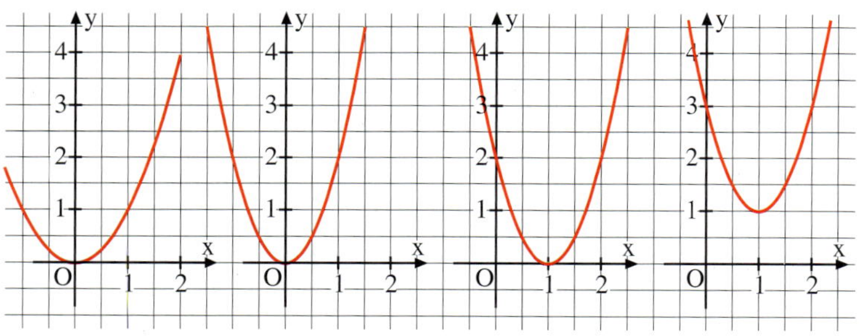

3

Beschreibe den Graphen der gegebenen Funktion möglichst genau, ohne ihn zu zeichnen.

a) f: $x \mapsto -2(x-1)^2 + 3$

b) g: $x \mapsto 0{,}75(x+4)^2 - 2{,}3$

c) f: $z \mapsto -1{,}2(z+3{,}8)^2$

d) f: $x \mapsto -\frac{2}{3}(2+x)^2 - \frac{4}{3}$

e) h: $t \mapsto 0{,}75(2-t)^2 - 2{,}3$

f) f: $x \mapsto -x^2 + 2x - 3{,}5$

g) f: $z \mapsto \frac{3}{4}z - \frac{1}{2}$

4

Bestimme jeweils einen Funktionsterm zu den gezeichneten Graphen.

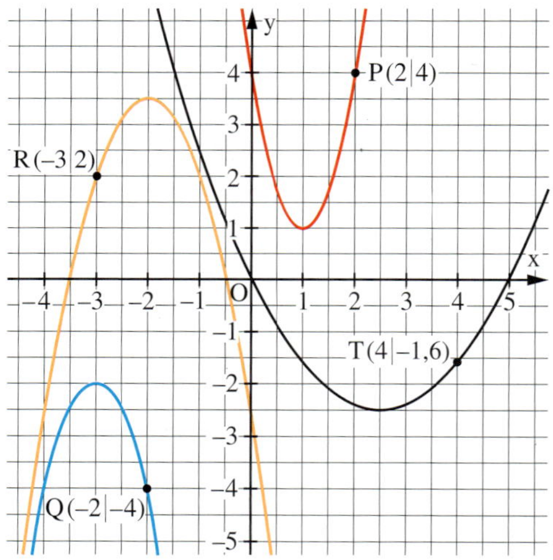

5

Skizziere den Graphen der Funktion mit der angegebenen Funktionsgleichung.

a) $y = 0{,}5(x-1{,}5)^2 - 2{,}5$

b) $y = 2(x+3)^2 + 1$ c) $y = -1{,}5(x-2)^2$

d) $y = 3x - 3{,}5$ e) $y = -0{,}5x^2 - 2$

f) $y = -2(x-1) + 3$ g) $y = 2x^2 - 5x + 1$

h) $y = \frac{1}{2-x}$ i) $y = -x^2 + 2x$

k) $y = (x-2)(x+3)$ l) $y = (x-2)(x+3) + 2$

Lösungssalat zu 7: (exakt bzw. gerundet auf zwei Nachkommastellen)

6

Untersuche, ob die Funktion Nullstellen besitzt.

a) $x \mapsto -0{,}5\,(x-2)^2 - 1$

b) $t \mapsto 3\,(t+4)^2 - 2$ c) $x \mapsto 3x^2 - 2x + 1$

d) $x \mapsto 2x^2 - 3x - 5$

e) $x \mapsto -\frac{11}{5}\left(x+\frac{3}{2}\right)^2 + \frac{9}{5}$ f) $x \mapsto -x^2 - x - \frac{1}{4}$

g) $z \mapsto 4 - 3z + 1$ h) $t \mapsto 2 - 3t + \frac{1}{2}t^2$

7

Berechne die Nullstellen.

a) $x \mapsto 2x^2 - 8x + 6$ b) $x \mapsto -x^2 - 6x - 5$

c) $x \mapsto 5x^2 - 3x$ d) $t \mapsto t^2 - 8t + 2$

e) $x \mapsto 0{,}5x^2 - 5$ f) $x \mapsto 0{,}2x^2 - 3x + 2$

g) $x \mapsto 3x^2 + 1$ h) $x \mapsto 2x^2 - 11x - 2$

i) $z \mapsto 3z^2 - 2z - \frac{5}{2}$ k) $x \mapsto -\frac{3}{4}x^2 - x + 3$

8

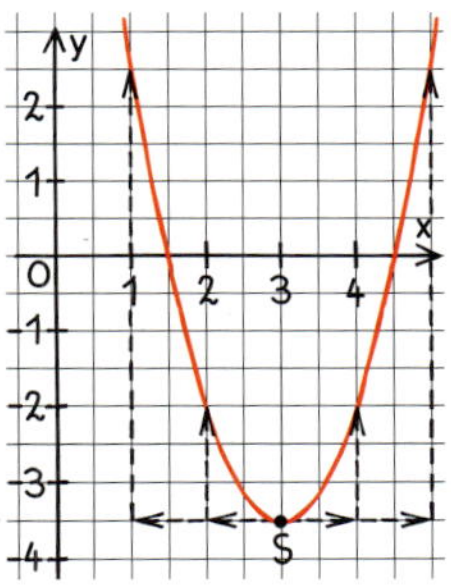

Stefan erklärt Karin, wie er den Graphen der Funktion $f: x \mapsto 1{,}5\,(x-3)^2 - 3{,}5$ skizziert: „Den Scheitelpunkt der Parabel kann ich unmittelbar ablesen: $S\,(3\,|\,-3{,}5)$.
Da 1,5 positiv ist, ist die Parabel nach oben geöffnet. Wenn ich vom Scheitelpunkt eine Einheit nach links oder eine Einheit nach rechts gehe und von dort $1{,}5 \cdot 1 = 1{,}5$ Einheiten nach oben, so erhalte ich Punkte des Graphen, wenn ich zwei Einheiten nach links oder rechts und $1{,}5 \cdot 4 = 6$ Einheiten nach oben gehe ebenso."
Gebt euch gegenseitig quadratische Funktionen in Scheitelpunktform vor und skizziert sie, wie es Stefan vorgemacht hat.

9

Beschreibe in Worten, wie man am Funktionsterm $f: x \mapsto a\,(x+d)^2 + e$ einer quadratischen Funktion in Scheitelpunktform ablesen kann, wie viele Nullstellen die Funktion besitzt.

10

Beschreibe, ohne zu zeichnen, die Parabel, die Graph der gegebenen Funktion ist.

a) $f: x \mapsto -2\,(x-1)^2 + 3$

b) $f: x \mapsto 0{,}75\,(x+4)^2 - 2$

c) $f: z \mapsto 0{,}75\,(2z+1)^2 - 2{,}3$

d) $f: x \mapsto 0{,}75\,(2-x)^2 - 2{,}4x$

e) $f: u \mapsto 0{,}75\,(u+4) - 2{,}3 - u^2$

11

Berechne die Lösung(en).

a) $3x^2 - 4x - 4 = 0$ b) $3z - 2 = 4$

c) $4x^2 - 2x < 8$ d) $5x^2 = 3x$

e) $3x^2 - 8 = 2$ f) $0{,}5x^2 - 5 + 2x > 0$

g) $1{,}5t^2 = t^2 - 1{,}5$ h) $3x^2 - 2 = 5x + 1$

Zeichne zu den Gleichungen geeignete Funktionsgraphen, an denen man die Lösungen ablesen könnte. Versuche, verschiedene Möglichkeiten zu finden.

12

Die Sprungparabel eines Flohs hat die Gleichung $f(x) = -0{,}1x^2 + 0{,}4x + 0{,}5$; x in dm. (Negative x sind links, positive rechts vom Beobachter.)
Wie weit springt der Floh?

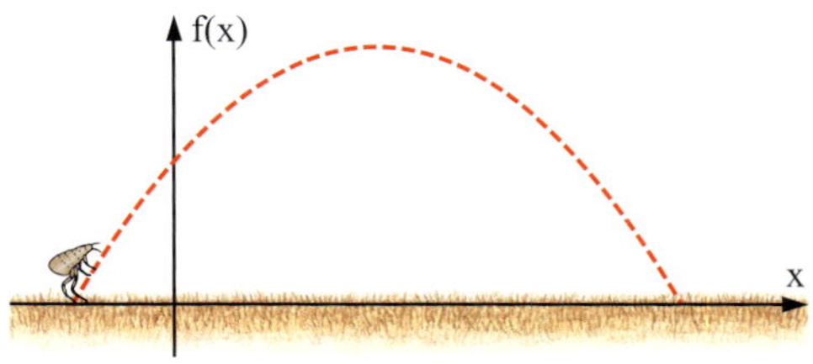

13

Bestimme den Scheitel der Parabel. Zeichne die Parabel mit Hilfe einer Wertetabelle.

a) $f: x \mapsto 0{,}4x^2 + 2{,}4x - 0{,}6$

b) $f: t \mapsto \frac{3}{2}t^2 - 12t - 2$

c) $f: x \mapsto 3{,}2x^2 - 4x + 0{,}2$

14 **Biquadratische Gleichungen**

Manche Gleichungen lassen sich durch eine geschickte Substitution auf quadratische Form bringen. So wird aus $x^4 - x^2 - 2 = 0$ durch die Substitution $x^2 = z$ (also auch $x^4 = z^2$), die Gleichung $z^2 - z - 2 = 0$ mit den Lösungen $z_1 = -1$ und $z_2 = 2$.
Aus dem Einsetzen dieser Lösungen in die Substitution, $x^2 = -1$ bzw. $x^2 = 2$, ergeben sich zwei neue Gleichungen, die insgesamt bis zu vier Lösungen haben können.
Hier ergeben sich die beiden Lösungen $x_{1/2} = \pm\sqrt{2}$.
Probe: $(\sqrt{2})^4 - (\sqrt{2})^2 - 2 = 4 - 2 - 2 = 0$
Löse durch Substitution:

a) $2x^4 - 4{,}5x^2 + 1 = 0$ b) $3x^4 - x^2 = 2$

c) $3x^5 - 13x^3 + 4x = 0$ d) $x^4 = -5x^2 - 3$

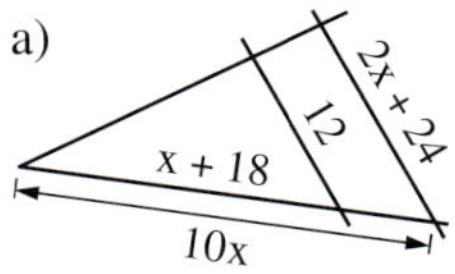

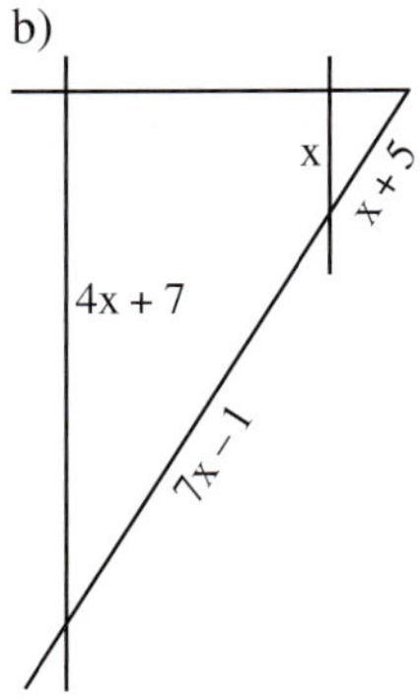

15
Bestimme jeweils x in den beiden Figuren auf der Randspalte.

16
Bestimme zu den Graphen gehörige Funktionsterme.

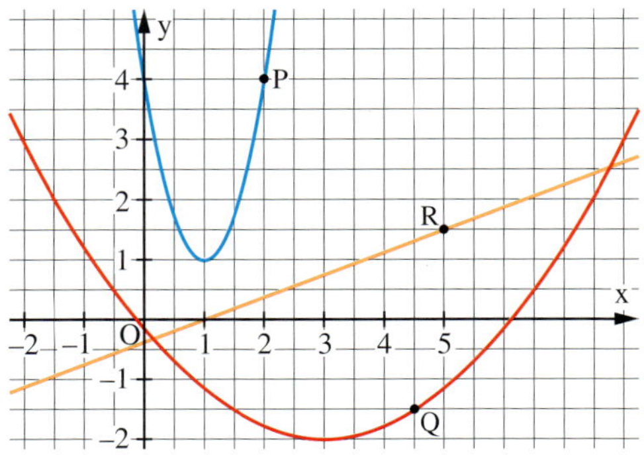

17
Gegeben ist f: $x \mapsto 0{,}7x^2 + 3{,}8x - 2{,}2$.

a) Berechne die Nullstellen der Funktion und damit den Scheitelpunkt.

b) Für welche x-Werte ist der Funktionswert f(x) gleich 2?

18
Hat Claudia bei der Berechnung auf dem Rand wirklich einen Fehler gemacht? Erkläre ihr das richtige Vorgehen gegebenenfalls.

19
Zur Funktion f: $x \mapsto 3{,}7x^2 + 3{,}4x - 2{,}2$ wurde die folgende Wertetabelle erstellt:

–2	–1	0	1
5,8	–1,9	–2,2	4,9

Zeichne die Punkte in ein Koordinatensystem ein. Welches Problem entsteht beim Zeichnen des Graphen? Wie kannst du dir helfen?

20
Bestimme den kleinsten Funktionswert der quadratischen Funktion.

a) f: $x \mapsto 3x^2 + 12x - 25$

b) f: $x \mapsto 9x^2 - 12x - 5$

c) f: $x \mapsto -2x^2 + x - 3$

21 Zahlenrätsel
Ermittle die gesuchte Zahl.

a) Multipliziert man eine Zahl mit der Hälfte dieser Zahl, so erhält man 338.

b) Das Produkt zweier aufeinander folgender natürlicher Zahlen ist um 461 größer als ihre Summe.

c) Die Summe des Quadrats einer natürlichen Zahl und den Quadraten der drei nachfolgenden Zahlen ist 9414.

22
Gegeben ist f: $x \mapsto 1{,}3x^2 + \frac{4}{3}x - \frac{3}{5}$.

a) Wie viel Prozent der Punkte (–5|22), (–4|20), (–3|5), (–1|1), (0|0), (2|8), (3|18), (4|20) liegen oberhalb des Graphen von f?

b) Die y-Koordinaten der Punkte P(–2|☐) und Q(1|☐) werden durch zweimaliges Werfen eines Würfels nacheinander bestimmt.
Wie groß ist die Wahrscheinlichkeit, dass sowohl P als auch Q oberhalb des Graphen von f liegen?

23
Gib zwei unterschiedliche quadratische Funktionen an, die jeweils die beiden Nullstellen $x_1 = -4{,}2$ und $x_2 = 0{,}8$ besitzen.

24
Such dir eines der Kärtchen aus und beschreibe deinem Nachbarn die zugehörige Parabel. Dieser muss versuchen, das gewählte Kärtchen herauszufinden.

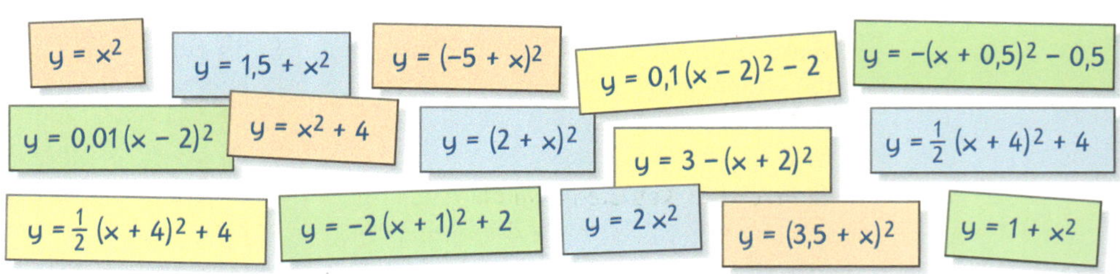

25

Alle abgebildeten Parabeln sind verschobene Normalparabeln. Berechne die Koordinaten der eingezeichneten Schnittpunkte.

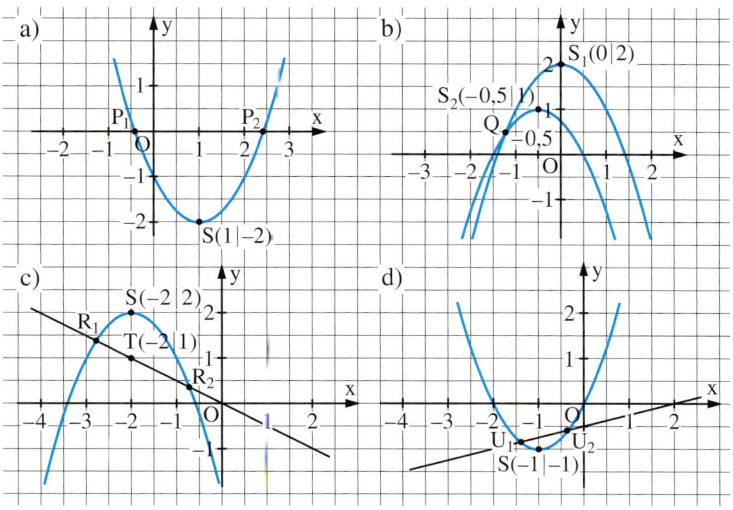

26

Eine 3 Meter breite und 4 Meter lange Fahne soll mit einem roten Kreuz versehen werden. Wie breit müssen die roten Streifen gewählt werden, wenn das Kreuz denselben Flächeninhalt haben soll, wie die restliche Fahnenfläche?

27

Leon hat 500 € bei der Bank eingezahlt. Nach genau zwei Jahren erhält er einschließlich der Zinseszinsen 530,45 € zurück. Berechne den Zinssatz.

28

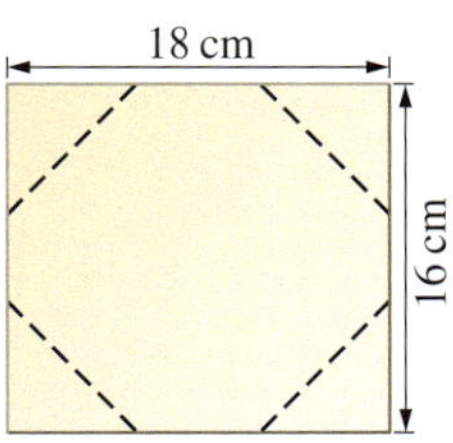

Bei dem rechteckigen Karton links werden vier zueinander kongruente gleichschenklige Dreiecke an den Ecken abgeschnitten. Wie lang müssen die Schenkel dieser Dreiecke gewählt werden, damit der Flächeninhalt des Kartons 25 % kleiner wird?

29

Wie lang sind in einem rechtwinkligen Dreieck die Katheten a und b, wenn die Hypotenuse 17,8 cm und die Höhe auf der Hypotenuse 8 cm beträgt?

30

Klaus hat in einer Formelsammlung folgende Lösungsformel für quadratische Gleichungen der Form $x^2 + px + q = 0$ gefunden:

$$x_{1/2} = -\frac{p}{2} \pm \sqrt{\left(\frac{p}{2}\right)^2 - q}$$

Erkläre ihm, warum dies ein Spezialfall der dir bekannten Lösungsformel für quadratische Gleichungen ist.

31

Gegeben ist die Funktion
f_k: $x \mapsto 5x^2 + 10x + k$, bei der der Parameter k noch frei gewählt werden kann.

a) Berechne die Koordinaten des Scheitelpunktes für $k = 4$.
b) Für welche k hat f_k zwei Nullstellen?

G 32

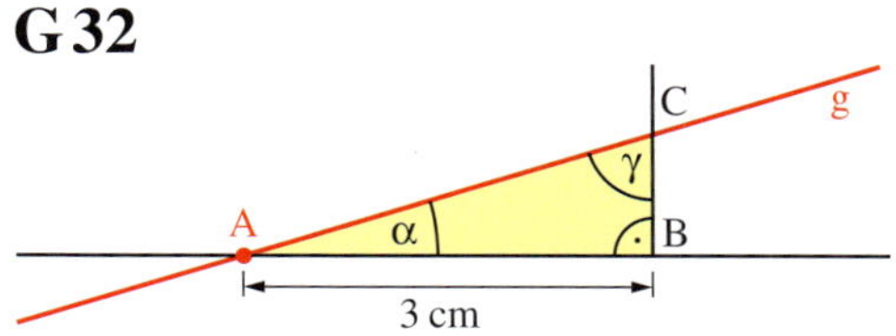

Die Gerade g wird um A gedreht.

a) Übertrage die Zeichnung für $\alpha = 50°$ ins Heft. Trage einen Nebenwinkel, einen Scheitelwinkel, einen Stufenwinkel und einen Wechselwinkel zu α ein.
b) Zeige, z. B. an Hand von Beispielwerten, dass die Zuordnung *Winkelgröße* $\alpha \mapsto$ *Flächeninhalt von* ΔABC nicht proportional ist.
c) Zeige, dass die Zuordnung $\alpha \mapsto \gamma$ nicht umgekehrt proportional ist.

G 33

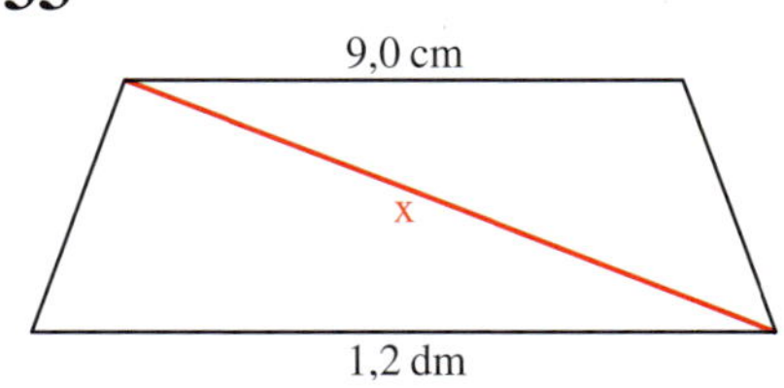

a) Der Flächeninhalt des achsensymmetrischen Trapezes beträgt 42 cm². Berechne die Länge der Strecke x.
b) Um wie viel Prozent ist x länger als die obere Seite (kürzer als die untere Seite) des Trapezes?

*7 Der Satz von Vieta

1
Die quadratischen Gleichungen in der Tabelle rechts haben jeweils die zwei Lösungen x_1 und x_2. Berechne diese. Versuche einen Zusammenhang zwischen x_1, x_2, p und q zu finden.

$x^2 + px + q = 0$	p	q	x_1	x_2
$x^2 - 2x - 8 = 0$				
$x^2 + 8x + 15 = 0$				
$x^2 - 5x - 6 = 0$				
$x^2 - 10x + 21 = 0$				
$x^2 + \frac{5}{2}x - \frac{3}{2} = 0$				

2
Bestimme die Lösungen der beiden Gleichungen $(x-3)\cdot(x+2) = 0$ und $x^2 - x - 6 = 0$.
Welcher Zusammenhang besteht zwischen den beiden Gleichungen?

Wenn eine quadratische Gleichung der Form $x^2 + px + q = 0$ zwei Lösungen besitzt, so sind dies gemäß der Lösungsformel

$$x_1 = \frac{-p + \sqrt{p^2 - 4q}}{2} \quad \text{und} \quad x_2 = \frac{-p - \sqrt{p^2 - 4q}}{2}$$

Man erhält

wenn man x_1 und x_2 addiert:

$$x_1 + x_2 = \frac{-p + \sqrt{p^2 - 4q}}{2} + \frac{-p - \sqrt{p^2 - 4q}}{2} = \frac{-2p}{2} = -p$$

wenn man x_1 mit x_2 multipliziert:

$$x_1 \cdot x_2 = \frac{-p + \sqrt{p^2 - 4q}}{2} \cdot \frac{-p - \sqrt{p^2 - 4q}}{2} = \frac{(-p)^2 - (p^2 - 4q)}{4} = \frac{4q}{4} = q$$

François Vieta (1540 – 1603) Advokat und „Hobby-Mathematiker" Vieta hat die Bezeichnungen + und – für die Addition bzw. die Subtraktion eingeführt und hat als einer der Ersten Variablen verwendet.

Satz von Vieta:
Sind x_1 und x_2 die Lösungen einer quadratischen Gleichung der Form $x^2 + px + q = 0$, dann gilt: $x_1 + x_2 = -p$ und $x_1 \cdot x_2 = q$.

Kennt man die Lösungen x_1 und x_2 einer quadratischen Gleichung der Form $x^2 + px + q = 0$, so kann man $x^2 + px + q$ als Produkt schreiben, denn:

$$x^2 + px + q = 0$$
$$x^2 - (x_1 + x_2)x + x_1 \cdot x_2 = 0 \quad \text{(weil } p = -(x_1 + x_2) \text{ und } q = x_1 \cdot x_2\text{)}$$
$$x^2 - x_1x - x_2x + x_1 \cdot x_2 = 0$$
$$x(x - x_1) - x_2(x - x_1) = 0 \quad \text{(hier wurde x bzw. } x_2 \text{ ausgeklammert)}$$
$$(x - x_1)(x - x_2) = 0 \quad \text{(hier wurde } (x - x_1) \text{ ausgeklammert)}$$

Sind x_1 und x_2 die Lösungen einer quadratischen Gleichung der Form $x^2 + px + q = 0$, dann lässt sich der Term $x^2 + px + q$ als Produkt $(x - x_1)(x - x_2)$ schreiben.

Bemerkungen

(1) Falls eine quadratische Gleichung wie $x^2 - x - 6 = 0$ ganzzahlige Lösungen besitzt, so lassen sich diese mit Hilfe des Satzes von Vieta durch Probieren leicht bestimmen: Da $x_1 \cdot x_2 = -6$ gelten muss, kommen nur die Mengen $\{-1; 6\}$, $\{-6; 1\}$, $\{-3; 2\}$ und $\{-2; 3\}$ als Lösungsmenge mit ganzzahligen Elementen in Frage.
Für $x_1 = -2$ und $x_2 = 3$ gilt auch $x_1 + x_2 = 1 = -(-1)$. Also sind dies die beiden Lösungen und die Gleichung lässt sich auch in der Form $(x + 2)\cdot(x - 3) = 0$ schreiben.
Mit der Lösungsformel wäre die Ermittlung der beiden Lösungen etwas aufwendiger.

(2) Für die quadratische Gleichung $x^2 + 2x - 4 = 0$ kommen wegen $x_1 \cdot x_2 = -4$ als mögliche ganzzahlige Lösungsmengen die Mengen $\{-1; 4\}$, $\{-4; 1\}$ und $\{-2; 2\}$ in Frage. Es ist jedoch für keine der drei Möglichkeiten $x_1 + x_2 = -2$.
Mit der Lösungsformel findet man die beiden Lösungen $x_1 = -1 - \sqrt{5}$ und $x_2 = -1 + \sqrt{5}$. Wie im Satz von Vieta allgemein gezeigt, gilt für diese beiden Lösungen $x_1 + x_2 = -2$ und $x_1 \cdot x_2 = (-1 - \sqrt{5}) \cdot (-1 + \sqrt{5}) = -4$. Der Satz liefert in dieser Situation jedoch keine Hilfe beim Auffinden der Lösungen.

(3) Für die allgemeine quadratische Gleichung $ax^2 + bx + c = 0$ $(a \neq 1)$ lässt sich der Satz von Vieta gegebenenfalls vorteilhaft anwenden, nachdem durch a dividiert wurde.

Beispiel 1
Prüfe mit Hilfe des Satzes von Vieta, welches die Lösungsmenge der Gleichung $x^2 + 5x + 6 = 0$ ist:
$L_1 = \{-3; 2\}$, $L_2 = \{-3; 4\}$, $L_3 = \{-3; -2\}$,
$L_4 = \{-1; 2\}$, $L_5 = \{-2; 1\}$, $L_6 = \{2; 3\}$?
Lösung:
Wegen $x_1 \cdot x_2 = 6$ kommen nur die beiden Mengen L_3 und L_6 in Frage, denn es ist $(-2) \cdot (-3) = 6$ und $2 \cdot 3 = 6$.
Wegen $(-2) + (-3) = -5$ und $2 + 3 \neq -5$ ist L_3 die Lösungsmenge.

Hätten sich bei Beispiel 2 mit dem Satz von Vieta keine ganzzahligen Lösungen gefunden, hätte man die Lösungsformel angewendet.

Beispiel 2
Löse die Gleichung $x^2 + x - 12 = 0$.
Lösung:
$-12 = (-1) \cdot 12 = 1 \cdot (-12)$
$= (-2) \cdot 6 = 2 \cdot (-6)$
$= (-3) \cdot 4 = 3 \cdot (-4)$.
Überprüfung von $x_1 + x_2 = -p$:
$-1 + 12 = 11$; $1 + (-12) = -11$;
$-2 + 6 = 4$; $2 + (-6) = -4$;
$-3 + 4 = 1$; $3 + (-4) = -1$.
$x_1 = 3$ und $x_2 = -4$ sind also die beiden Lösungen der Gleichung.

Aufgaben

3
Prüfe nach, welche der Mengen unten jeweils die Lösungsmenge der gegebenen quadratischen Gleichung ist.
a) $x^2 + 6x - 7 = 0$ b) $x^2 - 2x + 1 = 0$
c) $2x^2 + 8x + 6 = 0$ d) $x^2 - 2{,}5x + 1 = 0$

$\{-7; 1\}$ $\{-1; 2\}$ $\{1\}$ $\{-1\}$ $\{-3; -1\}$ $\{\frac{1}{2}; 2\}$ $\{-1; 7\}$ $\{1; 3\}$

4
Gib p und q in der Gleichung $x^2 + px + q = 0$ an, wenn x_1 und x_2 die beiden Lösungen sind.
a) $x_1 = -2$; $x_2 = 5$ b) $x_1 = 0$; $x_2 = 7$
c) $x_1 = -\frac{2}{3}$; $x_2 = \frac{2}{3}$ d) $x_1 = \frac{1}{2}$; $x_2 = -\frac{2}{7}$

5
Löse ohne Verwendung der Lösungsformel und schreibe den Term auf der linken Seite der Gleichung in der Form $a(x - d)(x - e)$.
a) $x^2 - 9x + 14 = 0$ b) $\frac{1}{2}x^2 - \frac{3}{2}x - 5 = 0$
c) $x^2 + 2x + \frac{3}{4} = 0$ d) $2x^2 + 2x - 12 = 0$
e) $-2x^2 + 7x + 4 = 0$ f) $x^2 + 5x - 6 = 0$

6
Bestimme p bzw. q so, dass die angegebene Zahl eine Lösung der Gleichung ist. Wie lautet dann die zweite Lösung?
a) $x^2 + px - 21 = 0$; $x_1 = 7$
b) $x^2 + 11x + q = 0$; $x_1 = -2$
c) $2x^2 + px - 1 = 0$; $x_1 = 1$
d) $3x^2 - px + 4 = 0$; $x_1 = 4$

7
Eine verschobene und an der x-Achse gespiegelte Normalparabel schneidet die y-Achse im Punkt $P(0|2)$ und die x-Achse bei $x_1 = 4$.
a) Wo schneidet sie die x-Achse ein zweites Mal?
b) Wie lautet die Funktionsgleichung dieser Parabel?

8
Begründe für eine quadratische Gleichung $ax^2 + bx + c = 0$ (mit $a \neq 0$):
Ist $a > 0$ und $c < 0$ oder umgekehrt, so hat die Gleichung zwei Lösungen mit verschiedenen Vorzeichen.

Lesetext:

Der Goldene Schnitt

Was haben das Parthenon in Athen, das Rathaus in Leipzig und eine Geige gemeinsam?

An ihnen kann man ein besonderes Teilverhältnis entdecken, das als ästhetisch besonders ansprechend gilt: den Goldenden Schnitt. Er wurde häufig in der Antike und in der Renaissance benutzt.

Vgl. auch die Aufgabe zum Goldenen Schnitt auf Seite 186.

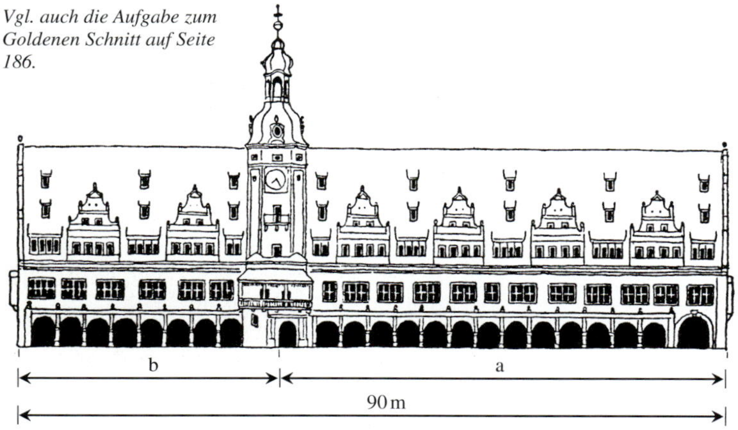

Der Turm des ca. 90 m langen Rathauses von Leipzig steht nicht in der Mitte, sondern so, dass er die Länge des Rathauses im **Goldenen Schnitt** teilt, d. h. dass für die Teilstrecken a und b gilt:

$\frac{a}{b} = \frac{a+b}{a}$.

Man kann dazu auch sagen:
Die Teilstrecke a verhält sich zur Teilstrecke b wie die Gesamtstrecke $a + b$ zur Teilstrecke a.
Damit kann man die Längen a und b ausrechnen:
Setze in $\frac{a}{b} = \frac{a+b}{a}$ ein: $a + b = 90$, $b = a - 90$ und löse dann die Gleichung.

$\frac{a}{b} = \frac{a+b}{a}$

$\frac{a}{b} = 1 + \frac{b}{a}$

$x = 1 + \frac{1}{x}$ für $x > 0$

$x^2 = x + 1$

$x^2 - x - 1 = 0$

$x = \frac{1+\sqrt{5}}{2}$

Man kann aber auch das Teilverhältnis $x = \frac{a}{b}$ berechnen. Dies führt zu der quadratischen Gleichung $x^2 = x + 1$, wovon nur die positive Lösung in Frage kommt: $x = \frac{1+\sqrt{5}}{2} \approx 1{,}62$.

In den beiden anderen Beispielen der oberen Bildreihe ist ebenfalls der Goldene Schnitt zu finden.
Die Länge der Geige setzt sich aus der Länge des Resonanzkörpers und der Länge des Halses zusammen.
Der Teilpunkt zerlegt die Länge der Geige nach dem Goldenen Schnitt.
Beim Parthenon teilt die Unterkante der Säulenauflage die Höhe des Tempels im Goldenen Schnitt.

Bei antiken Statuen teilt der Bauchnabel die Körperlänge ungefähr nach dem Goldenen Schnitt. Der Amerikaner Frank A. Lonc will bei 65 Personen nachgemessen haben, dass dies heute noch zutrifft.

Statt zu rechnen, kann man auch **konstruieren**:
Die Strecke [PQ] der Länge s soll im Goldenen Schnitt geteilt werden.

1. Schritt: Zeichne in einem Endpunkt (z. B. Q) eine senkrechte Strecke der Länge $\frac{s}{2}$. Nenne den Endpunkt M.

2. Schritt: Verbinde P mit M; trage von M aus $\frac{s}{2}$ ab. Man erhält den Punkt R.

3. Schritt: Trage die Länge der Strecke [PR] von P aus auf PQ ab. Man erhält T.

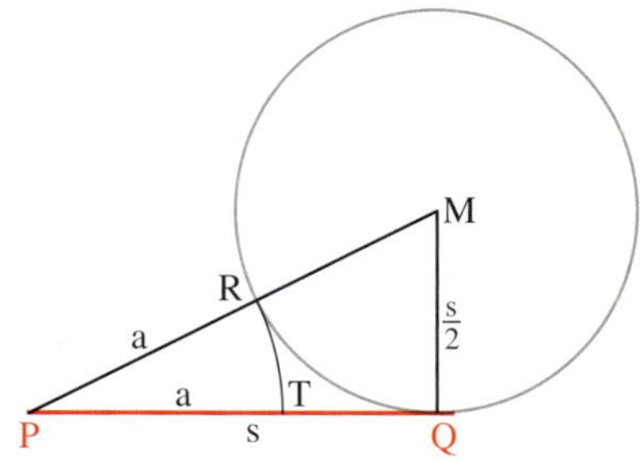

Der Punkt T teilt [PQ] im Goldenen Schnitt.

Beweis:
Ergänzt man diese Konstruktion durch einen Kreis um M mit dem Radis $\frac{s}{2}$, so zeigt der Satz des Pythagoras, dass der Punkt T die Strecke [FQ] im Goldenen Schnitt teilt:
Aus $s^2 + \left(\frac{s}{2}\right)^2 = \left(a + \frac{s}{2}\right)^2$ folgt $s^2 + \frac{s^2}{4} = a^2 + a\,s + \frac{s^2}{4}$. Daraus ergibt sich $s^2 - a \cdot s = a^2$ bzw. $s \cdot (s - a) = a^2$ und mit $s = a + b$ die Gleichung $(a + b) \cdot b = a^2$. Dividiert man beide Seiten der Gleichung durch $a \cdot b$ erhält man $\frac{a+b}{a} = \frac{a}{b}$, die Bedingung für den Goldenen Schnitt.

Die Gleichung nach Pythagoras lässt sich auch umformen in $\left(a + \frac{s}{2}\right)^2 = s^2 + \left(\frac{s}{2}\right)^2 = \frac{5}{4}s^2$. Da alle Streckenlängen durch positive reelle Zahlen beschrieben werden, führt diese Gleichung zu $a + \frac{s}{2} = \frac{s}{2}\sqrt{5}$.

Durch Umformung gelangt man zu $\frac{s}{a} = \frac{\sqrt{5}+1}{2}$, was dem schon gezeigten Wert für $\frac{a}{b} = \frac{a+b}{a}$ entspricht.

Legt man um die Vorderseite des Parthenons, um das Bild eines Eies oder einer griechischen Vase ein Rechteck, so gilt für das Seitenverhältnis $\frac{a}{b} = \frac{\sqrt{5}+1}{2}$. Man spricht daher von einem **Goldenen Rechteck**. Auch die Front des UNO-Gebäudes in New York bildet ein Goldenes Rechteck.

Der Goldene Schnitt tritt auch beim regelmäßigen Fünfstern, dem **Pentagramm** oder auch Drudenfuß, auf.
Zeichnet man in ein regelmäßiges Fünfeck alle Diagonalen ein, so bilden diese das Pentragramm. Jeder Schnittpunkt zweier Diagonalen teilt diese im Goldenen Schnitt.
Dies kann man durch die folgenden Überlegungen einsehen:

1. Aus Symmetriegründen haben alle Seiten des Fünfecks die gleiche Länge a und alle Diagonalen die gleiche Länge s.
2. Jede Diagonale ist parallel zur gegenüberliegenden Seite (Winkel nachrechnen!).
3. Das Viereck TCDE bildet ein Parallelogramm, also ist $\overline{TC} = \overline{ED} = a$.
4. Der Punkt T teilt die Diagonale [AC] so, dass $\overline{CE} : \overline{AB} = \overline{TC} : \overline{TA}$ (2. Strahlensatz) gilt, also auch $s : a = a : b$ mit $b = s - a$.

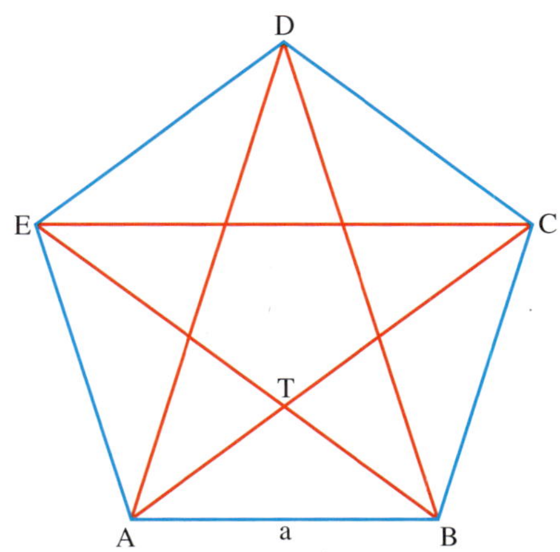

Vermutlich hat an dieser Figur Hippasos die irrationalen Zahlen entdeckt (vgl. S. 39).

Projekt:

Parabeln bei Bauwerken

Bei Brücken und anderen Bauwerken finden oft parabelförmige Bögen Verwendung. Sie gewährleisten hohe Stabilität und sind meist auch aus ästhetischer Sicht ansprechend. Beim folgenden Projekt sollt ihr euch mit solchen Bauwerken aus mathematischer Sicht auseinandersetzen.

oben: Talbrücke Wilde Gera

Überlegungen zur Projektarbeit

Bildet in eurer Klasse Gruppen, die sich mit Fragestellungen zu einem Bauwerk mit einem Parabelbogen beschäftigen sollen. Sucht nach Brücken und anderen solchen Bauwerken und ermittelt die Maße des Bogens und anderer Bauwerksteile. Dazu könnt ihr auch im Internet recherchieren. Einige interessante Bauwerke sind unten gezeigt. Vielleicht kennt ihr sogar Bauwerke in eurer Nähe, die ihr fotografieren und/oder vermessen könnt.

Überlegt euch Fragestellungen, die ihr mit euren Kenntnissen über Parabeln beantworten könnt. Stellt euer Bauwerk mit seiner Entstehungsgeschichte in der Klasse in einer kurzen Präsentation vor, beschreibt eure Fragestellungen und wie ihr sie beantworten konntet.

Beispiele von Bauwerken mit Parabelbogen:

Echelsbacher Brücke

Köln-Arena

Aachen, St. Gregorius

Teufelstalbrücke A4

TU München, Rutsche

Birken-Honigsessen, Kirchhofmauer

Köln, St. Engelbert

Veitshöchheim, ICE-Brücke

Auf dieser Seite ist am Beispiel der Talbrücke Wilde Gera eine mögliche Präsentation gezeigt.

Die Talbrücke Wilde Gera

Die von Roland von Wölfel entworfene Autobahnbrücke (Bild auf der vorhergehenden Seite oben) ist ein Teil der Thüringer-Wald-Autobahn, die Bayern und Thüringen verbindet. Sie wurde im Jahr 2000 als größte Betonbogenbrücke Deutschlands fertiggestellt. Ihre Konstruktion machte Arbeiten im Talgrund selbst überflüssig und war so im Vergleich zu anderen Vorschlägen erheblich preiswerter.

PRÄSENTATION von Moni, Carla, Thomas, Dirk, Klasse 9A

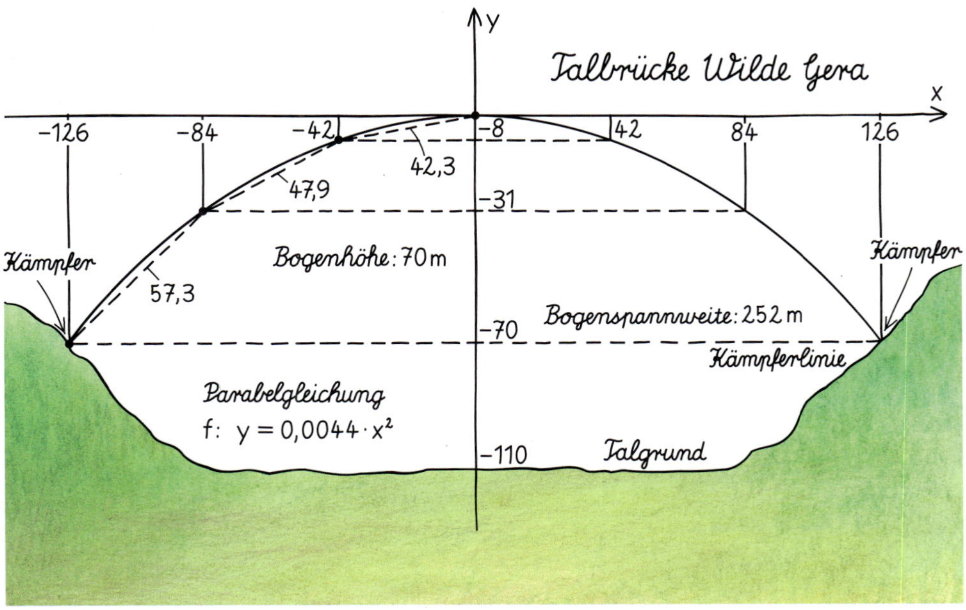

Die Pfeilerhöhen sind: $f(42) = 7{,}8$ $f(84) = 31{,}1$ $f(126) = 70$

Die Abstände zwischen den Pfeileransätzen haben wir berechnet und so herausgefunden, dass der Bogen etwas länger als $2 \cdot 148\,\text{m} = 296\,\text{m}$ sein muss.

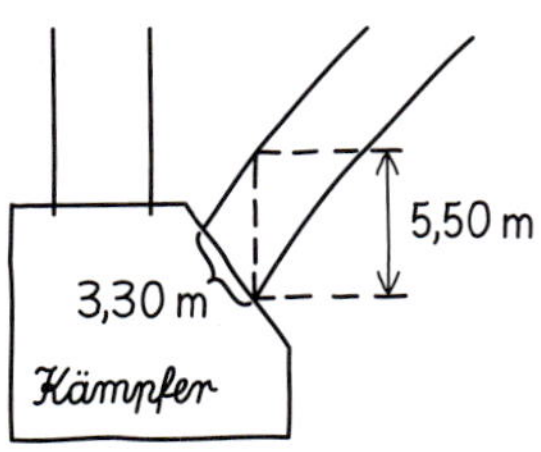

Der Kämpfer, der Fußpunkt des Bogens, sieht so aus, wie links gezeichnet.

Weil der Bogen überall 3,30 m dick ist, sind die Parabel am oberen Rand und die Parabel am unteren Rand etwas unterschiedlich weit geöffnet.

Wir haben oben $y = 0{,}0041x^2$ und unten $y = 0{,}0042\,x^2$ erhalten.

Diese Präsentation dient nur als Anregung. Euch sind zum Thema Parabeln bei Bauwerken sicher ganz andere Fragestellungen eingefallen.

Die Schülerinnen und Schüler aus der Klasse 9A haben nach Daten über die Talbrücke Wilde Gera im Internet gesucht. Unter Verwendung dieser Daten haben sie die Gleichung für den Parabelbogen ermittelt und andere Größen bestimmt. Sie haben weitere interessante Informationen in ihre Präsentation aufgenommen. Dabei haben sie auf eine übersichtliche Darstellung geachtet und eine Zeichnung im Koordinatensystem erstellt.

Rückblick

Quadratische Funktionen

Funktionen der Form $f\colon x \mapsto ax^2 + bx + c \ (a \neq 0)$ heißen quadratische Funktionen. Ihre Graphen nennt man Parabeln.
Der Graph von $g\colon x \mapsto x^2$ heißt Normalparabel.

$f_1\colon x \mapsto 2x^2 - 3x$ und
$f_2\colon x \mapsto -0{,}5x^2 - x - 1$
sind quadratische Funktionen.

Die Parabel zur Funktion f ist nach oben geöffnet, falls $a > 0$,
bzw. nach unten geöffnet, falls $a < 0$.

Die Parabel zur Funktion f ist
weiter als die Normalparabel, falls $|a| < 1$,
enger als die Normalparabel, falls $|a| > 1$.

Der jeweils tiefste Punkt einer Parabel, wenn sie nach oben geöffnet ist,
bzw. der jeweils höchste Punkt, wenn sie nach unten geöffnet ist,
heißt der Scheitelpunkt der Parabel, kurz der Scheitel der Parabel.

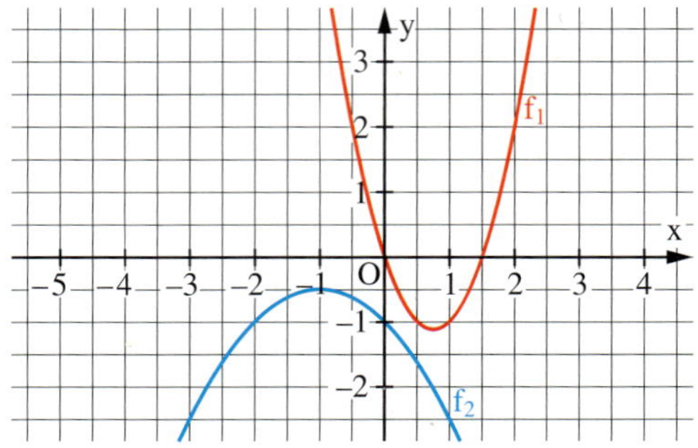

Die Parabel zu f_2 ist nach unten geöffnet und weiter als die Normalparabel und hat den Scheitel $S(-1|-0{,}5)$.

Sonderfälle

Ausgehend von der Normalparabel ist der Graph von
$f\colon x \mapsto x^2 + e$ ausschließlich in y-Richtung verschoben und besitzt den Scheitelpunkt $S(0|e)$,
$f\colon x \mapsto (x + d)^2$ ausschließlich in x-Richtung verschoben und besitzt den Scheitelpunkt $S(-d|0)$.

Scheitelpunktform von quadratischen Funktionen

Jede quadratische Funktion der Form $f\colon x \mapsto ax^2 + bx + c \ (a \neq 0)$ lässt sich durch quadratische Ergänzung auf die Scheitelpunktform $f\colon x \mapsto a(x + d)^2 + e$ bringen.
An der Scheitelpunktform ist ablesbar, dass der Graph von f eine Parabel mit dem Scheitelpunkt $S(-d|e)$ ist.

$$
\begin{aligned}
f(x) &= 0{,}5x^2 - 2{,}5x + 2{,}375\\
&= 0{,}5(x^2 - 5x \qquad + 4{,}75)\\
&= 0{,}5(x^2 - 2\cdot x\cdot 2{,}5 \qquad + 4{,}75)\\
&= 0{,}5(x^2 - 2\cdot x\cdot 2{,}5 + 2{,}5^2 - 2{,}5^2 + 4{,}75)\\
&= 0{,}5[(x - 2{,}5)^2 - 6{,}25 + 4{,}75]\\
&= 0{,}5(x - 2{,}5)^2 - 0{,}75
\end{aligned}
$$

(Scheitelpunktform)

Lösungsformel für quadratische Gleichungen

Für eine quadratische Gleichung $ax^2 + bx + c = 0 \ (a \neq 0)$ gilt:

Ist die Diskriminante $D = b^2 - 4ac < 0$, so gibt es keine Lösung.
Ist $D = 0$, so gibt es genau eine Lösung.
Ist $D > 0$, so gibt es die beiden Lösungen $x_{1/2} = \frac{-b \pm \sqrt{b^2 - 4ac}}{2a}$
Die Lösungen sind die Nullstellen der quadratischen Funktion $f\colon x \mapsto ax^2 + bx + c$.

$2x^2 - 0{,}3x - 0{,}9 = 0$

$$x_{1/2} = \frac{0{,}3 \pm \sqrt{0{,}09 - 4\cdot 2\cdot(-0{,}9)}}{2\cdot 2}$$

$$= \frac{0{,}3 \pm \sqrt{7{,}29}}{4} = \frac{0{,}3 \pm 2{,}7}{4}$$

also $x_1 = -0{,}6$;
$x_2 = 0{,}75$.

Aufgaben zum Üben und Wiederholen

Die Lösungen zu den Aufgaben dieser Seite findest du auf den Seiten 191 und 192.

1
Bestimme Näherungslösungen der Gleichung mit Hilfe einer Zeichnung.
a) $x^2 + 4x - 1 = 0$ b) $2x^2 - 2x - 1 = 0$
c) $-x^2 + 3{,}8x = 2{,}2$ d) $x^3 - 4x = 0$

2
Gib den Funktionsterm $f(x) = \frac{1}{2}x^2 - x + \frac{3}{4}$ in Scheitelpunktform an.

3
Berechne die Lösungsmenge der gegebenen Gleichung.
a) $x^2 - 2x - 10 = 0$
b) $2x^2 - 12x - 3 = -13$
c) $x^2 - 0{,}5x - 0{,}75 = x$
d) $3t^2 - 0{,}5t + 1 = 2t - t^2$
e) $z^2 - 4z - 6 = 3 + z$

4
a) Gib den Funktionsterm einer quadratischen Funktion an, deren kleinster Funktionswert –9 ist und deren Nullstellen bei –1 und +2 liegen.
b) Liegt der Punkt $P(-2{,}5 \mid 5{,}75)$ auf dem Graphen von f?

5
Das Produkt von zwei positiven Zahlen, die sich um 6 unterscheiden, beträgt 6075. Wie lauten die beiden Zahlen?

6
Gib zu den vier in das Koordinatensystem eingezeichneten Graphen von linearen und quadratischen Funktionen die Funktionsterme an und berechne die Koordinaten aller Schnittpunkte.

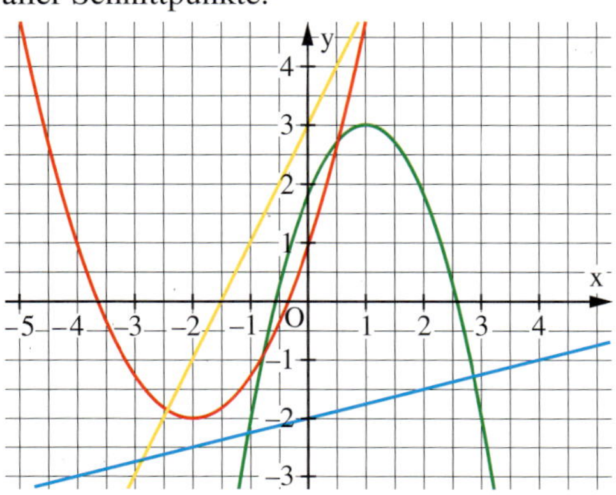

7
Löse die Gleichung.
a) $x^2 - 3 = 0$ b) $2z \cdot (3z - 1) = 0$
c) $x^3 - 2x^2 = 8x$ d) $2z \cdot (z + 3) = 1$
e) $x^4 = 12 - x^2$ f) $x(3x - 2) + 1 = 3x^2$

8
Gegeben ist die Funktion $x \mapsto 2x^2 - 3x + \square$
a) Setze in $\square$ eine Zahl so ein, dass der Scheitelpunkt des Funktionsgraphen auf der x-Achse liegt.
b) Setze in $\square$ eine Zahl so ein, dass die beiden Koordinaten des Scheitelpunkts gleich sind.

9
Bestimme die Anzahl der Lösungen, die die Gleichung besitzt.
a) $x^2 - \frac{3}{2}x + \frac{1}{2} = 0$ b) $-3t^2 - 2t = 1$
c) $16z^2 + 8z + 1 = 0$ d) $2x^2 - 5x - 3 = 0$

10
Skizziere die Parabeln, indem du die Funktionsterme zunächst auf Scheitelpunktform bringst.
a) $f(x) = -x^2 + 6x - 9$ b) $g(x) = 0{,}5x^2 + x + 3$
c) $f(z) = 0{,}75z^2 + 1$ d) $f(x) = x^2 - 1 - 4x$
e) $l(t) = -2t^2 + 3t$ f) $k(x) = 1{,}5x^2 + x - 3$

11
Gegeben ist die Funktion
$x \mapsto 0{,}5x^2 + \square x + 2$.
a) Setze in $\square$ eine Zahl so ein, dass der Scheitelpunkt des Funktionsgraphen auf der y-Achse liegt.
b) Setze in $\square$ eine Zahl so ein, dass der Scheitelpunkt des Funktionsgraphen auf der x-Achse liegt.

12
a) Ein Rechteck hat den Flächeninhalt $3{,}75\,dm^2$. Die eine Seite ist um 5 cm weniger als doppelt so lang wie die andere Seite. Berechne die Seitenlängen.
b) Ein Rechteck mit dem Umfang 0,56 m hat den Flächeninhalt $160\,cm^2$. Berechne seine Seitenlängen.

13
Löse die Ungleichung $x^2 - 3x < 1$.

1 Lineare Gleichungssysteme mit drei Variablen

1

Die Gleichung $y = ax + b$ beschreibt eine Gerade. Für welche Wahl von a und b geht die Gerade durch die Punkte P und Q?

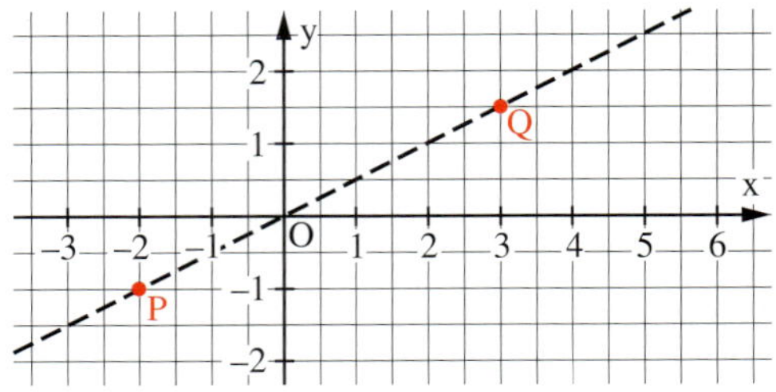

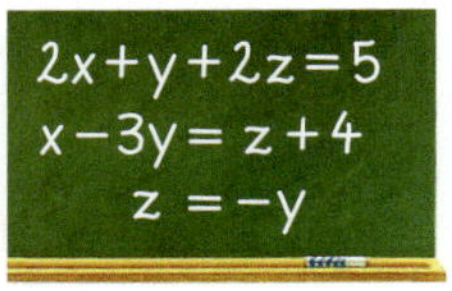

2

Kannst du das Gleichungssystem auf der Tafel lösen? Erkläre.

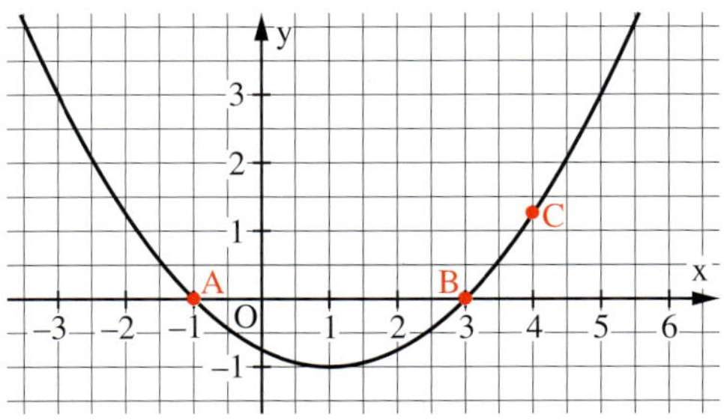

Soll der Graph einer quadratischen Funktion $f\colon x \mapsto ax^2 + bx + c$ durch drei vorgebene Punkte, z. B. $A(-1\,|\,0)$, $B(3\,|\,0)$ und $C\left(4\,\middle|\,\frac{5}{4}\right)$ gehen, so liefern diese drei Bedingungen drei Gleichungen zur Bestimmung der Variablen a, b und c.

$$\begin{array}{llll} A \in G_f \Rightarrow f(-1) = 0: & \text{(I)} & a - b + c = 0 \\ B \in G_f \Rightarrow f(3) = 0: & \text{(II)} & 9a + 3b + c = 0 \\ C \in G_f \Rightarrow f(4) = \frac{5}{4}: & \text{(III)} & 16a + 4b + c = \frac{5}{4} \end{array}$$

__Strategie:__ Zurückführen auf etwas Bekanntes

Dieses lineare Gleichungssystem mit drei Variablen kann man folgendermaßen lösen:
Im ersten Schritt führt man das System auf zwei Gleichungen mit zwei Variablen zurück, indem man eine Gleichung nach einer der drei Variablen auflöst und in die beiden anderen Gleichungen einsetzt:

$$\begin{array}{llll} \text{(I)} & a - b + c = 0 & \Rightarrow & \text{(Ia)} \quad c = b - a \quad \text{(Auflösen nach c)} \\ \text{in (II):} & 9a + 3b + b - a = 0 & \Rightarrow \left\{ \begin{array}{l} \\ \\ \end{array} \right. & \text{(IIa)} \quad 8a + 4b = 0 \quad \text{(Einsetzen)} \\ \text{in (III):} & 16a + 4b + b - a = \frac{5}{4} & & \text{(IIIa)} \quad 15a + 5b = \frac{5}{4} \end{array}$$

Das so erhaltene Gleichungssystem aus zwei Gleichungen löst man dann in einer bekannten Weise, z. B. mit dem Einsetzungsverfahren:

Alternativ könnte man das Additionsverfahren z. B. mit $5 \cdot (IIa) - 4 \cdot (IIIa)$ anwenden.

$$\begin{array}{lllllll} \text{(IIa)} & 8a + 4b & = 0 & \Rightarrow & \text{(IIb)} \quad b = -2a & & \\ \text{in (IIIa):} & 15a + 5 \cdot (-2a) & = \frac{5}{4} & \Rightarrow & 15a - 10a = \frac{5}{4} & \Rightarrow & a = \frac{1}{4} \\ \text{in (IIb):} & b = -2 \cdot \frac{1}{4} & = -\frac{1}{2} & & & & \\ \text{in (Ia):} & c = -\frac{1}{2} - \frac{1}{4} & = -\frac{3}{4} & & & & \end{array}$$

Die Parabel durch die Punkte A, B und C hat daher die Gleichung $y = 0{,}25x^2 - 0{,}5x - 0{,}75$.

__eliminare__ (lat.): entfernen, beseitigen

Ein lineares Gleichungssystem mit drei Gleichungen und drei Variablen kann man lösen, indem man es auf ein System mit zwei Gleichungen und zwei Variablen zurückführt.
Dies geschieht in folgenden Schritten:

1. Eine der drei Gleichungen wird nach einer Variablen aufgelöst.
2. Aus den beiden anderen Gleichungen wird diese Variable durch Einsetzen des sich ergebenden Terms **eliminiert**.
3. Das entstandene Gleichungssystem mit zwei Gleichungen und zwei Variablen wird in der bekannten Weise gelöst.
4. Den Wert der eliminierten Variablen erhält man durch Einsetzen dieser Lösung in die im ersten Schritt aufgelöste Gleichung.

Gleichung (II) kann besonders leicht nach y aufgelöst werden.

Das Gleichungssystem (I a) (II a) wird gelöst.

Wie bei zwei Gleichungen mit zwei Variablen kann es auch bei drei Gleichungen mit drei Variablen vorkommen, dass das Gleichungssystem nicht lösbar ist.

(I) $3x + 2y + z = 6$
(II) $x - y + 2z = 1$ $\Rightarrow$ (II a) $y = x + 2z - 1$
(III) $-2x + y - 3z = -3$

in (I): $3x + 2\cdot(x + 2z - 1) + z = 6$
in (III): $-2x + (x + 2z - 1) - 3z = -3$ $\Rightarrow$ { (I a) $5x + 5z = 8$; (III a) $-x - z = -2$ }

$\Rightarrow$ (III b) $z = -x + 2$
in (I a): $5x + 5\cdot(-x + 2) = 8$ $\Rightarrow$ $10 = 8$ ↯ Das ist ein Widerspruch.

Das Gleichungssystem ist also nicht lösbar.

Ebenso kann es vorkommen, dass das System unendlich viele Lösungen hat.

(I) $x + 2y + 3z = 5$
(II) $2x + 3y + 5z = 8$
(III) $3x - y + 2z = 1$ $\Rightarrow$ (III a) $y = 3x + 2z - 1$

in (I): $x + 2\cdot(3x + 2z - 1) + 3z = 5$
in (II): $2x + 3\cdot(3x + 2z - 1) + 5z = 8$ $\Rightarrow$ { (I a) $7x + 7z = 7$ $\Rightarrow$ $x + z = 1$; (II a) $11x + 11z = 11$ $\Rightarrow$ $x + z = 1$ }

Es ergibt sich hier zweimal dieselbe Gleichung für die beiden Variablen x und z.
Deshalb ist eine der beiden Variablen, z. B. x, frei wählbar.
Es gilt dann: $z = 1 - x$
in (III a): $y = 3x + 2\cdot(1 - x) - 1$ $\Rightarrow$ $y = x + 1$
Wählt man z. B. $x = 1$, so ist das Zahlentripel $(1|2|0)$ Lösung des Gleichungssystems.
Wählt man z. B. $x = -0{,}8$, so ist das Zahlentripel $(-0{,}8|0{,}2|1{,}8)$ Lösung des Gleichungssystems. Alle Zahlentripel der Form $(x|x + 1|1 - x)$ mit frei wählbarem x bilden die Lösungsmenge des Gleichungssystems: $L = \{(x|y|z) \mid y = x+1 \text{ und } z = 1-x\}$.

Beispiel
Die Punkte A$(-4|2)$, B$(-3|3{,}5)$ und C$(1|-0{,}5)$ liegen auf einer Parabel. Bestimme den Funktionsterm. Bringe ihn auf Scheitelform und zeichne die Parabel.
Lösung:
Ansatz: $f(x) = ax^2 + bx + c$

$A \in G_f \Rightarrow f(-4) = 2$: (I) $16a - 4b + c = 2$
$B \in G_f \Rightarrow f(-3) = 3{,}5$: (II) $9a - 3b + c = 3{,}5$
$C \in G_f \Rightarrow f(1) = -0{,}5$: (III) $a + b + c = -0{,}5$ $\Rightarrow$ (III a) $c = -0{,}5 - a - b$

in (I): $16a - 4b + (-0{,}5 - a - b) = 2$
in (II): $9a - 3b + (-0{,}5 - a - b) = 3{,}5$

$\Rightarrow$ { (I a) $15a - 5b = 2{,}5$; (II a) $8a - 4b = 4$ }

$\Rightarrow$ (II b) $b = 2a - 1$
in (I a): $15a - 5\cdot(2a - 1) = 2{,}5$ $\Rightarrow$ $a = -0{,}5$
in (II b): $b = 2\cdot(-0{,}5) - 1$ $\Rightarrow$ $b = -2$

in (III a): $c = -0{,}5 - (-0{,}5) - (-2) = 2$

$f(x) = -0{,}5x^2 - 2x + 2 = -0{,}5\cdot(x + 2)^2 + 4$

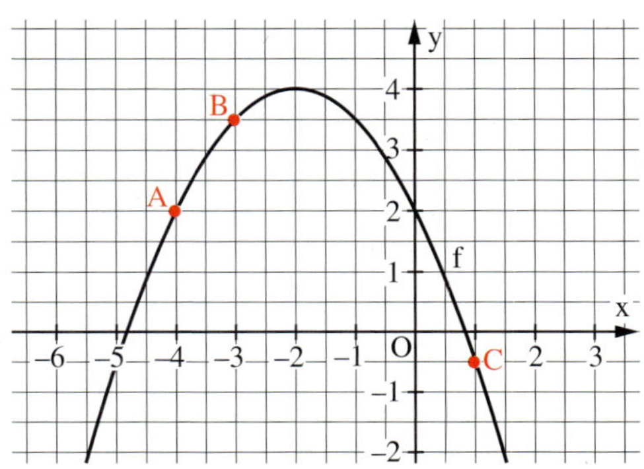

Aufgaben

3

Löse das Gleichungssystem.

a) $x + y + z = 9$
$x - y + z = 3$
$x + y - z = 1$

b) $z = 3x - 4y - 2$
$z = 2x + 3y - 13$
$z = 5x - 9y + 2$

c) $x + y = 11$
$x + z = 12$
$y + z = 13$

d) $3r - 4s + 2t = -22$
$5r + 4t = -6$
$-2r + 5s = 21$

e) $\frac{1}{3}x - \frac{1}{4}y = 2$
$\frac{1}{4}x + \frac{1}{5}z = 3$
$\frac{1}{2}y + \frac{1}{3}z = 4$

f) $\frac{3}{4}a - \frac{1}{2}b + 4c = 1{,}5$
$\frac{1}{2}a + \frac{4}{3}b - 8c = -1$
$3a - 2c = 1$

Lösungssalat zu 4:

4

Forme das Gleichungssystem zunächst geeignet um und bestimme die Lösung.

a) $1 = 2\cdot(4x - y)$
$4x - 3 = 3\cdot(z - 2y)$
$2x + 3 = 3\cdot(y + 2z)$

b) $2u - 3(v - w) = 1$
$3(w - u) - 5v = 6$
$u - (v + w) + 2 = 0$

5

Ist das Gleichungssystem lösbar?

a) $x + y - z = 1$
$x + 3y = 3$
$2x + 4y - z = 7$

b) $10y = 4x - 3$
$\frac{2}{3} + 5y = \frac{1}{2}x$
$0{,}4x - y = 0{,}3$

6

Bestimme die Lösungsmenge.

a) $x - y + 2z = -2$
$3x - y + 5z = -5$
$2x - 4y + 5z = -5$

b) $0{,}5r - 3s + 8t = -3$
$r + 0{,}5s - 6t = 3{,}5$
$0{,}8r - 0{,}1s - 4t = 2$

7

a) Trage die Punkte A(−1|−1), B(1|−3), C(−2|1,5), D(3|−1) und E(1|0) in ein Koordinatensystem ein und skizziere möglichst viele Parabeln, die durch mindestens drei Punkte gehen. Wodurch wird die Zahl der möglichen Parabeln beschränkt? Diskutiere deine Lösung mit deinem Nachbarn/deiner Nachbarin.

b) Bestimme die Gleichungen der möglichen Parabeln und zeichne sie in ein neues Koordinatensystem.

c) Von 5 vorgegebenen Punkten sollen 3 ausgewählt und eine Parabel hindurchgelegt werden. Wie viel verschiedene Parabeln kann man hierbei maximal erhalten? Welche Lagebedingung müssen die Punkte erfüllen, damit dies möglich ist?

8

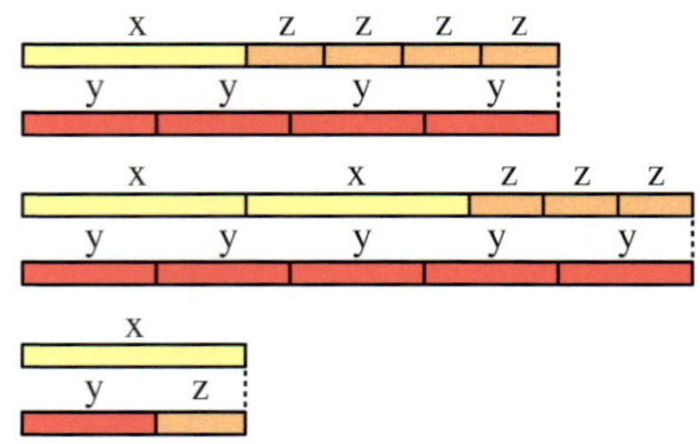

a) Kann man aufgrund der in der Figur dargestellten Längenvergleiche berechnen, welche Längen x, y, z die Stäbe haben? Begründe deine Antwort.

b) Wie viele Stäbe der Länge x und der Länge y muss man mindestens zusammenfügen, um eine Gesamtlänge zu erhalten, die auch alleine mit Stäben der Länge z hergestellt werden kann? Wie viele Stäbe der Länge z braucht man?

9

a) Die Summe aus je zwei von drei Zahlen übertrifft die dritte um 12 bzw. 14 bzw. 16. Bestimme die drei Zahlen.

b) Suche drei Zahlen, so dass sich die Summenwerte 10, 11 und 12 ergeben, wenn man je zwei von ihnen addiert.

10

a) Aus 2,60 m Draht soll das Kantenmodell eines Quaders hergestellt werden. Die längste Kante ist 5 cm kürzer als die Summe der beiden anderen Kantenlängen. Die Länge der kürzesten Kante beträgt 30 % der Summe der beiden anderen Kantenlängen.
Wie lang sind die Kanten des Quaders?

b) Um wie viel Prozent verkleinert sich das Volumen des Quaders, wenn die Kantenlängen um 10 % verkleinert (vergrößert) werden?

G 11

Die Raumdiagonale e eines Würfels hat eine Länge von 10,4 cm.
Berechne den Oberflächeninhalt und das Volumen des Würfels.

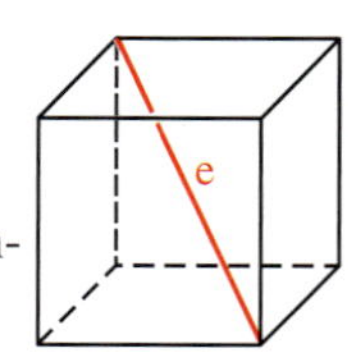

2 Bestimmen des Funktionsterms

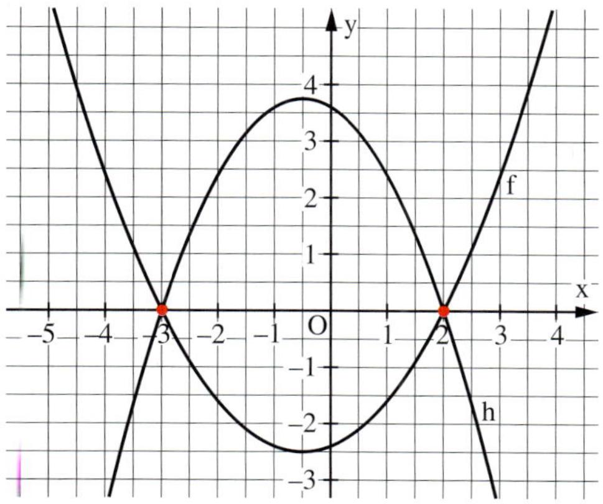

1

a) Wie viele quadratische Funktionen mit den Nullstellen $x_1 = -3$ und $x_2 = 2$ gibt es? Begründe deine Antwort.

b) Welche Funktionsterme können zu den gezeichneten Parabeln gehören?

2

Von einer Parabel sind der Scheitelpunkt S(2|3) und der Punkt P(5|–1,5) gegeben. Wie kann man einen weiteren Punkt finden, der auf der Parabel liegt? Beschreibe deine Überlegungen.

$A(x_A|y_A) \in G_f$
$\Rightarrow$ (I) $a x_A^2 + b x_A + c = y_A$
$B(x_B|y_B) \in G_f$
$\Rightarrow$ (II) $a x_B^2 + b x_B + c = y_B$
$C(x_C|y_C) \in G_f$
$\Rightarrow$ (III) $a x_C^2 + b x_C + c = y_C$

Eine quadratische Funktion $f\colon x \mapsto ax^2 + bx + c$ ist bereits festgelegt durch drei Punkte des Graphen. Mit deren Koordinaten lässt sich, wie in der vorausgegangenen Lerneinheit gesehen, ein Gleichungssystem aufstellen und lösen.

> Ist der Funktionsterm einer quadratischen Funktion f gesucht, deren Graph durch drei gegebene Punkte geht, so macht man für den Funktionsterm den Ansatz
> $f(x) = ax^2 + bx + c$.
> Die drei Punkte, die auf dem Graphen liegen, liefern ein Gleichungssystem mit drei Gleichungen zur Bestimmung der Variablen a, b und c.

In den folgenden beiden Sonderfällen kann eine andere Vorgehensweise mit weniger Aufwand zum Ziel führen.

Der Scheitelpunkt und ein weiterer Punkt sind gegeben

Wegen der Symmetrie sind sogar 3 Punkte gegeben.

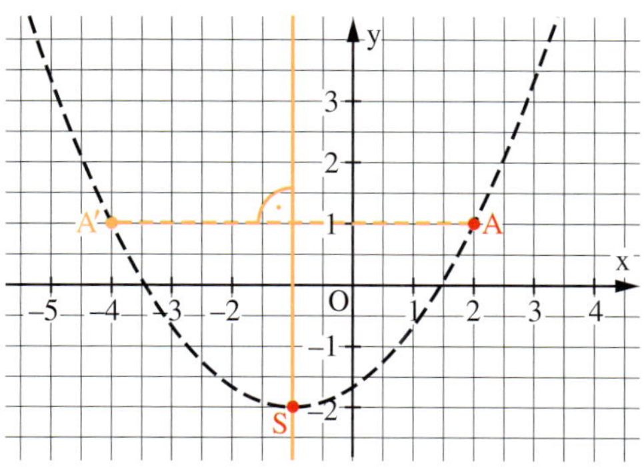

Sind der Scheitelpunkt und ein weiterer Punkt gegeben, z. B. S(–1|–2) und der Punkt A(2|1), so kann man den fehlenden 3. Punkt folgendermaßen finden:
Die Symmetrieachse der Parabel hat die Gleichung $x = -1$, weil die Achse durch den Scheitelpunkt geht. Die Zeichnung veranschaulicht, dass der zu A symmetrische Punkt A′(–4|1) der fehlende 3. Punkt ist. Man kann nun den Funktionsterm mit der bekannten Methode bestimmen.

Zur Scheitelpunktform vgl. S. 73 f.

Günstiger ist häufig der Ansatz des Funktionsterms in der Scheitelpunktform
$f(x) = a\cdot(x + d)^2 + e$, weil hierbei $-d$ und e die Koordinaten des Scheitelpunktes sind.
Für S(–1|–2) ergibt sich $f(x) = a\cdot(x+1)^2 - 2$.
Der weitere gegebene Punkt A genügt nun zur Bestimmung der Variablen a.
$A(2|1) \in G_f \;\Rightarrow\; a\cdot(2+1)^2 - 2 = 1 \;\Rightarrow\; a = \frac{1}{3}$

2 Nullstellen und ein weiterer Punkt sind gegeben

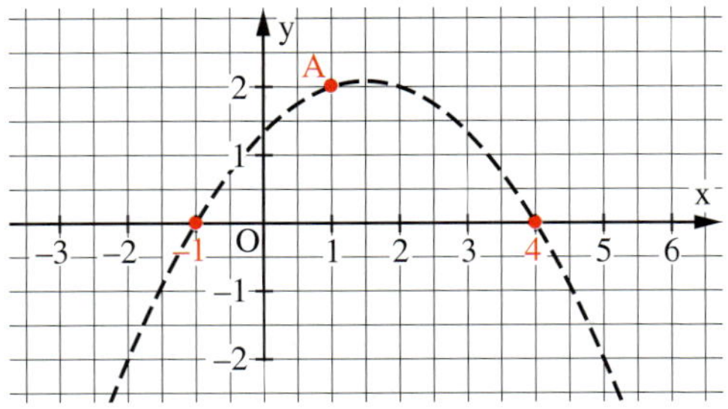

Sind zwei Nullstellen und ein weiterer Punkt gegeben, z. B. die Nullstellen $x_1 = -1$, $x_2 = 4$ und $A(1|2)$, so führt folgende Überlegung zu einem einfachen Ansatz für den Funktionsterm:
Die Funktion $f\colon x \mapsto a \cdot (x+1) \cdot (x-4)$ hat die Nullstellen $x_1 = -1$ und $x_2 = 4$, denn für $x_1 = -1$ hat die erste Klammer den Wert null und für $x_2 = 4$ die zweite.

Es gibt unendlich viele Parabelfunktionen, die diese beiden Nullstellen besitzen. Berücksichtigt man noch, dass der Punkt $A(1|2)$ auf dem Graphen liegen soll, d. h. $f(1) = a \cdot (1+1) \cdot (1-4) = 2$ so ist auf a festgelegt:

$$a \cdot \quad 2 \quad \cdot (-3) = 2 \qquad \Rightarrow a = -\tfrac{1}{3}$$

Der gesuchte Funktionsterm lautet also $f(x) = -\frac{1}{3} \cdot (x+1) \cdot (x-4)$.

Diese Darstellung des Funktionsterms heißt **Nullstellenform.**

Durch Ausmultiplizieren ergibt sich: $f(x) = -\frac{1}{3}x^2 + x + \frac{4}{3}$

Bemerkung
Sind nur 2 Punkte gegeben (vgl. Bsp. 3), so ergibt sich bei der Bestimmung der Variablen a, b und c im Funktionsterm $f(x) = ax^2 + bx + c$ ein unterbestimmtes Gleichungssystem. Eine Variable kann frei gewählt bzw. ein weiterer Punkt des Graphen festgelegt werden.

Sind 4 Punkte gegeben, so liegen diese i. A. nicht auf einer gemeinsamen Parabel. Es ergibt sich ein überbestimmtes Gleichungssystem, welches nur in Ausnahmefällen lösbar ist, nämlich wenn auch der 4. Punkt auf dem durch 3 Punkte bereits festgelegten Graphen liegt.

Beispiel 1
Der Graph einer quadratischen Funktion geht durch die Punkte $A(-1|0)$, $B(3|0)$ und $C(1|1)$. Bestimme den Funktionsterm.
Lösung:
Ansatz: $f(x) = a \cdot (x+1) \cdot (x-3)$
$C(1|1) \in G_f \;\Rightarrow\; a \cdot (1+1) \cdot (1-3) = 1$
$\Rightarrow \quad a = -0{,}25$
$f(x) = -0{,}25 \cdot (x+1) \cdot (x-3)$
$\quad = -0{,}25\,x^2 + 0{,}5\,x + 0{,}75$

Beispiel 2
$S(2|3)$ ist der Scheitelpunkt und $P(4|1)$ ein weiterer Punkt einer Parabel. Bestimme den zugehörigen Funktionsterm.
Lösung:
Ansatz: $f(x) = a \cdot (x-2)^2 + 3$
$P \in G_f \;\Rightarrow\; a \cdot (4-2)^2 + 3 = 1$
$\Rightarrow a \cdot \; 4 \; + 3 = 1$
$\Rightarrow a \cdot \; 4 \; = -2$
$\Rightarrow a = -0{,}5$
$f(x) = -0{,}5 \cdot (x-2)^2 + 3$
$\quad = -0{,}5\,x^2 + 2\,x + 1$

Beispiel 3
Gib zwei Parabelfunktionen an, deren Graphen durch die Punkte $A(1|0)$ und $B(4|3)$ verlaufen. Skizziere die Graphen.
Lösung:
Ansatz: $f(x) = ax^2 + bx + c$
$A \in G_f \Rightarrow f(1) = 0$: (I) $a + b + c = 0$
$B \in G_f \Rightarrow f(4) = 3$: (II) $16a + 4b + c = 3$

(I a) $\qquad c = -a - b$
in (II): $16a + 4b - a - b = 3$
$\qquad 15a + 3b = 3 \Rightarrow b = 1 - 5a$
in (I a): $c = -a - (1 - 5a) \quad \Rightarrow c = -1 + 4a$
$f(x) = ax^2 + (1-5a)x - 1 + 4a$

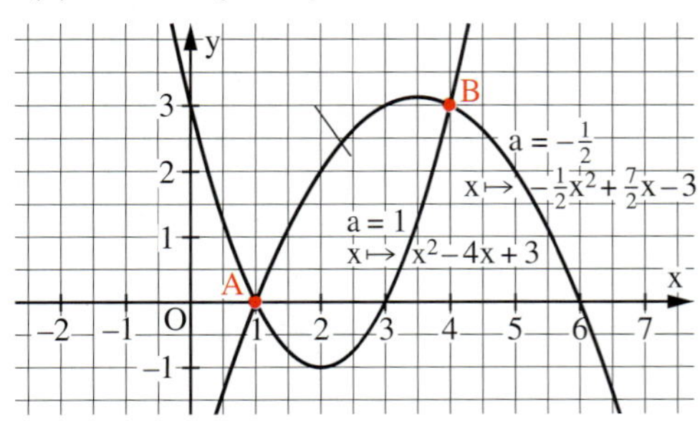

Aufgaben

Lösungssalat zu 3:

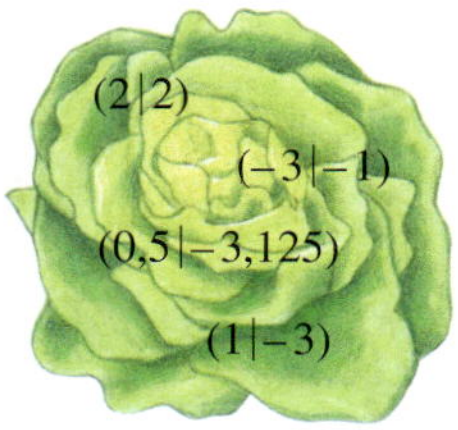

3

Bestimme, falls möglich, den Funktionsterm einer quadratischen Funktion, deren Graph durch die angegebenen Punkte geht. Gib jeweils den Scheitelpunkt an.

a) A(−2|0), B(−1|3), C(1|15)
b) A(0|1), B(2|2), C(5|−0,25)
c) A(−2|0), B(3|0), C(1|−3)
d) A(−1|−1), B(1|−3), C(2|−2,5), D(5|5)
e) A(−1|3), B(2|−3), C(5|3), D(6|2)

4

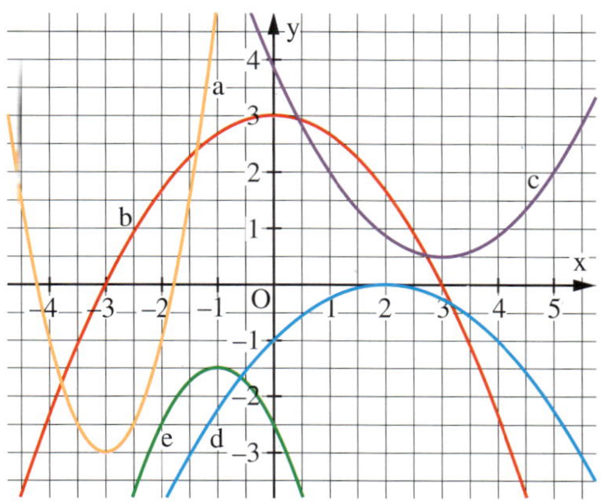

Bestimme die Gleichungen der abgebildeten Parabeln. Mache jeweils einen günstigen Ansatz für den Funktionsterm.

5

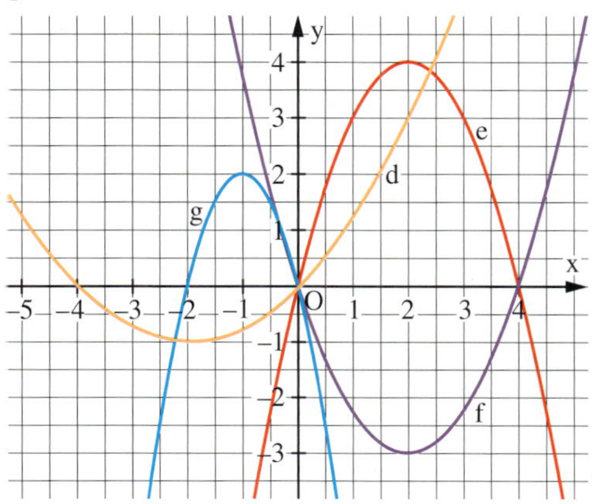

a) Bestimme die Gleichungen der abgebildeten Parabeln. Wähle einen günstigen Ansatz für den Funktionsterm.
b) Betrachte verschiedene Parabeln, die durch den Ursprung gehen. Wie hängt die Anzahl der Nullstellen von der Lage des Scheitelpunktes ab?

6

a) Gib die Gleichung der Parabeln mit dem Scheitel S (2|3) an.
b) Welche dieser Parabeln geht durch den Punkt P (3|1)?

7

Skizziere in ein Koordinatensystem eine Parabel (wenn möglich auch mehrere) durch die angegebenen Punkte und bestimme dann die Gleichung der Parabel(n).

a) A(−2|−1); B(1|2); C(4|−3)
b) P(−2|0); Q(1|−3)
c) A(1|0); B(4|0)

8

Wie lautet die Gleichung einer parabelförmigen Wasserfontäne, die eine Höhe von 10 m und eine Weite von 8 m erreicht, wenn man den Ursprung des Koordinatensystems

a) in die Düsenöffnung,
b) in den höchsten Punkt der Fontäne legt?

9

a) 2000 € werden mit dem Jahreszinssatz p verzinst. Auf welchen Betrag ist das Kapital nach einem Jahr angewachsen? Gib den Funktionsterm an. Um welche Art von Funktion handelt es sich?
b) Die 2000 € werden auf zwei Jahre mit Zinseszins angelegt, d. h., die Zinsen des ersten Jahres werden im zweiten Jahr mit verzinst. Gib den Funktionsterm zur Berechnung des Endkapitals an.
c) Bei welchem Zinssatz wächst ein Kapital von 2000 € nach zwei Jahren mit Zinseszins auf 2247,20 € an?

Bremsweg bei nasser Straße	
v in km/h	*b in m*
20	*6*
40	*21*
60	*50*
80	*91*
100	*142*
120	*210*

10 Bremsweg eines Autos

Wird ein Auto mit der Geschwindigkeit v, gemessen in km/h, auf trockener Straße scharf abgebremst, so berechnet man den Bremsweg b in Metern nach einer Faustregel durch folgenden Term: $b(v) = 0{,}01\,v^2$.
$b(v) = a\,v^2$ wird als Ansatz für eine regennasse Straße gemacht. Mit Hilfe der Ergebnisse aus der nebenstehenden Tabelle soll dieser Ansatz beurteilt werden.

a) Tragt die Messpunkte in ein Koordinatensystem ein und diskutiert in der Klasse, ob sie den Ansatz rechtfertigen.
b) Teilt euch in Gruppen auf und bestimmt anhand der Tabelle einen geeigneten Wert für a. Begründet eure Entscheidung vor den anderen Gruppen.

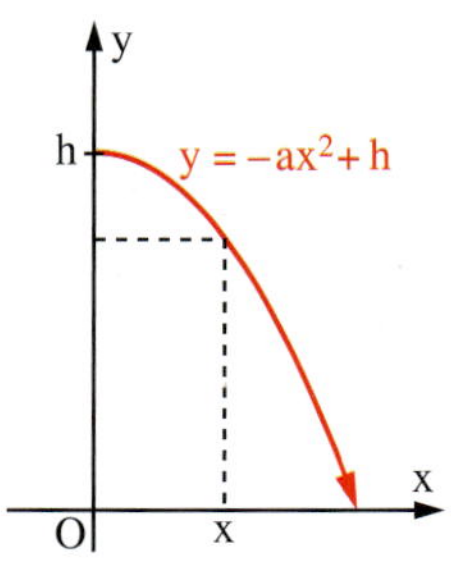

Wie wirkt sich die Geschwindigkeit auf die Flugbahn aus? Kannst du diese Wirkung erklären?

11 Waagerechter Wurf

Wirft man einen Gegenstand aus der Höhe h in waagerechter Richtung, so hat die Flugbahn die Form einer Parabel mit der Gleichung $y = -a\,x^2 + h$.
Es gilt $a = \frac{5}{v^2}$, wobei v die Maßzahl der in $\frac{m}{s}$ gemessenen Geschwindigkeit des Gegenstandes in waagerechter Richtung ist.
Die Größen x, y und h werden in Meter gemessen.

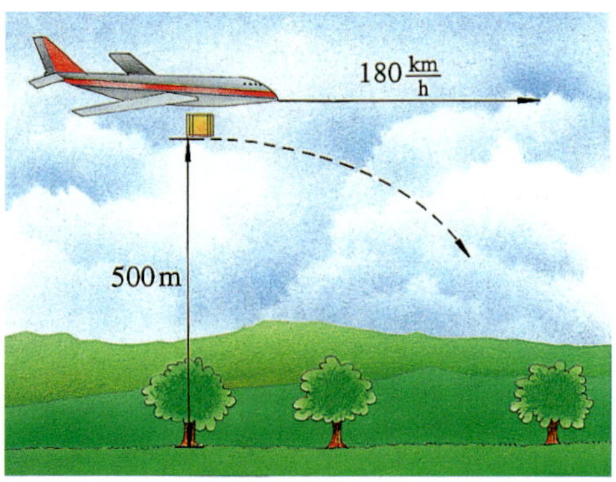

Wie weit vom linken Baum entfernt landet das vom Flugzeug abgeworfene Versorgungspaket?

12

Aus 2 m Draht sollen die Kanten eines Quaders mit der Höhe 10 cm geschnitten werden. Welche Maße hat ein Quader mit $3750\,\text{cm}^3$ Rauminhalt?

13

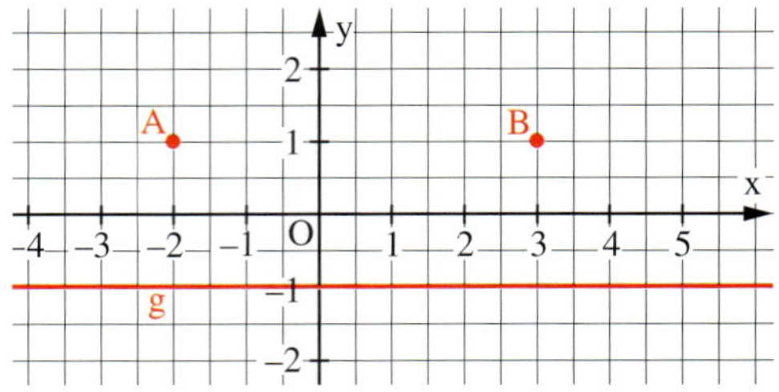

Übertrage die Zeichnung in dein Heft. Skizziere die Parabel und bestimme die Gleichung, wenn folgende Bedingungen zu erfüllen sind:

a) Die Parabel geht durch die Punkte A und B und ihr Scheitelpunkt liegt auf g.
b) Die Parabel hat die Form der Normalparabel. Sie geht durch A und ihr Scheitelpunkt liegt auf der x-Achse.
c) Die Parabel geht durch Punkte A und B.
d) Überlege dir ähnliche Aufgaben und stelle sie deinem Nachbarn.

14

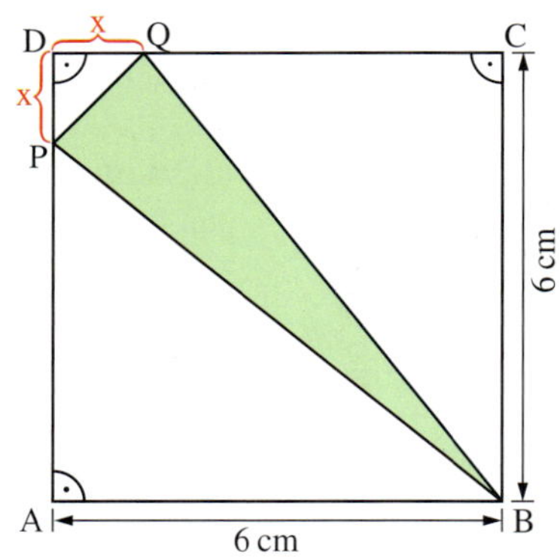

a) Gib einen Term zur Berechnung des farbigen Dreiecks an.
b) Für welches x hat das Dreieck den Flächeninhalt $10\,\text{cm}^2$?

G 15

Vereinfache

a) $\sqrt{a+1} \cdot \sqrt{a-1} + (1-a)^2$
b) $\sqrt{8t^2} \cdot \sqrt{2t} \cdot \sqrt{9t} - \sqrt{9t}$
c) $\sqrt{0{,}04\,r^2 - 0{,}4\,r + 1}$
d) $\sqrt[3]{17-9} + 8\sqrt[3]{\frac{1}{8}} - \sqrt[3]{17^3}$

G 16

Skizziere die Graphen der Funktionen
$f\colon \mapsto \frac{1}{x+1}$ und $g\colon \mapsto \frac{2x-1}{x+1}$

3 Extremwertprobleme

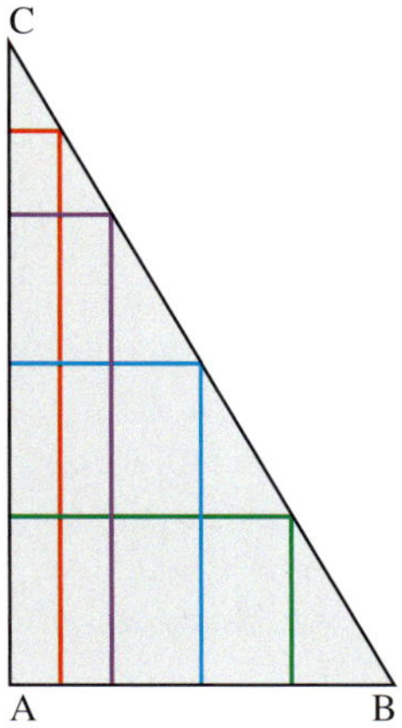

1

In das rechtwinklige Dreieck ABC mit den Katheten $\overline{AB} = 3\,\text{cm}$ und $\overline{AC} = 5\,\text{cm}$ sind vier verschiedene Rechtecke eingezeichnet.

a) Miss bei jedem die Seitenlängen und berechne damit den Flächeninhalt. Welches hat den größten Inhalt?

b) Übertrage das rechtwinklige Dreieck ins Heft. Prüfe, ob es solche Rechtecke mit noch größerem Flächeninhalt gibt.

2

Die Flugbahn eines Balles wird durch den Graphen der Funktion $f\colon x \mapsto -\frac{1}{2}(x-3)^2 + 9$ beschrieben. Welche maximale Höhe erreicht der Ball?

Bei vielen Problemen des Alltags, der Technik oder der Wirtschaft ist danach gefragt, wann eine Größe (Flächeninhalt, Gewinn usw.) möglichst groß bzw. möglichst klein wird.

Strategien: *Probieren bzw. Verwenden von Zeichnungen und Diagrammen*

Z. B. soll mit 8,5 m Maschendraht an einer Hauswand ein möglichst großes rechteckiges Gehege für ein Zwergkaninchen eingezäunt werden.

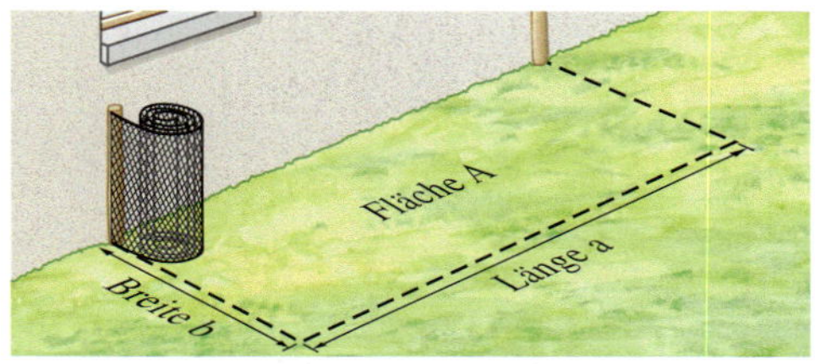

Zunächst notieren wir in einer Tabelle für konkrete Längen a und Breiten b den errechneten Flächeninhalt A des Geheges.

a in m	1	2	3	4	5
b in m	3,75	3,25	2,75	2,25	1,75
A in m²	3,75	6,5	8,25	9	8,75

Die errechneten Werte für Flächeninhalt A in Abhängigkeit von a tragen wir in ein Koordinatensystem ein und sehen, dass die Punkte vermutlich auf einer Parabel mit dem Scheitel bei $a \approx 4$ liegen.

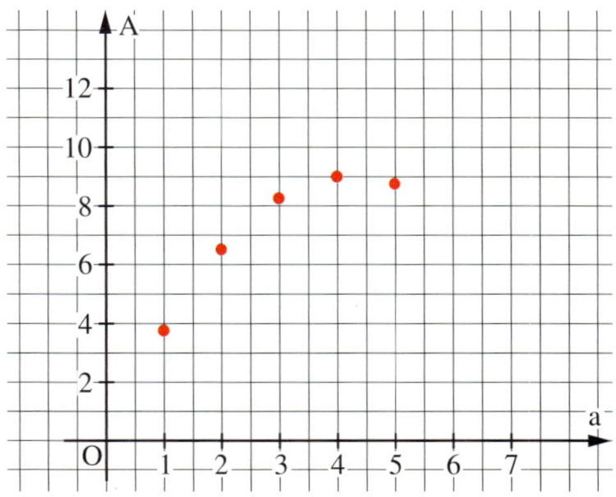

Bei einfachen Sachverhalten gelingt es auch, sofort den Funtionsterm (3.) aufzustellen.

Die Umformung in die Scheitelpunktform geschieht durch quadratische Ergänzung vgl. S. 73.

Unser Ziel ist es also, eine quadratische Funktion aufzustellen.
Dies geschieht in folgenden Schritten:

1. Ansatz für die Größe, die extremal werden soll: $A(a, b) = a \cdot b$
2. Beziehung zwischen den Variablen: $b = \frac{1}{2} \cdot (8{,}5 - a)$
3. Funktionsterm für die gesuchte Größe: $A(a) = a \cdot \frac{1}{2} \cdot (8{,}5 - a) = -0{,}5\,a^2 + 4{,}25\,a$
4. Scheitelpunktform des Funktionsterms: $A(a) = -0{,}5 \cdot (a^2 - 8{,}5\,a + 4{,}25^2 - 4{,}25^2)$ $= -0{,}5 \cdot (a - 4{,}25)^2 + 9{,}031\,25$

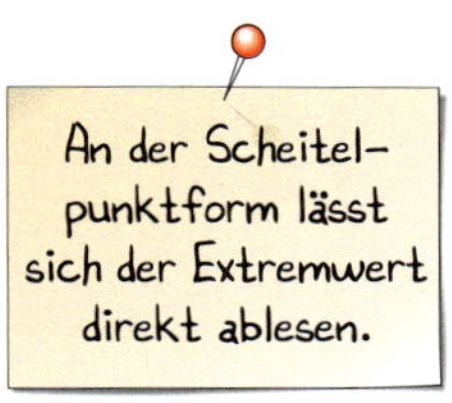

Aus der Scheitelpunktform ersehen wir: Das Gehege hat für $a = 4{,}25\,\text{m}$ den größten Flächeninhalt, nämlich $9{,}031\,25\,\text{m}^2 \approx 9{,}03\,\text{m}^2$.

Führt die Suche nach dem Extremwert einer Größe auf eine quadratische Funktion, so liefert der Scheitelpunkt des Graphen diesen Extremwert.

Beispiel

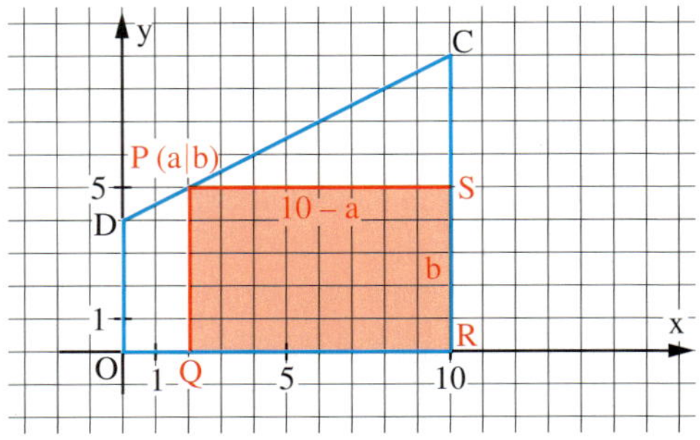

In das blaue Trapez ist ein rotes Rechteck PQRS eingezeichnet. Wie ist der Punkt P auf CD zu wählen, damit das Rechteck einen möglichst großen Flächeninhalt hat? Wie groß ist er?

Lösung:
1. Inhalt der Rechtecksfläche für P(a|b).
   $A(a, b) = (10 - a) \cdot b$
2. Bedingung für a und b:
   P liegt auf DC.
   DC: $y = 0{,}5\,x + 4$.
   Also gilt: $b = 0{,}5\,a + 4$
3. Funktionsterm für die gesuchte Größe:
   $A(a) = (10 - a) \cdot (0{,}5\,a + 4)$
4. Scheitelpunktform:
   $A(a) = -0{,}5\,a^2 + a + 40$
   $= -0{,}5 \cdot (a^2 - 2\,a + 1 - 1) + 40$
   $= -0{,}5 \cdot (a - 1)^2 + 40{,}5$

Für P(1|4,5) hat das Rechteck den größten möglichen Flächeninhalt 40,5 FE.

Aufgaben

3

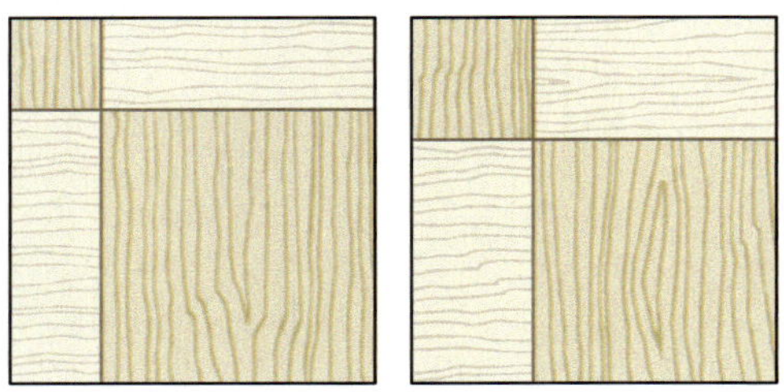

Ein quadratischer Tisch mit 2 m Seitenlänge soll entsprechend der Skizze mit einer dunklen Einlegearbeit verziert werden. Aus Kostengründen soll dieser Flächenanteil möglichst klein werden. Wie groß ist er mindestens?

4

a) Die Summe zweier positiver rationaler Zahlen ist 15. Bestimme das Zahlenpaar, bei dem das Produkt der beiden Zahlen einen möglichst großen Wert hat. Ändert sich das Ergebnis, wenn man nicht verlangt, dass die beiden Zahlen positiv sind? Begründe deine Antwort.
b) Denkt euch ähnliche Zahlenrätsel aus und stellt sie euren Nachbarn.

5

Du hast 60 Betonplatten. Wie musst du sie legen, damit die bedeckte Fläche möglichst groß wird?

Aus 60 quadratischen Betonplatten soll ein Rechteck mit einem möglichst kleinen Umfang gelegt werden. Welche Seitenlängen hat dieses Rechteck?

6

Für welche ganze Zahl ist das Produkt aus Vorgänger und Nachfolger am kleinsten?

7

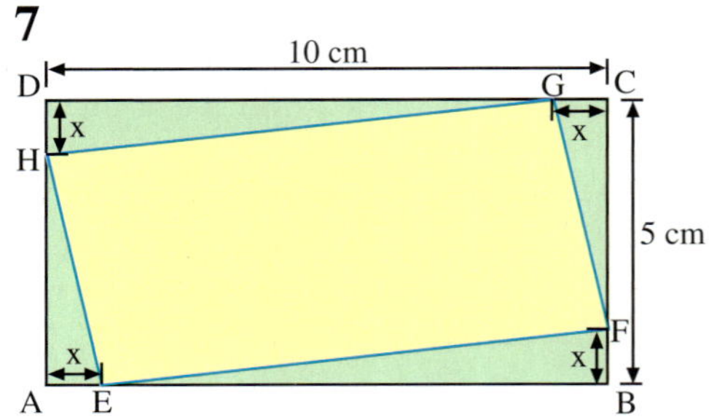

Auf den Seiten eines Rechtecks ABCD wird eine Strecke x abgetragen. Für welches x ist der Flächeninhalt des Parallelogramms EFGH am kleinsten? Wie groß ist er?

8

Eine Elektrofirma verkauft monatlich 1000 Stück eines Bauteils zu einem Stückpreis von 10 €.
Eine Marktforschung hat ergeben, dass sich der Absatz bei einer Preissenkung von 0,10 € pro Stück um 20, bei 0,20 € um 40 Stück usw. erhöht.
a) Bei welcher Preissenkung könnte die Firma mit der größten Einnahme rechnen?
b) Um wie viel Prozent würden die Einnahmen steigen?

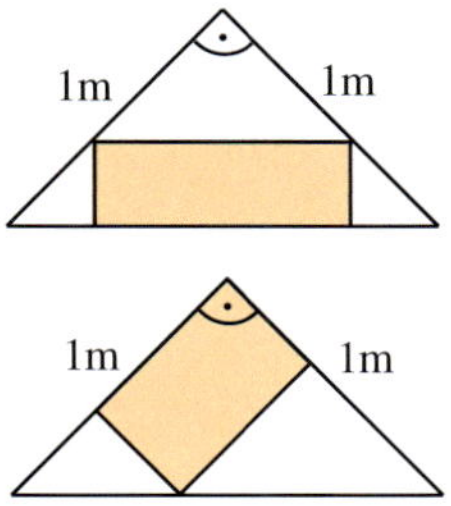

9

Aus einer Spanplatte von der Form eines halben Quadrates mit der Seitenlänge 1 m soll ein möglichst großes rechteckiges Stück herausgesägt werden.
Wie soll man sägen? Wie groß ist das Rechteck höchstens?

10

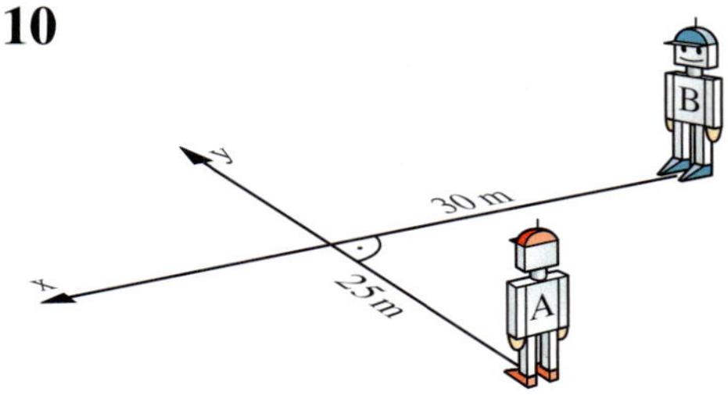

Ein Roboter A marschiert aus 25 m Entfernung mit einer Geschwindigkeit von $3\,\frac{\text{m}}{\text{min}}$ geradlinig auf eine Kreuzung zu. Gleichzeitig marschiert ein Roboter B auf einem dazu senkrechten Weg aus 30 m Entfernung mit einer Geschwindigkeit von $4\,\frac{\text{m}}{\text{min}}$ auf die gleiche Kreuzung zu.

a) Zu welchem Zeitpunkt ist ihre Luftlinienentfernung am kleinsten?
b) Um wie viel Prozent müsste die Geschwindigkeit von Roboter A höher sein, damit die beiden Roboter an der Kreuzung zusammentreffen?

11

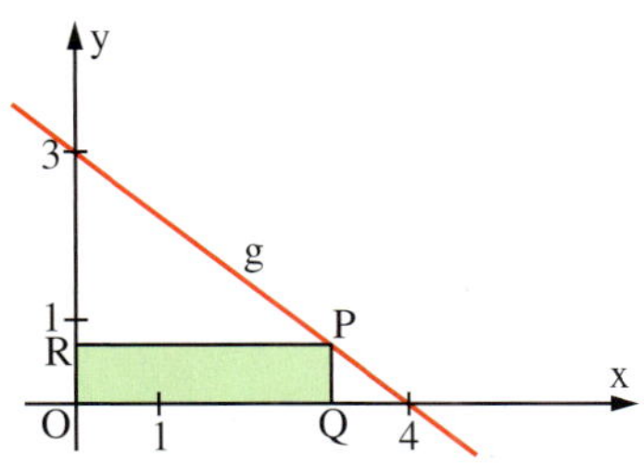

a) Stelle die Gleichung der Geraden g auf.
b) Für welche Lage von P auf g wird der Flächeninhalt A des Rechtecks OQPR am größten?

12

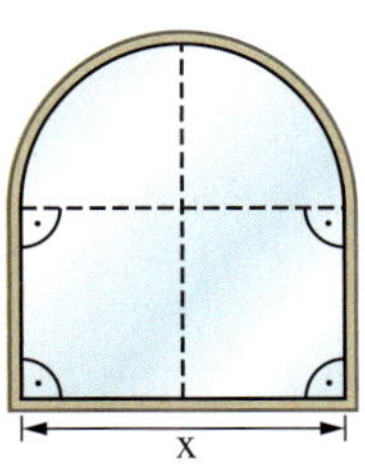

Ein Fenster besteht aus einem Rechteck mit aufgesetztem Halbkreis. Der Umfang des Fensters soll 6 m betragen. Für welches x wird der Flächeninhalt des Fensters am größten? Gib diesen maximalen Flächeninhalt an.

13

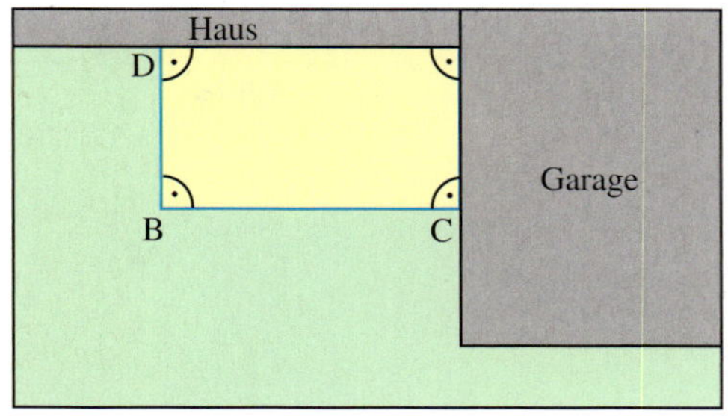

Wolfgang will mit 13 m Maschendraht einen Platz für seinen Hund einzäunen. Er benutzt die Rückwand von Garage und Haus. Bei welchen Abmessungen wird der Platz am größten? Wie groß ist er dann?

14 🖳

a) Der Punkt Q bewege sich auf der Geraden g mit der Gleichung $y = -\frac{3}{5}x + 6$.
Wo hat Q vom Punkt P(1|2) den geringsten Abstand?
Berechne dazu $\overline{PQ}^2$ mit Hilfe des Lehrsatzes von Pythagoras.
b) Bestimme für diese besondere Lage des Punktes Q die Steigung der Geraden PQ. Was fällt dir am Ergebnis auf?

15

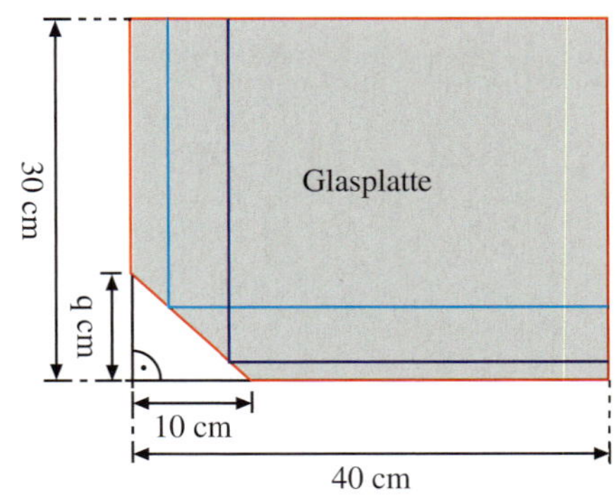

Von einer rechteckigen Glasplatte mit den Seitenlängen 30 cm und 40 cm ist eine Ecke in Form eines rechtwinkligen Dreiecks mit den Kathetenlängen 10 cm und q cm abgebrochen. Aus dem Reststück soll eine möglichst große Rechtecksplatte zurechtgeschnitten werden.
Berechne den maximalen Flächeninhalt für den Fall $q = 6\,(8;\,15)$.

@
Suche im Internet Informationen über Turbinen. Welche Art von Turbine ist hier abgebildet?

16

Die Leistung einer Turbine hängt von der Drehzahl n ab. Der Funktionsterm $f(n) = 300\,n - 0{,}8\,n^2$ gibt die Leistung der Turbine in Watt an. Bei welcher Drehzahl ist die Leistung am größten? Wie groß ist sie?

17

Eine Verpackungsfirma möchte eine neue Milchpackung für Softmilchgetränke anbieten. Die quaderförmige Packung soll 0,5*l* fassen und eine quadratische Grundfläche haben.

a) Entwickle fünf verschiedene Vorschläge für die Abmessungen dieser Milchpackung und berechne für jede die Oberfläche. Bei welcher Abmessung vermutest du die kleinste Oberfläche?

b) Gib einen Funktionsterm mit der Grundflächenseite als Variable zur Berechnung der Oberfläche an. Warum ist mit unseren Mitteln die kleinste Oberfläche nicht exakt zu berechnen?

c) Diskutiert in der Klasse, welche Gesichtspunkte neben dem Materialverbrauch noch für die Abmessungen der Packung entscheidend sein könnten. Welche Abmessungen würdet ihr wählen?

18

Ein Kino hat bei einem Eintrittspreis von 8 € durchschnittlich 240 Besucher. Würde man den Eintrittspreis um 0,5 €, 1 € usw. erhöhen, so ginge die Besucherzahl um 10, 20 usw. zurück. Bei welchem Eintrittspreis wären die Einnahmen am größten?

19

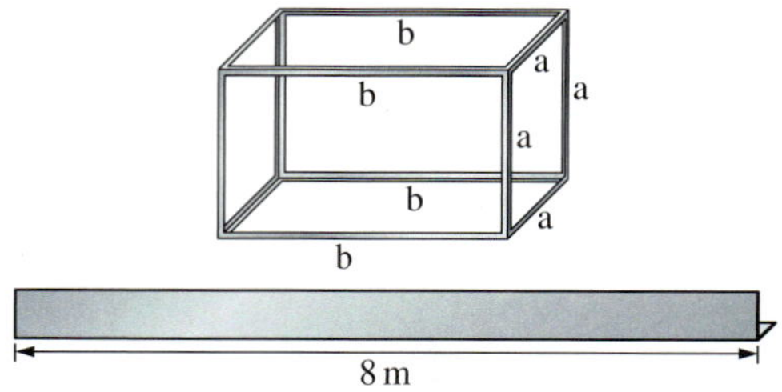

a) Jan will aus einem Winkeleisen von 8 m Länge den Rahmen eines Aquariums der obigen Form bauen. Für welche Länge a wird die Bodenfläche am größten?

b) Wie viel Wasser kann das Aquarium in diesem Fall fassen, wenn es zu 80 % gefüllt ist?

G 20

Bestimme den Flächeninhalt und Umfang der gefärbten Flächen (abhängig von x). Erstelle dazu ein übersichtlich gestaltetes Plakat (bzw. eine Folie) mit Skizzen und Rechenwegen und präsentiere deine Ergebnisse vor der Klasse.

a)

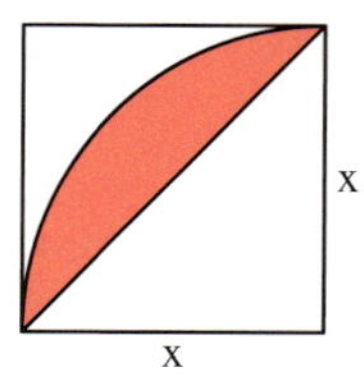

b)

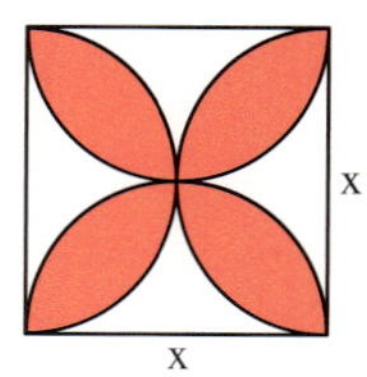

G 21

Eine rechteckige Wiese ist 210 m lang und 100 m breit. Zum Mähen verwendet der Bauer einen Mähbalken der Breite x.
Wie oft muss er mindestens über die Wiese fahren, wenn er nur Streifen in Längsrichtung abmäht? Gib die Funktion *Balkenbreite (in m)* $\mapsto$ *Mähdauer (in h)* an, wenn die Durchschnittsgeschwindigkeit des Traktors 7 km/h beträgt und der Bauer zum Wenden 36 s braucht.

4 Schnittprobleme

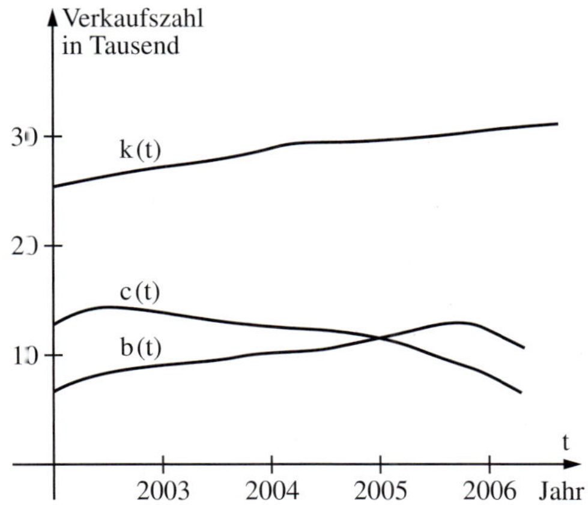

1
Die Grafik zeigt die Verkaufszahlen von Mathematiklehrbüchern dreier Verlage.
Interpretiere die Grafik.
Was bedeutet der Schnittpunkt?

2
a) Zeichne die Graphen der Funktionen $f: x \mapsto \frac{1}{x}$ und $g: x \mapsto 2x + 1$ und lies ihre Schnittpunkte ab.
b) Zeichne den Graphen der Funktion d mit dem Funktionsterm $d(x) = f(x) - g(x)$. Was fällt dir auf?

Im Schnittpunkt der Graphen zweier Funktionen f und g stimmen die Funktionswerte überein. Es gilt $f(x) = g(x)$ bzw. $f(x) - g(x) = 0$. Dieser Ansatz führt in vielen Fällen zu einer quadratischen Gleichung.
Wir untersuchen im Folgenden die Schnittpunkte der Graphen von
$f: x \mapsto \frac{x-2}{x+1}$ und $g: x \mapsto -x - 0{,}5$ bzw. von f und $h: x \mapsto 0{,}75x + 4{,}75$.

Erinnerung:
Erster Schritt zur Lösung einer Bruchgleichung ist die Multiplikation mit dem Hauptnenner.

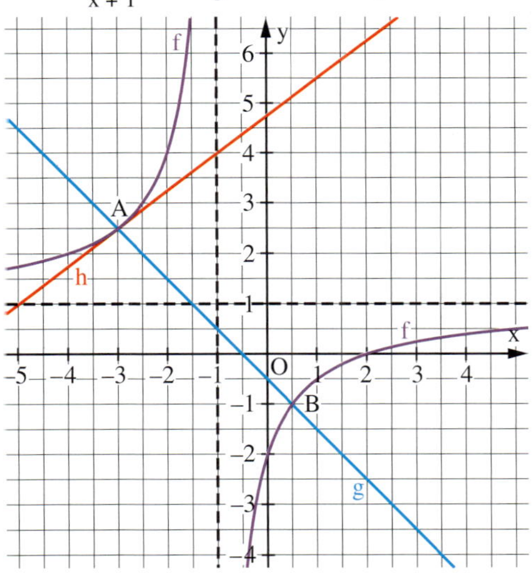

f und g: $\frac{x-2}{x+1} = -x - 0{,}5 \qquad | \cdot (x+1)$

$\Rightarrow x - 2 = (-x - 0{,}5) \cdot (x+1)$

$\Rightarrow x - 2 = -x^2 - 1{,}5x - 0{,}5$

$\Rightarrow x^2 + 2{,}5x - 1{,}5 = 0$

$\Rightarrow x_{1/2} = \frac{1}{2} \cdot \left(-2{,}5 \pm \sqrt{6{,}25 + 6}\right)$

$= \frac{1}{2} \cdot (-2{,}5 \pm 3{,}5)$

$\Rightarrow \begin{cases} x_1 = 0{,}5; \; y_1 = f(0{,}5) = g(0{,}5) = -1 \\ x_2 = -3; \; y_2 = f(-3) = g(-3) = 2{,}5 \end{cases}$

f und h: $\frac{x-2}{x+1} = 0{,}75x + 4{,}75 \qquad | \cdot (x+1)$

$\Rightarrow x - 2 = 0{,}75x^2 + 4{,}75x + 0{,}75x + 4{,}75$

$\Rightarrow 0{,}75x^2 + 4{,}5x + 6{,}75 = 0 \qquad | : 0{,}75$

$\Rightarrow x^2 + 6x + 9 = 0$

$\Rightarrow (x+3)^2 = 0 \Rightarrow x = -3$

Die Graphen G_f und G_g besitzen die Schnittpunkte $A(-3|2{,}5)$ und $B(0{,}5|-1)$.
Die Schnittgleichung für G_f und G_h hat nur eine Lösung. G_f und G_h haben nur den Punkt $A(-3|2{,}5)$ gemeinsam. Man bezeichnet A als Berührpunkt.

> Schnittpunkte zweier Funktionsgraphen bestimmt man rechnerisch, indem die Funktionsterme gleichgesetzt werden.
> Liefert dies eine quadratische Gleichung, so wird sie in gewohnter Weise gelöst.
> Jede Lösung der Gleichung liefert die x-Koordinate eines Schnittpunktes.
> Die y-Koordinate erhält man durch Einsetzen in einen der beiden Funktionsterme.

Erinnerung:
$D = b^2 - 4ac$

Bemerkung
Die Diskriminante D der quadratischen Gleichung bestimmt die Anzahl der Schnittpunkte.
1. Fall: $D > 0$. Es existieren zwei Schnittpunkte.
2. Fall: $D = 0$. Es existiert nur ein gemeinsamer Punkt. Die Graphen berühren sich. Ist einer der Graphen eine Gerade, so bezeichnet man diese als Tangente.
3. Fall: $D < 0$. Es existieren keine Schnittpunkte.

tangere *(lat.) berühren*

Beispiel 1
Zeichne die Graphen von
f: $x \mapsto x^2 - 2x + 3$, g: $x \mapsto x + 3$ und
h: $x \mapsto 2x - 1$ und berechne die Schnittpunkte von G_f mit G_g und G_h.
Lösung:
Schnittgleichung von G_f und G_g:
$x^2 - 2x + 3 = x + 3 \Rightarrow x^2 - 3x = 0$
$\Rightarrow x(x-3) = 0$
$\Rightarrow \begin{cases} x_1 = 0; & y_1 = g(0) = 3 \\ x_2 = 3; & y_2 = g(3) = 6 \end{cases}$
A(0|3) und B(3|6) sind die Schnittpunkte.
Schnittgleichung von G_f und G_h:
$x^2 - 2x + 3 = 2x - 1 \Rightarrow x^2 - 4x + 4 = 0$
$\Rightarrow (x-2)^2 = 0$
$\Rightarrow x = 2$ ist die einzige Lösung; $h(2) = 3$
C(2|3) ist der Berührpunkt.

Die Gerade h ist Tangente an die Parabel.

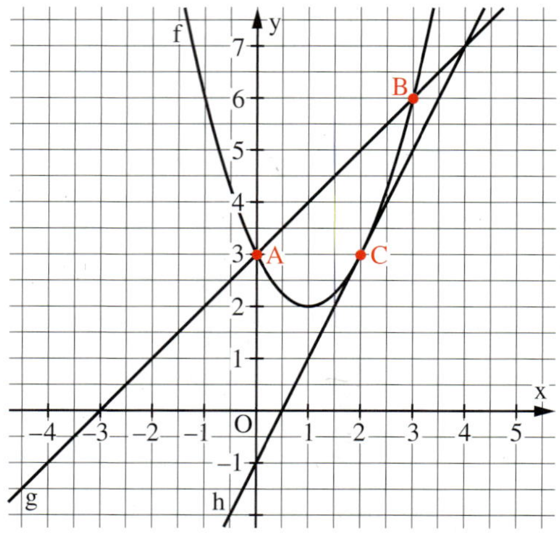

Beispiel 2
a) Untersuche, für welche a die Graphen der Funktionen f: $x \mapsto -x^2 + 4x - 3$ und h_a: $x \mapsto ax^2$ zwei, einen oder keinen Schnittpunkt haben.
b) Berechne für den Fall des Berührpunktes die Koordinaten und zeichne die Graphen.
Lösung:
a) Schnittgleichung: $-x^2 + 4x - 3 = ax^2$
$\Rightarrow (a+1)x^2 - 4x + 3 = 0$
$\Rightarrow x_{1,2} = \frac{1}{2\cdot(a+1)}\cdot\left(4 \pm \sqrt{16 - 12\cdot(a+1)}\right)$
$D = 4 - 12a$ entscheidet über die Anzahl der Schnittpunkte.
1. Fall: $D > 0$, d.h. $a < \frac{1}{3}$: 2 Schnittpunkte
2. Fall: $D = 0$, d.h. $a = \frac{1}{3}$: 1 Berührpunkt
3. Fall: $D < 0$, d.h. $a > \frac{1}{3}$: 0 Schnittpunkte

b) Für $a = \frac{1}{3}$ gilt: $x_{1/2} = \frac{3}{8}\cdot 4 = \frac{3}{2} = 1{,}5$
$h_{\frac{1}{3}}(1{,}5) = 0{,}75$; also B(1,5|0,75)

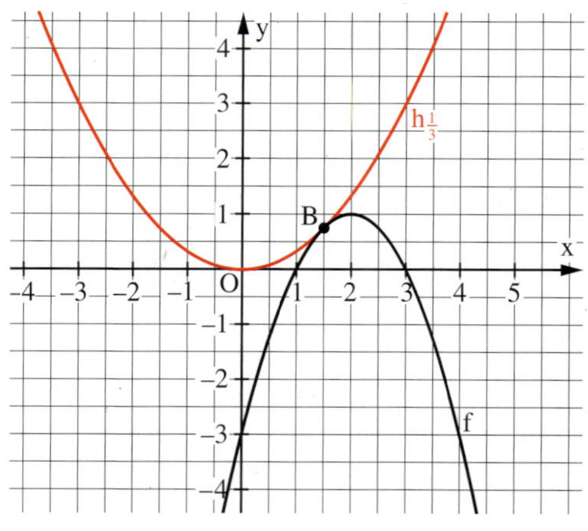

Aufgaben

3
Bestimme die Schnittpunkte der Graphen von f: $x \mapsto x^2 - 2x + 3$ mit g: $x \mapsto 2x$ und mit h: $x \mapsto -2x + 3$ zeichnerisch und rechnerisch.

4
Bestimme die Schnittpunkte der Graphen von f: $x \mapsto \frac{3}{x}$ mit g: $x \mapsto 0{,}75x$ und mit h: $x \mapsto -3x + 6$ zeichnerisch und rechnerisch.

5

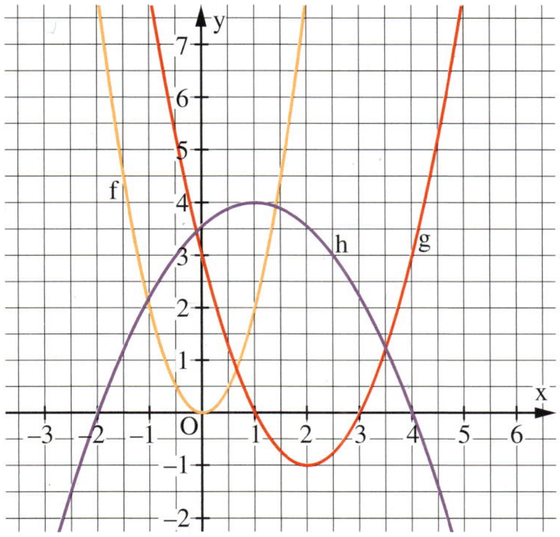

a) Bestimme die Gleichungen der Parabeln.
b) Berechne alle vorkommenden Schnittpunkte.

Lösungssalat zu 6:

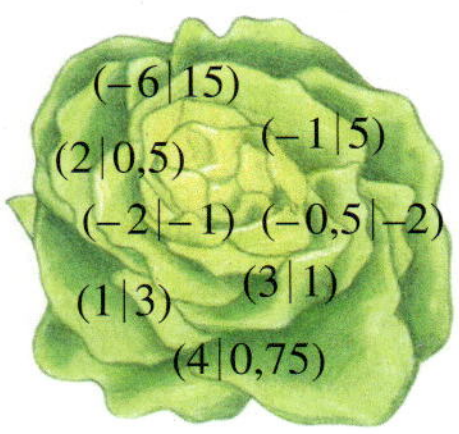

6

Bestimme die Schnittpunkte der Graphen folgender Funktionen zeichnerisch und rechnerisch.

a) $f: x \mapsto x^2 - 3x + 1$; $g: x \mapsto -x + 4$
b) $f: x \mapsto x^2 + 4x + 3$; $g: x \mapsto \frac{1}{2}x^2 - 3$
c) $f: x \mapsto \frac{1}{x}$; $g: x \mapsto x - 1{,}5$
d) $f: x \mapsto \frac{1}{4}x^2 - 2x + \frac{19}{4}$; $g: x \mapsto -\frac{3}{4}x + 3{,}75$

7

Gegeben sind die Funktionen $f: x \mapsto \frac{x+1}{2x-2}$, $g: x \mapsto x - 0{,}5$ und $h: x \mapsto -x + 3{,}5$.

a) Berechne die Schnittpunkte von je zwei der drei Graphen.
b) Zeichne die Graphen der Funktionen und beschreibe ihre Lage zueinander.

8

Charlotte will die Tiefe eines Brunnens bestimmen. Sie lässt einen Stein in den Brunnen fallen und stoppt die Zeit, bis sie den Aufschlag des Steines hört.
Der Stein fällt in t Sekunden $5t^2$ Meter. Der Schall legt pro Sekunde ca. 330 m zurück.

a) Nach welcher Zeit hört Charlotte den Aufschlag des Steines, wenn der Brunnen 66 m tief ist?
b) Wie tief ist der Brunnen, wenn Charlotte den Aufschlag nach 3 Sekunden hört?

9

a) Zeichne die Parabeln mit den Gleichungen $y = \frac{1}{2}x^2 - 3x + 2{,}5$ und $y = -x^2 + 1$.
b) Bestimme rechnerisch die gemeinsamen Punkte der beiden Parabeln.
c) Berechne die gemeinsamen Punkte der beiden Parabeln mit der Geraden g, die durch die Gleichung $y = -2x + 2$ gegeben ist. Welche besondere Lage hat g zu den Parabeln?

10

Gegeben sind die Parabel mit der Gleichung $y = \frac{1}{2}(x - 2)^2 + 1$ und die Geraden g_t mit der Gleichung $y = -x + t$.

a) Zeichne die Parabel und die Geraden für $t = 1$ und $t = 3$.
b) Wie ist t zu wählen, damit g_t die Parabel berührt? Zeichne diese Gerade und berechne die Koordinaten des Berührpunktes.
c) Für welche t haben die Geraden g_t zwei bzw. keine Schnittpunkte mit der Parabel?

11

Eine Parallele g zur y-Achse schneidet den Graphen von $f: x \mapsto x^2 - 4x + 1$ in P und den von $h: x \mapsto -x^2 + 2x + 3$ in Q.

a) Zeichne die beiden Graphen.
b) Für welche Lage von g wird die Länge der Strecke [PQ] am kleinsten?
c) Für welche Lage von g ist $\overline{PQ}$ im Vergleich zu den benachbarten Lagen am größten? Wie lang ist in diesem Fall [PQ]?
d) Warum gibt es noch größere Streckenlängen von [PQ] als die in c) ermittelte?

12

a) A(1|?) und B(4|?) liegen auf der Parabel mit der Gleichung $y = (x - 2)^2 + 4$. Gib die Gleichung einer Geraden an, welche die gegebene Parabel in A und B schneidet.
b) Wie lautet die Gleichung einer Parabel, die mit der gegebenen Parabel die Schnittpunkte A und B hat? Warum gibt es hier unendlich viele Lösungen? Welche Parabel geht durch C(3|9)?

13

Betrachte die Funktion $f: x \mapsto x^2 + 4x + 3$ und die Funktionen $h_a: x \mapsto a x^2$.

a) Zeichne die Graphen von f und von h_a für $a = 0{,}5$ und $a = -1$.

b) Berechne die x-Koordinaten der Schnittpunkte der Graphen der Funktionen. Mache eine Fallunterscheidung.

c) Zeichne den Graphen derjenigen Funktion h_a, der G_f berührt. Berechne die Koordinaten des Berührpunktes.

14

a) Zeichne die Graphen von $f: x \mapsto \frac{2}{x}$ und $g: x \mapsto 0{,}5x$ und berechne die Schnittpunkte.

b) Betrachte $f: x \mapsto \frac{2}{x}$ und $g_m: x \mapsto mx$. Beschreibe, wie sich die Lage des Schnittpunktes mit m verändert.

15 🖳

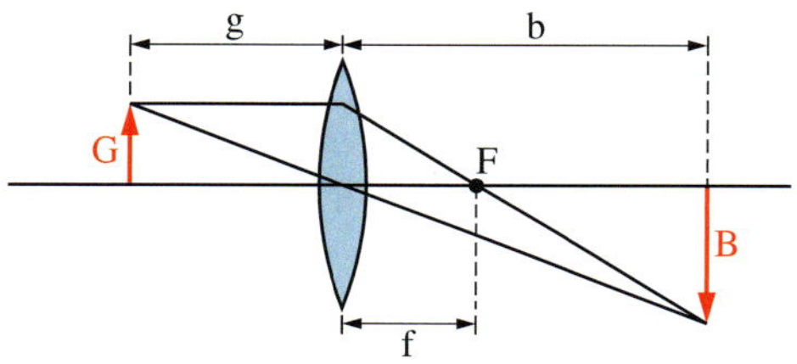

Für die Gegenstandsweite g, die Bildweite b und die Brennweite f einer nach außen gewölbten Linse (Konvexlinse) gilt die Gleichung $\frac{1}{f} = \frac{1}{g} + \frac{1}{b}$.

a) Die Brennweite einer Linse beträgt 2 cm. Berechne die Gegenstandsweite und die Bildweite für den Fall, dass Gegenstand und Bild 9 cm voneinander entfernt sind.

Welche physikalische Bedeutung haben diese beiden Lösungen?

b) Veranschauliche die beiden Lösungen in einer Zeichnung.

c) Es gilt $g + b = a$. Wie groß muss a mindestens sein, damit für $f = 2$ cm die Linsengleichung eine Lösung besitzt?

16

$f(x) = (x-1)^2$ $g(x) = \frac{2}{x}$

a) Bestimme die Schnittpunkte graphisch.

b) Wird der Graph von f parallel zur y-Achse verschoben, so kann sich die Zahl der Schnittpunkte mit G_g ändern. Welche Fälle sind zu unterscheiden?

17

Werden die Zinsen einem Kapital am Ende des Jahres zugeschlagen, so werden sie im nächsten Jahr mit verzinst. Man spricht von Zinseszins.

a) Auf welchen Betrag wächst ein Kapital von 5000 € an, wenn es mit 4 % Jahreszins für zwei Jahre mit Zinseszins angelegt wird?

b) Mit welchem Zinssatz müsste das gleiche Kapital für zwei Jahre angelegt werden, damit es insgesamt den gleichen Zinsertrag bringt, wenn die Zinsen nach einem Jahr nicht dem Kapital zugeschlagen werden?

c) Diskutiert in Gruppen einen entsprechenden Zinsvergleich für die Anlage der 5000 € über einen Zeitraum von 10 Jahren. Dabei lohnt sich der Einsatz eines Tabellenkalkulationsprogramms.

*18

a) Bei einem Rennen starten zwei Radfahrer im Abstand von einer Minute am gleichen Ort. Der zweite legt pro Minute 10 m mehr zurück als der erste und holt ihn nach 24,5 km ein. Wie lange hat der zweite Fahrer gebraucht, um den ersten einzuholen?

b) Von zwei Orten in 33 km Entfernung fahren gleichzeitig Ursula mit ihrem Fahrrad und Karin mit ihrem Mofa ab. Sie begegnen sich nach 36 Minuten. Ursula braucht für einen Kilometer 2,5 Minuten länger als Karin. Wie viel Zeit braucht jede für einen Kilometer?

G 19

a) Zeichne ein beliebiges Dreieck. Konstruiere dazu die Winkelhalbierende eines Innenwinkels und eine Höhe.

b) Begründe oder widerlege: Ist in einem Dreieck eine der Höhen gleichzeitig die Winkelhalbierende eines Innenwinkels, dann ist das Dreieck gleichschenklig.

c) Konstruiere in einem gleichschenkligen Dreieck die Mittelsenkrechte der Basis. Was fällt dir auf?

5 Die Parabel als Ortslinie

Ihr benötigt zwei Maßbänder und Kreide.

1

Markiert im Schulhof eine Gerade g und einen Punkt F im Abstand von 5 m.
Nun stellt sich jeder von eurer Klasse so auf, dass er von F und von g den gleichen Abstand hat.
Beschreibt die Linie, auf der ihr steht.

2 💻

Markiert mit einem DGS einen festen Punkt F und eine Gerade g.
Messt die Abstände eines beweglichen Punktes P von F und von g.
Bewegt P nun so, dass diese Abstände gleich sind und lasst vom DGS die Spur von P aufzeichnen.

Die Parabel hat interessante geometrische Eigenschaften, die vielfältige Anwendungen in der Technik finden. Von grundlegender Bedeutung ist folgende:

Ortslinieneigenschaft der Parabel:
Die Parabel ist die Ortslinie aller Punkte P, die von einem vorgegebenen Punkt F und von einer vorgegebenen, nicht durch F gehenden Geraden g den gleichen Abstand haben, d. h. die **Abstandsbedingung** $\overline{PF} = d(P; g)$ erfüllen.
F heißt **Brennpunkt** und g heißt **Leitgerade** der Parabel.

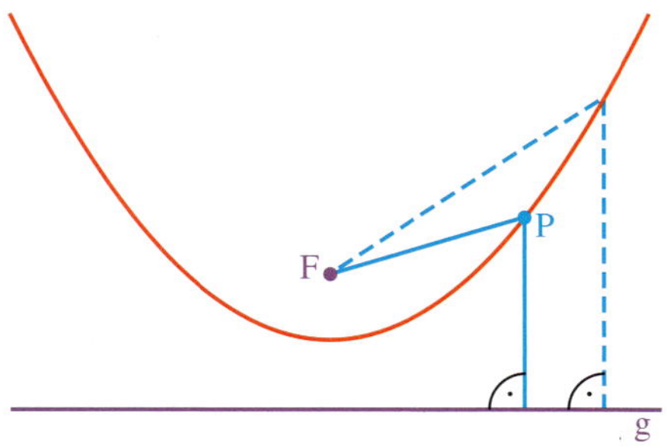

Z. B. ist k(M; r) die Ortslinie aller Punkte, die von M den Abstand r besitzen.

Dabei gilt:
Eine Ortslinie ist die Menge aller Punkte, von denen jeder die gleiche geometrische Bedingung erfüllt.

Die Bezeichnung Brennpunkt für F und **Brennweite** f für den Abstand des Scheitels von F rührt von der sogenannten **Brennpunkteigenschaft** der Parabel her:
Bei einem parabelförmig gekrümmten Spiegel gehen alle parallel zur Parabelachse einfallenden Lichtstrahlen nach der Reflexion durch den Punkt F.
Zur Begründung siehe Aufgabe 9.

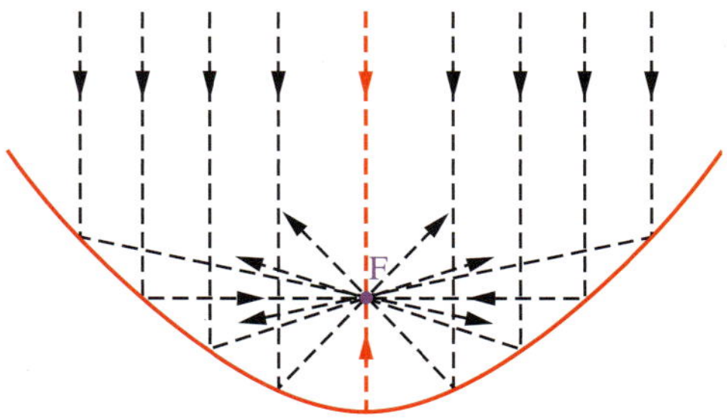

Beweisrichtung:
Zu gegebenem F und g ergibt sich als Ortslinie für die Abstandsbedingung eine Parabel.

Beweis der Ortslinieneigenschaft:
Da zu gegebenem F und g der Mittelpunkt der Lotstrecke von F auf g die Abstandsbedingung erfüllt, ist es zweckmäßig, das Koordinatensystem wie in der nebenstehenden Zeichnung zu wählen.

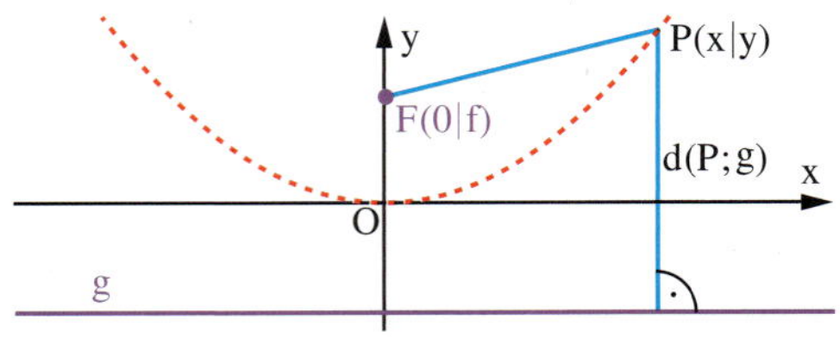

Bezeichnet man die y-Koordinate von F mit f, so gilt für jeden Punkt P (x|y): d (P; g) = y + f.
Nach dem Satz von Pythagoras gilt: $\overline{PF}^2 = x^2 + (y - f)^2$.
Aus der Abstandsbedingung $\overline{PF} = d(P;g)$ ergibt sich dann folgende Gleichung:

$$x^2 + (y-f)^2 = (y+f)^2$$
$$\Rightarrow x^2 + y^2 - 2yf + f^2 = y^2 + 2yf + f^2$$
$$\Rightarrow x^2 = 4yf \qquad \Rightarrow y = \frac{1}{4f} \cdot x^2$$

Ist die Abstandsbedingung erfüllt, so liegt also P auf einer Parabel (mit $y = \frac{1}{4f}x^2$).

Beweisrichtung:
Zu jeder Parabel gibt es F und g, so dass die Abstandsbedingung erfüllt ist.

Der Beweis der umgekehrten Richtung erfolgt in Aufgabe 5.

Beispiel
Konstruiere Punkte einer Parabel mit der Brennweite f = 1 cm und verbinde sie zu einer Kurve. Beschreibe die Konstruktion.
Lösung:
Man zeichnet eine Leitgerade g, einen Punkt F im Abstand 2f von g, eine Parallele zu g im Abstand d > f und um F einen Kreis mit dem Radius d. Dieser Kreis schneidet die Parallele in zwei Parabelpunkten P und P′. Diesen Konstruktionsschritt wiederholt man für andere Parallelen.

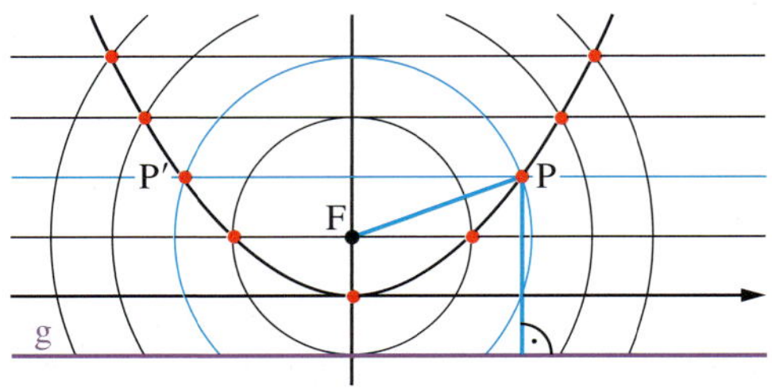

Aufgaben

3
F (0|2) ist der Brennpunkt und O (0|0) der Scheitel einer nach oben geöffneten Parabel.
a) Gib die Gleichung der Parabel an.
b) Konstruiere einzelne Parabelpunkte und verbinde sie zu einer Kurve.
c) Wiederhole die Konstruktion für andere Brennweiten. Welchen Einfluss hat die Brennweite auf die Gestalt der Parabel?

4
a) Zeichne Parabeln mit der Gleichung $y = ax^2$ für a = 0,125 (0,5; 1)
b) Zeichne jeweils den Strahlengang von parallel zur y-Achse einfallenden Lichtstrahlen nach ihrer Reflexion an der Parabel.
c) Diskutiert in der Klasse, warum Parabolspiegel eine möglichst große Brennweite haben sollten.

5 Beweis der Umkehrung
Zu jeder Parabel (mit $y = ax^2 + bx + c$) gibt es einen Punkt F und eine Gerade g, so dass für alle Punkte P der Parabel die Abstandsbedingung $\overline{PF} = d(P;g)$ erfüllt ist. Beweise diese Aussage in folgenden Schritten:
a) Betrachte zunächst den Spezialfall $y = ax^2$. Wähle g: $x \mapsto -\frac{1}{4a}$, fertige eine Skizze an und berechne den Abstand d(P; g) für jeden Punkt $P(x|ax^2)$ der Parabel.
b) Wähle $F\left(0\middle|\frac{1}{4a}\right)$ und berechne mit Hilfe des Satzes von Pythagoras $\overline{PF}$.
Nutze bei der Rechnung die binomische Formel für $\left(ax^2 + \frac{1}{4a}\right)^2$ aus.
c) Begründe, dass somit die Aussage für den Spezialfall $y = ax^2$ gilt.
d) Erläutere, wie man die Aussage für jede beliebige Parabelgleichung $ax^2 + bx + c$ auf den bereits bewiesenen Spezialfall zurückführen kann.

6

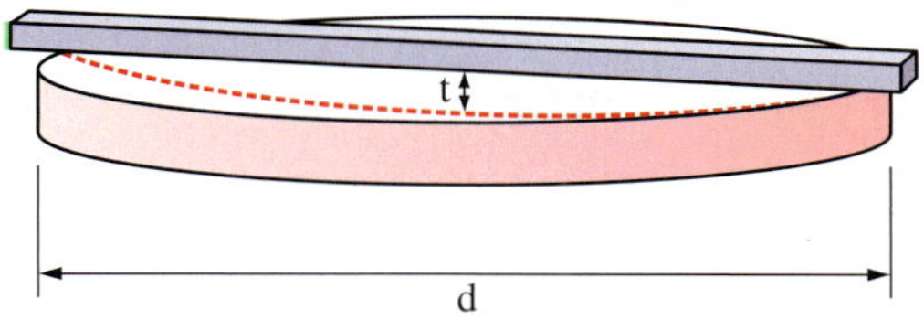

Beim Schliff von Parabolspiegeln aus Glas kontrolliert man die Brennweite f, indem man wie in der Abbildung die Scheiteltiefe t gegenüber dem Spiegelrand misst.

a) Berechne t für einen Parabolspiegel mit dem Durchmesser $d = 50\,\text{cm}$ und $f = 2\,\text{m}$.

b) Berechne f für einen Parabolspiegel mit $d = 30\,\text{cm}$ und $t = 0{,}4\,\text{cm}$.

7

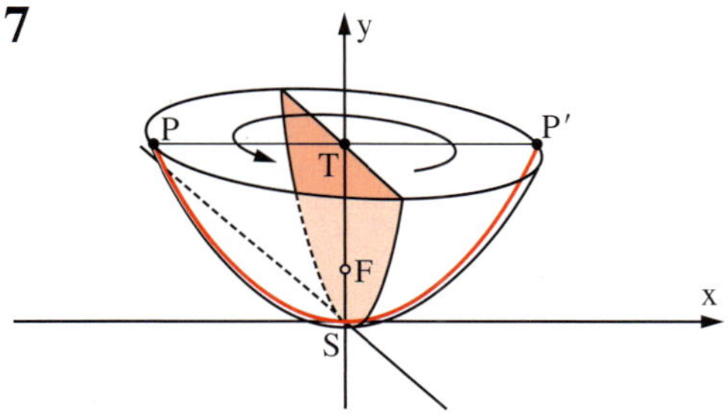

Man erhält die Fläche eines Parabolspiegels, wenn man eine Parabel um ihre Symmetrieachse rotieren lässt. Der Spiegeldurchmesser d ist gleich $\overline{PP'}$ und die „Spiegeltiefe" t ist gleich $\overline{ST}$. Bestimme die zugehörige Parabelgleichung und die Brennweite aus d und t.

a) $d = 10;\ t = 3$ b) $d = 20;\ t = 4$

c) $d = 100;\ t = 20$ d) $d = 160;\ t = 80$

8

Bei dieser Aufgabe lohnt der Einsatz eines DGS.

Ein beliebiger Punkt B (k | –a) auf der Geraden g: $y = -a$ wird mit O verbunden. In O wird das Lot h zu [OB] errichtet. P ist der Schnittpunkt von h und der Parallelen zur y-Achse durch B.

a) Konstruiere für $a = 1$ zu verschiedenen Punkten B auf g die zugeordneten Punkte P und verbinde sie zu einer Kurve.

b) Wiederhole die Konstruktion für $a = 2$ und für $a = \frac{1}{2}$. Welchen Einfluss hat a auf die Form der Kurve?

c) Berechne die y-Koordinate von P in Abhängigkeit von der Lage von B. Gib die Gleichung der Kurve an, auf der sich P bewegt, wenn B auf g wandert.

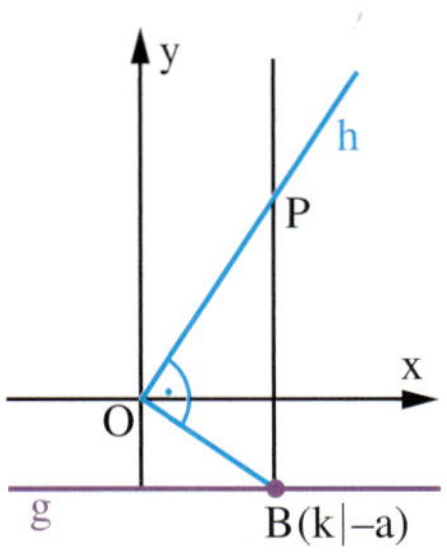

9 Beweis der Brennpunkteigenschaft

a) Zeichne die Parabel mit der Gleichung $y = 0{,}25\,x^2$. Gib den Brennpunkt F und die Gleichung der Leitgeraden g an. Zeichne beide ein. Fälle vom Parabelpunkt P (4 | ?) das Lot auf die Leitgerade. Bezeichne den Fußpunkt des Lotes mit B.

b) Konstruiere die Mittelsenkrechte t zu [FB] und bestimme deren Gleichung.

c) Bestimme die Schnittpunkte der Parabel mit t. Was stellst du fest?

d) Begründe mit Hilfe des Reflexionsgesetzes, dass ein in P auf die Parabel treffender achsenparalleler Lichtstrahl nach der Reflexion durch F geht.

10

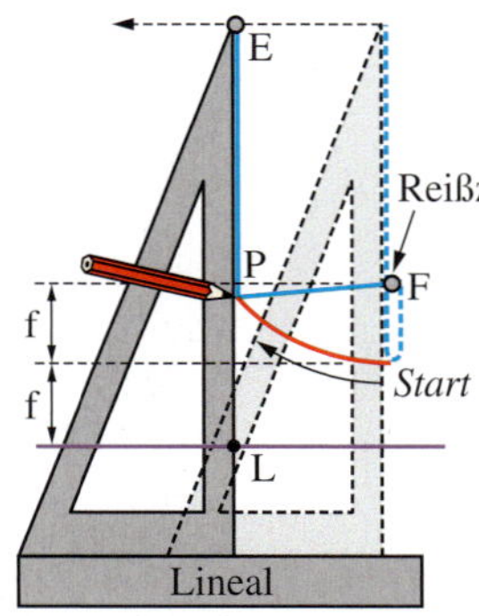

Die Abbildung zeigt, wie man mit Hilfe eines Lineals, eines Zeichendreiecks, einer Schnur und einer Reißzwecke eine Parabel zeichnet.

a) Führt dies in Partnerarbeit durch. Erklärt, warum eine Parabel entsteht.

b) Welchen Einfluss auf die Form der Parabel hat der Abstand von F zum Lineal?

11

Lege eine Wertetabelle mit Zahlenpaaren (x | y) an, welche die Gleichung $x^2 + y^2 = 25$ erfüllen. Zeichne die Punkte in ein Koordinatensystem. Welche Ortslinie ergibt sich, wenn man sie verbindet?

G 12

3 Suppen, 12 Hauptgerichte, davon eines vegetarisch, und 2 Nachtische stehen zur Auswahl. Wie viele Möglichkeiten für ein Dreigangmenü gibt es? Aus wie vielen Ergebnissen setzt sich das Gegenereignis zu „Ein vegetarisches Menü" zusammen?

Lesetext:

Die Parabel in Technik und Naturwissenschaft

Wenn sich eine Parabel um ihre Symmetrieachse dreht, dann entsteht eine Fläche, die **Paraboloid** heißt. Sie findet in Wissenschaft und Technik vielfache Verwendung.

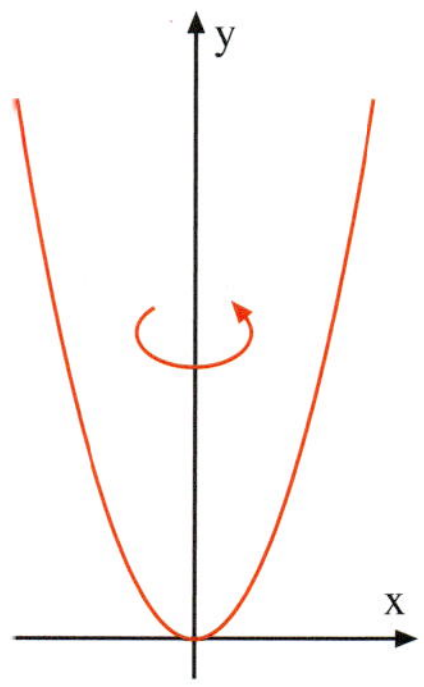

rotierende Parabel

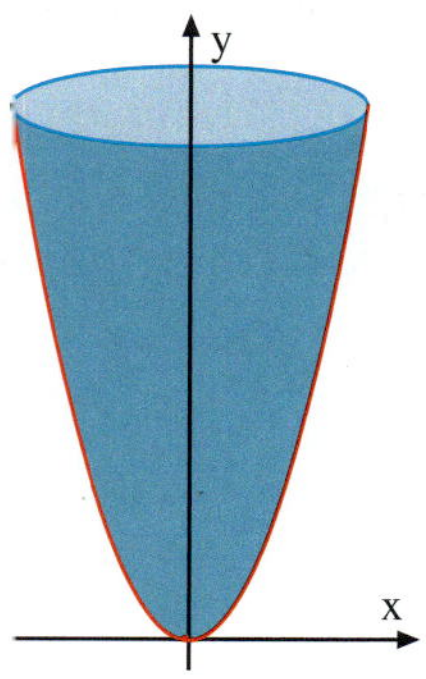

Paraboloid

Bei einem **Autoscheinwerfer** befindet sich hinter dem Glas ein parabolförmiger Spiegel (Parabolspiegel). Dadurch wird erreicht, dass die von der Glühbirne ausgehenden Lichtstrahlen in dieselbe Richtung (parallel) reflektiert werden.

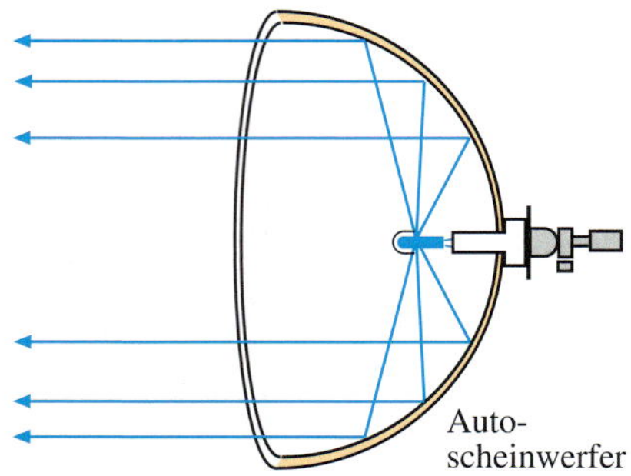
Auto-scheinwerfer

Das Bild links zeigt einen **Solarkocher**. Der Kochtopf wird auf einem Gestell im Brennpunkt des Spiegels gehalten. Ohne Strom oder Brennstoff lassen sich so Temperaturen von weit über 100°C erreichen.

Die Parabolantenne (rechts) sammelt die vom Fernsehsatelliten ausgehenden Strahlen, die fast parallel einfallen. Im Brennpunkt befindet sich der Empfänger, d. h. die eigentliche Antenne.

In der Astronomie ist man bei der Untersuchung weit entfernter Galaxien darauf angewiesen, viel einfallendes Licht zu sammeln. Dies gelingt durch sehr große Parabolspiegel.

Zur Abstrahlung, z. B. für die Übertragung von Fernsehprogrammen und Ferngesprächen über Satellit, werden in der Funktechnik Parabolrichtantennen verwendet. So ergibt sich eine besonders scharfe Bündelung in eine Richtung.

Erdfunkstelle in Raisting südlich des Ammersees.

Thema:

Anwendungen quadratischer Funktionen in der Physik

Die beiden Bälle im Bild werden gleichzeitig aus der Höhe $h = 1{,}25\,m$ fallen gelassen. Der rechte Ball besitzt eine konstante Anfangsgeschwindigkeit von $v_0 = 4\,\frac{m}{s}$ in waagerechter Richtung.
Das Bild zeigt eine Folge von Momentaufnahmen der Bälle zu verschiedenen Zeitpunkten. Man sieht, dass sich die beiden Bälle zu gleichen Zeiten in gleicher Höhe befinden. Aus dieser Tatsache kann man schließen, dass die waagerechte Bewegung des rechten Balles seinen freien Fall nicht beeinflusst.

Der **waagerechte Wurf** ist ein Beispiel für das so genannte **Superpositionsprinzip**.
Es besagt: Wird ein Körper zu mehreren Bewegungen veranlasst, so überlagern sich die Bewegungen, ohne sich gegenseitig zu stören.

Wird z. B. eine Kugel aus der Höhe h mit der Geschwindigkeit v_0 in waagerechter Richtung abgeschossen, so wird ihre Lage im Koordinatensystem zu einem beliebigen Zeitpunkt t folgendermaßen beschrieben:

$g = 9{,}81\,\frac{m}{s^2}$ gibt die Fallbeschleunigung an.

$x(t) = v_0 \cdot t$ und $y(t) = -\frac{g}{2} \cdot t^2 + h$

Durch Eliminieren der Zeit ergibt sich die y-Koordinate als Funktion der x-Koordinate:

$$t = \frac{x}{v_0} \quad \Rightarrow \quad y = -\frac{g}{2} \cdot \left(\frac{x}{v_0}\right)^2 + h$$

$$\Rightarrow \quad y = -\frac{g}{2 v_0^2} \cdot x^2 + h$$

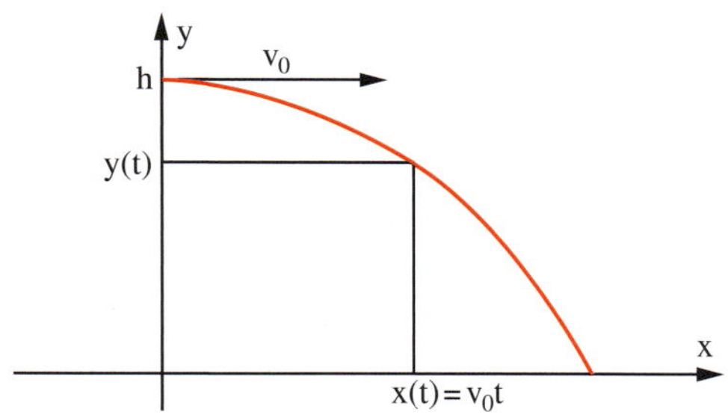

Da die y-Koordinate quadratisch von x abhängt, ergibt sich also als Wurfbahn eine (nach unten geöffnete) Parabel.

Bei einer Bewegung mit konstanter Beschleunigung wächst die Differenz der Geschwindigkeiten proportional zur Zeitdifferenz.

Auch die Funktion y (t) ist quadratisch. Allgemein gilt für eine geradlinige Bewegung mit der Anfangsgeschwindigkeit v_0 und der konstanten Beschleunigung a das folgende Gesetz:

Zeit-Weg-Gesetz: $s(t) = \frac{1}{2} a t^2 + v_0 t$

1
Berechne die Koordinaten der oben beschriebenen Kugel für $t = 0{,}1\,s,\ 0{,}2\,s,\ \ldots,\ 0{,}5\,s$. Zeichne die zugehörigen Punkte in ein Koordinatensystem ein und verbinde sie zu einer Kurve.
Bestimme die Gleichung der Bahnkurve durch Eliminieren von t.

2
Eine Kugel wird mit $v_0 = 30\,\frac{m}{s}$ senkrecht in die Höhe geschossen.
a) Berechne die Steigzeit und die maximale Höhe der Kugel.
b) Nach welcher Zeit schlägt die Kugel wieder am Boden auf? Welche Geschwindigkeit hat sie dabei?

Rückblick

Gleichungssysteme mit drei Variablen
Ein lineares Gleichungssystem mit drei Gleichungen und drei Variablen löst man folgendermaßen:
Eine der drei Gleichungen wird nach einer Variablen aufgelöst und diese Variable durch Einsetzen aus den beiden anderen Gleichungen eliminiert.
Das entstandene Gleichungssystem mit zwei Variablen und zwei Gleichungen wird auf bekannte Weise gelöst.
Den Wert der 3. Variablen ermittelt man durch Einsetzen dieser Lösung in die Gleichung, die nach der 3. Variablen aufgelöst wurde.

$$\begin{aligned}
&(I) && a+b+c=2 \quad \Rightarrow (Ia)\; c=2-a-b\\
&(II) && 4a-2b+c=-1\\
&(III) && 9a-3b+c=2
\end{aligned}$$

$$\begin{aligned}
&\text{in (II):} && 4a-2b+2-a-b=-1\\
&\text{in (III):} && 9a-3b+2-a-b=2\\
&\Rightarrow \begin{cases} (IIa) & 3a-3b=-3\\ (IIIa) & 8a-4b=0 \quad \Rightarrow b=2a \end{cases}\\
&\text{in (IIa):} && 3a-6a=-3 \Rightarrow a=1\\
&\Rightarrow b=2; && \text{aus (Ia):} \quad c=-1
\end{aligned}$$

Bestimmung des Funktionsterms
Sind drei Punkte des Graphen der quadratischen Funktion f gegeben, so setzt man die Koordinaten der Punkte in die Funktionsgleichung $y = ax^2 + bx + c$ ein. Man erhält drei Gleichungen mit drei Variablen.

$$\begin{aligned}
A(1|0) \in G_f &\Rightarrow a+b+c=0\\
B(2|-1) \in G_f &\Rightarrow 4a+2b+c=-1\\
C(3|2) \in G_f &\Rightarrow 9a+3b+c=2
\end{aligned}$$

Extremwertprobleme
Führt die Suche nach dem Extremwert einer Größe auf eine quadratische Funktion, so liefert der Scheitelpunkt des Graphen diesen Extremwert.

Schnittpunkte von Funktionsgraphen
Schnittpunkte zweier Funktionsgraphen bestimmt man rechnerisch, indem die Funktionsterme gleichgesetzt werden. Dies liefert häufig eine quadratische Gleichung, die nach x aufgelöst wird.
Jede Lösung dieser Gleichung liefert die x-Koordinate eines Schnittpunktes. Die y-Koordinate erhält man durch Einsetzen der Lösung in einen der beiden Funktionsterme.
Die Diskriminante D gibt Auskunft über die Anzahl der Schnittpunkte.
Für $D > 0$ existieren zwei Schnittpunkte.
Für $D = 0$ existiert ein gemeinsamer Punkt (Berührpunkt).
Fur $D < 0$ existieren keine Schnittpunkte.

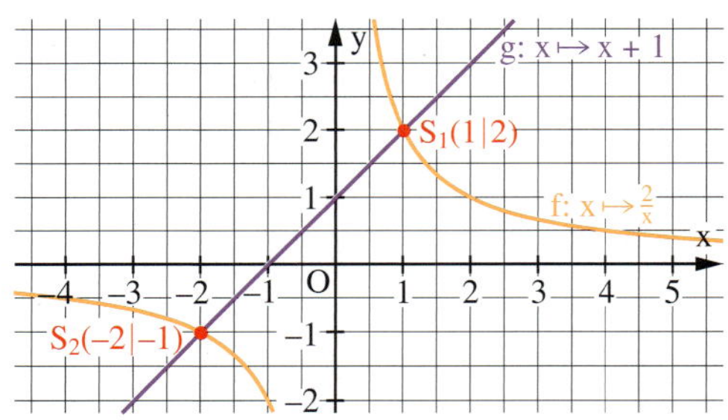

Schnittgleichung: $\frac{2}{x} = x + 1 \,|\cdot x$

$$\begin{aligned}
2 &= x^2 + x\\
x^2 + x - 2 &= 0\\
x_1 = 1;&\quad y_1 = 2\\
x_2 = -2;&\quad y_2 = -1
\end{aligned}$$

Parabel als Ortslinie
Die Parabel ist die Menge aller Punkte P, die von einem vorgegebenen festen Punkt F und von einer vorgegebenen Leitgeraden g den gleichen Abstand haben.

Brennpunkteigenschaft der Parabel
Bei einem Parabolspiegel gehen alle achsenparallelen Strahlen nach ihrer Reflexion durch den Brennpunkt F.

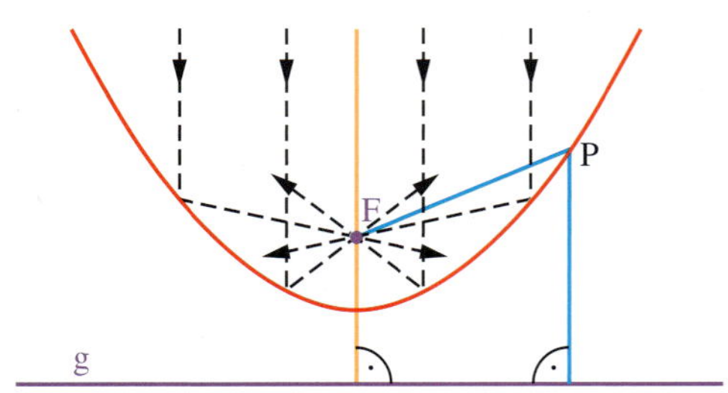

Aufgaben zum Üben und Wiederholen

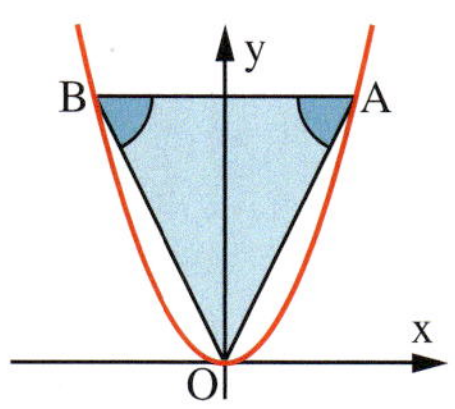

Die Lösungen zu den Aufgaben dieser Seite findest du auf Seite 192.

1
Wie lautet die Gleichung einer Parabel durch die folgenden Punkte? Gib die Gleichung auch in Scheitelpunktform an.
a) A(1|0), B(2|1), C(4|−3)
b) $N_1(-2|0)$, $N_2(1|0)$, A(0|3)

2
Berechne die Schnittpunkte der Graphen folgender Funktionen:
a) f: $x \mapsto x^2 - x + 3$ g: $x \mapsto 2x + 1$
b) f: $x \mapsto \frac{x}{4-2x}$ g: $x \mapsto -x + 2$
c) f: $x \mapsto x^2 - 3x - 4$ g: $x \mapsto 2{,}75$
d) f: $x \mapsto \frac{1}{4}x^2 + x - 1$ g: $x \mapsto -\frac{3}{4}x^2 + 1$
e) f: $x \mapsto (x+2)^2 + 1$ g: $x \mapsto x^2 - 3$

3
Gegeben sind die Funktion f: $x \mapsto -\frac{1}{2}x^2 + 2x$ und Geraden g_t: $y = x + t$.
a) Zeichne die Parabel und die Geraden für $t = 1$ und $t = -1$.
b) Wie ist t zu wählen, damit die Gerade die Parabel berührt? Berechne den Berührpunkt und zeichne die Tangente in das schon angelegte Koordinatensystem.
c) Wie ist t zu wählen, damit die Gerade zwei Punkte (keinen Punkt) mit der Parabel gemeinsam hat?

4
Der Scheitelpunkt O der Normalparabel und die zur y-Achse symmetrischen Parabelpunkte A und B bilden ein gleichschenkliges Dreieck. Bestimme die Koordinaten von A und B so, dass ΔABO gleichseitig ist.

5

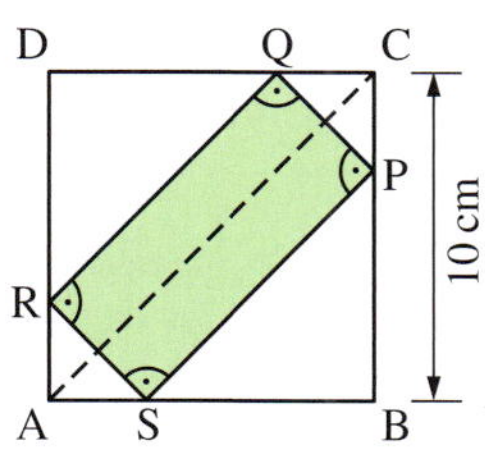

Die Ecken des Rechtecks SPQR liegen auf den Seiten des gegebenen Quadrates ABCD. Bei welchem Rechteck ist der Flächeninhalt am größten? Wie groß ist er?

6

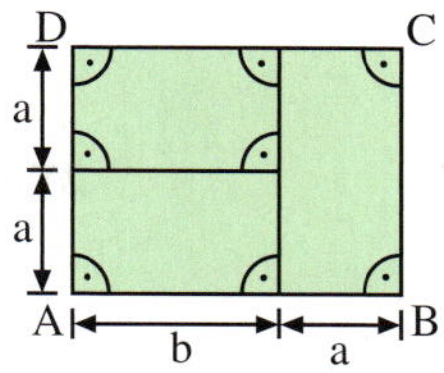

Karin und Peter wollen für ihre Kaninchen ein Freigehege nach obigem Plan bauen. Für die Einzäunung und das Abteilen haben sie insgesamt 20 m Maschendraht. Wie sind die Abmessungen a und b zu wählen, damit der Flächeninhalt des Geheges möglichst groß wird?

7

v in km/h	70	100	140
Benzinverbrauch in l/100 km	6	9	14

Die Tabelle gibt den Benzinverbrauch B eines Mittelklasseautos bei verschiedenen Geschwindigkeiten an. Man kann ihn angenähert durch eine quadratische Funktion B: $v \mapsto av^2 + bv + c$ berechnen.
Berechne die Variablen a, b und c mit Hilfe der Tabelle.

8
Bei der Herstellung eines Artikels entstehen feste Kosten von 500 € pro Tag. Die Material- und Lohnkosten belaufen sich auf 10 € pro Stück. Bei der Produktion von x Stück entstehen weitere Kosten $0{,}004x^2$ €. Die Firma verkauft ein Stück für 15 €.
a) Bei welcher Tagesproduktion bleibt für die Firma am meisten übrig, wenn sie mit Steuerabgaben von 40 % des Gewinns rechnet?
b) Wie viel ist dies?

9
Konstruiere Punkte einer Parabel mit der Brennweite 2 cm und gib ihre Gleichung in einem geeigneten Koordinatensystem an.

10
Zerlege 24 so in zwei Summanden, dass
a) das Produkt dieser Zahlen am größten,
b) die Summe der Quadrate der Summanden am kleinsten wird.

1 Mehrstufige Zufallsexperimente

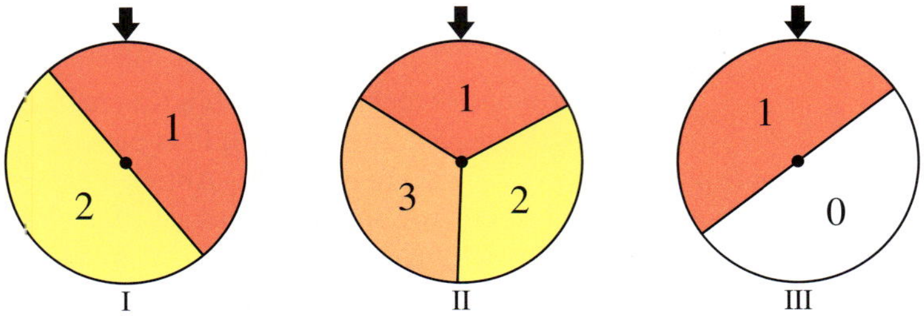

Erinnerung:
Die Ergebnismenge wird meist mit Ω bezeichnet. Ein Ereignis A ist eine Teilmenge von Ω.

1

a) Die Glücksräder werden in der Reihenfolge I, II, III gedreht. Die Ergebnisse sind dreistellige Zahlen. Gib mit Hilfe eines Baumdiagramms die Ergebnismenge Ω an. Bestimme die Wahrscheinlichkeit des Ereignisses A, das aus den Zahlen besteht, deren Quersumme durch 3 teilbar ist.

b) Jetzt wird nur das erste Glücksrad dreimal gedreht. Gib nun die zugehörige Ergebnismenge an und bestimme die Wahrscheinlichkeit des Ereignisses, das wiederum aus den Zahlen besteht, deren Quersumme durch 3 teilbar ist.

c) Wie könnte man das erste Glücksrad abändern, damit die oben beschriebenen Experimente keine Laplace-Experimente sind?

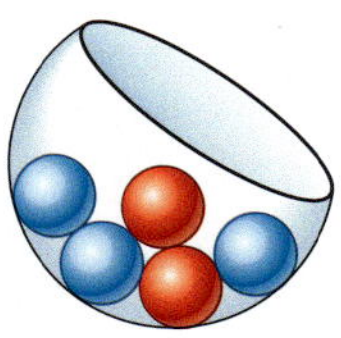

2

Aus einer Urne mit 3 blauen und 2 roten Kugeln werden gleichzeitig zwei Kugeln gezogen.

a) Gib die zugehörige Ergebnismenge an.

b) Kann man zu diesem Zufallsexperiment ein Baumdiagramm zeichnen? Begründe.

Erinnerung:
Die Rückseiten von Münzen zeigen Wappen, Bäume, Köpfe usw.

Man spricht kurz von „Zahl“ und „Kopf“.

Setzt sich ein Zufallsexperiment aus mehreren Teilexperimenten zusammen, so kann es mit Hilfe eines Baumdiagramms gut veranschaulicht werden.
Wird beispielsweise eine Münze dreimal geworfen, dann besteht das Zufallsexperiment aus 3 Stufen, die im nebenstehenden Baum veranschaulicht sind.
Die Ergebnismenge Ω = {(z; z; z), (z; z; k), (z; k; z), (z; k; k), (k; z; z), (k; z; k), (k; k; z), (k; k; k)} kann direkt abgelesen werden.

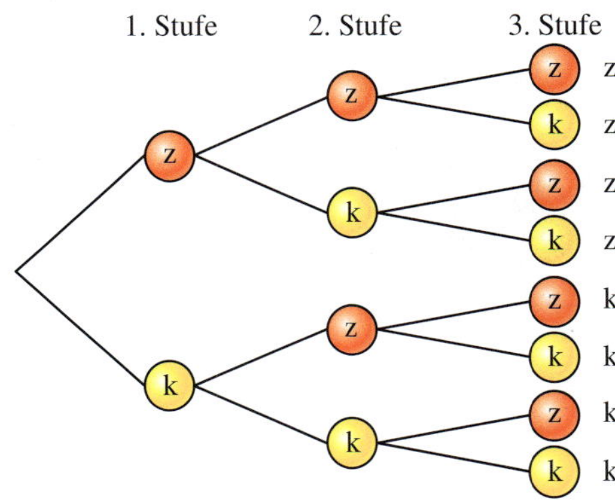

Wenn Verwechslungen ausgeschlossen sind, schreibt man statt $(a_1; a_2; \dots; a_n)$ auch kurz $a_1 a_2 \dots a_n$.

Ein Zufallsexperiment, das aus mehreren Teilexperimenten besteht, nennt man **mehrstufiges Zufallsexperiment**. Je nach Anzahl der Stufen des Zufallsexperiments schreibt man seine Ergebnisse als Paare $(a_1; a_2)$, Tripel $(a_1; a_2; a_3)$, oder allgemein als n-Tupel $(a_1; a_2; \dots; a_n)$. Jedes n-Tupel (Ergebnis) stellt genau einen **Pfad** im zugehörigen Baumdiagramm vom Startpunkt bis zu einem Endpunkt dar.

Erinnerung:
Die Laplace-Annahme ist erfüllt, wenn alle Ergebnisse gleich wahrscheinlich sind.

Die Betrachtung eines Zufallsexperiments als mehrstufiges Experiment ist für die Berechnung von Wahrscheinlichkeiten häufig vorteilhaft. Wirft man zum Beispiel zwei nicht unterscheidbare Münzen gleichzeitig, so wird die Ergebnismenge Ω = {{z; z}, {z; k}, {k; k}} lauten. Die Mengenklammer bei {z; k} bedeutet, dass die Reihenfolge von z und k keine Rolle spielt. Die Laplace-Annahme ist für diese Ergebnismenge nicht erfüllt, was für die Berechnung von Wahrscheinlichkeiten nachteilig sein kann. Stellt man sich vor, dass die zwei Münzen nacheinander geworfen werden, so kann das Experiment als mehrstufiges Zufallsexperiment aufgefasst werden.

Bei der Schreibweise (z; k) ist die Reihenfolge von z und k von Bedeutung.

Seine Ergebnisse lassen sich mit Hilfe eines Baumdiagramms unmittelbar angeben. Die daraus resultierende Ergebnismenge $\Omega^* = \{(z; z), (z; k), (k; z), (k; k)\}$ ist eine **Verfeinerung von Ω** und genügt der Laplace-Annahme. Also kann beispielsweise die Wahrscheinlichkeit des Ereignisses „beide Münzen zeigen Zahl“ sofort mit $\frac{1}{4}$ angegeben werden.
Das Beispiel zeigt also, dass die Darstellung als mehrstufiges Zufallsexperiment bei der Bestimmung von Wahrscheinlichkeiten vorteilhaft sein kann.

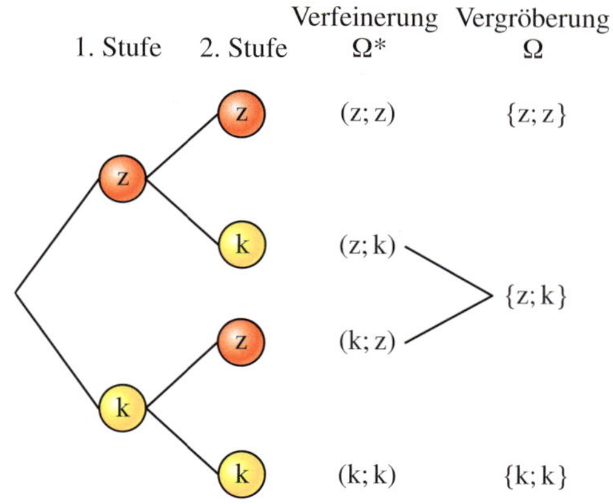

Beispiel 1
Bei einem Galton-Brett fällt eine Kugel durch ein Brett mit Zapfen. An jedem Zapfen wird sie entweder nach links (l) oder rechts (r) abgelenkt.
a) Bestimme für die ersten drei Ablenkungen alle möglichen Ergebnisse mit Hilfe eines Baumdiagramms.
b) Gib das Ereignis, in das Fach B zu fallen, als Menge von Ergebnissen an.

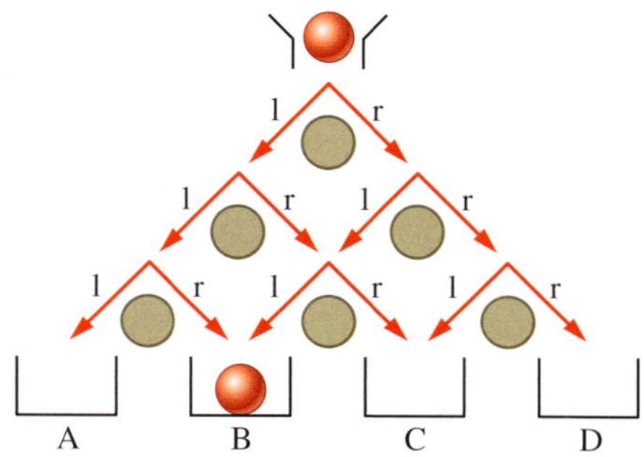

Sir Francis Galton (1822–1911)

Lösung:
a)

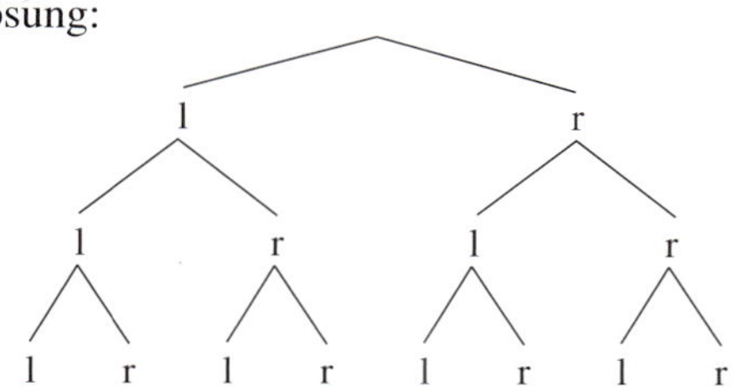

Ergebnisse insgesamt:
{(l; l; l), (l; l; r), (l; r; l), (l; r; r), (r; l; l), (r; l; r), (r; r; l), (r; r; r)}
b) Zum Ereignis „Die Kugel fällt in das Fach B“ gehören alle Ergebnisse mit genau einmal r, also
{(l; l; r), (l; r; l), (r; l; l)}.

Beispiel 2

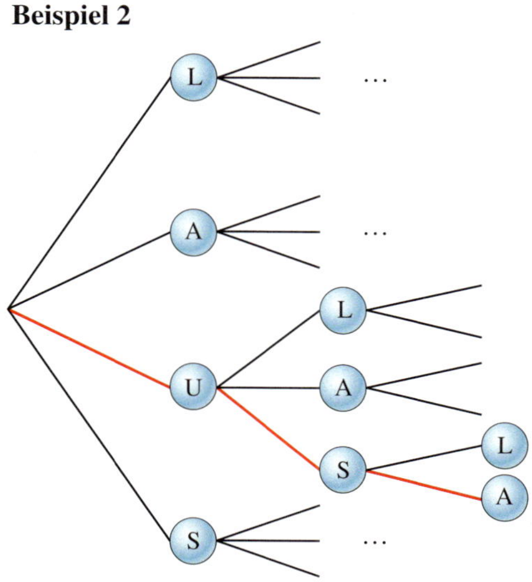

__Erinnerung:__ Für Wahrscheinlichkeiten wird häufig der Buchstabe P verwendet.

Beschreibe ein Urnenexperiment, das zu dem links abgebildeten Baumdiagramm gehört.
Mit welcher Wahrscheinlichkeit heißt das gezogene „Wort“ USA?

Lösung:
Aus einer Urne mit vier Kugeln, die mit den Buchstaben L, A, U und S beschriftet sind, werden nacheinander 3 Kugeln ohne Zurücklegen gezogen.
Nur ein Pfad führt zum „Wort“ USA.
Da es nach dem Zählprinzip $4 \cdot 3 \cdot 2 = 24$ mögliche Pfade im Baumdiagrammm gibt und die Laplace-Annahme sinnvoll ist, gilt:
$P(USA) = \frac{1}{24}$.

Aufgaben

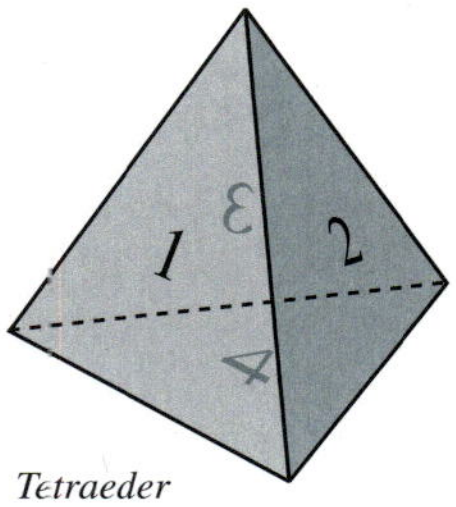

Tetraeder

3
Ein Tetraeder wird nacheinander zweimal geworfen. Gib die Ergebnismenge an.

4
Fünf Personen müssen nacheinander durch eine Drehtüre gehen. Wie viele Reihenfolgen sind möglich?

5
Eine Urne enthält je 10 weiße, rote und schwarze Kugeln. Es werden nacheinander zwei Kugeln ohne Zurücklegen gezogen und die Farben notiert.

a) Zeichne dazu ein Baumdiagramm. Wie viele Elemente enthält die Ergebnismenge?

b) Schreibe folgende Ereignisse als Menge von Ergebnissen:
A: „zwei Farben sind gleich“;
B: „mindestens einmal rot“.

6
Ein Galton-Brett – vergleiche Beispiel 1 – ist so gebaut, dass eine Kugel genau viermal abgelenkt wird. Die Fächer des Galton-Bretts werden von links nach rechts mit A, B, C, … bezeichnet.

a) Skizziere ein passendes Galton-Brett.

b) Aus wie vielen Ergebnissen besteht die Ergebnismenge, wenn der Weg der Kugel von Interesse ist?

c) Gib alle Ergebnisse an, die zum Ereignis „Kugel fällt in Fach C“ gehören.

d) Bestimme die Wahrscheinlichkeit des Ereignisses „Kugel fällt in Fach C“.

e) Wie viele Ergebnisse hat das Ereignis „Kugel fällt in Fach A (B, C, …)“ jeweils?

7
Herbert schlägt Georg folgendes Spiel vor: Jeder würfelt mit einem Würfel einmal, dann wird der Betrag der Differenz der Augenzahlen gebildet. Wenn der Differenzbetrag null ist, dann bekommt Georg von Herbert 1 €. Wenn der Differenzbetrag zwei ist, dann bekommt Herbert von Georg 1 €. Bei allen anderen Differenzbeträgen kommt es zu keiner Zahlung. Würdest du an Georgs Stelle das Spiel mitmachen?

Herbert gewinnt

8
Dir wird folgendes Spiel vorgeschlagen: Auf drei verdeckten Kärtchen ist jeweils einer der Buchstaben A, B, C notiert. Die Kärtchen werden gemischt und nacheinander aufgedeckt. Wenn A als erster Buchstabe aufgedeckt wird, erhältst du 3 €, wenn A als zweiter Buchstabe aufgedeckt wird, erhältst du 2 €. Erscheint A als letzter Buchstabe, so musst du 4 € bezahlen.

In diesem Fall beträgt der Gewinn 2 €.

Gib zu jedem Ergebnis den zugehörigen Gewinn an. Berücksichtige dabei, dass dein Gewinn negativ ist, falls du verlierst.

9
Im untenstehenden Baumdiagramm bedeutet
6: Eine Sechs wurde gewürfelt und
$\overline{6}$: Keine Sechs wurde gewürfelt.

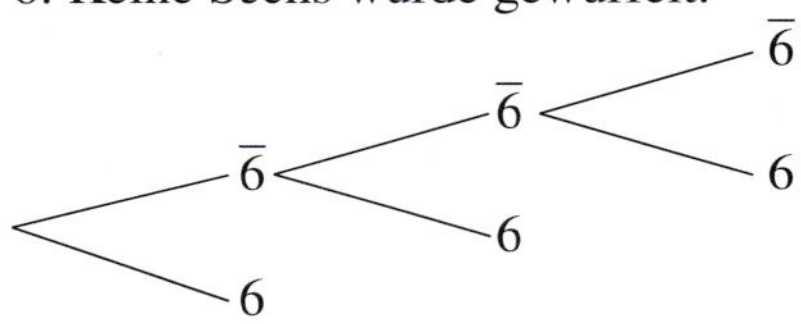

Bei welcher Spielsituation beim „Mensch-ärgere-dich-nicht“ ist die Betrachtung dieses Baumdiagramms von Bedeutung?

10
Drei Münzen werden gleichzeitig geworfen.

a) Gib eine Ergebnismenge an.

b) Mit welcher Wahrscheinlichkeit fallen die Münzen so, dass genau eine Wappen zeigt?

G 11
Bestimme den Scheitelpunkt der Parabel, die Graph von f: $x \mapsto -2x^2 + 6x + 1$ ist.

G 12
Löse mit einem Gleichungssystem:
Frau Kurz war vor 8 Jahren fünfmal so alt, wie ihr Sohn damals war. In 16 Jahren wird sie nur noch doppelt so alt sein, wie ihr Sohn dann ist. Wie alt sind Frau Kurz und ihr Sohn jetzt?

2 Produkt von Wahrscheinlichkeiten (1. Pfadregel)

1

Beim Würfeln erhält man eine Sechs mit der Wahrscheinlichkeit $\frac{1}{6}$. „Also erhält man in 6 Würfen die 6 mit der Wahrscheinlichkeit $\frac{6}{6} = 100\,\%$." Was meinst du dazu?

2

In einem aus 50 Personen bestehenden Lehrerkollegium sind 60 % Frauen, von denen 20 % Mathematik unterrichten. Wie viele weibliche Mathematiklehrkräfte sind an dieser Schule?

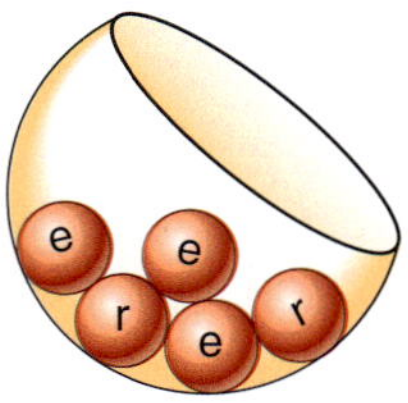

100 gleiche Experimente:

100

↓

„r": $\frac{2}{5} \cdot 100 = 40$

↓

„e": $\frac{3}{4} \cdot 40 = 30$

Insgesamt:

„re": $\frac{2}{5} \cdot \frac{3}{4} \cdot 100 = 30$

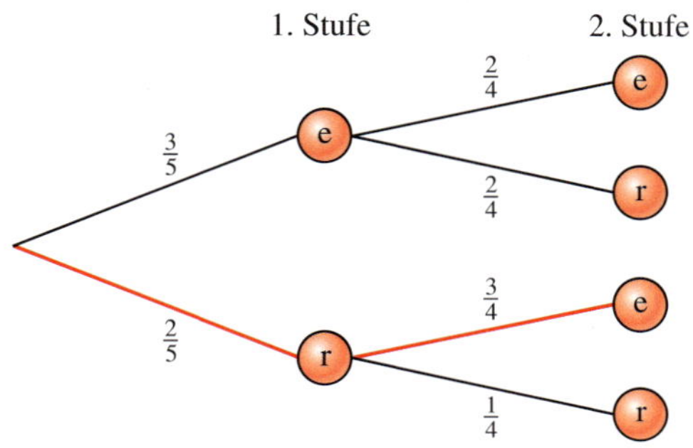

Aus der Urne werden nacheinander 2 Kugeln ohne Zurücklegen gezogen. Das zweistufige Zufallsexperiment hat die Ergebnismenge $\Omega = \{ee, er, re, rr\}$. Im abgebildeten Baumdiagramm sind bei den einzelnen Zweigen die entsprechenden Wahrscheinlichkeiten eingetragen.
Um die Wahrscheinlichkeit für einen Pfad zu berechnen, z. B. desjenigen, der zum Ergebnis „re" gehört, betrachten wir die erwarteten relativen Häufigkeiten.
Würde man das Zufallsexperiment 100-mal durchführen, so erwarten wir beim 1. Zug in ungefähr $\frac{2}{5}$ der Fälle, also 40-mal, dass der Zweig nach r eingeschlagen wird. In diesen 40 Fällen wird dann beim 2. Zug in $\frac{3}{4}$ dieser Fälle, also 30-mal, der Zweig von r nach e eingeschlagen. Insgesamt wird der Anteil $\frac{2}{5} \cdot \frac{3}{4} = \frac{6}{20}$ von den 100 Wiederholungen, also 30-mal, der Pfad „re" eingeschlagen. Also ergibt sich: $P(\text{„re"}) = \frac{2}{5} \cdot \frac{3}{4} = \frac{3}{10}$.

1. Pfadregel:
Bei einem mehrstufigen Zufallsexperiment erhält man die **Wahrscheinlichkeit eines Ergebnisses**, indem man die Wahrscheinlichkeiten längs des zugehörigen Pfades im Baumdiagramm multipliziert.

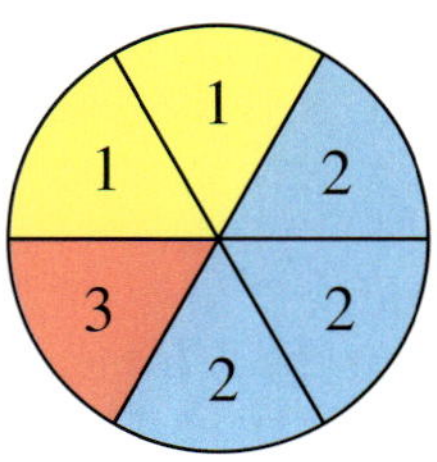

Häufig zeichnet man bei einem Baum nur den Teil, der von Interesse ist. Dreht man beispielsweise das Glücksrad dreimal nacheinander und interessiert sich für die Wahrscheinlichkeit des Ereignisses 123, so ist es ausreichend, den nebenstehenden Pfad zu zeichnen.

Benötigter Pfad:

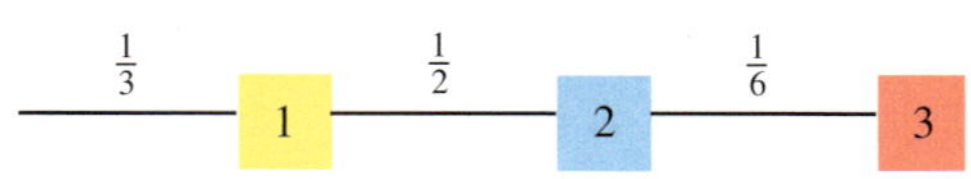

$P(123) = \frac{1}{3} \cdot \frac{1}{2} \cdot \frac{1}{6} = \frac{1}{36}$

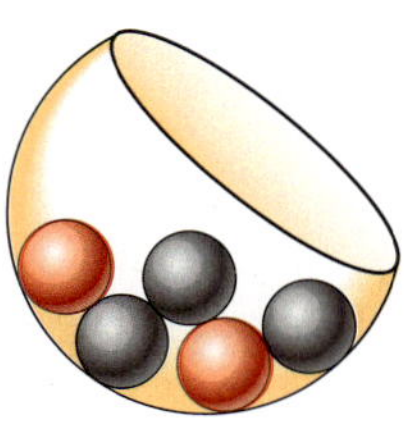

Beispiel 1
Aus der Urne werden nacheinander 2 Kugeln gezogen, wobei die zuerst gezogene Kugel vor dem zweiten Zug wieder zurückgelegt wird. Zeichne ein Baumdiagramm und gib die Wahrscheinlichkeiten auf den Zweigen und die aller Ergebnisse an.

Lösung:

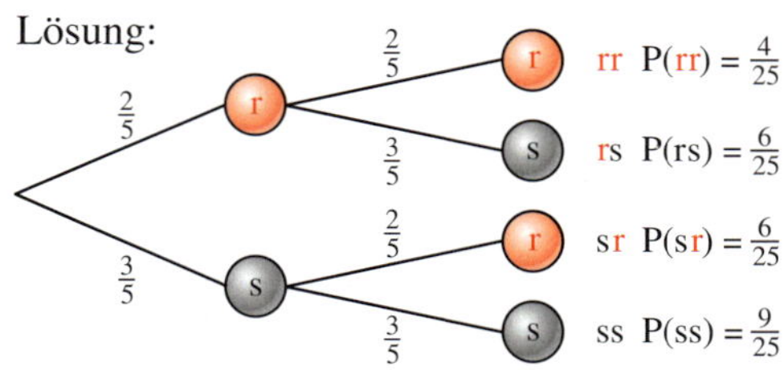

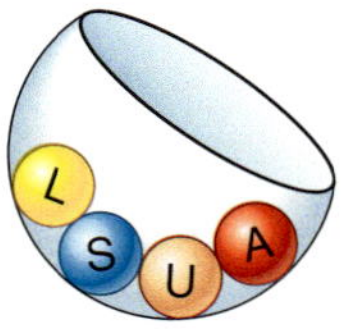

Vergleiche mit Beispiel 2 auf Seite 119.
Jetzt können wir die Aufgabe eleganter lösen.

Beispiel 2

Aus der Urne wird dreimal gezogen. Mit welcher Wahrscheinlichkeit heißt das gezogene „Wort" USA? Skizziere zunächst den interessierenden Pfad.

Lösung:

USA:

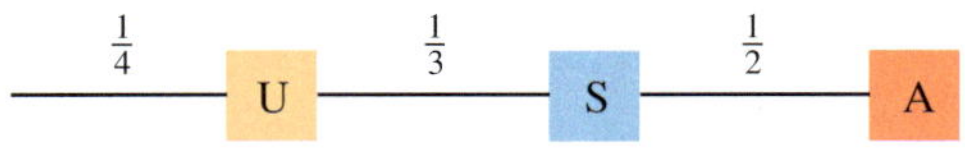

$P(USA) = \frac{1}{4} \cdot \frac{1}{3} \cdot \frac{1}{2} = \frac{1}{24}$

***Strategie:** Betrachten des Gegenteils (Gegenereignisses) bei Beispiel 4 b)*

Beispiel 3

Am Zoll stehen 9 Personen an, 4 davon sind Schmuggler. Ein Zöllner bittet von den 9 Personen 3 zur Kontrolle. Alle drei werden als Schmuggler entlarvt. Wie groß ist die Wahrscheinlichkeit für ein so gutes Ergebnis, wenn die Personen rein zufällig ausgewählt wurden?

Lösung:

Die Personen werden nur nach Schmuggler s oder Nichtschmuggler $\bar{s}$ unterschieden. Gezeichnet wird der interessierende Pfad sss:

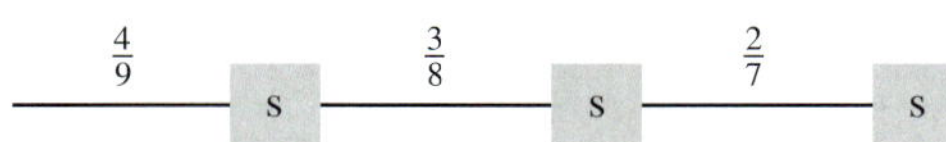

$P(sss) = \frac{4}{9} \cdot \frac{3}{8} \cdot \frac{2}{7} = \frac{1}{21}$

Da die Wahrscheinlichkeit kleiner als 5 % ist, wird man dem Zöllner ein besonders gutes Gefühl für Schmuggler zuschreiben.

Beispiel 4

Beim Basketball trifft Mike mit 80 % und Jan mit 60 % Wahrscheinlichkeit.

Erst wirft Mike und dann Jan. Wie groß ist die Wahrscheinlichkeit, dass

a) beide treffen b) höchstens einer trifft

c) Mike trifft, aber nicht Jan.

d) Untersuche, ob sich obige Wahrscheinlichkeiten ändern, wenn Jan zuerst wirft.

Lösung:

(T): Treffer (F): Fehlschuss

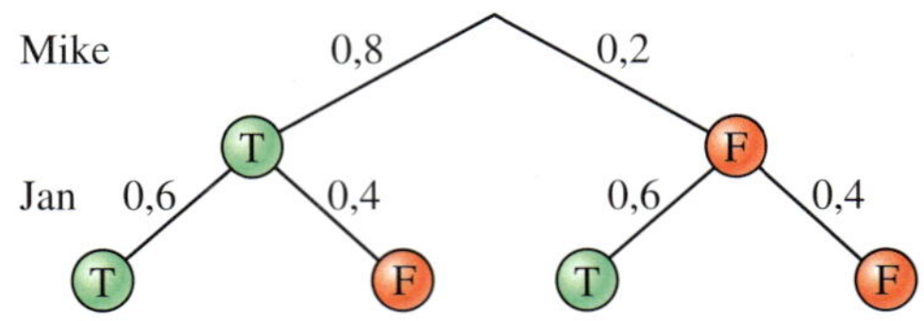

a) $0{,}8 \cdot 0{,}6 = 0{,}48$

b) $0{,}8 \cdot 0{,}4 + 0{,}2 \cdot 0{,}6 + 0{,}2 \cdot 0{,}4 = 0{,}52$
oder mit Hilfe des Gegenereignisses:
$1 - 0{,}8 \cdot 0{,}6 = 0{,}52$

c) $0{,}8 \cdot 0{,}4 = 0{,}32$

d) Zeichnet man das Baumdiagramm für den Fall „erst Jan, dann Mike", so sieht man, dass sich bei der Berechnung der Wahrscheinlichkeiten nur die Reihenfolge der Faktoren ändert und somit das Resultat gleich bleibt.

Aufgaben

3

Beim „Mensch-ärgere-dich-nicht" darf man bei einer Sechs starten. Man hat bis zu drei Versuche.

a) Mit welcher Wahrscheinlichkeit gelingt der Start nicht? Schätze, bevor du rechnest.

b) Mit welcher Wahrscheinlichkeit gelingt der Start?

4

Eine normale Münze wird dreimal geworfen. Berechne mit der Pfadregel die Wahrscheinlichkeit, dass dabei

a) stets Zahl auftritt, b) nie Zahl auftritt.

5

Ein normaler Würfel wird 6-mal geworfen. Wie groß ist die Wahrscheinlichkeit,

a) dass dabei keine einzige Sechs auftritt,

b) dass nur gerade Zahlen auftreten?

6

Beim Zahlenlotto werden 6 Zahlen aus 49 Zahlen ohne Zurücklegen gezogen.

Man kann sich dazu vorstellen, dass in einer Urne 49 Kugeln liegen, von denen 6 weiß (Treffer) und 43 schwarz (Nieten) sind. Nun zieht man nacheinander sechs Kugeln und interessiert sich nur für die Farbe. Mit dieser Überlegung können die folgenden Fragen beantwortet werden.

a) Mit welcher Wahrscheinlichkeit hat man die erste gezogene Zahl angekreuzt?

b) Mit welcher Wahrscheinlichkeit hat man 6 Richtige?

c) Mit welcher Wahrscheinlichkeit hat man keine einzige Zahl richtig?

d) Mit welcher Wahrscheinlichkeit hat man die ersten drei Zahlen richtig und die zweiten drei falsch? Ist dies die Wahrscheinlichkeit für genau drei Richtige?

7

Ein normaler Würfel wird 6-mal geworfen.

a) Mit welcher Wahrscheinlichkeit werden lauter Sechser geworfen?

b) Mit welcher Wahrscheinlichkeit werden nacheinander die Augenzahlen 1, 2, 3, 4, 5 und 6 geworfen?

8

Barbara und Johannes schießen mit Pfeil und Bogen gleichzeitig auf dasselbe Ziel. Barbara trifft mit der Wahrscheinlichkeit $\frac{5}{9}$ und Johannes mit 0,3.
Wie groß ist die Wahrscheinlichkeit, dass das Ziel mindestens einmal getroffen wird?

9

In einer Urne sind 4 Kugeln. Eine ist mit der Ziffer 2, eine andere mit der Ziffer 7 und zwei sind mit der Ziffer 0 gekennzeichnet. Hans zieht 4 Kugeln nacheinander aus der Urne. Wie groß ist die Wahrscheinlichkeit, dass er die Kugeln in der Reihenfolge „2007“ erhält, wenn er

a) ohne Zurücklegen,

b) mit Zurücklegen zieht.

10

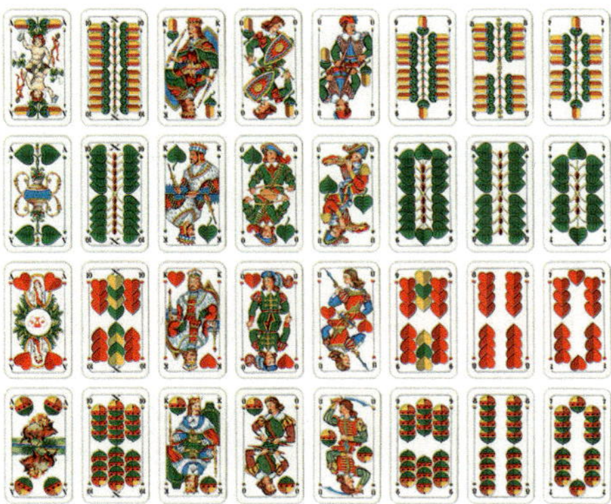

Ein Schafkopfblatt besteht aus 32 Karten. Trümpfe sind die 4 Ober, die 4 Unter und die restlichen 6 Herzkarten (Ass, Zehner, König, Neuner, Achter und Siebener). Jeder Spieler bekommt 8 Karten.

a) Mit welcher Wahrscheinlichkeit bekommt man beim Schafkopf
   (1) einen „Sie“?
   (2) nur Trümpfe?
   (3) weder einen Ober noch einen Unter?

Bei einem „Sie“ hat man die 4 Ober und 4 Unter bekommen.

b) Unter welchen Bedingungen könnten in der Realität die relativen Häufigkeiten der genannten Ereignisse größer als die der berechneten Wahrscheinlichkeiten sein?

11

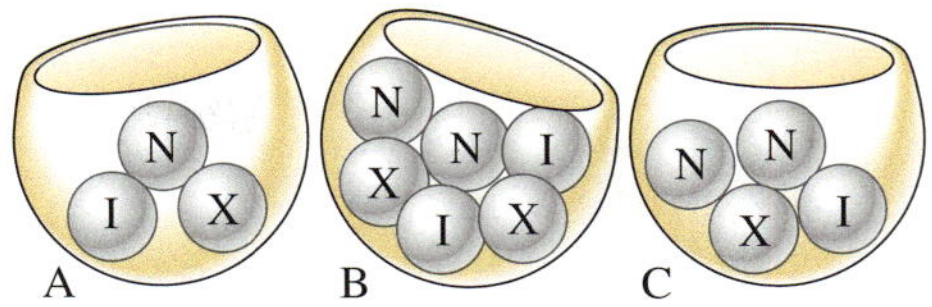

Es sollen in drei Zügen nacheinander die Buchstaben N-I-X gezogen werden.

a) Die drei Buchstaben werden jeweils aus einer Urne ohne Zurücklegen gezogen. Berechne die Wahrscheinlichkeit für jede der drei Urnen. Welche Urne ist am günstigsten?

b) Berechne die Wahrscheinlichkeit für N-I-X, wenn man die erste Kugel aus Urne A, die zweite aus Urne B und die dritte aus Urne C zieht.

c) Wie groß ist die Wahrscheinlichkeit, wenn man die Inhalte aller Urnen zusammenschüttet und dann zieht?

12

Zu einem Zufallsexperiment wurde folgendes Baumdiagramm gezeichnet.

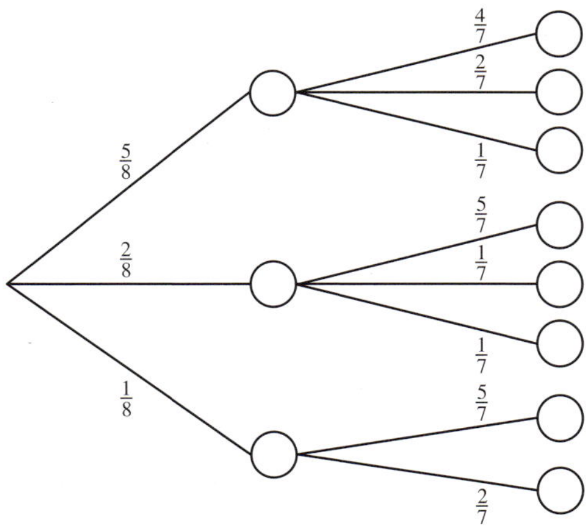

Wie könnte ein passendes Zufallsexperiment aussehen?

G 13

a) Gib an, wie der Begriff Funktion definiert ist.

b) Woran kann man erkennen, dass es sich bei einem Graphen um einen Funktionsgraphen handeln kann?

c) Erläutere mit Hilfe einer selbst gewählten Funktion f, wie man überprüfen kann, ob ein Punkt $P(x|y)$ auf G_f liegt.

3 Summe von Wahrscheinlichkeiten (2. Pfadregel)

1

In einem dunklen Zimmer sind in einem Schubfach 6 rote und 4 schwarze Socken. Zwei Socken werden zufällig aus dem Schub genommen. Mit welcher Wahrscheinlichkeit haben sie die gleiche Farbe?

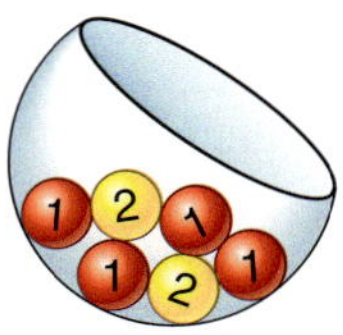

Erinnerung:
Ein Ereignis A ist eine Teilmenge der Ergebnismenge Ω eines Zufallsexperiments.

Werden aus der Urne links nacheinander 2 Kugeln ohne Zurücklegen gezogen, so ist die Ergebnismenge $\Omega = \{(1;\,1),\,(1;\,2),\,(2;\,1),\,(2;\,2)\}$. Das Ereignis „Summe der Zahlen auf den Kugeln ist 3“ wird durch $A = \{(1;\,2),\,(2;\,1)\}$ beschrieben. Die Wahrscheinlichkeit des Ereignisses A wird bestimmt, indem man die Wahrscheinlichkeiten der zu A gehörenden Ergebnisse (1; 2) und (2; 1) berechnet und anschließend addiert. Ein Baumdiagramm ist hilfreich.

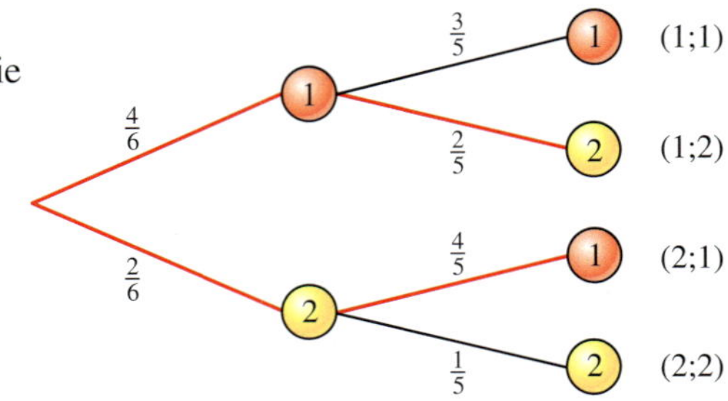

$P(A) = \frac{4}{6} \cdot \frac{2}{5} + \frac{2}{6} \cdot \frac{4}{5} = \frac{8}{15}$

2. Pfadregel:
Bei mehrstufigen Zufallsexperimenten erhält man die **Wahrscheinlichkeit eines Ereignisses**, indem man die Summe der Wahrscheinlichkeiten der Pfade bildet, die zu dem Ereignis gehören.

Erinnerung:
|A| bedeutet die Anzahl der Elemente der Menge A.

Bei Laplace-Experimenten hat jedes Ergebnis die Wahrscheinlichkeit $\frac{1}{|\Omega|}$. Ein Ereignis A besitzt $|A|$ Elemente. Folglich gilt für seine Wahrscheinlichkeit nach der zweiten Pfadregel

$P(A) = \underbrace{\frac{1}{|\Omega|} + \frac{1}{|\Omega|} + \ldots + \frac{1}{|\Omega|}}_{|A|\text{ Summanden}} = |A| \cdot \frac{1}{|\Omega|} = \frac{|A|}{|\Omega|}$, in Übereinstimmung mit der bereits bekannten Formel $P(A) = \frac{\text{Anzahl der für das Ereignis A günstigen Ergebnisse}}{\text{Anzahl der möglichen Ergebnisse}} = \frac{|A|}{|\Omega|}$.

Beispiel 1

In einem Korb liegen 6 gekochte und 4 rohe Eier. Christine nimmt 2 Eier heraus.
Wie groß ist die Wahrscheinlichkeit des Ereignisses A, dass mindestens ein rohes Ei dabei ist?
Lösung:

Im Baumdiagramm bedeutet „g“ gekocht und „r“ roh.

Strategie: *Betrachten des Gegenteils (Gegenereignisses)*

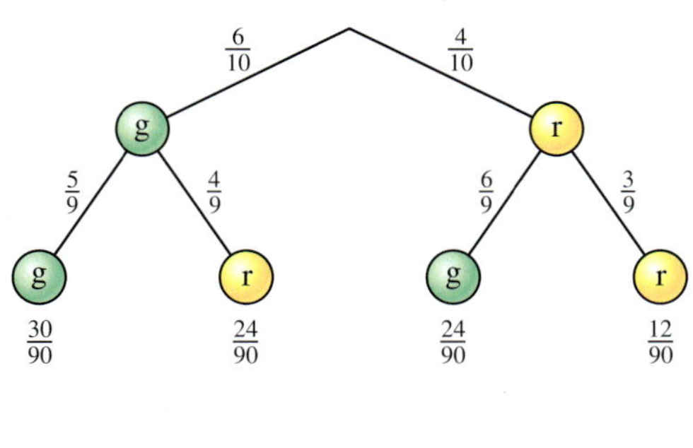

1. Möglichkeit:
Man addiert die Wahrscheinlichkeiten aller Pfade mit mindestens einem „r“:

$P(A) = P(\{gr;\,rg;\,rr\})$
$= \frac{6}{10} \cdot \frac{4}{9} + \frac{4}{10} \cdot \frac{6}{9} + \frac{4}{10} \cdot \frac{3}{9} = \frac{60}{90} = \frac{2}{3}$

2. Möglichkeit:
Man betrachtet das Gegenereignis $\overline{A}$ „nur gekochte Eier“:

$P(A) = 1 - P(\overline{A}) = 1 - P(gg)$
$= 1 - \frac{6}{10} \cdot \frac{5}{9} = 1 - \frac{1}{3} = \frac{2}{3}$

Beispiel 2

Das Glücksrad wird zweimal gedreht. Mit welcher Wahrscheinlichkeit erscheint beide Male die gleiche Zahl?

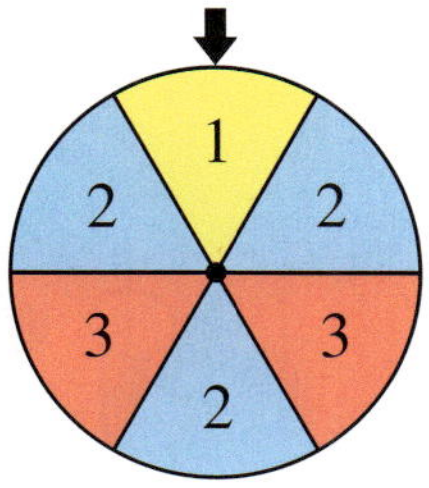

Lösung:

Passender Ausschnitt des Baumdiagramms:

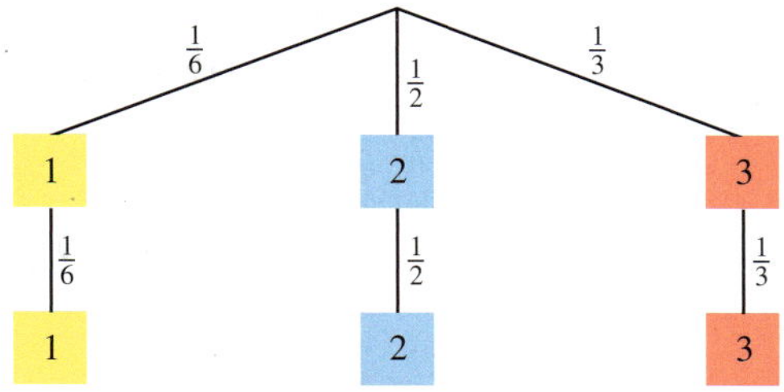

P(„beide Male gleiche Zahl“)

$= P((1;\,1)) + P((2;\,2)) + P((3;\,3))$

$= \frac{1}{6}\cdot\frac{1}{6} + \frac{1}{2}\cdot\frac{1}{2} + \frac{1}{3}\cdot\frac{1}{3} = \frac{7}{18}$

Aufgaben

Lösungssalat zu 2:

2

Eine Münze wird dreimal nacheinander geworfen.

a) Mit welcher Wahrscheinlichkeit erscheint keinmal Zahl?

b) Mit welcher Wahrscheinlichkeit erscheint genau einmal Zahl?

c) Mit welcher Wahrscheinlichkeit erscheint genau zweimal Wappen?

d) Mit welcher Wahrscheinlichkeit erscheint genau zweimal Zahl?

3

Herbert und Georg haben je zwei Steine. Sie werfen abwechselnd auf eine Blechdose. Ihre Treffsicherheiten betragen $\frac{1}{3}$ bzw. $\frac{1}{4}$.

a) Wie groß ist die Wahrscheinlichkeit, dass Herbert als erster trifft, wenn er beginnt?

b) Wie groß ist die Wahrscheinlichkeit, dass Georg als erster trifft, wenn er beginnt?

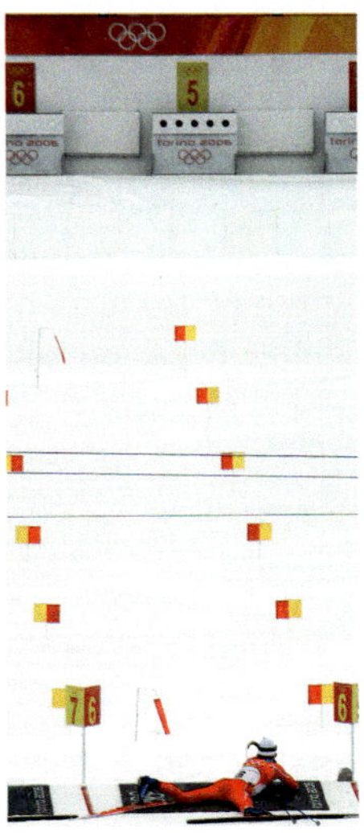

4

Ein Biathlet kommt an den Schießstand und muss dort auf fünf Scheiben schießen. Für jeden Fehlschuss wird der Laufzeit eine Minute Strafzeit hinzugerechnet. Der Biathlet hat erfahrungsgemäß eine Treffsicherheit von 90 % pro Schuss.

a) Mit welcher Wahrscheinlichkeit hat er höchstens einen Fehlschuss?

b) Mit welcher Wahrscheinlichkeit bekommt er genau eine Minute Strafzeit?

c) Mit welcher Wahrscheinlichkeit bekommt er mindestens eine Minute Strafzeit?

5

Du wartest zu Pausenbeginn vor den Türen der Klassenzimmer der 9 A und 9 B. In der 9 A sind 22 Mädchen und 8 Jungen, in der 9 B sind 15 Mädchen und 15 Jungen. Aus Erfahrung weißt du, dass in ca. 70 % der Fälle die Türe der 9 A vor der Türe der 9 B geöffnet wird und die Schülerinnen und Schüler in zufälliger Reihenfolge das Klassenzimmer verlassen. Mit welcher Wahrscheinlichkeit kommt ein Mädchen als Erste aus einem der Zimmer?

6

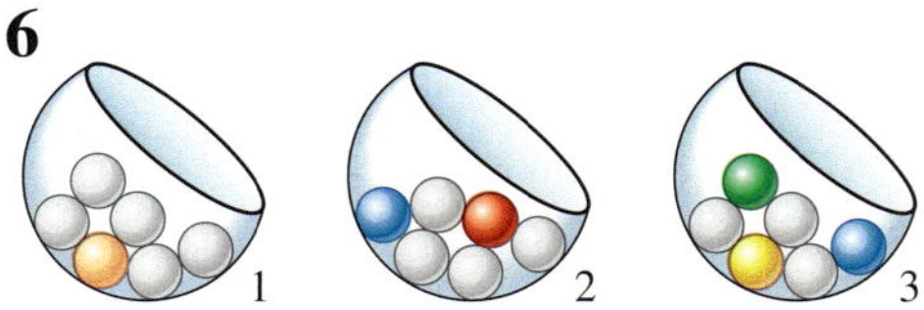

Du darfst mit verbundenen Augen eine der drei Urnen wählen und aus der ausgewählten Urne blind eine Kugel ziehen. Eine weiße Kugel bringt dir einen Gewinn.

a) Wie groß sind die Gewinnchancen?

b) Du erhältst die Erlaubnis, vorher mit offenen Augen die Kugeln zwischen den Urnen anders zu verteilen. Wie groß sind die Gewinnchancen bei optimaler Verteilung?

7

Bei der Geburt beträgt die Wahrscheinlichkeit für ein Mädchen 0,486. Berechne die Wahrscheinlichkeit dafür, dass eine Familie mit zwei Kindern zwei Mädchen (mindestens ein Mädchen) hat.

8

Ein Glückspielautomat besteht aus zwei Glücksrädern mit je 6 Bildern, drei Schnecken (S), zwei Pferden (P) und einem Hund (H). Die Räder werden gleichzeitig zufällig angehalten und der Ausgang erscheint im Glücksfenster.

Ein Spiel kostet 10 ct Einsatz. Die Auszahlung beträgt bei:
„Hund-Hund" 1 €, „Pferd-Pferd" 20 ct, „Schnecke-Schnecke" 10 ct.
Du spielst zweimal. Mit welcher Wahrscheinlichkeit beträgt dein Reingewinn
a) 1,8 €; b) 0,8 €; c) 0 €; d) –0,1 €?

Reingewinn = Auszahlung – Einsatz

9

Aus dem Sack werden (ohne Zurücklegen) nacheinander drei Kugel gezogen. Wie groß ist die Wahrscheinlichkeit des Ereignisses, dass man das Wort PAP legen kann,

a) wenn man die gezogenen Buchstaben nicht umordnen darf?
b) wenn man die gezogenen Buchstaben noch umordnen darf?

10

Wenn zwei Würfel die gleiche Augenzahl zeigen, bezeichnet man das als Pasch. Berechne die Wahrscheinlichkeit für einen Pasch beim Werfen

a) mit zwei normalen Würfeln
b) mit zwei Lego-Achtern als Würfel.

	1	2	3	4	5	6
Lego-Achter	11 %	1,5 %	45 %	30 %	1,5 %	11 %

11

Der Spieler mit den grünen Steinen ist am Zug und würfelt.

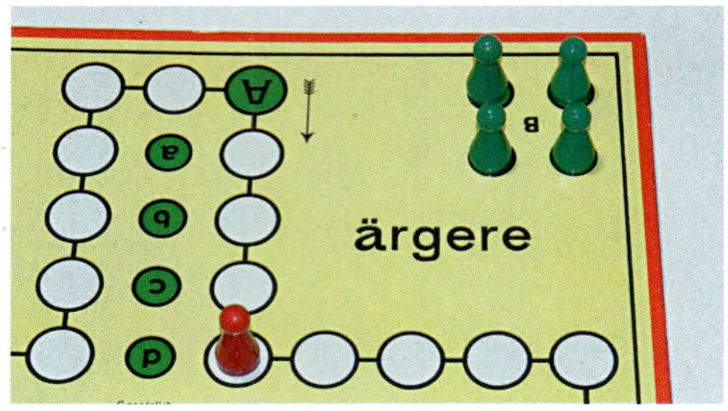

a) Mit welcher Wahrscheinlichkeit schlägt er den roten Stein?
b) Mit welcher Wahrscheinlichkeit wird der rote Stein nicht geschlagen?

12

Thomas ist der Elfmeterschütze seiner Mannschaft. Zu Spielbeginn beträgt seine Treffsicherheit bei einem Elfmeter 95 %. Da er leider konditionelle Probleme hat, sinkt seine Treffsicherheit bis zur 90. Minute linear auf 65 %. Thomas tritt nach der 10. und 70. Spielminute zum Elfmeter an.

a) Mit welcher Wahrscheinlichkeit verwandelt er beide Elfmeter?
b) Mit welcher Wahrscheinlichkeit verwandelt er nur einen Elfmeter?
c) Mit welcher Wahrscheinlichkeit verschießt er beide Elfmeter?
d) In der letzten Spielminute bekommt seine Mannschaft einen dritten Elfmeter zugesprochen. Mit welcher Wahrscheinlichkeit verwandelt Thomas alle drei Elfmeter?

13

Ein normaler Würfel wird 6-mal geworfen. Mit welcher Wahrscheinlichkeit werden lauter verschiedene Augenzahlen geworfen?

G 14

a) Begründe oder widerlege:
Wenn zwei Vierecke in allen vier Winkeln übereinstimmen, dann sind sie ähnlich.
b) Zeichne zwei Dreiecke, die ähnlich aber nicht kongruent sind.

4 Simulation von Zufallsexperimenten

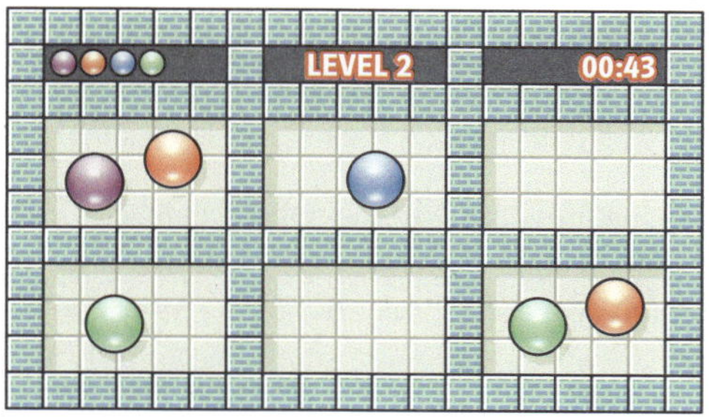

1
Bei einem Computerspiel fallen sechs Kugeln zufällig in sechs Fächer. Man gewinnt, wenn sich in jedem Fach eine Kugel befindet.
Jan und Heike überlegen sich ein ähnliches Spiel mit einem Würfel, bei dem sie dieselben Gewinnchancen wie bei dem Computerspiel haben. Beschreibe das Würfelspiel.

Erinnerung:
Empirisches Gesetz der großen Zahlen: Wird ein Zufallsexperiment sehr oft ausgeführt, dann stabilisieren sich für jedes Ereignis die relativen Häufigkeiten.

Manchmal ist es nicht möglich, Wahrscheinlichkeiten beispielsweise mit Hilfe der Pfadregeln oder durch geschicktes Abzählen zu berechnen. Um trotzdem etwas über die Wahrscheinlichkeiten aussagen zu können, führt man Simulationen durch. „Simulation" meint die „Nachahmung" eines Zufallsexperiments durch ein gleichwertiges Experiment mit geeigneten Hilfsmitteln wie Münzen, Würfeln, Spielkarten oder Zufallszahlen, die auch der Computer liefern kann. Man schätzt dann die unbekannten Wahrscheinlichkeiten aus den beobachteten relativen Häufigkeiten.

Barbara gewinnt

Thomas gewinnt

Barbara und Thomas vereinbaren folgendes Spiel: Eine Münze wird solange geworfen, bis erstmalig das Wort „KKK" oder „KZK" auftritt. Im ersten Fall gewinnt Barbara, im zweiten Thomas. Da wir die Gewinnwahrscheinlichkeiten rechnerisch nicht bestimmen können, spielen wir.
Nach mehrfacher Wiederholung des Spiels verwenden wir die ermittelten relativen Häufigkeiten als Schätzwerte für die Wahrscheinlichkeiten. Man erwartet bessere Schätzwerte, wenn die Anzahl der Wiederholungen erhöht wird. Dazu kann man das Zufallsexperiment auf einem Computer simulieren. So werden zahlreiche Wiederholungen in sehr kurzer Zeit ermöglicht. Eine Simulation für Thomas ergab z. B. eine Gewinnwahrscheinlichkeit von ca. 60 %.

Die Nachahmung eines Zufallsexperimentes durch ein anderes mit den gleichen Wahrscheinlichkeiten bezeichnet man als **Simulation**.
Die relative Häufigkeit des Eintretens eines Ereignisses bei der Simulation wird als Schätzwert für die Wahrscheinlichkeit des ursprünglichen Ereignisses verwendet.

Simulationen dienen dazu, relative Häufigkeiten experimentell zu ermitteln. Relative Häufigkeiten können auch mit berechneten Wahrscheinlichkeiten verglichen werden, um Hinweise zu bekommen, ob richtig gerechnet wurde.

Simulationen kann man oft mit Hilfe eines Tabellenkalkulationsprogramms am Computer durchführen. Dieser liefert Zufallszahlen zwischen 0 und 1, z. B. 0,9123560112.
Möchte man nur die Zufallszahlen 0 und 1 erzeugen, so muss man dies mit geeigneten Rechenoperationen bewerkstelligen.

So erhält man
a) Zufallszahlen größer gleich 0 und kleiner 1:
ZUFALLSZAHL ()
b) Zufallszahlen 0 oder 1:
GANZZAHL(ZUFALLSZAHL()*2)
c) Zufallszahlen 1, 2, 3, 4, 5, 6:
GANZZAHL(ZUFALLSZAHL()*6) + 1

Beispiel 1

Beim Lotto gewinnt man, wenn man mindestens drei Richtige hat. Die Wahrscheinlichkeit dafür ist bekannt, sie beträgt etwa 1,86 %. Beschreibe, wie man damit durch eine Simulation die Wahrscheinlichkeit schätzen kann, bei 100 Spielen mindestens zweimal zu gewinnen.

Lösung:

Man bestimmt mit dem Computer eine Liste von 100 Zufallszahlen, die zwischen 0 und 1 liegen. Ein Gewinn liegt vor, wenn eine Zufallszahl kleiner als 0,0186 ist. Die Gewinne werden gezählt.

Dieses Vorgehen wird z. B. zehnmal wiederholt. Man erhält z. B. folgende Anzahlen von Gewinnen bei jeweils 100 Spielen: 3, 0, 2, 2, 0, 2, 1, 2, 1, 0. In fünf der zehn Fälle wurden mindestens zwei Gewinne erzielt, also beträgt der Schätzwert für die Wahrscheinlichkeit 50 %.

Beispiel 2

Wenn man beim „Mensch-ärgere-dich-nicht" an der Reihe ist und keine Figur im Spiel hat, so beträgt die Wahrscheinlichkeit für „ins Spiel kommen" $1 - (\frac{5}{6})^3 \approx 42\,\%$. Führe eine Simulation durch und vergleiche das Ergebnis mit der berechneten Wahrscheinlichkeit.

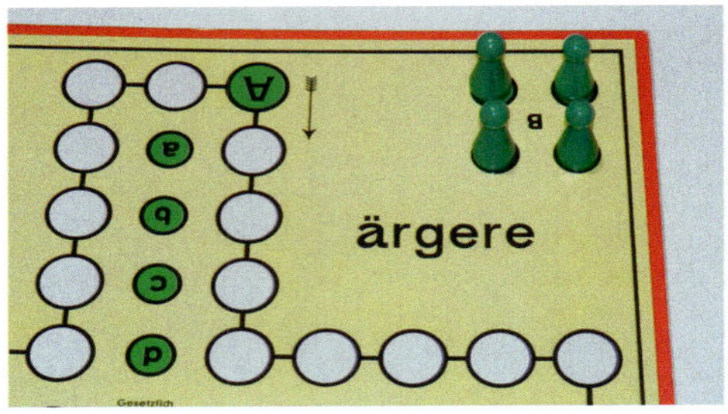

Lösung:

Datei Bearbeiten Ansicht Einfügen Format Extras Daten Fenster

D4 | fx =WENN(ODER(A4=6;B4=6;C4=6);1;0)

	A	B	C	D	E
1	„In das Spiel kommen"				
2					
3	Zufallszahl 1	Zufallszahl 2	Zufallszahl 3	Wert des Experimentes	
4	3	2	5	0	
5	3	3	4	0	
6	6	3	6	1	
7	1	6	1	1	
1002	2	5	3	0	
1003	1	6	1	1	
1004			Summe	418	
1005			rel. Häufigkeit	0,418	

In einem Tabellenkalkulationsprogramm werden jeweils 3 Zufallszahlen aus der Zahlenmenge {1, 2, 3, 4, 5, 6} erzeugt. Anschließend wird geprüft, ob eine 6 dabei ist. Wenn ja, wird dem Versuchsausgang der Wert 1 zugewiesen, sonst der Wert 0. Dieser Versuch wird 1000-mal wiederholt. Die Summe der Werte der Versuchsausgänge ist die absolute Häufigkeit des Ereignisses „ins Spiel kommen". Bei der nebenstehenden Simulation trat das Ereignis 418-mal ein, was im Einklang mit der berechneten Wahrscheinlichkeit steht.

Durch Betätigen der Taste F9 wird jeweils eine neue Simulation gestartet.

Beispiel 3

Für eine Podiumsdiskussion nehmen fünf Personen am Podium Platz. Der Diskussionsleiter möchte, dass jeder an einem bestimmten Platz sitzt, hat aber die Tischkarten vergessen. Bestimme durch Simulation einen Schätzwert für die Wahrscheinlichkeit, dass niemand an dem ihm zugedachten Platz sitzt.

Lösung:

1. Möglichkeit: In einer Urne sind fünf nummerierte Kugeln, die nacheinander ohne Zurücklegen gezogen und nebeneinander gelegt werden. Ein Ausgang ist günstig, wenn die Zahlen auf den Kugeln jeweils nicht mit den Platzziffern der Kugeln übereinstimmen. Bei 50 Versuchen erhielten wir 19 günstige Ausgänge, also 38 % als Schätzwert für die Wahrscheinlichkeit.
2. Möglichkeit: Das Experiment wird mit einem Würfel simuliert. Man würfelt dabei so lange bis jede Zahl von 1 bis 5 mindestens einmal vorkommt. Die entstandene Zahlenfolge wird auf 5 Zahlen reduziert, indem man gleiche Zahlen und alle Sechser streicht. Auf diese Weise erhält man wiederum eine Reihenfolge der Zahlen {1; 2; 3; 4; 5}.

Günstiger Ausgang:
3 1 4 5 2

Ungünstiger Ausgang:
3 1 5 4 2, da 4 mit seiner Platzziffer übereinstimmt.

Simulation mit Würfel:
2 3 1 ~~6~~ ~~2~~ 5 ~~3 2 6~~ 4 →
2 3 1 5 4
Da die 6 nicht benötigt wird, wird sie immer gestrichen.

Aufgaben

Bei vielen Aufgaben dieser Seite ist die Benutzung eines Tabellenkalkulationsprogrammes sinnvoll.

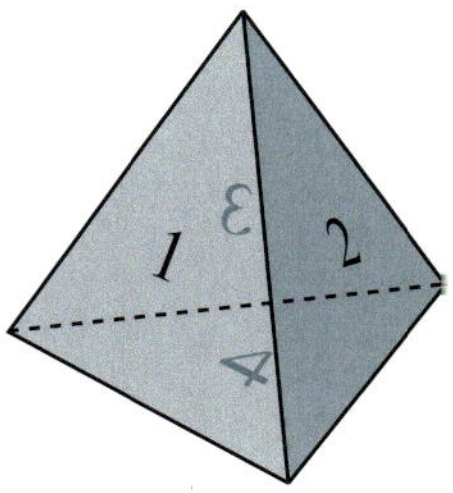

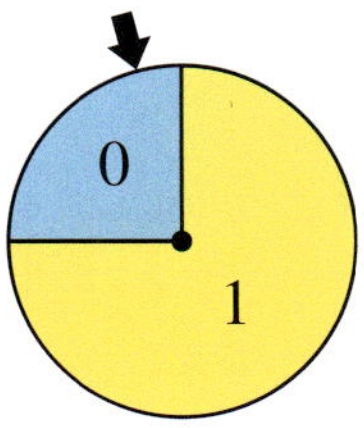

2
In Österreich wird Lotto 6 aus 45 gespielt. Die Wahrscheinlichkeit für einen Gewinn – mindestens drei Richtige – beträgt 2,38 %.

a) Schätze mit Hilfe einer Simulation die Wahrscheinlichkeit, bei 50 Spielen mindestens zweimal zu gewinnen.

b) Tragt die Ergebnisse der Klasse zusammen und verbessert damit die Schätzung.

3
Zu einem Gesellschaftsspiel gehört ein Tetraeder mit den Zahlen von 1 bis 4. Die Zahl, die unten liegt, gilt als gewürfelt. Nach dem Verlust des Tetraeders befindet sich in der Spielesammlung noch eine Münze, ein normaler Würfel, ein Stapel mit Spielkarten, ein Zettelblock und ein Bleistift.
Man kann das Spiel trotzdem spielen, indem man ersatzweise eines oder mehrere der angebenen Dinge aus der Spielesammlung benutzt.

a) Gib verschiedene Möglichkeiten an, wie das Spiel mit dem vorhandenen Material simuliert werden kann.

b) Simuliere mit jedem deiner Vorschläge 20 Würfe des Tetraeders und vergleiche jeweils die relative Häufigkeit von „1“ mit der Wahrscheinlichkeit $\frac{1}{4}$.

4
Simuliere mit einem Tabellenkalkulationsprogramm den Wurf einer Münze bzw. den eines Würfels. Bestimme damit Schätzwerte der Wahrscheinlichkeiten für „Zahl“ bzw. „6“.

5
Simuliere den dreifachen Münzwurf und vergleiche den erhaltenen Schätzwert für die Wahrscheinlichkeit des Ereignisses „mindestens 2-mal Zahl“ mit dem berechneten Wert.

6
Anja und Cora drehen das Glücksrad mehrfach. Anja gewinnt, wenn dabei die Folge 01 zuerst auftritt, Cora gewinnt bei der Folge 111. Bestimme durch Simulation Schätzwerte für die Gewinnwahrscheinlichkeiten der beiden.

7
Bei einem Test gibt es acht Fragen mit jeweils vier Antworten, von denen genau eine richtig ist. Eine Versuchsperson kreuzt bei jeder Frage rein zufällig eine Antwort an. Mit welcher Wahrscheinlichkeit hat sie trotzdem mindestens vier richtige Antworten?

a) Gib eine Schätzung für die Wahrscheinlichkeit mit Hilfe von 50 Durchführungen einer Simulation des Tests an.

b) Bildet Dreier-, Vierer- oder Fünfergruppen und tragt eure Ergebnisse jeweils zusammen. Welche Schätzung ergibt sich nun?

c) Tragt nun alle Ergebnisse der Klasse zusammen und gebt eine „endgültige“ Schätzung an.

8
Zehn Enten landen auf einer Wiese. Darauf haben 10 Jäger gewartet. Jeder zielt sofort auf eine Ente. Alle Jäger drücken gleichzeitig ab und jeder trifft die von ihm ausgewählte Ente. Jonas meint: „Alle Enten werden sterben!“. Was meinst du dazu?

9
Ein Tetraeder (siehe Aufgabe 3) wird solange geworfen, bis die Summe der Ergebnisse den Wert 5 überschreitet. Bestimme durch Simulation einen Schätzwert für die Wahrscheinlichkeit, dass man mindestens drei Würfe bis zum Spielende braucht.

10
Sechs Freundinnen treffen sich zum „Wichteln“. Dazu bringt jede ein kleines verpacktes Geschenk mit. Die Geschenke werden mit Nummern von 1 bis 6 versehen und anschließend verlost. Bestimme durch Simulation einen Schätzwert für die Wahrscheinlichkeit, dass keine der Freundinnen ihr mitgebrachtes Geschenk zieht.

G 11
Bestimme die Lösung.

a) $(x - 2)^3 = 27$
b) $z^{-5} = -32$
c) $-3k - 1 > 0$
d) $\sqrt[4]{14x} = 7$
e) $2 \leqq -x + 4$
f) $z^4 + 1 = 0$

Thema:

Peinliche Fragen

1. Haben Sie schon einmal in einem Kaufhaus gestohlen?
2. Haben Sie noch nie in einem Kaufhaus gestohlen?

Um herauszufinden, wie hoch z. B. der Anteil der Personen in einer Bevölkerung ist, die schon einmal in einem Kaufhaus gestohlen haben, wird man bei einer direkten Befragung nur selten eine wahre Antwort erhalten. Einen realistischen Prozentsatz wird man nur dann bekommen, wenn es gelingt, trotz einer persönlichen Befragung die Privatsphäre der befragten Person zu wahren. Wie aber kann man dies erreichen? Untersuchungsmethoden bei „peinlichen“ Fragen gehen auf das Jahr 1965 zurück. Seitdem haben sie sich stürmisch weiterentwickelt. Die Grundidee ist einfach.

Beispiel
Gesucht ist der Anteil p der Personen in einer Bevölkerungsgruppe, die schon einmal in einem Kaufhaus gestohlen haben. 200 Personen sind bereit, an einer Untersuchung teilzunehmen, wenn sie nicht direkt befragt werden. Jede Versuchsperson erhält das Glücksrad I und den Zettel mit den Fragen 1 und 2. Die Versuchsperson dreht unbeobachtet das Glücksrad und beantwortet wahrheitsgemäß mit „ja“ oder „nein“ die Frage, die durch das Glücksrad festgelegt wurde. Da derjenige, der die Untersuchung durchführt, nicht weiß, welche Frage beantwortet wurde, bleibt die Anonymität gewahrt.

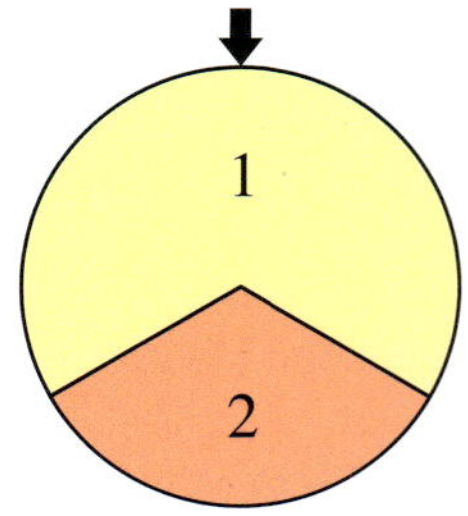

Glücksrad I

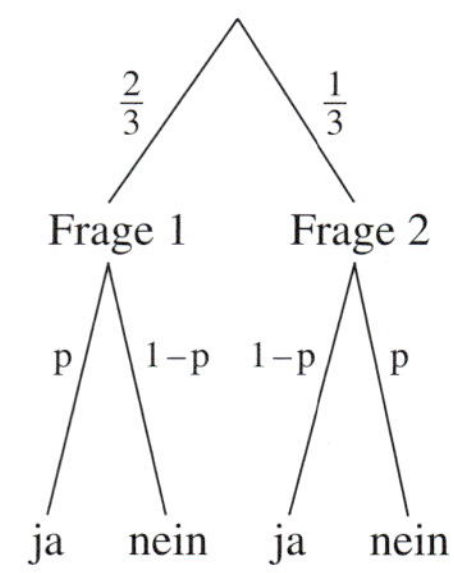

Die Befragung kann als zweistufiges Zufallsexperiment aufgefasst werden (vgl. das Baumdiagramm). Bei dem Glücksrad I erscheint die „1“ mit der Wahrscheinlichkeit $\frac{2}{3}$. Mit Hilfe der Pfadregel ergibt sich: $P(\text{ja}) = \frac{2}{3} \cdot p + \frac{1}{3} \cdot (1 - p) = \frac{1}{3} \cdot p + \frac{1}{3}$.
Wir nehmen an, dass von den 200 Personen 86 Personen mit „ja“ antworteten. Setzt man für P(ja) diesen Anteil ein, ergibt sich $\frac{86}{200} = \frac{1}{3} \cdot p + \frac{1}{3}$ bzw. $p = 0{,}29$,
d. h., fast 30 % dieser Bevölkerungsgruppe hat schon einmal in einem Kaufhaus gestohlen.

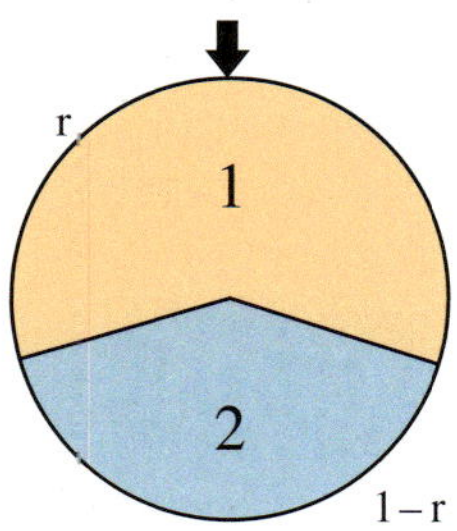

Glücksrad II

1
Untersuche, ob man bei dem angegebenen Verfahren anstelle von Glücksrad I auch ein Glücksrad verwenden kann, bei dem die „1“ bzw. die „2“ jeweils mit der Wahrscheinlichkeit 0,5 erscheint. Interpretiere das Ergebnis.

2
Bei der ursprünglichen Methode sind die beiden Fragen abhängig voneinander. Um die Methode zu verbessern, dreht die befragte Person jetzt zwei Glücksräder II und III und erhält einen Zettel, bei dem die zweite Frage völlig harmlos ist. Der Ausgang von Glücksrad II bestimmt, welche Frage auf dem Zettel beantwortet werden soll. Beim Rad II erscheint die „1“ mit der Wahrscheinlichkeit r, beim Rad III erscheint der Buchstabe A mit der Wahrscheinlichkeit s. Weiterhin nehmen wir an, dass w der Anteil der Personen ist, die bei einer Untersuchung mit „ja“ geantwortet haben. Zeichne ein Baumdiagramm. Kann bei dieser Methode das Glücksrad II so eingestellt werden, dass $r = 0{,}5$ ist?

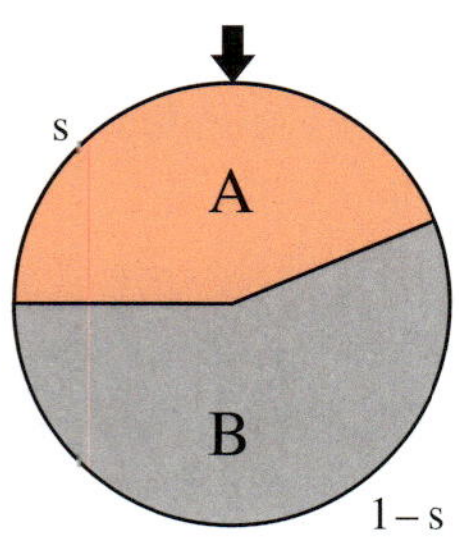

Glücksrad III

1. Haben Sie schon einmal in einem Kaufhaus gestohlen?
2. Zeigt das Glücksrad III auf das Feld mit dem Buchstaben A?

Thema:

Die Würfel von Efron

Die sechs Seiten eines Würfels müssen nicht unbedingt mit den Zahlen von eins bis sechs beschriftet sein.
Für ein einfaches, aber im Ergebnis recht verblüffendes Würfelspiel benutzen wir die „Würfel von Efron“. Es handelt sich dabei um drei verschiedenfarbige und unterschiedlich beschriftete Würfel. Man kann sie leicht herstellen, indem man bei herkömmlichen Würfeln die Seiten beispielsweise mit einem Folienstift entsprechend den abgebildeten Netzen beschriftet.

1

Mit diesen Würfeln wird das Spiel „Hoch gewinnt“ gespielt. Es ist ein Spiel für zwei Personen und besteht aus mehreren Runden.

Spielregeln:
- Es wird ausgelost, welcher Spieler sich einen der Würfel auswählen darf.
- Der zweite Spieler muss danach einen anderen Würfel wählen.
- In jeder Runde würfeln beide Spieler. Wer die höhere Augenzahl erreicht, erhält vom anderen Spieler eine Münze, wobei jeder Spieler am Anfang vier Münzen hat.
- Das Spiel ist beendet, wenn einer der beiden Spieler keine Münzen mehr hat.

a) Gibt es einen besonders günstigen Würfel?
b) Welchen Würfel sollte der zweite Spieler wählen, wenn der erste Spieler den blauen Würfel gewählt hat? Begründe deine Entscheidung und spiele „Hoch gewinnt“.
c) Die Spielregeln werden geändert: Nach jeder Runde darf sich der erste Spieler neu für einen Würfel entscheiden. Der zweite Spieler muss aber in jedem Fall einen anderen Würfel als der erste Spieler wählen. Wie sieht nun die optimale Strategie des zweiten Spielers aus?

2

Das Spiel aus Aufgabe 1 wird jetzt mit den abgebildeten vier Würfel gespielt.

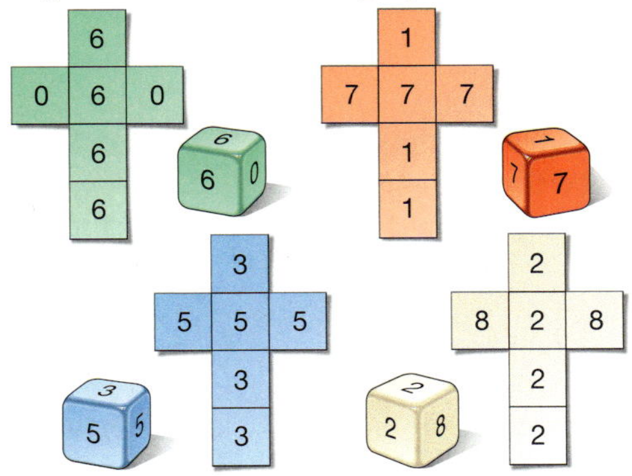

a) Überlege jeweils, wie der zweite Spieler optimal auf die Würfelwahl des ersten Spielers reagiert.
b) Begründe, dass die Gewinnchance des zweiten Spielers bei geeigneter Würfelwahl unabhängig von der Wahl des ersten Spielers pro Runde 2/3 beträgt.
c) Mit welcher Wahrscheinlichkeit gewinnt der erste Spieler das Spiel in 4 Runden, wenn der zweite Spieler eine optimale Strategie verfolgt?
d) Mit welcher Wahrscheinlichkeit gewinnt der zweite Spieler das Spiel in 4 Runden, wenn er eine optimale Strategie verfolgt?

Rückblick

Mehrstufiges Zufallsexperiment
Ein Zufallsexperiment, das aus mehreren Teilexperimenten besteht, nennt man **mehrstufiges Zufallsexperiment**. Je nach Anzahl der Stufen des Zufallsexperiments schreibt man seine Ergebnisse als Paare $(a_1;\ a_2)$, Tripel $(a_1;\ a_2;\ a_3)$ oder allgemein als n-Tupel $(a_1;\ a_2;\ \ldots;\ a_n)$. Jedes n-Tupel stellt genau einen Pfad im zugehörigen Baumdiagramm vom Startpunkt bis zu einem Endpunkt dar.

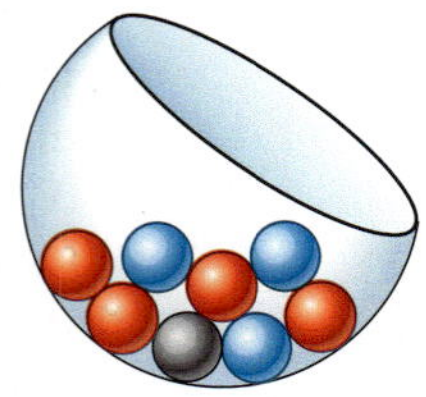

Aus der Urne werden nacheinander 2 Kugeln gezogen. Die Ergebnisse kann man mit Hilfe eines Baumdiagramms angeben.

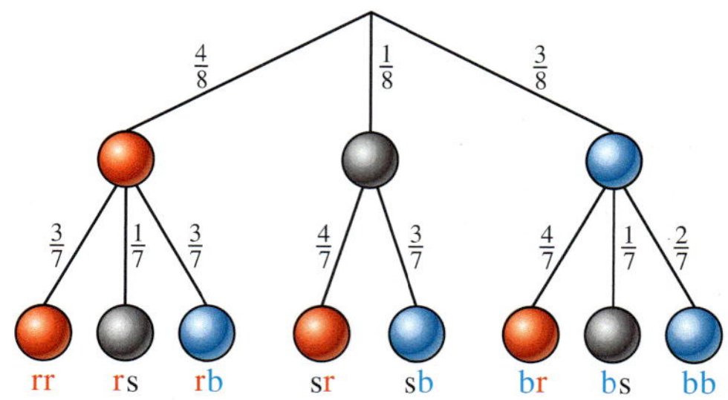

1. Pfadregel
Bei einem mehrstufigen Zufallsexperiment erhält man die Wahrscheinlichkeit eines Ergebnisses, indem man die Wahrscheinlichkeiten längs des zugehörigen Pfades multipliziert.

$\frac{12}{56}$ $\frac{4}{56}$ $\frac{12}{56}$ $\frac{4}{56}$ $\frac{3}{56}$ $\frac{12}{56}$ $\frac{3}{56}$ $\frac{6}{56}$

Wahrscheinlichkeiten der Ergebnisse

2. Pfadregel
Bei mehrstufigen Zufallsexperimenten erhält man die Wahrscheinlichkeit eines Ereignisses, indem man die Summe der Wahrscheinlichkeiten der Pfade bildet, die zu dem Ereignis gehören.

$\frac{12}{56} + \frac{3}{56} + \frac{12}{56} + \frac{3}{56} = \frac{30}{56} = \frac{15}{28}$

Wahrscheinlichkeit des Ereignisses, dass genau eine blaue Kugel gezogen wird.

Simulation
Die Nachahmung eines Zufallsexperiments durch ein anderes Zufallsexperiment mit den gleichen Wahrscheinlichkeiten bezeichnet man als Simulation.
Die relative Häufigkeit des Eintretens eines Ereignisses wird als Schätzwert für seine Wahrscheinlichkeit verwendet.

Aufgaben zum Üben und Wiederholen

1
Renate zieht aus der Urne zufällig die vier Kugeln und legt sie in der gezogenen Reihenfolge hintereinander.
a) Berechne die Wahrscheinlichkeit, dass das Wort „OTTO“ entsteht.
b) Berechne die Wahrscheinlichkeit für „OTTO“, wenn man den Buchstaben der gezogenen Kugel nur aufschreibt, die Kugel selbst aber vor dem nächsten Zug wieder zurücklegt.
c) Berechne die Wahrscheinlichkeit für „OTTO“, wenn man wie in Teilaufgabe b) vorgeht, aber zusätzlich die Buchstaben umordnen darf.

2
Von 12 Dosen einer Kiste haben 3 eine größere Einwaage als angegeben. Zwei Dosen werden der Kiste blind entnommen und ihr Inhalt gewogen. Mit welcher Wahrscheinlichkeit enthalten beide Dosen eine zu große Einwaage?

3
Bei einem Spielautomaten bleiben drei Räder zufällig stehen. Im Fenster erscheint eine dreistellige Zahl. Bei „111“ gewinnt man, bei zwei Einsen erhält man ein Freispiel.

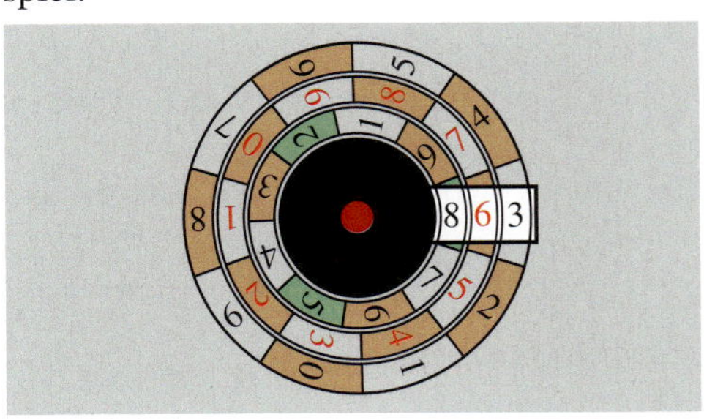

Berechne die Wahrscheinlichkeit für
a) Gewinn,
b) Freispiel,
c) Freispiel und im folgenden Spiel Gewinn.

4
Ali, Barbara und Claudia werfen je einen Stein in Richtung eines Eimers. Ihre Treffsicherheiten betragen 20 %, 30 % und 40 %. Mit welcher Wahrscheinlichkeit haben sie null, einen, zwei oder drei Treffer?

Die Lösungen zu den Aufgaben dieser Seite findest du auf den Seiten 192 und 193.

5
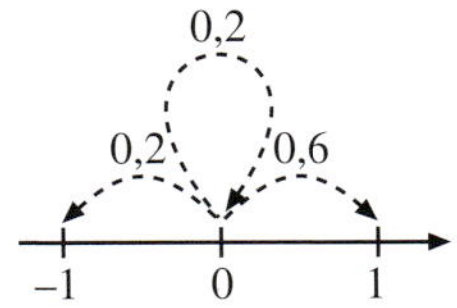

Ein Floh springt auf der Zahlengeraden. Er hüpft in einer Sekunde mit der Wahrscheinlichkeit 0,6 eine Einheit nach rechts, mit der Wahrscheinlichkeit 0,2 eine Einheit nach links, und mit der Wahrscheinlichkeit 0,2 bleibt er stehen. Er startet in 0.
a) Mit welcher Wahrscheinlichkeit ist der Floh nach 3 Sekunden auf der Zahl 2?
b) Bestimme durch Simulation einen Schätzwert für die Wahrscheinlichkeit, dass der Floh nach 10 Sekunden auf der Zahl 4 ist.

6
Von einem Ort weiß man aus langjähriger Erfahrung: Wenn es heute trocken ist, dann ist es morgen mit der Wahrscheinlichkeit $\frac{5}{6}$ wieder trocken. Wenn es heute nass ist, dann ist es morgen mit der Wahrscheinlichkeit $\frac{2}{3}$ wieder nass. Heute ist Sonntag und es ist trocken. Wie groß ist die Wahrscheinlichkeit, dass es am
a) Dienstag trocken,
b) Mittwoch nass,
c) Donnerstag trocken ist?

7
Bei einem Basketballspieler sinkt die Treffsicherheit bei einem Freiwurf während des 40-minütigen Spiels linear von anfänglich 70 % bis auf 50 %. Er bekommt nach der 8., 22. und 38. Spielminute je einen Freiwurf zugesprochen. Mit welcher Wahrscheinlichkeit verwandelt er keinen, einen, zwei oder alle drei Freiwürfe?

8
Frau Schnell erzählt einer Arbeitskollegin, dass sie auf ihrem Weg zur Arbeit drei Ampeln passieren muss, die unabhängig voneinander geschaltet sind und jeweils mit 50 % Wahrscheinlichkeit rot sind. Die Kollegin meint: „Dann stehen Sie mit Sicherheit an mindestens einer Ampel“. Nimm zur Aussage der Kollegin Stellung.

1 Seitenverhältnisse und Winkel in rechtwinkligen Dreiecken

Trigonometrie: *Dreiecksberechnung*

trigonion *(griech.): Dreieck*

metron *(griech.): Maß*

1

Die Vermuntbahn im Montafon steigt von der Talstation (1039 m) unter einem mittleren Winkel von 30° bis zur Bergstation (1738 m). Erstelle eine Zeichnung im geeigneten Maßstab und bestimme daraus

a) die Gesamtlänge der Fahrstrecke dieser Seilbahn,

b) die zurückgelegte Fahrstrecke, wenn sie die Höhe von 1200 m beziehungsweise 1600 m erreicht hat.

c) Welche Steigung hat die Seilbahn?

Erinnerung:
WW-Satz: Zwei Dreiecke sind ähnlich, wenn sie in zwei Winkeln übereinstimmen.

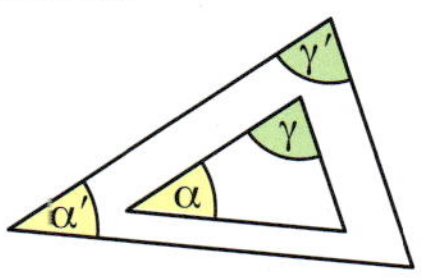

In der nebenstehenden Figur stimmen die rechtwinkligen Dreiecke ABC und AB_1C_1 im Winkel α überein und sind somit ähnlich.
Also gilt: $\frac{a}{b} = \frac{a_1}{b_1}$ oder $\frac{c}{b} = \frac{c_1}{b_1}$ oder $\frac{a}{c} = \frac{a_1}{c_1}$
Somit sind in allen rechtwinkligen Dreiecken, die in einem weiteren Winkel übereinstimmen, die Verhältnisse entsprechender Seiten gleich.

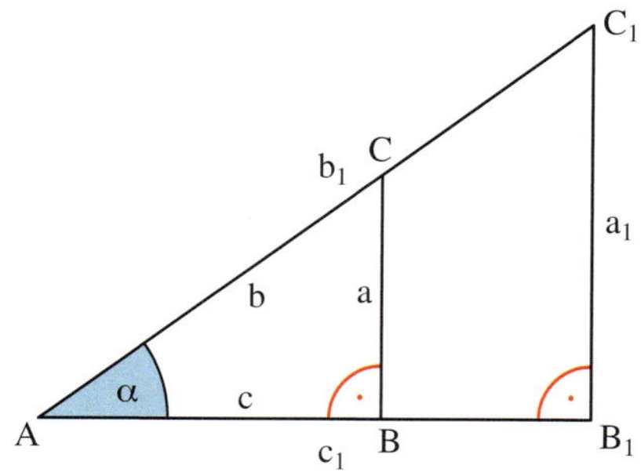

Weitere Ähnlichkeitssätze:
S : S : S-Satz,
S : W : S-Satz,
S : s : W-Satz

Stimmt umgekehrt bei zwei rechtwinkligen Dreiecken ein Verhältnis entsprechender Seiten überein, dann kann man mit den Ähnlichkeitssätzen S : W : S und S : s : W zeigen, dass die Dreiecke ähnlich sind und somit gleich große Winkel haben.

> Ist in einem rechtwinkligen Dreieck ein weiterer Winkel gegeben, dann sind alle Seitenverhältnisse festgelegt.
> Ist umgekehrt in einem rechtwinkligen Dreieck ein Seitenverhältnis gegeben, dann sind alle Winkel festgelegt.

Erinnerung:

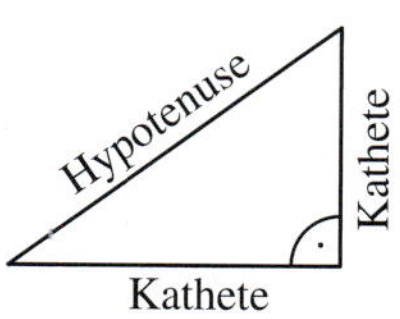

In einem rechtwinkligen Dreieck heißt die einem spitzen Winkel gegenüberliegende Kathete seine **Gegenkathete**, die andere seine **Ankathete**.

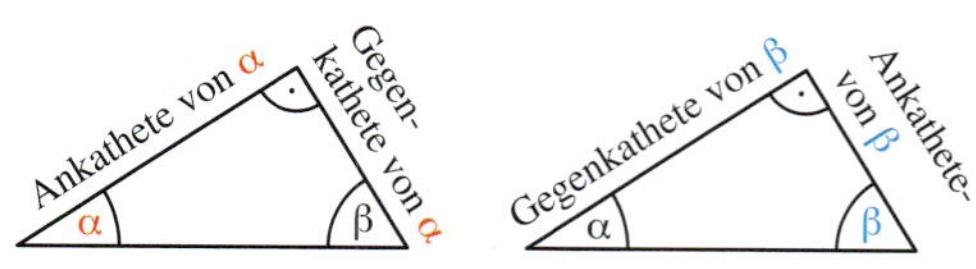

Da die Seitenverhältnisse in rechtwinkligen Dreiecken bereits alle Winkel festlegen, vereinbart man für die Seitenverhältnisse besondere Namen:

Definition:

$$\frac{\text{Gegenkathete von } \alpha}{\text{Hypotenuse}} = \sin\alpha \qquad \text{(lies: Sinus } \alpha)$$

$$\frac{\text{Ankathete von } \alpha}{\text{Hypotenuse}} = \cos\alpha \qquad \text{(lies: Kosinus } \alpha)$$

$$\frac{\text{Gegenkathete von } \alpha}{\text{Ankathete von } \alpha} = \tan\alpha \qquad \text{(lies: Tangens } \alpha)$$

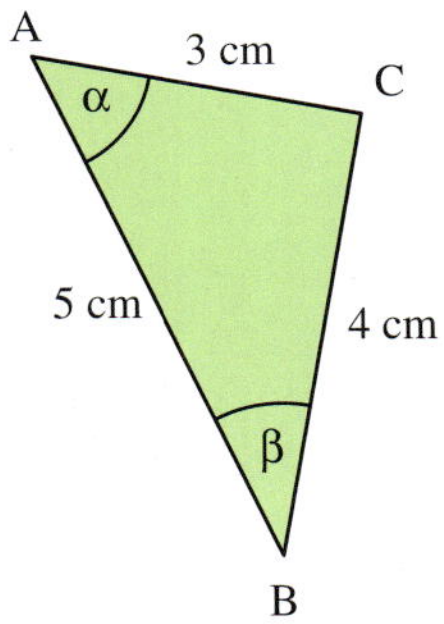

Beispiel 1

a) Begründe, dass das nebenstehende Dreieck rechtwinklig ist.
b) Bestimme $\sin\alpha$, $\cos\alpha$ und $\tan\alpha$.
c) Bestimme $\sin\beta$, $\cos\beta$ und $\tan\beta$.

Lösung:

a) Da $4^2 + 3^2 = 5^2$ gilt: $a^2 + b^2 = c^2$.
Somit folgt: Das Dreieck ist bei C rechtwinklig.

b) $\sin\alpha = \frac{4}{5} = 0{,}8$; $\cos\alpha = \frac{3}{5} = 0{,}6$;
$\tan\alpha = \frac{4}{3} \approx 1{,}33$

c) $\sin\beta = \frac{3}{5} = 0{,}6$; $\cos\beta = \frac{4}{5} = 0{,}8$;
$\tan\beta = \frac{3}{4} = 0{,}75$

Beispiel 2

Gib $\sin 30°$ und $\cos 30°$ mit Hilfe eines gleichseitigen Dreiecks exakt an.

Lösung:

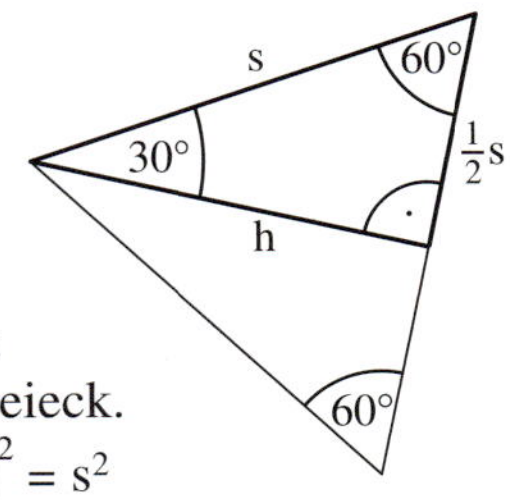

h ist die Höhe im gleichseitigen Dreieck.

Es gilt: $h^2 + \left(\frac{1}{2}s\right)^2 = s^2$

$\Rightarrow \quad h^2 = \frac{3}{4}s^2 \quad \Rightarrow \quad h = \frac{1}{2}\sqrt{3}\,s.$

$\sin 30° = \frac{\frac{1}{2}s}{s} = \frac{1}{2}$ und $\cos 30° = \frac{\frac{\sqrt{3}}{2}s}{s} = \frac{\sqrt{3}}{2}$

Aufgaben

2

Zeichne ein rechtwinkliges Dreieck ABC mit $\alpha = 25°$ und der Hypotenuse $c = 10\,\text{cm}$. Miss die Katheten und berechne danach (auf zwei Dezimalen genau) $\sin 25°$, $\cos 25°$, $\tan 25°$, $\sin 65°$, $\cos 65°$, $\tan 65°$.

3

Zeige: Ein Dreieck ABC mit $a = 3{,}3\,\text{cm}$, $b = 5{,}6\,\text{cm}$ und $c = 6{,}5\,\text{cm}$ ist rechtwinklig. Bestimme auf 4 Dezimalen genau: $\sin\alpha$, $\cos\alpha$, $\sin\beta$, $\cos\beta$ und $\tan\beta$.

4

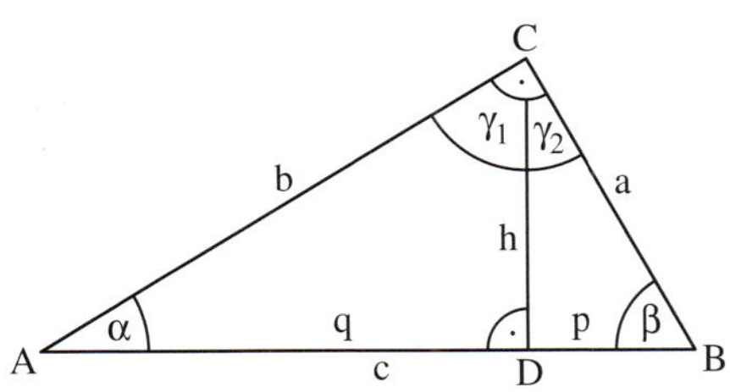

a) Gib mit Hilfe der Seiten a, b, c an: $\sin\alpha$, $\cos\alpha$, $\tan\alpha$.
b) Gib mit Hilfe der Seiten a, b, c an: $\sin\beta$, $\cos\beta$, $\tan\beta$.
c) Gib $\sin\gamma_1$, $\cos\gamma_1$, $\tan\gamma_1$ an und gib die Seitenverhältnisse aus Teilaufgabe a) nur mit Hilfe der Seitenlängen b, h und q an.
d) Gib $\sin\gamma_2$, $\cos\gamma_2$, $\tan\gamma_2$ an.
e) Begründe, dass die Dreiecke ABC und BCD ähnlich sind.

5

Zeichne ein rechtwinkliges Dreieck mit
a) $\tan\alpha = 2{,}4$; b) $\sin\alpha = 0{,}6$.
Entnimm der Zeichnung die Größe von α.

6

In einem Dreieck ABC ist die Hypotenuse c dreimal so lang wie die Kathete a. Ermittle $\sin\alpha$, $\cos\alpha$, $\tan\alpha$, $\sin\beta$, $\cos\beta$ und $\tan\beta$.

7

Bestimme jeweils exakt:
a) $\sin 45°$; $\cos 45°$; $\tan 45°$.
b) $\sin 60°$; $\cos 60°$; $\tan 60°$.

8

Welche Bedeutung hat das nebenstehende Verkehrsschild? Was besagt dabei die Angabe 5 %?

G 9

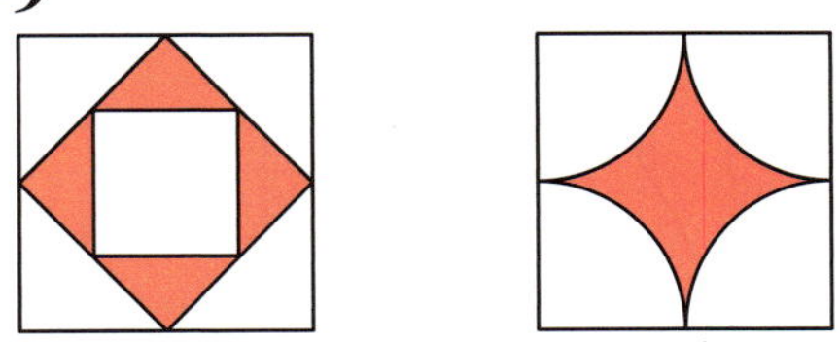

a = 4 cm a = 4 cm

a) Um wie viel Prozent unterscheiden sich die roten Flächen der beiden Figuren?
b) Wie verändert sich jeweils der Flächeninhalt, wenn a verdoppelt wird?

2 Sinus, Kosinus und Tangens am Einheitskreis

1
Die Gondel eines Riesenrades (Durchmesser 60 m) startet in Position 1 und hat nach 90 Sekunden ihren höchsten Punkt (Position 2) erreicht.

a) Ermittle mit Hilfe einer Zeichnung die Höhenzunahme h der Gondel nach 10 Sek., 20 Sek., …, 90 Sek. Lege eine Tabelle an.

b) Zeichne den zugehörigen Graphen.

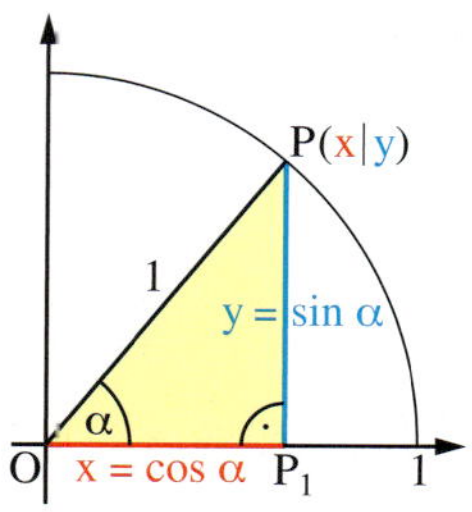

Eine passende DGS-Datei befindet sich im Internetauftritt.

Sinus und Kosinus sind für α = 0° und α = 90° noch nicht festgelegt, da es keine entsprechenden Dreiecke gibt.

Im Koordinatensystem links ist ein Viertelkreis um O mit Radius 1 eingetragen.
Ein Kreis mit Radius 1 heißt **Einheitskreis**. Der Punkt P (x|y) liegt auf der Kreislinie und bildet zusammen mit O und P_1 ein rechtwinkliges Dreieck. Daher gilt:

$\sin\alpha = \overline{P_1P} : \overline{OP} = \overline{P_1P} : 1 = y$

$\cos\alpha = \overline{OP_1} : \overline{OP} = \overline{OP_1} : 1 = x.$

Am Einheitskreis werden also sin α bzw. cos α durch den y-Wert bzw. x-Wert des Punktes P auf dem Einheitskreis veranschaulicht.
Diese Veranschaulichung lässt unmittelbar erkennen, wie sich sin α und cos α ändern, wenn α von 0° (ausschließlich) bis 90° (ausschließlich) zunimmt:

sin α	wächst	von 0 bis 1,
cos α	nimmt ab	von 1 bis 0.

Die Veranschaulichung von Sinus und Kosinus am Einheitskreis legt für die Randwerte α = 0° und α = 90° folgende Festlegung nahe:

sin 0° = 0; sin 90° = 1 und **cos 0° = 1; cos 90° = 0**.

> Die Zuordnung, die jedem Winkel α (0° ≦ α ≦ 90°) eindeutig die
> **y-Koordinate** bzw. **x-Koordinate**
> des zugehörigen Punktes P auf dem Einheitskreis zuordnet, heißt
> **Sinusfunktion α ↦ sin α** bzw. **Kosinusfunktion α ↦ cos α**.

Zeichnet man die Graphen der Sinus- und Kosinusfunktion, so trägt man auf der Rechtswertachse die Werte von α (0° ≦ α ≦ 90°) an. Die jeweils zugehörigen Funktionswerte können unmittelbar vom Einheitskreis übertragen werden.

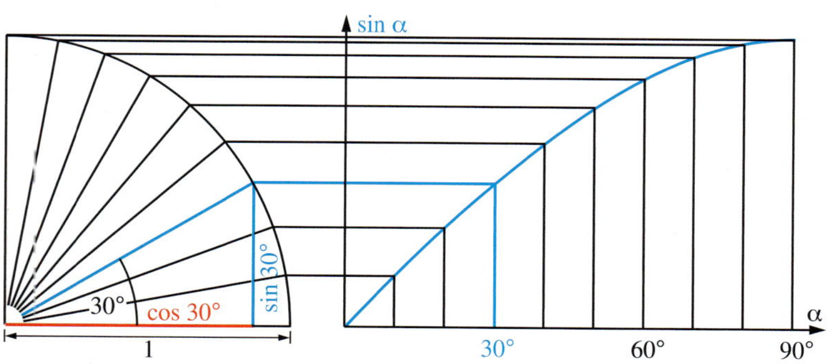

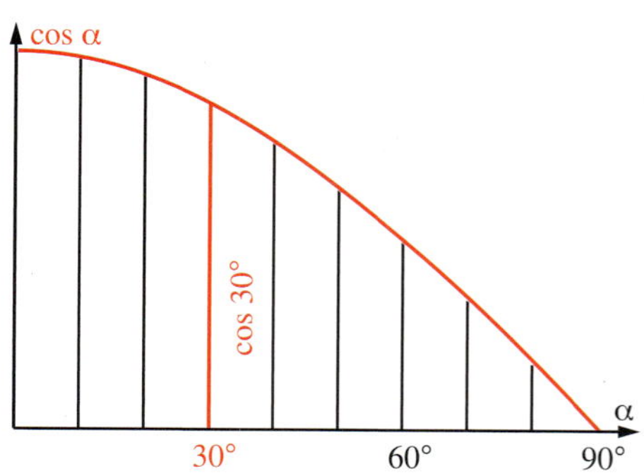

Daher der Name: „Tangens"!

Eine passende DGS-Datei befindet sich im Internetauftritt.

Auch tan α lässt sich am Einheitskreis veranschaulichen. Ist AA_1 die Tangente in A_1 an den Einheitskreis, so ist $A_1A \perp OA_1$. Also gilt: $\tan\alpha = \overline{AA_1} : \overline{OA_1} = \overline{AA_1} : 1 = \overline{AA_1}$.
Es ist unmittelbar abzulesen:
- Die Festsetzung $\tan 0° = 0$ ist sinnvoll.
- Mit wachsendem α wächst tan α bis zu beliebig großen Werten.
- Zu $\alpha = 90°$ gibt es keinen Tangens.

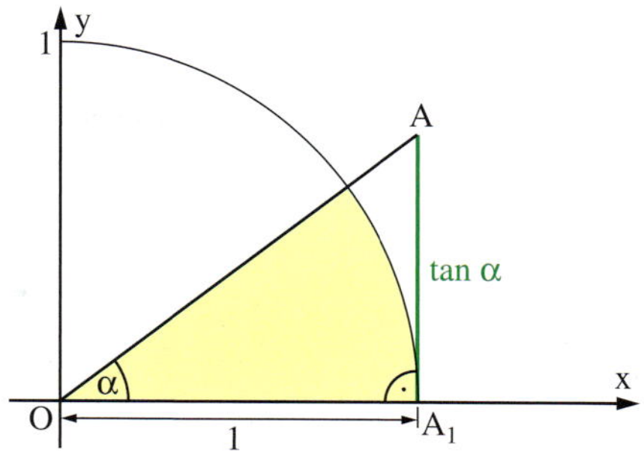

Die **Tangensfunktion α ↦ tan α** ordnet jedem Winkel α eindeutig den Abstand $\overline{AA_1}$ der Punkte A und A_1 auf der Tangente des Einheitskreises zu.

Sinus-, Kosinus- und Tangensfunktion bezeichnet man auch als **Winkelfunktionen** oder **trigonometrische Funktionen**.

Die Berechnung von sin α, cos α und tan α erfordert (bis auf wenige Werte von α wie z. B. 30°, 45°, 60°) Hilfsmittel der höheren Mathematik. Die Zahlenwerte können jedoch mit Hilfe eines Taschenrechners oder einer genauen Zeichnung näherungsweise angegeben werden. Viele Taschenrechner arbeiten wie folgt: Möchte man beispielsweise sin 17,3° angeben, so betätigt man die Taste [sin], tippt dann die Zahl 17,3 ein und drückt die Taste [=]. Auf der Anzeige erscheint der Näherungswert 0,2973749. Häufig rundet man auf 4 Nachkommastellen, da diese genügen für Winkel, die auf $\frac{1}{10}°$ genau angegeben sind.
Will man umgekehrt zu einem vorgegebenen Sinuswert, z. B. 0,5373, den zugehörigen Winkel bestimmen, so tippt man ein: [$\sin^{-1}$] 0,5373 [=]. Es erscheint 32,5.

Beispiel 1
Bestimme sin 33° und cos 33°
a) graphisch, b) mit dem Taschenrechner.
Lösung:
a) Möglichst große Zeichnung z. B. mit dem Radius 10 cm anfertigen

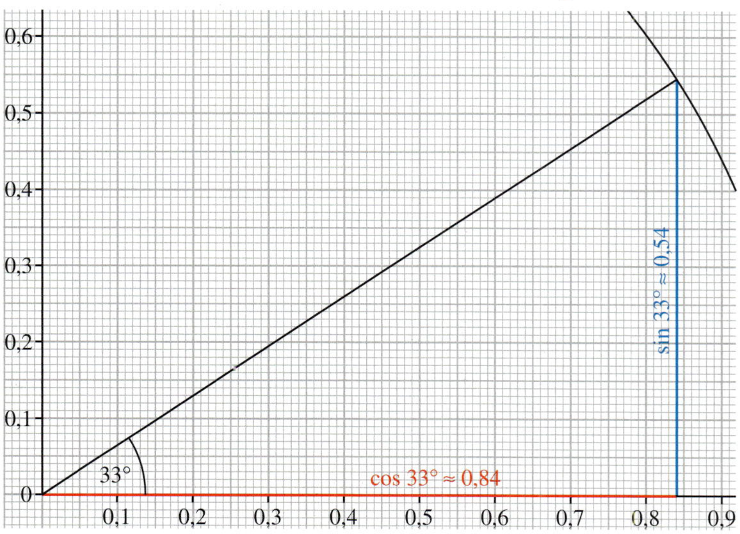

b) sin 33° = 0,5446, cos 33° = 0,8387

Beispiel 2
In einem rechtwinkligen Dreieck ABC sind die Hypotenuse b mit der Länge 5 cm und die Kathete a mit der Länge 4 cm gegeben. Bestimme die Länge der anderen Kathete und die Innenwinkel des Dreiecks.
Lösung:

Skizze:

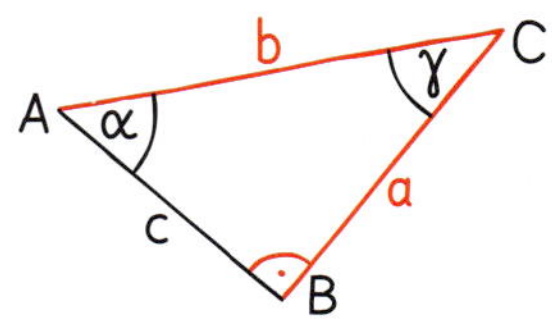

Da $c^2 + a^2 = b^2$, folgt $c^2 = b^2 - a^2$
$c^2 = (5\,\text{cm})^2 - (4\,\text{cm})^2$
$= 25\,\text{cm}^2 - 16\,\text{cm}^2 = 9\,\text{cm}^2$,
somit ist $c = 3\,\text{cm}$.
$\sin\alpha = \frac{a}{b} = \frac{4\,\text{cm}}{5\,\text{cm}} = 0{,}8$;
der Taschenrechner liefert $\alpha \approx 53{,}1°$.
$\beta = 90°$, also
$\gamma = 90° - \alpha = 90° - 53{,}1° = 36{,}9°$
Andere Möglichkeiten zur Bestimmung von α:
$\cos\alpha = \frac{c}{b} = \frac{3\,\text{cm}}{5\,\text{cm}}$ oder $\tan\alpha = \frac{a}{c} = \frac{4\,\text{cm}}{3\,\text{cm}}$

Aufgaben

Analog zur Unterteilung
1 Stunde = 60 Minuten
und
1 Minute = 60 Sekunden

gilt beim Winkelmaß:
1 Grad = 60 Winkelminuten
und
1 Winkelminute = 60 Winkelsekunden

Bezeichnungen:
1 Winkelminute = 1′
1 Winkelsekunde = 1″

Wichtige Werte für

α	$\sin\alpha$	$\cos\alpha$
0°	0	1
30°	$\frac{1}{2}$	$\frac{1}{2}\sqrt{3}$
45°	$\frac{1}{2}\sqrt{2}$	$\frac{1}{2}\sqrt{2}$
60°	$\frac{1}{2}\sqrt{3}$	$\frac{1}{2}$
90°	1	0

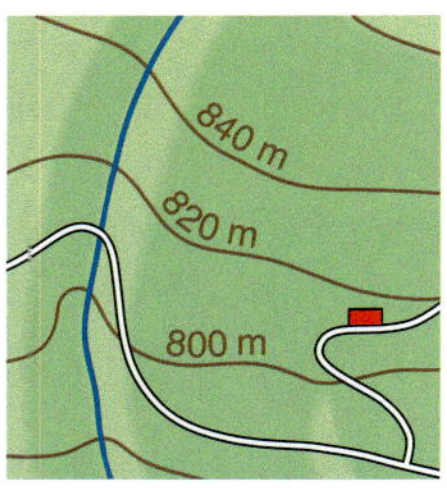

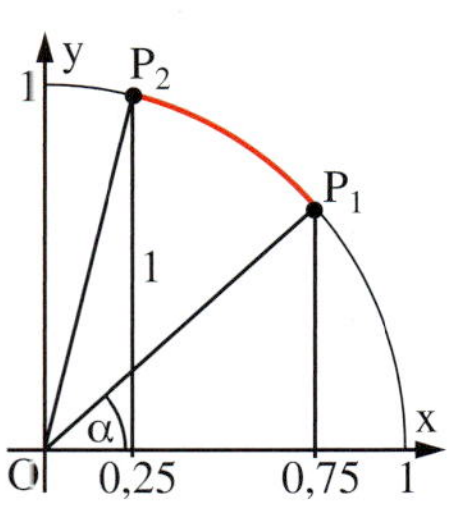

2
Bestimme folgende Werte zeichnerisch mit Hilfe eines Einheitskreises. Überprüfe die Ergebnisse mit dem Taschenrechner.

a) sin 78° b) cos 19,5° c) tan 53°
d) sin 1° e) cos 89° f) tan 81°
g) sin 12°15′ h) cos 28°47′ i) tan 9°30′

3
Bestimme zeichnerisch und rechnerisch die Winkel α und β in einem Dreieck ABC mit $\gamma = 90°$ für:

a) $a = 3\,\text{cm}$, $c = 6\,\text{cm}$;
b) $b = 3{,}6\,\text{cm}$, $c = 4{,}5\,\text{cm}$;
c) $a = 8\,\text{cm}$, $b = 6\,\text{cm}$;
d) $b = 2\,\text{cm}$, $c = 6\,\text{cm}$;
e) $a = 3{,}2\,\text{cm}$, $c = 5{,}6\,\text{cm}$.

4
Bestimme mit Hilfe eines Einheitskreises zu den folgenden Sinus-, Kosinus- und Tangenswerten die Winkel. Überprüfe die Ergebnisse mit dem Taschenrechner.

a) $\sin\alpha = 0{,}35$ b) $\cos\alpha = 0{,}73$
c) $\tan\alpha = 0{,}50$ d) $\sin\alpha = 0{,}50$

5
Auf einer Wanderkarte im Maßstab 1:25 000 haben zwei benachbarte 20-m-Höhenlinien einen Abstand von 6 mm. Das Gelände steigt an dieser Stelle gleichmäßig an.
Bestimme den Winkel, unter dem das Gelände an dieser Stelle ansteigt.

6
Zeichne ein Dreieck ABC mit $\gamma = 90°$ und $a = 4{,}5\,\text{cm}$ sowie

a) $\tan\alpha = 0{,}8$; b) $\tan\alpha = 1{,}4$;
c) $\tan\beta = 0{,}6$; d) $\tan\beta = 1{,}5$.

7 🖳
Für die Punkte auf dem Einheitskreis zwischen P_1 und P_2 gilt:
$0{,}25 \leqq \cos\alpha \leqq 0{,}75$ (P_1, P_2 eingeschlossen).
Zeichne einen Einheitskreis (1 LE = 5 cm) und markiere entsprechend das Bogenstück, für dessen Punkte gilt:

a) $0{,}4 \leqq \sin\alpha < 0{,}6$
b) $0{,}2 \leqq \sin\alpha \leqq 0{,}9$ und $0{,}2 \leqq \cos\alpha \leqq 0{,}9$.

Gib die zugehörigen Winkelbereiche an.

8
Lege einen Stift so mit den Enden schräg auf dein Mäppchen bzw. den Tisch, dass seine Steigung 50 % (100 %) beträgt.

9
Welche der Aussagen sind wahr? Begründe ohne Berechnung der Funktionswerte.

a) $\sin 0° < \sin 15°$ b) $\cos 0° < \cos 30°$
c) $\sin 50° < \sin 90°$ d) $\cos 60° < \cos 90°$
e) $\sin 90° > \cos 20°$ f) $\cos 90° > \sin 0°$

*10
In einem gleichschenkligen Dreieck ABC mit $a = b = 5\,\text{cm}$ ist $\tan\alpha = 0{,}8$. Berechne die Höhe h_c und die Grundseite c.

11 🖳

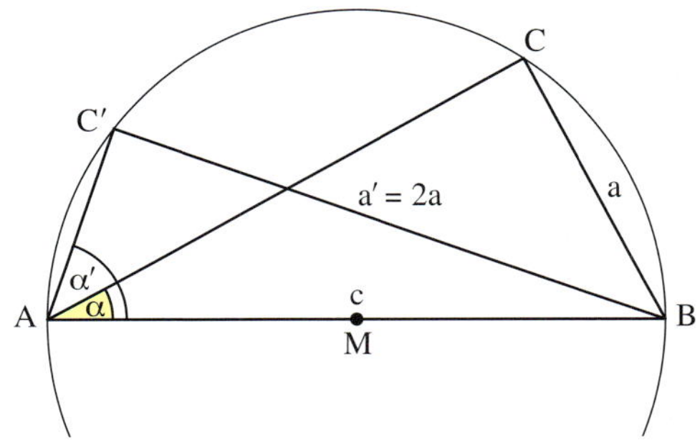

Die rechtwinkligen Dreiecke ABC und ABC′ haben dieselbe Hypotenuse c. Die Kathete a′ ist jedoch doppelt so lang wie a.

a) Wie verhält sich $\sin\alpha$ zu $\sin\alpha'$?
b) Miss die Winkel α und α'. Ist α' doppelt so groß wie α?

G 12
Zeichne jeweils die Graphen der beiden Funktionen und berechne die Koordinaten ihrer gemeinsamen Punkte.

a) $f\colon x \mapsto \frac{2x}{3-2x}$ $g\colon x \mapsto x+1$
b) $f\colon x \mapsto -0{,}5x^2 + x + 1{,}5$ $g\colon x \mapsto x + 1{,}5$

G 13
Verwandle den Term mit Hilfe der binomischen Formeln in ein Produkt. Wenn nötig, klammere zuvor einen Faktor aus.

a) $4m^4n^4 - 1$ b) $144u^4v^4 - 64u^2v^2$
c) $16 - 4a + \frac{a^2}{4}$ d) $\frac{x^2}{9} + 2xy + 9y^2$
e) $\frac{z^2}{3} - \frac{1}{3}$ f) $2x^2 + 12x + 18$

3 Berechnungen an rechtwinkligen Dreiecken

1

Häufig wird in Bebauungsplänen – das sind die für ein Baugebiet festgesetzten Richtlinien – eine Dachneigung α vorgeschrieben, z. B. 20° bis 45°.

a) Welche zusätzliche Größe bestimmt vor allem die größte bzw. kleinste Firsthöhe über der Traufe?

b) Welche anderen zur Dachneigung gleichwertigen Festsetzungen wären möglich?

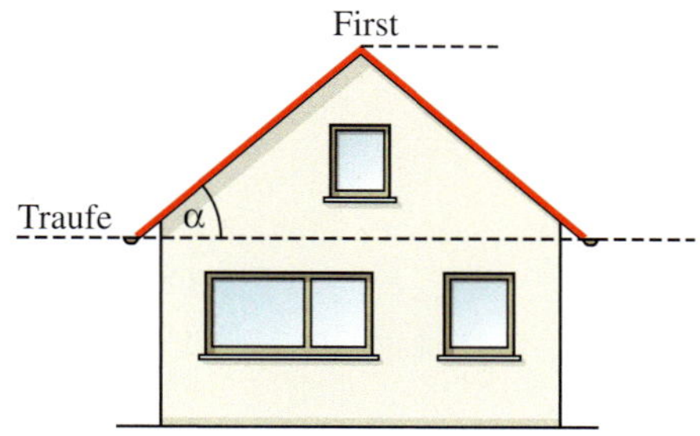

2

Welche Stücke müssen bei einem Dreieck gegeben sein, damit man es eindeutig konstruieren kann?

Kennt man bei einem rechtwinkligen Dreieck außer dem rechten Winkel eine Seite und ein weiteres Bestimmungsstück, so kann es eindeutig konstruiert werden.
Zur Berechnung der restlichen Stücke des Dreiecks standen bisher nur der Winkelsummensatz im Dreieck und der Satz des Pythagoras zur Verfügung, mit deren Hilfe aber nicht alle Stücke berechnet werden konnten. Mit Sinus, Kosinus und Tangens können jetzt alle restlichen Stücke berechnet werden.

Beispiel 1

Gegeben: Kathete $a = 2{,}2\,\text{cm}$ und Hypotenuse $c = 4{,}3\,\text{cm}$

Gesucht: Kathete b, Winkel α, Winkel β

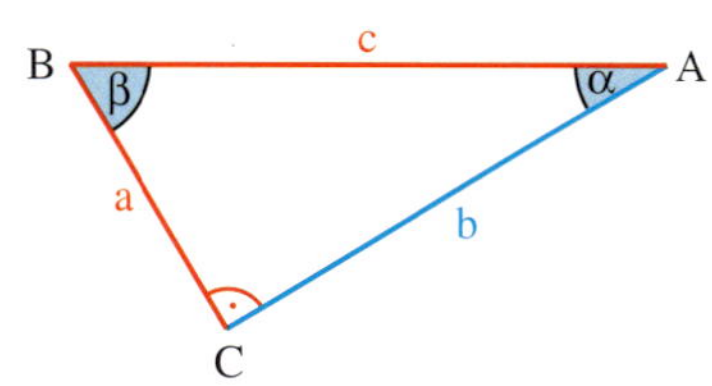

Lösung:

Formel:	umgeformt:	Rechnung:	Ergebnis (gerundet):
$a^2 + b^2 = c^2$	$b = \sqrt{c^2 - a^2}$	$b = \sqrt{(4{,}3\,\text{cm})^2 - (2{,}2\,\text{cm})^2}$	$b \approx 3{,}7\,\text{cm}$
$\sin\alpha = \frac{a}{c}$		$\sin\alpha = \frac{2{,}2\,\text{cm}}{4{,}3\,\text{cm}} \approx 0{,}51162791$	$\alpha \approx 30{,}8°$
$\alpha + \beta = 90°$	$\beta = 90° - \alpha$	$\beta \approx 90° - 30{,}8°$	$\beta \approx 59{,}2°$

Alternativ kann man auch β zuerst und dann α bestimmen.

Beispiel 2

Gegeben: Winkel $\delta = 23{,}8°$ und Kathete $e = 4{,}3\,\text{cm}$

Gesucht: Winkel ε, Kathete d, Hypotenuse f

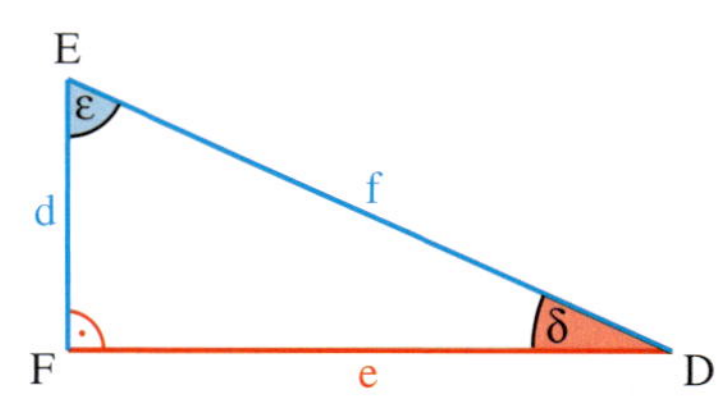

Lösung:

Formel:	umgeformt:	Rechnung:	Ergebnis (gerundet):
$\delta + \varepsilon = 90°$	$\varepsilon = 90° - \delta$	$\varepsilon = 90° - 23{,}8°$	$\varepsilon = 66{,}2°$
$\cos\delta = \frac{e}{f}$	$f = \frac{e}{\cos\delta}$	$f = \frac{4{,}3\,\text{cm}}{\cos 23{,}8°}$	$f \approx 4{,}7\,\text{cm}$
$\tan\delta = \frac{d}{e}$	$d = e \cdot \tan\delta$	$d = 4{,}3\,\text{cm} \cdot \tan 23{,}8°$	$d \approx 1{,}9\,\text{cm}$

Die zweite Kathete wird hier mit dem Tangens bestimmt, da sie auf diese Weise unmittelbar aus den gegebenen Stücken berechnet werden kann. Eine alternative Lösung mit Hilfe des Satzes von Pythagoras wäre aufwändiger.

$b \sin\gamma$ ist die für die Flächenformel benötigte Höhe.

Beispiel 3

a) Begründe: Für den Flächeninhalt A eines Dreiecks ABC mit den Seiten a, b und dem eingeschlossenen spitzen Winkel γ gilt:
$A = \frac{1}{2} a \cdot b \cdot \sin\gamma$.

b) Berechne den Flächeninhalt A eines Dreiecks ABC mit $b = 3{,}5\,\text{cm}$; $c = 7{,}2\,\text{cm}$; $\alpha = 33{,}4°$. Runde sinnvoll.

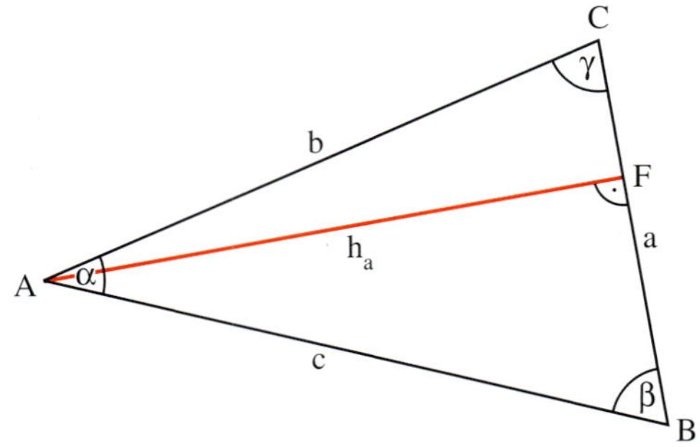

Lösung:

a) Das Dreieck AFC ist rechtwinklig: Aus $\sin\gamma = \frac{h_a}{b}$ folgt $h_a = b \cdot \sin\gamma$.
Also: $A = \frac{1}{2} a \cdot h_a = \frac{1}{2} a \cdot b \cdot \sin\gamma$

b) $A = \frac{1}{2} b \cdot c \cdot \sin\alpha = \frac{1}{2} \cdot 3{,}5\,\text{cm} \cdot 7{,}2\,\text{cm} \cdot \sin 33{,}4° \approx 6{,}9\,\text{cm}^2$

Aufgaben

3

Berechne die fehlenden Seiten und Winkel des Dreiecks ABC mit $\gamma = 90°$.

a) $a = 6{,}0\,\text{cm}$; $b = 2{,}5\,\text{cm}$
b) $a = 47{,}0\,\text{m}$; $\beta = 38°$
c) $a = 120{,}0\,\text{m}$; $\alpha = 41°$
d) $c = 6{,}4\,\text{cm}$; $\alpha = 32°$
e) $a = 15{,}8\,\text{m}$; $c = 24{,}3\,\text{m}$
f) $b = 39{,}2\,\text{m}$; $c = 56{,}4\,\text{m}$

4

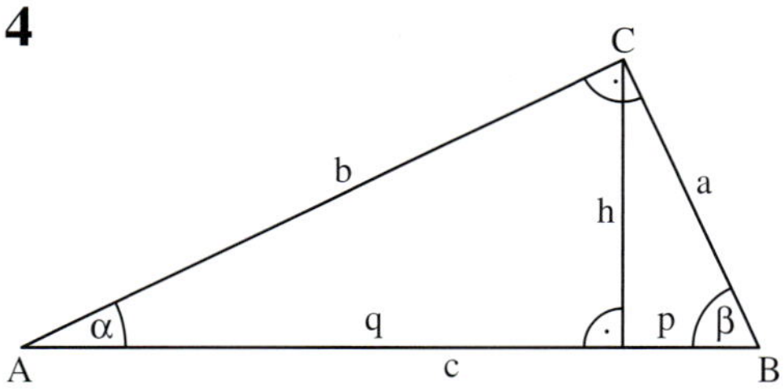

Berechne p, q und h im Dreieck ABC.

a) $a = 6{,}0\,\text{cm}$; $c = 10{,}0\,\text{cm}$
b) $b = 4{,}5\,\text{cm}$; $\alpha = 43{,}5°$
c) $a = 8{,}0\,\text{m}$; $\alpha = 28°$
d) $c = 12{,}0\,\text{cm}$; $\alpha = 72°$
e) $c = 14{,}5\,\text{cm}$; $\beta = 48{,}5°$
f) $a = 14{,}0\,\text{cm}$; $b = 25{,}8\,\text{cm}$

5

Eine Leiter der Länge 7,5 m lehnt in der Höhe 6,6 m an einer Hauswand.

a) Bestimme den Winkel α.
b) Wie weit ist das untere Ende der Leiter von der Hauswand entfernt?
c) Die Höhe wird auf 3,3 m halbiert, halbiert sich damit auch der Winkel α?

6

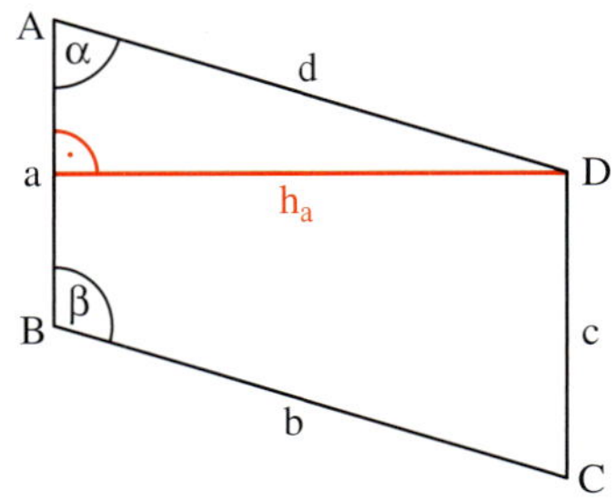

Welchen Flächeninhalt hat ein Parallelogramm mit

a) $a = 8\,\text{cm}$, $d = 10\,\text{cm}$, $\alpha = 60°$;
b) $a = 12{,}0\,\text{m}$, $b = 7{,}5\,\text{m}$, $\beta = 125°$;
c) $b = 10\,\text{cm}$, $c = 8\,\text{cm}$, $\gamma = 60°$?

7

Der Giebel eines Daches ist $b = 8{,}4\,\text{m}$ breit und $h = 5{,}4\,\text{m}$ hoch. Berechne die Dachneigung α.

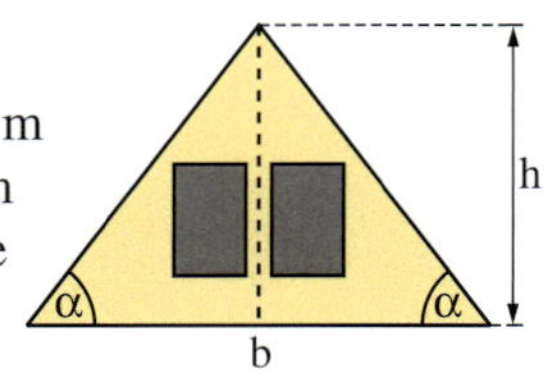

8

Das Dreieck ABC ist gleichschenklig. Berechne die fehlenden Seiten und Winkel sowie den Flächeninhalt.

a) $b = 58{,}6\,\text{m}$; $\alpha = 62°$
b) $a = 45{,}2\,\text{cm}$; $\gamma = 98°$
c) $c = 124{,}8\,\text{m}$; $\beta = 36°$
d) $a = 65{,}4\,\text{m}$; $c = 54{,}7\,\text{m}$
e) $c = 2\,\text{dm}$; $h = 1\,\text{dm}$
f) $\gamma = 60°$; $c = 8\,\text{cm}$

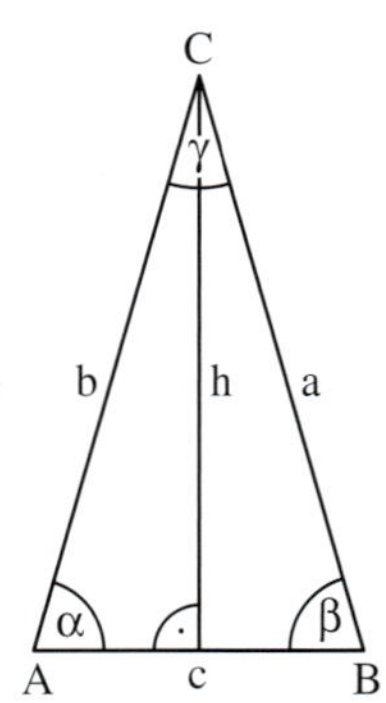

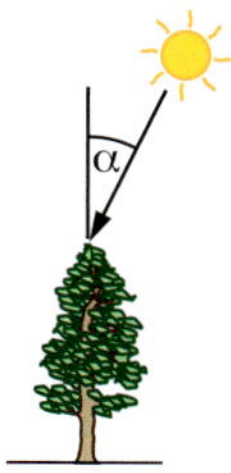

9

Wie hoch ist eine Tanne, wenn ihr Schatten $s = 27{,}5\,\text{m}$ lang ist und die Sonnenstrahlen unter dem Winkel $\alpha = 38{,}5°$ einfallen?

10

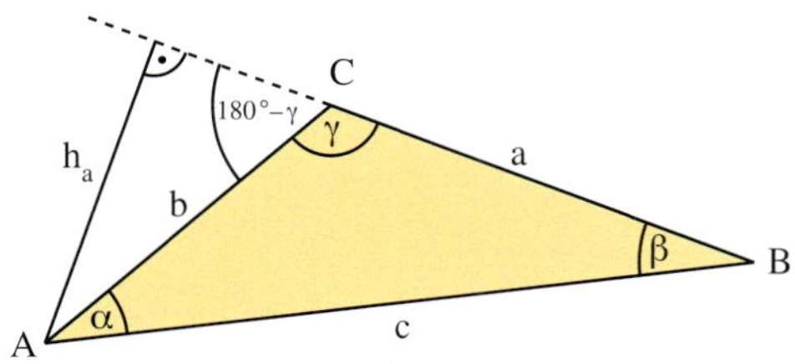

a) Begründe: Für den Flächeninhalt A eines Dreiecks ABC mit den Seiten a, b und einem eingeschlossenen stumpfen Winkel γ gilt:
$A = \frac{1}{2} a \cdot b \cdot \sin(180° - \gamma)$.

b) Berechne mit Hilfe der Beziehung in a) den Flächeninhalt A eines Dreiecks mit $c = 5\,\text{cm}$; $b = 8\,\text{cm}$ und $\alpha = 130°$.

11

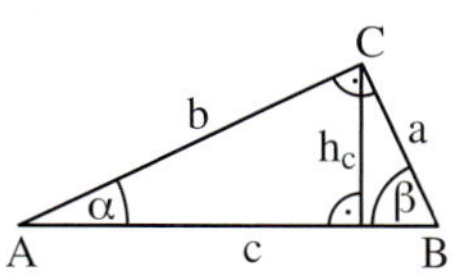

In einem rechtwinkligen Dreieck ABC sind die Katheten a und b sowie die Hypotenuse c gegeben. Begründe, dass für die Höhe h_c gilt: $h_c = \frac{a \cdot b}{c}$.

12

Die Steigung einer Straße ist das Verhältnis des Höhenunterschieds h zur horizontalen Strecke s. Eine 320,5 m lange gerade Straße hat die Steigung 7,5 %.

a) Berechne den Steigungswinkel dieser Straße.

b) Wie groß ist der Höhenunterschied, den die Straße überwindet?

c) Wie lang ist dieses Straßenstück auf einer Karte im Maßstab 1:25 000?

13

Bei den folgenden Alpenpässen ist ihre größte Steigung in Prozent angegeben. (Steigung p % bedeutet: Auf 100 m in der Horizontalen beträgt der Höhenunterschied p Meter.) Berechne den zugehörigen Steigungswinkel:

a) Fernpass 15 % b) Tauernhöhe 22 %

c) Katschberg 25 % d) Achenpass 12 %

Einige Aufgaben dieser Seite können gut mit einem DGS gelöst werden.

14

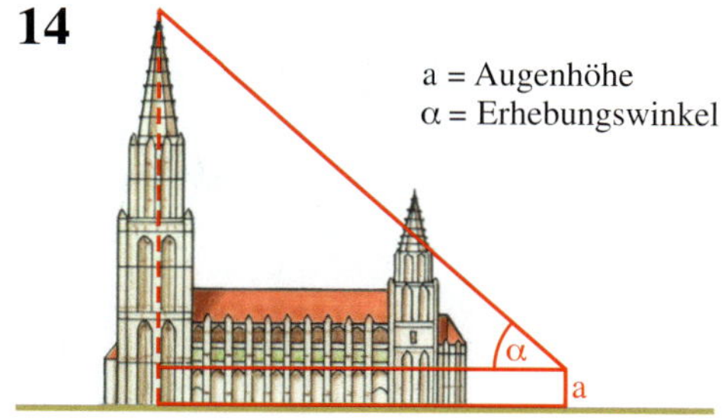

a) Eine Turmspitze erscheint von einer Stelle aus, die in horizontaler Richtung 141 m vom Fuß des Turms entfernt ist, unter einem Erhebungswinkel von 48,5°. Berechne die Turmhöhe, wenn die Augenhöhe 1,5 m beträgt.

b) Versucht in ähnlicher Weise die Höhe eines Kirchturms in eurer Umgebung zu bestimmen. Überlegt, wie stark sich Meßfehler auf das Ergebnis auswirken können.

15

Um die Höhe eines Kirchturms zu bestimmen, hat man eine horizontale Standlinie von der Länge $s = 65{,}00\,\text{m}$ abgesteckt, die auf den Turm zuläuft. In ihren Endpunkten erblickt man die Turmspitze unter den Erhebungswinkeln $\alpha = 49{,}5°$ und $\beta = 27°$. Die Augenhöhe beträgt $a = 1{,}60\,\text{m}$. Wie hoch ist der Kirchturm?

16

Die Rohrleitung eines Wasserkraftwerks fällt um 360 m. Auf der Karte 1:25 000 misst sie 3,2 cm. Berechne ihren Steigungswinkel und ihre Länge.

17

Von einem Turm $(h = 28{,}6\,\text{m})$, der $e = 16{,}0\,\text{m}$ vom Ufer eines Flusses entfernt ist, erscheint die Flussbreite unter dem Sehwinkel $\alpha = 17°$. Wie breit ist der Fluss?

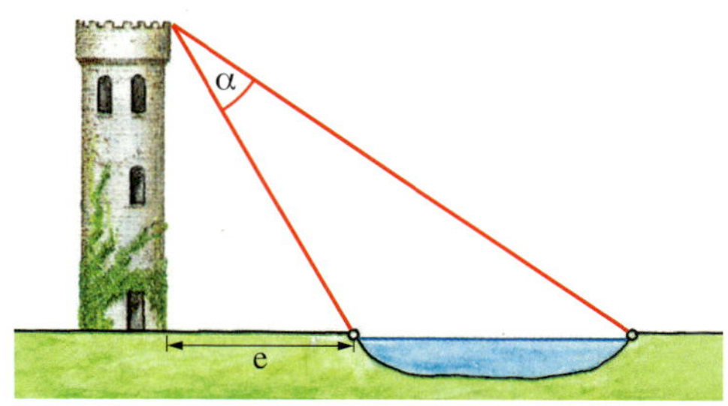

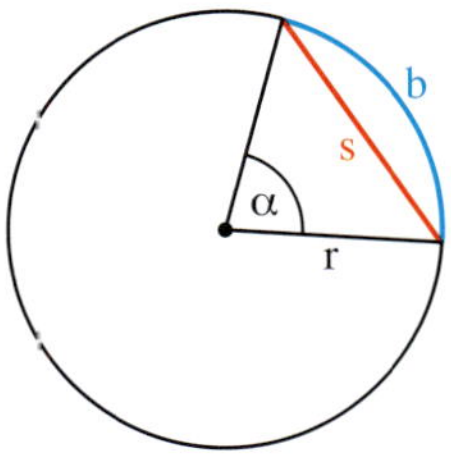

18

In einem Kreis mit Radius r gehören zum Mittelpunktswinkel α die Sehne s und der Bogen b. Berechne die fehlenden Stücke für

a) $r = 3{,}2\,\text{cm};\ \alpha = 80°$

b) $b = 6{,}3\,\text{cm};\ \alpha = 137°$

c) $r = 74\,\text{m};\ b = 185\,\text{m}$.

19

Zwei Kreise haben die gemeinsame Sehne $s = 486\,\text{mm}$ mit den Mittelpunktswinkeln $\alpha = 78{,}5°$ und $\beta = 117°$. Wie groß ist das gemeinsame Flächenstück? (2 Lösungen!)

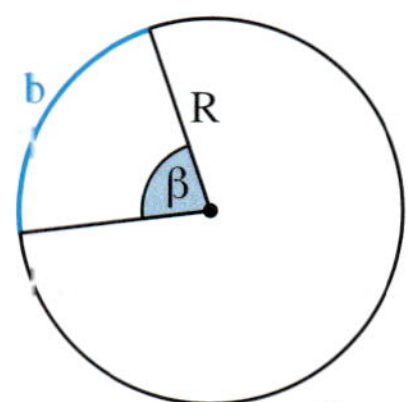

Es gilt: $\frac{b}{2\pi R} = \frac{\beta}{360°}$

20

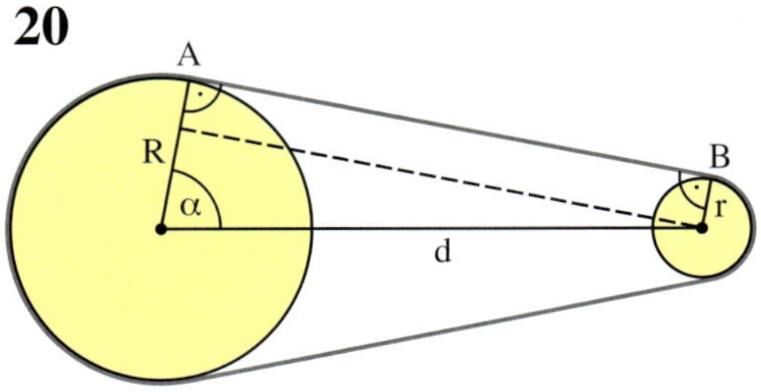

Zwei Riemenscheiben haben die Radien $R = 45\,\text{cm}$ und $r = 15\,\text{cm}$; der Abstand d ihrer Mittelpunkte beträgt $d = 1{,}65\,\text{m}$. Wie lang muss der Treibriemen sein?
Hinweis: Bestimme zunächst den Winkel α und anschließend den Abstand von A und B.

21

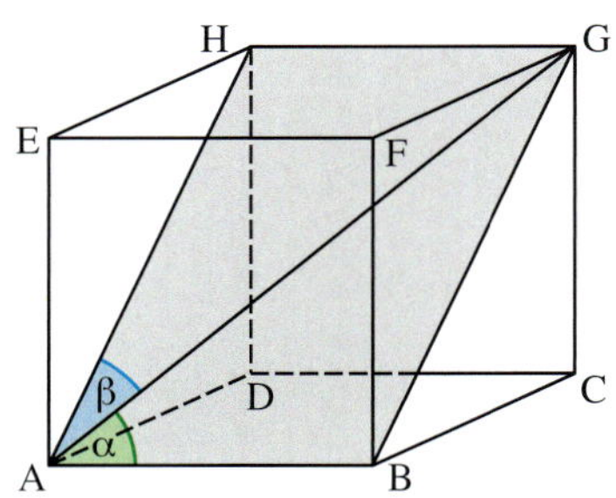

a) Berechne den Winkel α, den die Raumdiagonale eines Würfels mit einer Kante bildet.

b) Welchen Winkel β bildet die Raumdiagonale mit einer Seitenfläche?

22

Ein Quader hat die Kanten $a = 5\,\text{cm}$; $b = 4\,\text{cm}$; $c = 3\,\text{cm}$. Berechne die Winkel α, β, γ, welche die Raumdiagonale des Quaders mit den Kanten a, b, c bildet.

23

Bei der Addition zweier Kräfte $\vec{F}_1$ und $\vec{F}_2$ wird mit Hilfe eines Parallelogramms die Ersatzkraft $\vec{F} = \vec{F}_1 + \vec{F}_2$ gebildet.
Umgekehrt lässt sich eine Kraft mit Hilfe eines Pallelogramms auch in zwei Teilkräfte zerlegen.

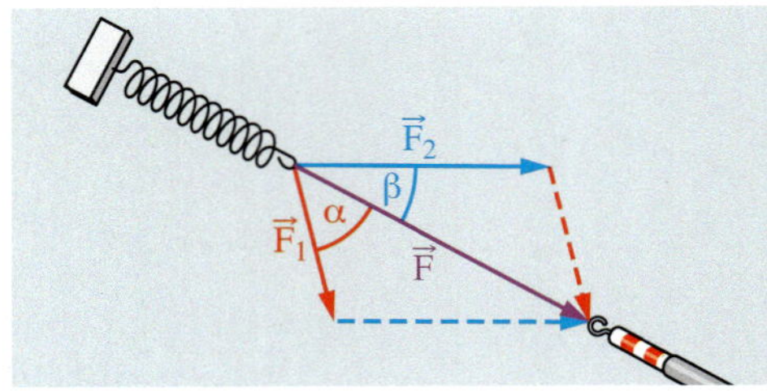

Die Kraft $\vec{F}$ wird in die Teilkräfte $\vec{F}_1$ und $\vec{F}_2$ zerlegt, die mit $\vec{F}$ den Winkel α bzw. β einschließen.
Stehen die beiden Teilkräfte $\vec{F}_1$, $\vec{F}_2$ aufeinander senkrecht, so lässt sich besonders leicht rechnen.

a)

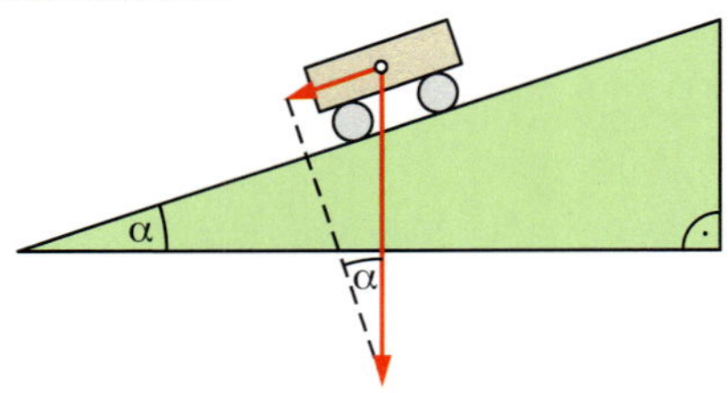

Ein Wagen mit der Masse $m = 1{,}8\,\text{t}$ steht auf einer Straße, die unter 4 % ansteigt. Welche Kraft ist nötig, um ihn am Hinabrollen zu hindern (Reibung wird vernachlässigt)?

b) Mit dem Keil kann man Holz leichter spalten. Welche Spaltkraft senkrecht zur Keiloberfläche wirkt auf das Holz ein, wenn eine Kraft von 20 N auf den Keil ausgeübt wird?

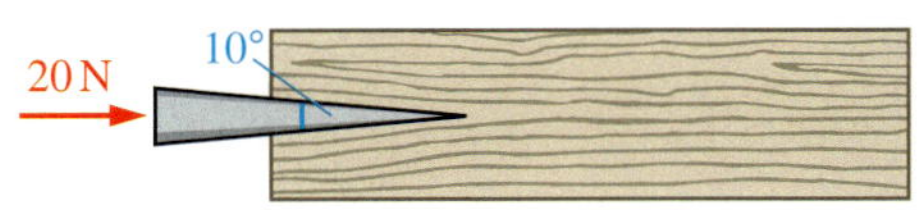

c) Über eine 6 m breite Gasse ist ein Stahlseil gespannt. Die in der Mitte befestigte Lampe hat eine Masse von 12 kg. Das Stahlseil verläuft daher gegenüber der Horizontalen um 5° geneigt. Berechne die Zugkraft, die dadurch auf das Seil wirkt.

Eine passende Datei zur Simulation dieses Vorgangs befindet sich im Internetauftritt.

24

Tritt ein Lichtstrahl von einem optisch dünneren Medium in ein optisch dichteres (z. B. von Luft in Glas) über, so wird er bei schrägem Auftreffen auf die Grenzfläche „zum Lot hin" gebrochen.

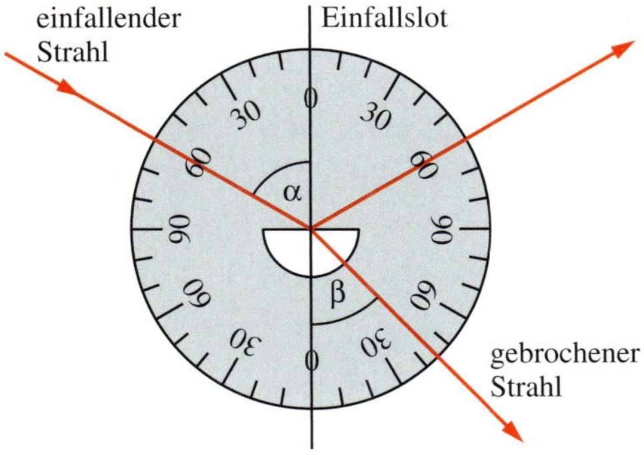

Für den Einfallswinkel α und dem Brechungswinkel β gilt das Brechungsgesetz von Snellius: $\frac{\sin\alpha}{\sin\beta} = n$.

Dabei ist n die sogenannte Brechzahl, ein für jedes Stoffpaar konstanter Wert.

a) Berechne für den Einfallswinkel $\alpha = 45°$ in Luft den Brechungswinkel in Wasser ($n = 1{,}33$), Kronglas ($n = 1{,}5$) und Diamant ($n = 2{,}5$).

b)

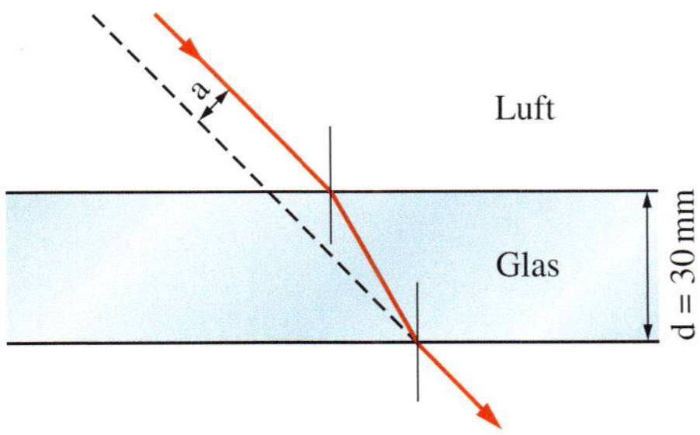

Ein Lichtstrahl trifft mit $\alpha = 60°$ auf eine planparallele Glasplatte der Dicke $d = 30\,\text{mm}$; ein- und ausfallender Strahl sind dann um a parallel versetzt. Berechne a.

c) Da der Lichtweg umkehrbar ist, ist das Brechungsgesetz auch für den Übergang eines Lichtstrahl von Glas in Luft anwendbar. Wie groß muss β gewählt werden, dass der Strahl in Luft gerade streifend zur Grenzfläche ($\alpha = 90°$) austritt? (β ist dann der sogenannte Grenzwinkel der Totalreflexion, weil bei größerem β das Licht vollständig reflektiert wird.)

25

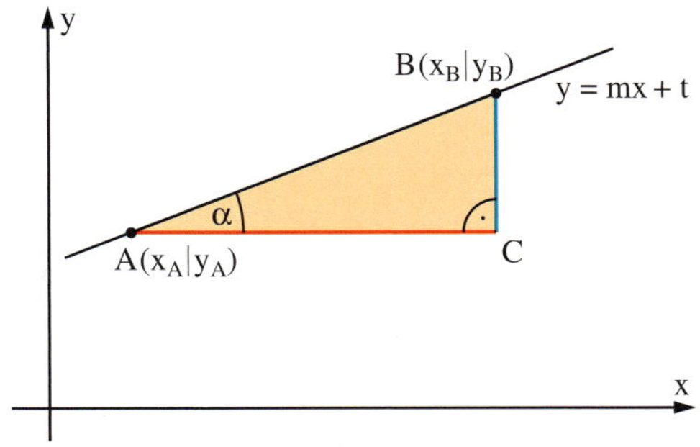

Eine lineare Funktion wird durch die Gleichung $y = mx + t$ beschrieben. Ihr Graph ist eine Gerade mit der Steigung

$$m = \frac{y_B - y_A}{x_B - x_A}, \quad x_A \neq x_B;$$

das rechtwinklige Δ ACB heißt auch Steigungsdreieck.

a) Zeige, dass zwischen der Steigung m und dem Steigungswinkel α die Beziehung $m = \tan\alpha$ gilt.

b) Berechne jeweils den Steigungswinkel der Geraden
i) $y = 2x + 5$; ii) $y = \sqrt{3}\,x - 2$;
iii) $y = \frac{1}{\sqrt{3}}x + 1$; iv) $y = 0{,}5x - 2$.

c) Bestimme die Funktionsgleichung der Geraden, die durch den Punkt P geht und den Steigungswinkel α hat, für
i) $P(1|2)$ und $\alpha = 30°$;
ii) $P(-2|-3)$ und $\alpha = 60°$;
iii) $P(-4|1)$ und $\alpha = 55°$.

G 26

Eine Urne enthält je eine Tafel Vollmilch-, Nuss- und Marzipanschokolade. Jens, Uwe und Jan ziehen nacheinander zufällig je eine Tafel. Wer hat die größte Chance, die Tafel Nuss zu erhalten? Veranschauliche die Situation an einem Baumdiagramm.

G 27

Zeichne ein Netz und ein Schrägbild des Körpers. Berechne seinen Oberflächeninhalt.

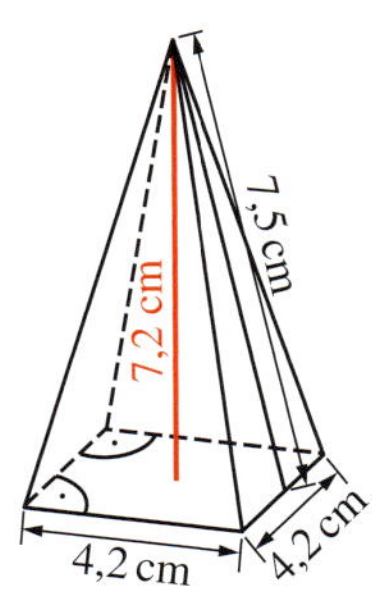

4 Beziehungen zwischen Sinus, Kosinus und Tangens

1

a) Berechne $\sin\alpha$ und $\cos(90° - \alpha)$ für $\alpha = 0°, 10°, \ldots, 90°$. Was stellst du fest?
b) Verfahre ebenso mit $\cos\alpha$ und $\sin(90° - \alpha)$. Welche Beziehung findest du hier?

2

Ein Punkt $P(x|y)$ liegt auf einem Kreis mit Radius r, dessen Mittelpunkt der Ursprung des Koordinatensystems ist. Formuliere mit Hilfe des Satzes von Pythagoras eine Beziehung zwischen x, y und r.

Die Ecke P des Dreiecks OQP liegt auf dem Einheitskreis. Die Winkel α und β ergänzen sich zu 90°, also

$\beta = 90° - \alpha$.

Damit gilt:

$\sin\alpha = \overline{PQ} = \cos\beta = \cos(90° - \alpha)$;
$\cos\alpha = \overline{OQ} = \sin\beta = \sin(90° - \alpha)$.

Mit dem Satz des Pythagoras folgt für das Dreieck OQP:

$(\sin\alpha)^2 + (\cos\alpha)^2 = 1$.

Außerdem gilt: $\tan\alpha = \frac{\overline{PQ}}{\overline{OQ}} = \frac{\sin\alpha}{\cos\alpha}$

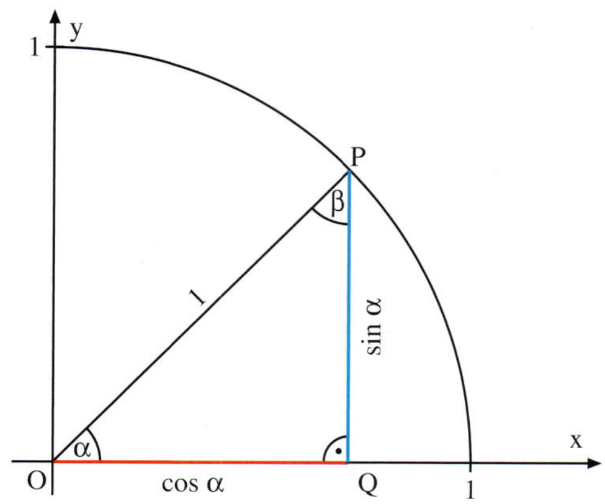

Satz: Für alle Winkel α mit $0° \leqq \alpha \leqq 90°$ gilt:

(1) $\boldsymbol{\sin\alpha = \cos(90° - \alpha)}$ und $\boldsymbol{\cos\alpha = \sin(90° - \alpha)}$
(2) $\boldsymbol{\sin^2\alpha + \cos^2\alpha = 1}$
(3) $\boldsymbol{\tan\alpha = \frac{\sin\alpha}{\cos\alpha}}$ $(\alpha \neq 90°)$

Man schreibt für $(\sin\alpha)^2$ auch $\sin^2\alpha$ (lies: Sinus Quadrat α). Beim Kosinus und Tangens verfährt man ebenso.

Mit Hilfe dieser Beziehungen kann man aus einem gegebenen Seitenverhältnis die beiden anderen berechnen oder trigonometrische Terme vereinfachen.

Beispiel 1

Gegeben ist $\sin\alpha = \frac{3}{5}$. Berechne genaue Werte für a) $\cos\alpha$, b) $\tan\alpha$.

Lösung:

a) $\sin^2\alpha + \cos^2\alpha = 1$. Also: $\cos^2\alpha = 1 - \sin^2\alpha = 1 - \left(\frac{3}{5}\right)^2 = \frac{16}{25}$

$\Rightarrow \cos\alpha = \sqrt{\frac{16}{25}} = \frac{4}{5}$, da $\cos\alpha > 0$.

b) $\tan\alpha = \frac{\sin\alpha}{\cos\alpha} = \frac{\frac{3}{5}}{\frac{4}{5}} = \frac{3}{4}$

Beispiel 2

Vereinfache jeweils den Term: a) $\cos^3\alpha + \cos\alpha \cdot \sin^2\alpha$ b) $\frac{1 - \cos^2\alpha}{\cos^2\alpha}$

Lösung:

a) $\cos^3\alpha + \cos\alpha \cdot \sin^2\alpha = \cos\alpha \cdot (\cos^2\alpha + \sin^2\alpha) = \cos\alpha \cdot 1 = \cos\alpha$.

b) $\frac{1 - \cos^2\alpha}{\cos^2\alpha} = \frac{\sin^2\alpha}{\cos^2\alpha} = \tan^2\alpha$

Aufgaben

3
Berechne aus $\cos\alpha = \frac{1}{3}$ die Werte:
$\sin\alpha$, $\tan\alpha$, $\sin(90° - \alpha)$, $\cos(90° - \alpha)$, $\tan(90° - \alpha)$.

4
a) Drücke $\cos\alpha$ und $\tan\alpha$ nur unter Verwendung von $\sin\alpha$ aus.
b) Berechne damit $\cos\alpha$ und $\tan\alpha$ für $\sin\alpha = \frac{2}{3}$.

5

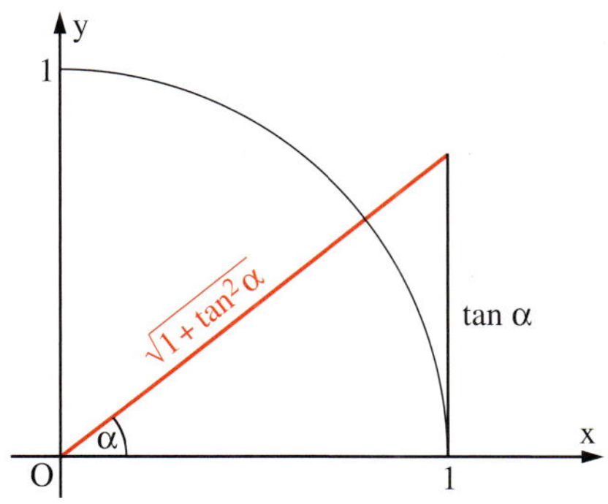

a) Drücke $\sin\alpha$ und $\cos\alpha$ nur unter Verwendung von $\tan\alpha$ aus.
b) Berechne damit $\sin\alpha$ und $\cos\alpha$ für $\tan\alpha = \sqrt{3}$.

6

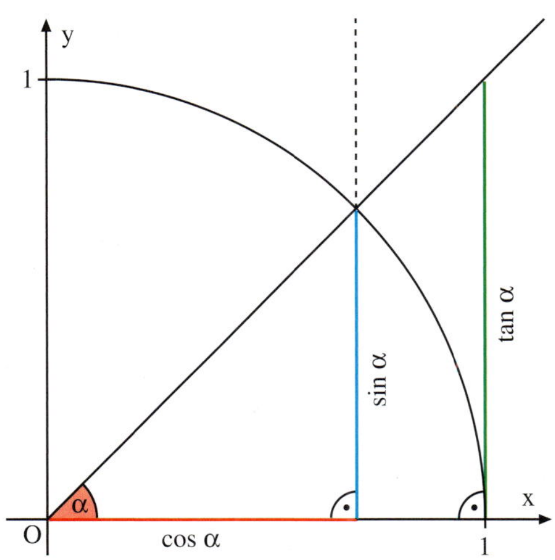

Begründe die Gültigkeit der Beziehung $\cos\alpha \cdot \sqrt{1 + \tan^2\alpha} = 1$ durch
a) Umformung mit Hilfe der Beziehungen zwischen Sinus, Kosinus und Tangens,
b) Anwendung des Strahlensatzes.

Erinnerung:

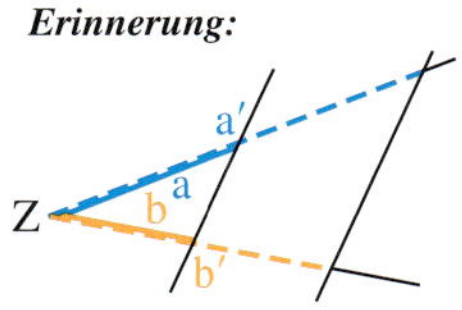

Nach Strahlensatz gilt:
$\frac{a}{a'} = \frac{b}{b'}$

7
Im Folgenden ist von den drei Werten $\sin\alpha$, $\cos\alpha$ und $\tan\alpha$ einer gegeben. Berechne die beiden anderen ohne Taschenrechner:
a) $\sin\alpha = 0{,}25$ b) $\cos\alpha = 0{,}1$
c) $\tan\alpha = 0{,}75$ d) $\tan\alpha = \frac{1}{2}$

8
Vereinfache folgende Terme:
a) $\tan\alpha \cdot \cos\alpha$ b) $\frac{\sin\alpha}{\tan\alpha}$
c) $\frac{1}{\cos\alpha \cdot \tan\alpha}$ d) $\sin^3\alpha + \sin\alpha \cdot \cos^2\alpha$
e) $\sqrt{1 + \cos\alpha} \cdot \sqrt{1 - \cos\alpha}$

9
a) Berechne mit Hilfe eines gleichschenklig rechtwinkligen Dreiecks sin 45°, cos 45°, tan 45°.
b) Berechne sin 22,5° mit Hilfe des gleichschenkligen Dreiecks ABC (Schenkellänge 1 LE).

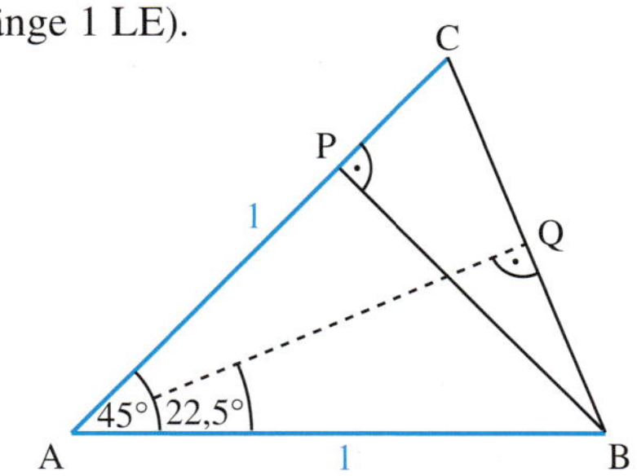

(Anleitung: Bestimme zunächst die Seitenlängen $\overline{AP}$, $\overline{BP}$ und $\overline{PC}$. Wende dann auf Dreieck PBC den Satz des Pythagoras an.)
c) Berechne aus
$\sin 22{,}5° = \frac{1}{2}\sqrt{2 - \sqrt{2}} \approx 0{,}3827$ die Werte
cos 22,5°, tan 22,5°, sin 67,5°,
cos 67,5°, tan 67,5°.

10 💻
Skizziere den Graphen der Tangensfunktion im Bereich $0° \leqq \alpha < 90°$.
Benutze hierzu eine geeignete Zeichnung oder DGS-Konstruktion.

G 11
Zeichne ein Parallelogramm ABCD. Teile es durch drei von A ausgehende gerade Linien in vier flächengleiche Teile. Begründe deine Vorgehensweise.

Lesetext:

Anfänge der Trigonometrie

Wie die Ägypter Winkel festlegten

Die ägyptischen Pyramiden wurden schichtweise aus großen Kalksteinquadern gebaut und dann nach außen mit Kalksteinplatten verkleidet. Der Neigungswinkel α aller vier Seiten ist immer genau gleich und liegt meistens wie bei der um 2500 v. Chr. erbauten Cheopspyramide zwischen 52° und 54°.

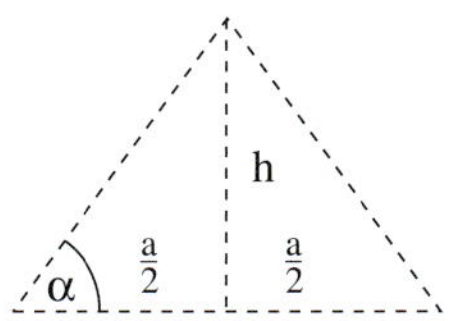

Form der Pyramide

Maße beim Pyramidenbau:
1 Elle = 52,3 cm,
1 Handbreite = $\frac{1}{7}$ Elle

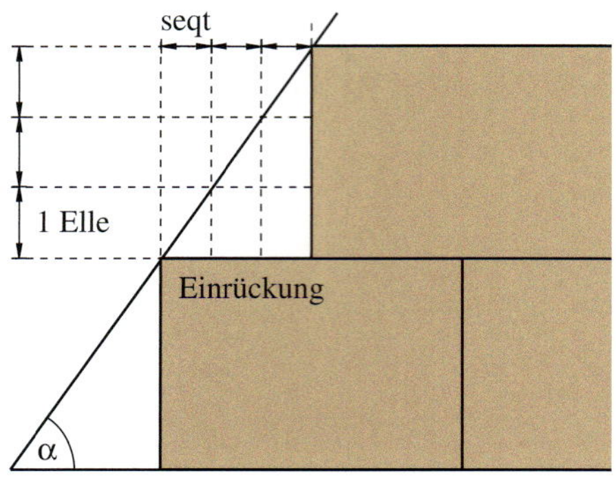

Die Pyramidenbauer kannten kein Winkelmaß. Wie schafften sie es trotzdem, bei einem riesigen Bauwerk Winkel so genau einzuhalten?
Die Ägypter legten die Neigung der Seiten fest, indem sie vorschrieben, wie weit je Elle Höhe jeweils die nächste Schicht zurückgesetzt werden musste. Dieses Maß hieß seqt (= Rücksprung, sprich: seket) und war nach heutiger Sprechweise gleich $\frac{1}{\tan\alpha}$ des Seitenneigungswinkels α.

Die Beispiele in altägyptischen Rechenbüchern zeigen, dass der seqt tatsächlich als Seitenverhältnis im rechtwinkligen Dreieck berechnet wurde.

Aufgabe 56 aus dem Papyrus des Schreibers Ahmes (um 1700 v. Chr.):
Beispiel der Berechnung einer Pyramide, 360 Ellen in der Länge,
250 Ellen in der Höhe. Lass mich wissen ihren seqt.
Nimm $\frac{1}{2}$ von 360, es ist 180.
Rechne mit 250, um 180 zu erhalten. Es ist $\overline{2}\,\overline{5}\,\overline{50}$ Elle.
Eine Elle hat 7 Handbreiten. Nimm mal 7.

1	*7*
$\overline{2}$	$3\,\overline{2}$
$\overline{5}$	$1\,\overline{3}\,\overline{15}$
$\overline{50}$	$\overline{10}\,\overline{25}$

Der seqt ist $5\,\overline{25}$ Handbreiten.

So wird z. B. hier der seqt als Quotient 180 : 250 berechnet, also
halbe Grundkante : Pyramidenhöhe.

Als Ergebnis wird der Bruch $\overline{2}\,\overline{5}\,\overline{50}$ Ellen angegeben, in der heutigen Schreibweise
$$\frac{1}{2} + \frac{1}{5} + \frac{1}{50} \text{ Ellen,}$$
also $\frac{18}{25}$ Ellen. Dann wird der seqt noch in Handbreiten umgerechnet.
$$\frac{18}{25} = \frac{1}{\tan\alpha} \quad \text{ergibt} \quad \alpha \approx 54°.$$

Von der Astrologie zur Astronomie

Dass die Babylonier ursprünglich Winkel durch Seitenverhältnisse von rechtwinkligen Dreiecken festlegten, schließt man aus gefundenen Tontafeln. Die abgebildete Tafel stammt aus dem 18. Jahrhundert v. Chr.
Von rechts gezählt geben die erste und zweite Spalte die Katheten a und b eines rechtwinkligen Dreiecks an, in der letzten Spalte (ganz links) findet sich $\left(\frac{b}{a}\right)^2$, also $\tan^2\beta$.

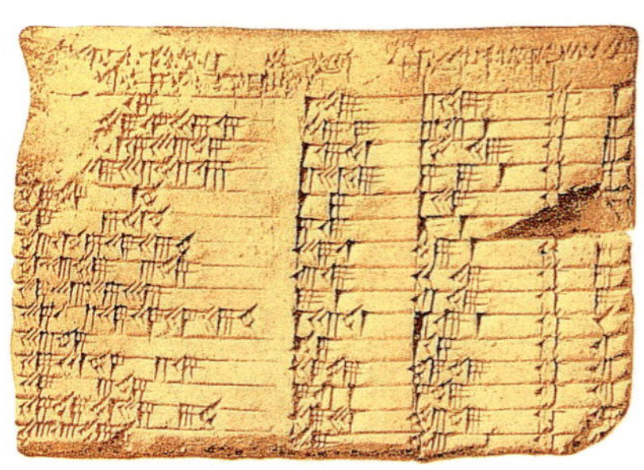

Da die Babylonier an einen Einfluss der Stellung von Sonne, Mond und Planeten auf das menschliche Schicksal glaubten, beobachteten sie den Himmel sehr genau. So entwickelte sich aus Aufzeichnungen über den Weg der Sonne durch die Tierkreissternbilder langsam ein Winkelmaß, das auf der Unterteilung des Vollkreises beruhte. Babylonische, später auch ägyptische Kenntnisse wurden von griechischen Mathematikern übernommen und ausgebaut.

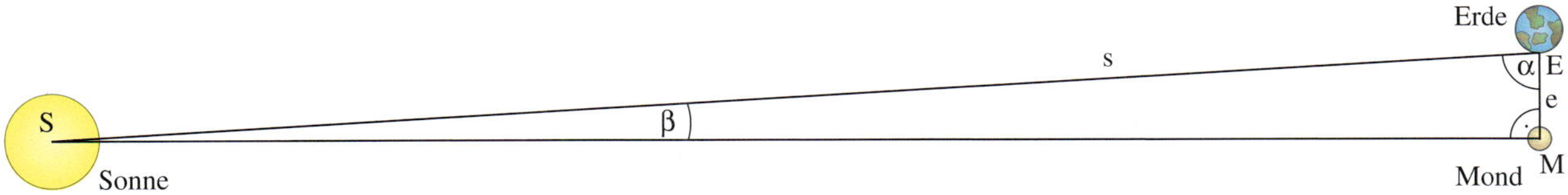

Aristarch von Samos (310–230 v. Chr.) verwendete in seiner Schrift „Über die Größen und Abstände von Sonne und Mond“ den Sinus, ohne ihn so zu nennen. Er bestimmte unter anderem, wie in obiger Figur gezeigt, das Verhältnis der Sonnenentfernung s zur Mondentfernung e, also $\frac{s}{e} = \frac{1}{\sin\beta}$.

Wenn der Mond für einen Beobachter auf der Erde genau halb voll ist, hat das Dreieck ESM bei M einen rechten Winkel. Zu diesem Zeitpunkt bestimmte Aristarch den Winkel α zwischen den Richtungen zur Sonne und zum Mond. Er fand $\frac{29}{30}$ eines rechten Winkels, also $\alpha = 87°$. Damit ist $\beta = 3°$. Durch den Vergleich mit einem rechtwinkligen Dreieck mit $\beta = 3°$ fand Aristarch $18 < \frac{s}{e} < 20$, die Sonnenentfernung ist also 18- bis 20-mal größer als die Mondentfernung.

Der damit bestimmte Sinuswert ist rechnerisch recht genau, denn $\sin 3° \approx 0{,}052\,336 \approx \frac{1}{19}$.
Allerdings beträgt der Winkel α nach heutiger Messung 89,85°, woraus sich $\sin\beta = \sin 0{,}15° \approx 0{,}002\,618 \approx \frac{1}{380}$ ergibt.

Ein Problem für Aristarch war, dass er keine Tafeln mit Sinuswerten zur Verfügung hatte.

Griechische Sehnenrechnung

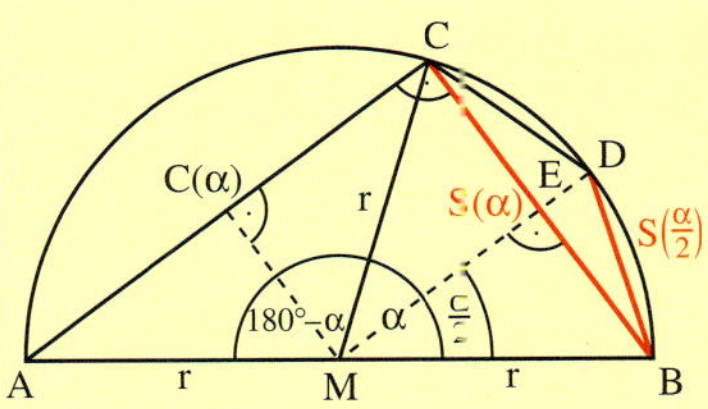

Mit den Bezeichnungen in der Figur gilt:

$S^2(\alpha) + C^2(\alpha) = 4r^2$ *und*

$S^2(\frac{\alpha}{2}) = \frac{1}{4}S^2(\alpha) + (r - \overline{ME})^2$.

Mit $\overline{ME} = \frac{1}{2}C(\alpha)$ *folgt daraus:*

$$S^2(\tfrac{\alpha}{2}) = \tfrac{1}{4}S^2(\alpha) + (r - \tfrac{1}{2}C(\alpha))^2 = \tfrac{1}{4}S^2(\alpha) + r^2 + r\cdot C(\alpha) + \tfrac{1}{4}C^2(\alpha) = 2r^2 - r\cdot C(\alpha)$$

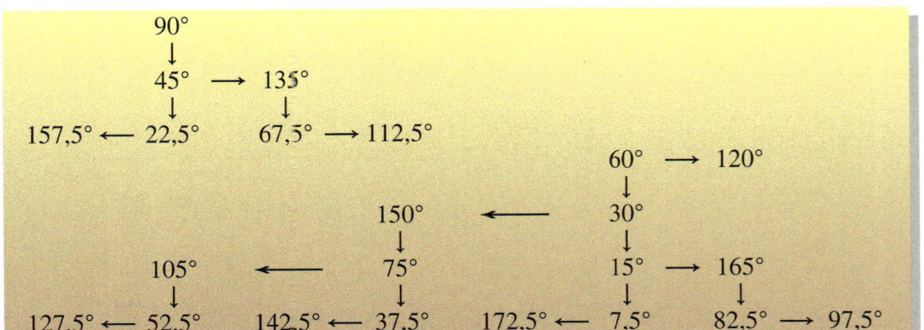

Als Erster soll der griechische Mathematiker und Astronom Hipparch von Nicäa (um 150 v. Chr.) eine „Sehnentafel“ aufgestellt haben. Sie ist nicht überliefert, hatte jedoch wahrscheinlich eine Schrittweite von $7\frac{1}{2}°$ für den Mittelpunktswinkel und gab die Länge $S(\alpha)$ der Sehne in Abhängigkeit von α an. Wegen der Beziehung $S(\alpha) = 2r\cdot\sin\frac{\alpha}{2}$ gibt eine solche Tafel indirekt auch Sinuswerte an.

Das links abgebildete Schema zeigt, in welcher Reihenfolge sich mit der obigen Formeln eine solche Tafel aufstellen lässt, wenn man von den Winkeln 90° und 60° ausgeht. Ein horizontaler Pfeil bedeutet den Übergang vom Winkel α zu $180° - \alpha$, ein vertikaler Pfeil die Halbierung von α. (Beachte hierzu: $C(\alpha) = S(180° - \alpha)$).

Claudius Ptolemäus (um 85–165 n. Chr.) bewies Zusammenhänge der Winkelfunktionen, mit deren Hilfe er die Sehnenlänge $S(1°)$ bestimmte und dann eine Sehnentabelle mit einer Winkelschrittweite von nur $\frac{1}{2}°$ berechnen konnte. Heute noch existiert eine arabische Übersetzung dieser Tafel.

Wie der Sinus zu seinem Namen kam

Die Mathematik der nächsten Jahrhunderte wurde durch Inder und Araber geprägt. In Indien wurde im 5. Jahrhundert die Sehnenrechnung durch eine „Halbsehnenrechnung“ ersetzt und damit der Sinus und Kosinus eingeführt. Die Araber führten um 830 zu dem bereits bekannten Sinus und Kosinus zusätzlich den Tangens und dessen Reziprokes ein. Vermutlich wurde aus dem indischen Wort jîva (für Sehne) im Arabischen „dschiba“. Da in der arabischen Schrift nur Konsonanten notiert werden, wird es ebenso geschrieben wie „dschaib“ (= Busen, Brustbeutel, Bucht). **Gerhard von Cremona** (1114–1187) übersetzte daher bei der späteren Übertragung mathematischer arabischer Texte ins Lateinische dieses Wort mit „sinus“ (= Krümmung, Bucht, Geldtasche).

Rückblick

Gegenkathete, Ankathete
Im rechtwinkligen Dreieck heißt die einem spitzen Winkel α gegenüberliegende Kathete seine Gegenkathete, die andere seine Ankathete.

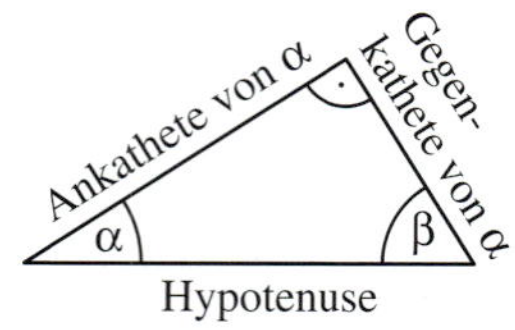

Sinus, Kosinus und Tangens
Im rechtwinkligen Dreieck kann man den spitzen Winkel α durch jedes der folgenden Seitenverhältnisse festlegen:

$\sin\alpha = \frac{\text{Gegenkathete von } \alpha}{\text{Hypotenuse}}$ (Sinus von α)

$\cos\alpha = \frac{\text{Ankathete von } \alpha}{\text{Hypotenuse}}$ (Kosinus von α)

$\tan\alpha = \frac{\text{Gegenkathete von } \alpha}{\text{Ankathete von } \alpha}$ (Tangens von α)

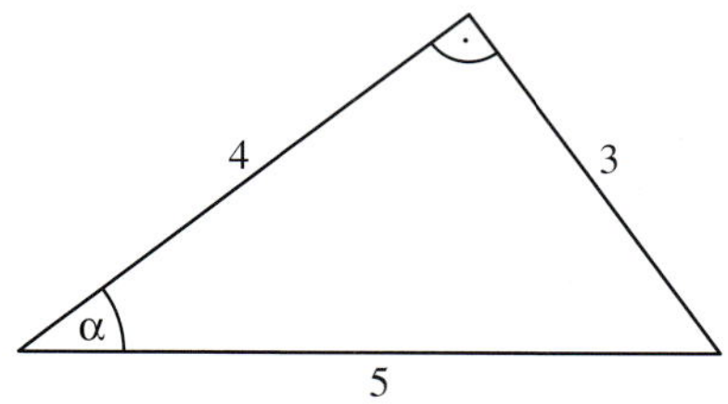

$\sin\alpha = \frac{3}{5}$

$\cos\alpha = \frac{4}{5}$

$\tan\alpha = \frac{3}{4}$

Berechnungen an rechtwinkligen Dreiecken
Alle Seiten und Winkel eines rechtwinkligen Dreiecks lassen sich berechnen, wenn
- zwei Seiten gegeben sind,
- eine Seite und außer dem rechten Winkel ein weiterer Winkel gegeben ist.

Gegeben: Hypotenuse c = 7,1 cm und Winkel α = 30,5°
Gesucht: β, a und b

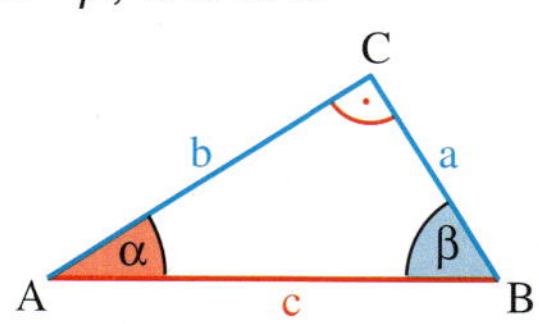

$\beta = 90° - \alpha = 90° - 30{,}5° = 59{,}5°$
$a = c \cdot \sin\alpha = 7{,}1\,\text{cm} \cdot \sin 30{,}5° \approx 3{,}6\,\text{cm}$
$b = c \cdot \cos\alpha = 7{,}1\,\text{cm} \cdot \cos 30{,}5° \approx 6{,}1\,\text{cm}$

Beziehungen zwischen Sinus, Kosinus und Tangens
Für alle Winkel α mit $0° \leqq \alpha \leqq 90°$ gilt:
(1) $\boldsymbol{\sin\alpha = \cos(90° - \alpha)}$ und $\boldsymbol{\cos\alpha = \sin(90° - \alpha)}$
(2) $\boldsymbol{\sin^2\alpha + \cos^2\alpha = 1}$
(3) $\boldsymbol{\tan\alpha = \frac{\sin\alpha}{\cos\alpha}}$ $(\alpha \neq 90°)$

Sinus, Kosinus und Tangens am Einheitskreis
Die Zuordnung, die jedem Winkel α $(0° \leqq \alpha \leqq 90°)$ eindeutig die y-Koordinate bzw. x-Koordinate des zugehörigen Punktes P(x|y) auf dem Einheitskreis zuordnet, heißt Sinusfunktion $\alpha \mapsto \sin\alpha$ bzw. Kosinusfunktion $\alpha \mapsto \cos\alpha$.
Sinus-, Kosinus- und Tangensfunktion bezeichnet man auch als **Winkelfunktionen** oder **trigonometrische Funktionen**.

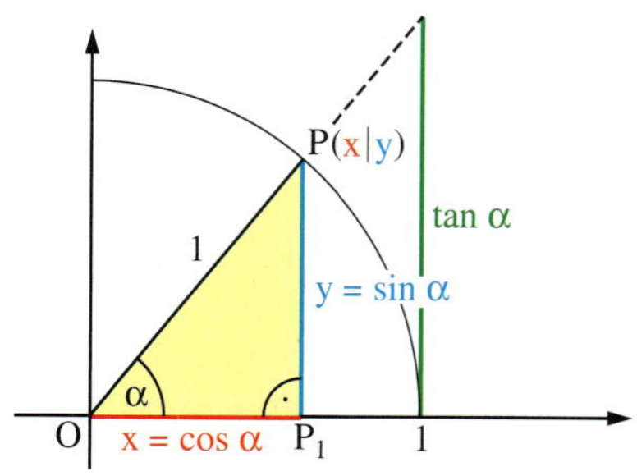

Aufgaben zum Üben und Wiederholen

1

Berechne die fehlenden Seiten und Winkel eines rechtwinkligen Dreiecks ABC mit der Hypotenuse c und den Katheten a und b.

a) $b = 4{,}8\,\text{cm};\ \beta = 42°$
b) $c = 7{,}3\,\text{cm};\ \alpha = 72°$
c) $a = 3{,}7\,\text{cm};\ \beta = 28{,}2°$
d) $a = 12{,}1\,\text{cm};\ \beta = 20{,}5°$
e) $b = 1{,}9\,\text{cm};\ c = 3{,}5\,\text{cm}$
f) $c = 3{,}3\,\text{cm};\ \alpha = 5{,}7°$

2

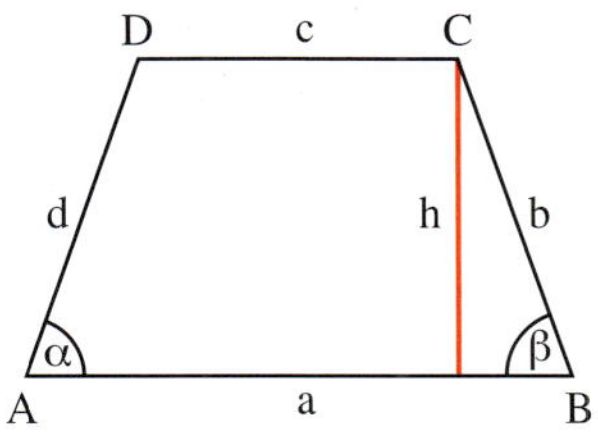

Bei einem symmetrischen Trapez mit $c < a$ gilt $h : b = 2 : 3$ für die Höhe h und die Seite b. Berechne die fehlenden Seiten und den Flächeninhalt A des Trapezes, wenn gegeben sind:

a) $a = 8{,}2\,\text{cm};\ b = 3{,}1\,\text{cm}$,
b) $h = 5{,}0\,\text{cm};\ c = 4{,}5\,\text{cm}$.

3

Bei einer Stehleiter mit 3 m langen Holmen ist die Sperrkette ausgehängt.
Der anfängliche Öffnungswinkel γ der Leiter beträgt 30°.

a) Wie hoch befindet sich anfangs das Gelenk G der Leiter über dem Boden?
b) Um wie viele cm kommt G tiefer, wenn γ von 30° auf 40° vergrößert wird?

4

Im Folgenden ist von den drei Funktionswerten sin α, cos α, tan α einer gegeben. Berechne die beiden anderen exakt.

a) $\sin\alpha = \frac{1}{4}$ b) $\sin\alpha = 0{,}7$
c) $\sin\alpha = \frac{1}{5}\sqrt{7}$ d) $\cos\alpha = \frac{2}{3}$
e) $\tan\alpha = \frac{3}{4}$ f) $\tan\alpha = \frac{1}{2}\sqrt{5}$

5

Wie lang sind die Diagonalen einer Raute ABCD mit $a = 4{,}3\,\text{cm}$ und $\alpha = 74°$?

Die Lösungen zu den Aufgaben dieser Seite findest du auf den Seiten 193 und 194.

6

Vereinfache folgende Terme:

a) $\sin\alpha - \sin\alpha \cdot \cos^2\alpha$
b) $\cos^2\alpha + \cos^2\alpha \cdot \tan^2\alpha$
c) $1 - \frac{1}{\sin^2\alpha}$ d) $\frac{\sin^4\alpha - \cos^4\alpha}{\sin^2\alpha - \cos^2\alpha}$

7

Auf einer Karte im Maßstab 1 : 25 000 ist ein Skilift mit 4,5 cm Länge eingetragen. Die Talstation liegt auf 1417 m und die Bergstation auf 1809 m. Berechne die mittlere Steigung sowie die Länge des Lifts.

8

Bea weiß, dass der vor ihr stehende Turm 100 m hoch ist. Sie sieht die Turmspitze unter dem Erhebungswinkel 60°. Bea behauptet: Die halbe Turmhöhe sehe ich unter dem Erhebungswinkel von 30°. Nimm zu Beas Behauptung begründet Stellung.

9

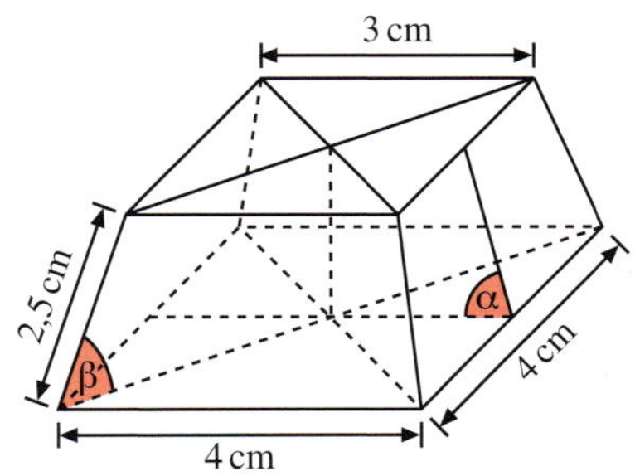

Berechne für den abgebildeten regelmäßigen Pyramidenstumpf die Winkel α und β.

10

Ein Quader hat die Länge $\overline{AB} = 8\,\text{cm}$, die Breite $\overline{BC} = 5\,\text{cm}$ und die Höhe $\overline{BF} = 3\,\text{cm}$. S sei der Schnittpunkt der Raumdiagonalen des Quaders. Berechne $\overline{AC}$, $\overline{AG}$, ∢ ASB und ∢ BSC.

11

Die Punkte A (0|0), B (6|2) und C (4|5) bilden ein Dreieck.

a) Berechne die Seitenlängen des Dreiecks.
b) Berechne die Größe des Winkels α.
Hinweis: Trage jeweils die Lote von B und C auf die x-Achse ein. Dabei entstehen zwei neue rechtwinklige Dreiecke.
c) Berechne die Größe des Winkels β.

VII Raumgeometrie

1 Geraden und Ebenen im Raum

1
„Die Sonnenkollektoren links sind unter einem Winkel von 50° gegen die Horizontale aufgestellt.“ Erkläre diese Aussage.

2
Bei Sonnenuhren muss der Zeiger parallel zur Erdachse ausgerichtet werden, d. h. wie im rechten Bild gegen das horizontale Zifferblatt um einen Winkel geneigt, dessen Größe gleich der jeweiligen geographischen Breite φ ist. Wie kann man vorgehen, um den Zeiger in der richtigen Stellung anzubringen?

In der Ebene nennt man zwei Geraden zueinander senkrecht, wenn sie wie die Schenkel eines Geodreiecks liegen. Im Raum wird eine Senkrechte zu einer Ebene so erklärt:

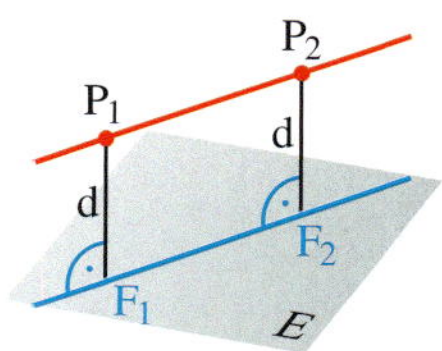

Hier ist die Gerade P_1P_2 parallel zu E.

Eine Gerade s heißt **Senkrechte (Lot)** zur Ebene E, wenn sie mit zwei (beliebigen) Geraden g und h dieser Ebene E, die durch den Schnittpunkt F gehen, einen rechten Winkel bildet.
Unter dem **Abstand** des Punktes P von der Ebene E versteht man die Länge der Lotstrecke [PF].

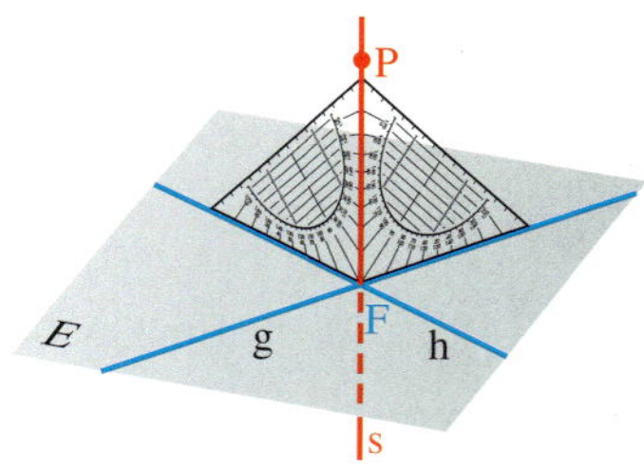

Eine Gerade g, die eine Ebene E in einem Punkt schneidet, aber kein Lot zu E ist, verläuft „geneigt“ zur Ebene, wie z. B. die Seitenkanten einer Pyramide zur Grundfläche. Um diese Neigung messbar zu machen (Winkel werden stets zwischen zwei Halbgeraden gemessen!), legt man fest:

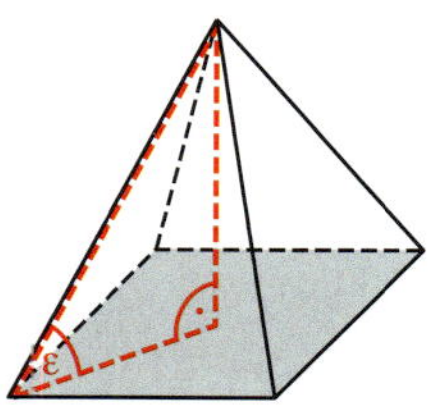

Hier ist die Seitenkante geneigt zur Grundfläche.

Der **Neigungswinkel ε einer Geraden g gegen eine Ebene E** ist der Winkel ∢ FQP des rechtwinkligen Dreiecks QFP.
Q ist dabei Schnittpunkt von g mit E, P ist ein beliebiger Punkt (P ≠ Q) der Geraden g und F ist Fußpunkt des Lotes von P auf die Ebene E.

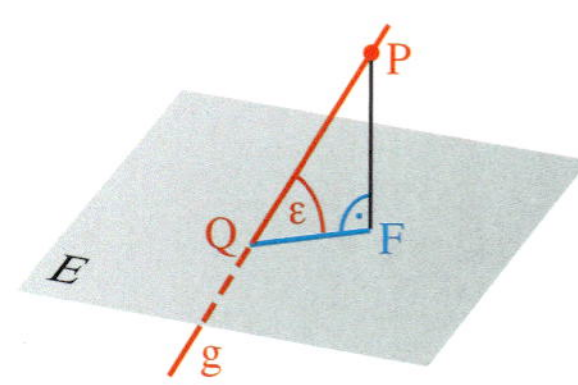

Um den Neigungswinkel in einer konkreten Situation in wahrer Größe bestimmen zu können, müssen für das rechtwinklige Dreieck QFP Angaben über Seitenlängen, z. B. $\overline{QP}$ und $\overline{PF}$ vorliegen. Dann kann der gesuchte Winkel aus dem in wahrer Größe oder in geeignetem Maßstab konstruierten Dreieck entnommen oder mit Hilfe trigonometrischer Beziehungen berechnet werden. Beispielsweise gilt: $\sin \varepsilon = \frac{\overline{PF}}{\overline{QP}}$, $\tan \varepsilon = \frac{\overline{PF}}{\overline{QF}}$

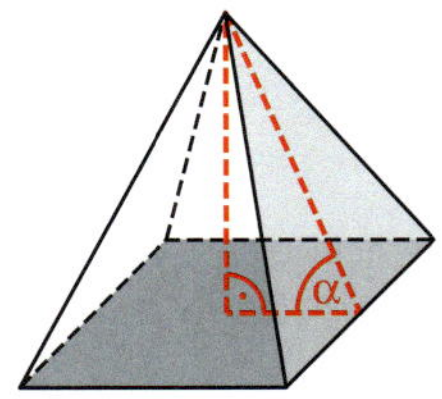

Hier ist die Seitenfläche geneigt zur Grundfläche.

Körper wie Prismen und Pyramiden machen deutlich, dass auch Flächen unterschiedlich gegeneinander geneigt sein können. Um ihre gegenseitige Lage zu beschreiben, legt man den Neigungswinkel folgendermaßen fest:

Schneiden sich zwei Ebenen E_1 und E_2 in der gemeinsamen Geraden s, so nennt man den spitzen Winkel zwischen zwei Geraden g und h, die in demselben Punkt P auf der Schnittgeraden s senkrecht stehen und in E_1 bzw. E_2 liegen, den **Neigungswinkel α zwischen den Ebenen E_1 und E_2.**

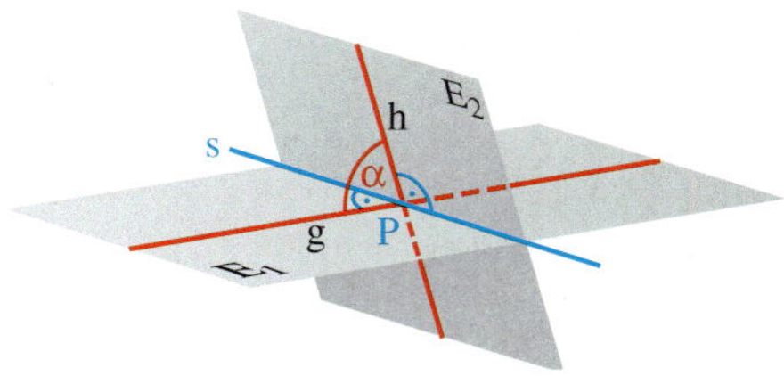

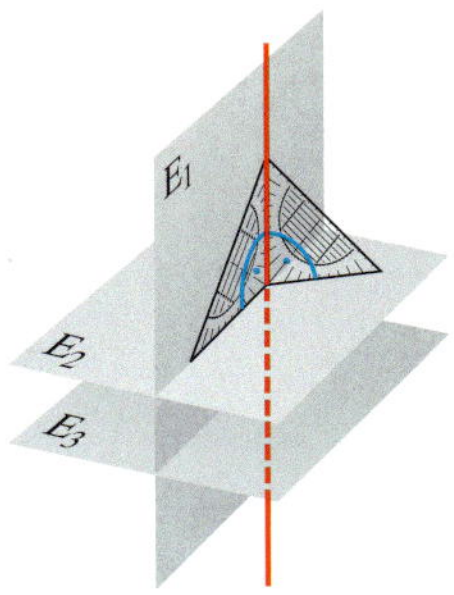

Bemerkungen

(1) Enthält eine Ebene E_1 ein Lot zur Ebene E_2 (und dann auch umgekehrt), so nennt man die beiden Ebenen **senkrecht** zueinander ($E_1 \perp E_2$).

(2) Entsprechend wie bei Geraden heißen zwei Ebenen **parallel**, wenn sie ein gemeinsames Lot besitzen ($E_2 \parallel E_3$).

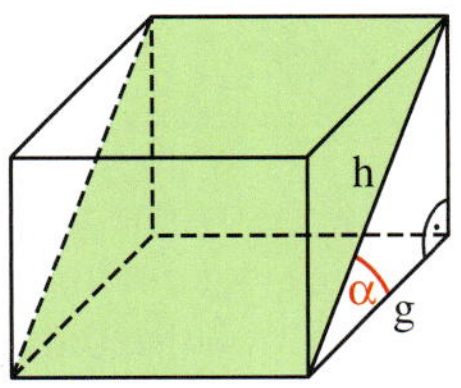

α ist Neigungswinkel der Diagonalebene gegen die Grundfläche.

Im konkreten Fall lässt sich der Neigungswinkel wiederum am besten mit Hilfe eines rechtwinkligen Dreiecks bestimmen, dessen Hypotenuse auf g oder h liegt. Bei entsprechenden Größenangaben kann das Dreieck in wahrer Größe bzw. in geeignetem Maßstab konstruiert werden oder können die trigonometrischen Beziehungen in diesem Dreieck rechnerisch genutzt werden.

Beispiel

Ein Quader ABCDEFGH hat die Maße $\overline{AB} = 7{,}2\,\text{cm}$, $\overline{BC} = 5{,}6\,\text{cm}$, $\overline{AE} = 4{,}1\,\text{cm}$.
Berechne den Neigungswinkel, den
a) die Raumdiagonale [EC] b) die Diagonalebene EFCD
mit der Grundfläche ABCD einschließt. Fertige jeweils eine Skizze an.

Eine passende Datei zur Veranschaulichung der räumlichen Situation befindet sich im Internetauftritt.

Lösung:

a)

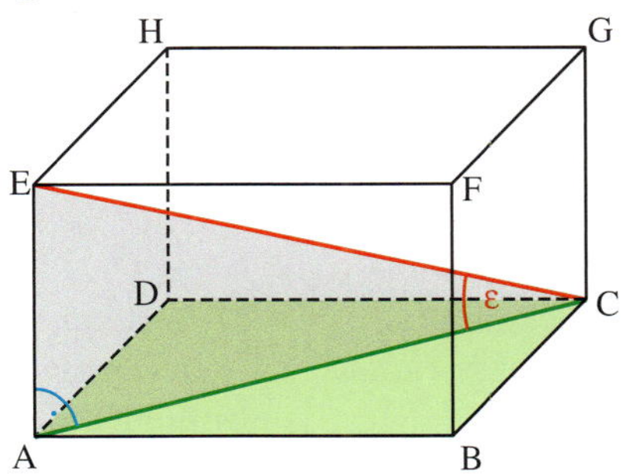

Neigungswinkel $\varepsilon = \sphericalangle ECA$

ΔABC: $\overline{AC}^2 = \overline{AB}^2 + \overline{BC}^2$ (Pythagoras)

$\overline{AC} = \sqrt{(7{,}2\,\text{cm})^2 + (5{,}6\,\text{cm})^2}$

$\overline{AC} \approx 9{,}1\,\text{cm}$

ΔACE: $\tan \varepsilon = \frac{\overline{AE}}{\overline{AC}} \approx \frac{4{,}1\,\text{cm}}{9{,}1\,\text{cm}}$

$\varepsilon \approx 24{,}3°$

b)

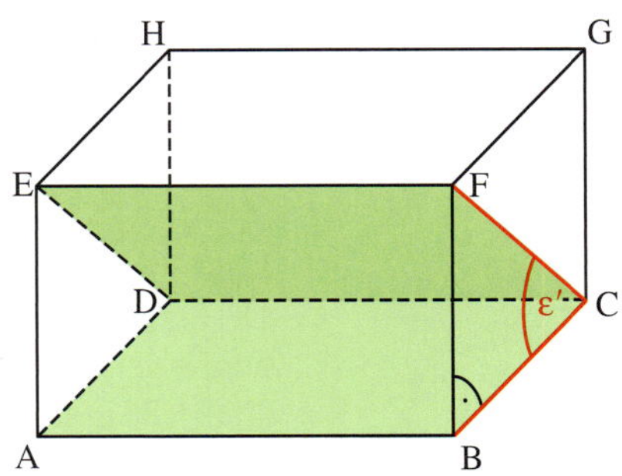

Neigungswinkel $\varepsilon' = \sphericalangle FCB$,
da $FC \perp CD$ und $BC \perp CD$.
ΔBCF rechtwinklig bei B, also

$\tan \varepsilon' = \frac{\overline{FB}}{\overline{BC}} = \frac{4{,}1\,\text{cm}}{5{,}6\,\text{cm}}$

$\varepsilon' \approx 36{,}2°$

Aufgaben

3
Schätze in der Umgebung deiner Wohnung oder deiner Schule die Dachneigungen verschiedener Gebäude ab und skizziere die Dachformen.

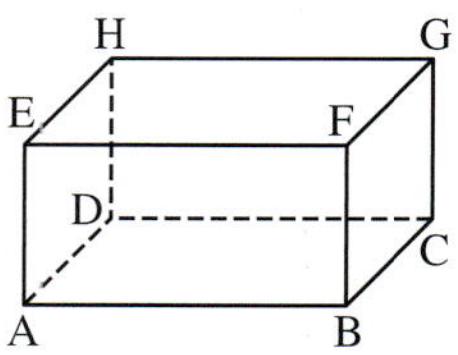

4
Nenne für den Quader ABCDEFGH alle
a) zur Grundfläche ABCD
b) zur Seitenfläche ADHE
c) zur Diagonalebene EFCD
senkrechten und parallelen Kanten.

Paul behauptet:
Es gibt keine Gerade in der Ebene E, die mit der Geraden g einen rechten (stumpfen) Winkel einschließt.

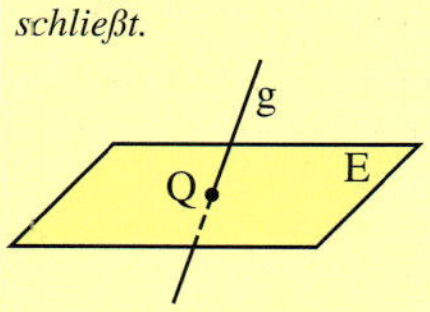

Was sagst du dazu? Veranschauliche die Situation mit Tisch und Bleistift.

5
Ein Quader ABCDEFGH hat die Maße $\overline{AB} = 7\,\text{cm}$, $\overline{BC} = 5\,\text{cm}$, $\overline{AE} = 3\,\text{cm}$.
Bestimme konstruktiv und rechnerisch
a) den Neigungswinkel der Flächendiagonale [AH] gegen die Grundfläche ABCD,
b) den Neigungswinkel der Raumdiagonale [EC] gegen die Grundfläche ABCD (die Seitenfläche ADHE),
c) den Abstand des Eckpunktes B zur Fläche ADHE und zur Fläche FCDE.

6
Beantworte für den Quader ABCDEFGH:
a) Welcher weitere Eckpunkt des Quaders liegt noch auf der Ebene CDF?
b) Welche Seitenflächen sind Lotebenen zur Ebene CDF? Begründe.
c) Wie viele Paare von Parallelebenen bilden die Seitenflächen?
d) Liegt die Raumdiagonale [AG] in der Ebene ADF?

Hinweis:
Eine Ebene ist bereits durch 3 Punkte festgelegt, die nicht auf einer Geraden liegen.

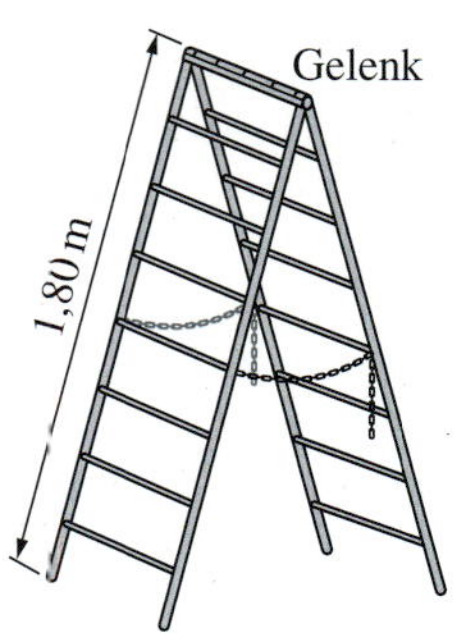

7
Eine Vielzweckleiter kann infolge eines Drehgelenks als Stehleiter oder als Leiter zum Anstellen genutzt werden. Ihre Holme sind 1,80 m lang.
a) Als Anstellleiter soll sie zwischen 65° und 75° gegen die Horizontale geneigt sein. In welcher Höhe lehnt sie an der Wand? Schätze und rechne.
b) Als Stehleiter hat sie einen festen Öffnungswinkel von 40°. Welche Höhe hat die Leiter dann?
c) Ermittle Öffnungswinkel bei anderen Stehleitern. Beschreibe dein Vorgehen.

8
Prüfe, ob die folgende Aussage zutrifft: Wenn die Gerade g mit einer Geraden der Ebene E einen rechten Winkel einschließt, dann ist g ein Lot zu E.

9
Widerlege durch ein Beispiel am Quader: Ist s die Schnittgerade zweier Ebenen E_1 und E_2 und steht eine Gerade g aus E_1 auf s senkrecht, so gilt $E_1 \perp E_2$.

10 💻
Die Sonnenkollektoren werden wie in der Figur aufgestellt.

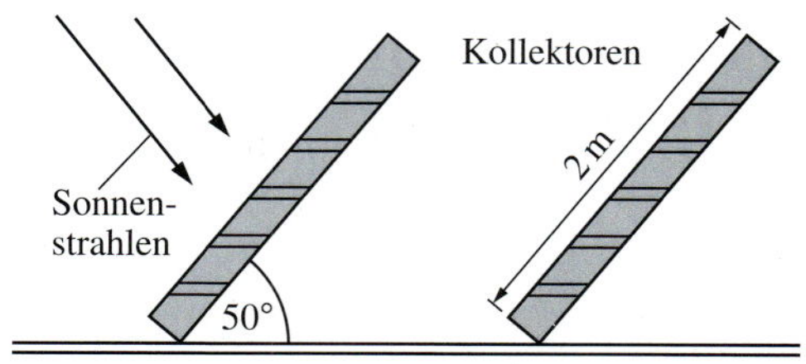

Wie groß muss der horizontale Abstand der Kollektoren sein, damit sie sich bei einem Sonnenstand von 47,7° über dem Horizont nicht gegenseitig beschatten?

11
Ein Kirchenschiff hat ein Walmdach mit den in der Draufsicht angegebenen Maßen. Die Höhe des Firsts über der Traufe beträgt 9,70 m.

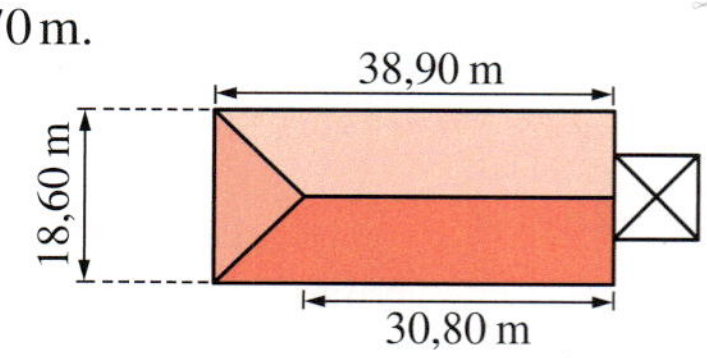

a) Bestimme die Neigung der Dachflächen gegen die Horizontale.
b) Ein Dachziegel deckt unter Berücksichtigung der Überlappung eine Fläche von $7\,\text{dm}^2$ ab.
Wie viele Ziegel werden für das Dach gebraucht, wenn für dreieckige Dachflächen 15 % Zuschlag kalkuliert wird?

G 12
Vereinfache die Terme, falls möglich.
$2^{-2m} \cdot 4^m$; $a^{-b} \cdot a^{-2b} \cdot a^{4b}$; $x^{-y} \cdot y^{-x}$

2 Schrägbilder von Prisma, Zylinder, Pyramide und Kegel

1
Was ist in den folgenden Darstellungen eines Zylinders, einer quadratischen Pyramide und eines Kegels anders als in der Realität?

2
Halte eine aus Pappe ausgeschnittene Kreisfläche mit eingezeichnetem Durchmesser so, dass du sie wie in der Abbildung siehst. Drehe sie langsam um den Durchmesser. Wie ändert sich dabei der Anblick der Kreisfläche?

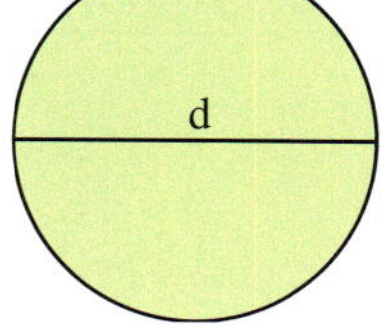

Prismen und Zylinder sind Körper, die man sich durch Parallelverschieben eines Vielecks bzw. eines Kreises entstanden denken kann. Erfolgt die Verschiebung senkrecht zur Vielecks- bzw. Kreisebene, so spricht man von einem **geraden Prisma** bzw. einem **geraden Zylinder**. Die zwei kongruenten Vielecke bzw. Kreise bezeichnet man auch als Grund- und Deckfläche. Ihr Abstand heißt **Höhe** des Prismas bzw. Zylinders.

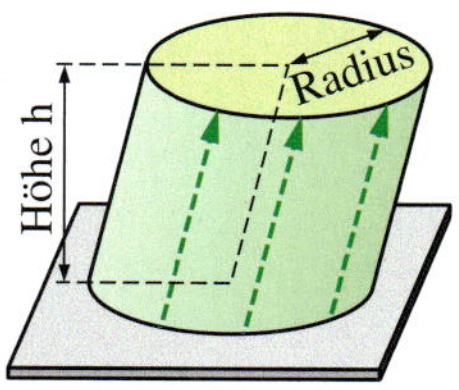

„schiefer" Zylinder: Verschiebung nicht senkrecht zur Grundfläche.

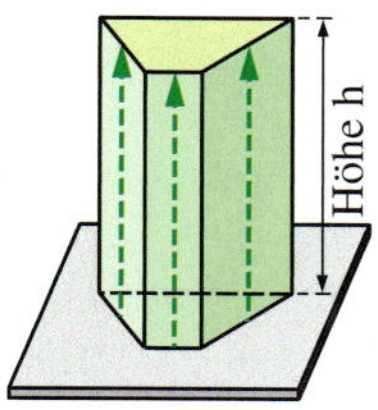

gerades Prisma

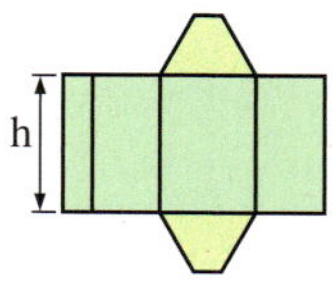

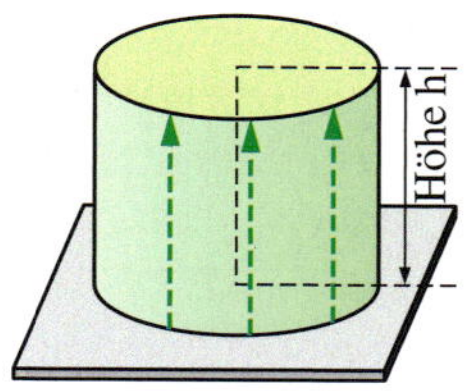

gerader Zylinder

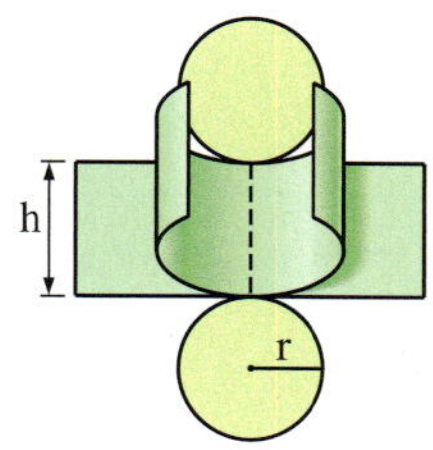

Das gerade Prisma hat als Seitenflächen Rechtecke; sie bilden den Mantel.
Die Länge einer Seitenkante ist die Höhe des Prismas.

Beim geraden Zylinder ist der abgewickelte Mantel ein Rechteck.
Die Länge einer Mantellinie ist zugleich die Höhe des Zylinders.

Eine gerade Pyramide mit einem regelmäßigen Vieleck als Grundfläche heißt regelmäßige Pyramide.

Verbindet man die Eckpunkte eines Vielecks bzw. die Punkte einer Kreislinie mit einem Punkt S außerhalb der Vielecks- bzw. Kreisebene, so entsteht eine Pyramide bzw. ein Kegel. Von einer **geraden Pyramide** bzw. einem **geraden Kegel** spricht man, wenn die Spitze S senkrecht über dem Mittelpunkt des regelmäßigen Vielecks bzw. des Kreises liegt. Alle Seitenkanten bzw. Mantellinien sind dann gleich lang. Den Abstand der Spitze S von der Grundfläche nennt man die **Höhe** der Pyramide bzw. des Kegels.

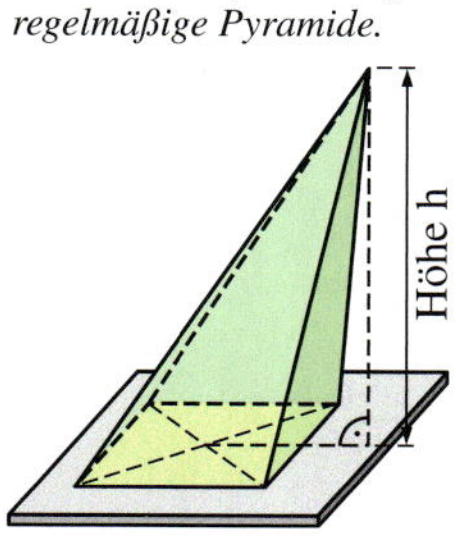

„schiefe" Pyramide: Spitze liegt nicht über dem Mittelpunkt der Grundfläche.

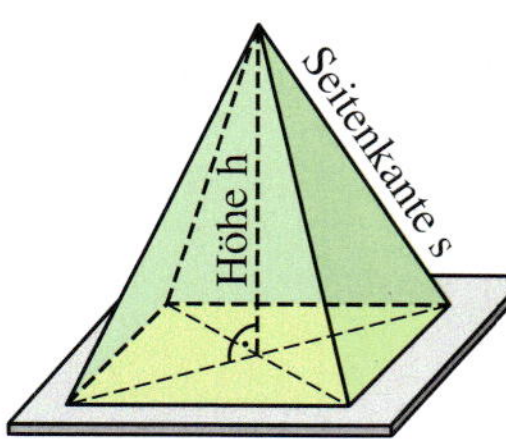

gerade Pyramide

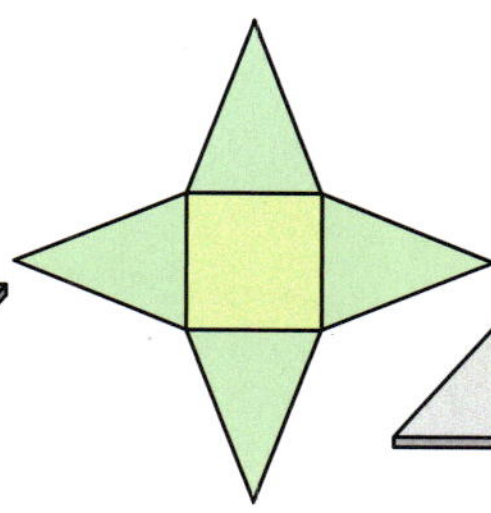

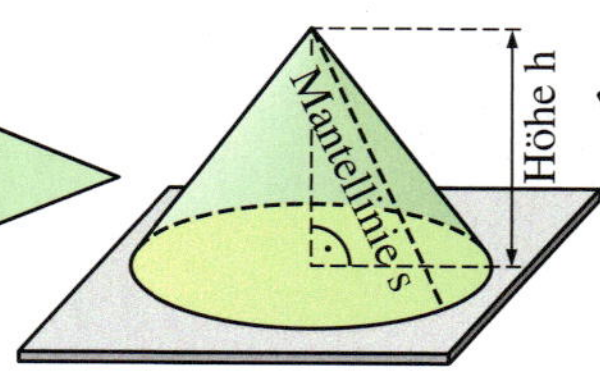

gerader Kegel

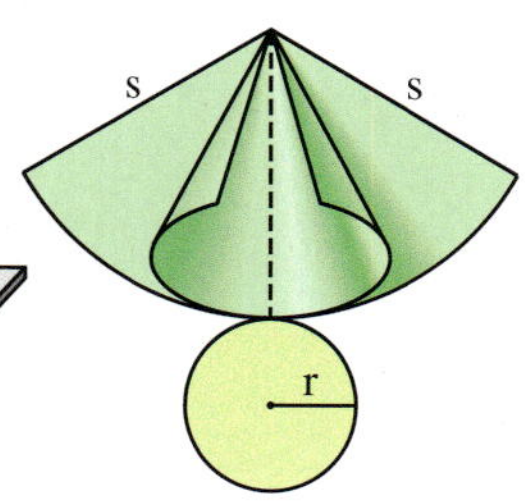

Um eine räumlich-anschauliche Vorstellung von Körpern zu gewinnen, zeichnet man Schrägbilder. Solche haben wir bisher nur von Körpern gefertigt, die sich in Quader einbeschreiben lassen. Wie man in anderen Fällen verfahren kann, wird im Folgenden gezeigt.

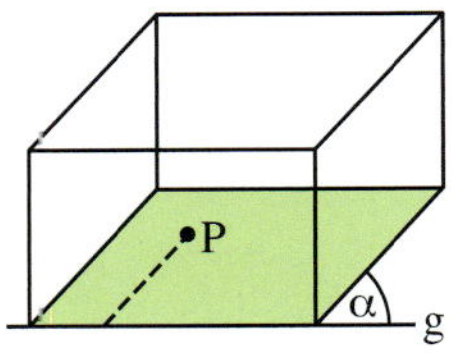

Beim Schrägbild eines Quaders legt man meist eine Seitenfläche in die Zeichenebene und zeichnet diese in wahrer Größe. Alle senkrecht nach hinten verlaufenden Kanten erscheinen verkürzt und unter gleichem Winkel gegen die Horizontale g geneigt. Die Lage eines Punktes P der Grundfläche erhält man im Schrägbild, indem man seine Lotstrecke zu g ebenso verkürzt und neigt.
Um z. B. ein Schrägbild eines 4-seitigen Prismas mit der Höhe 2 cm zu zeichnen, stellt man zunächst in einer Hilfsfigur die Grundfläche in wahrer Größe dar.

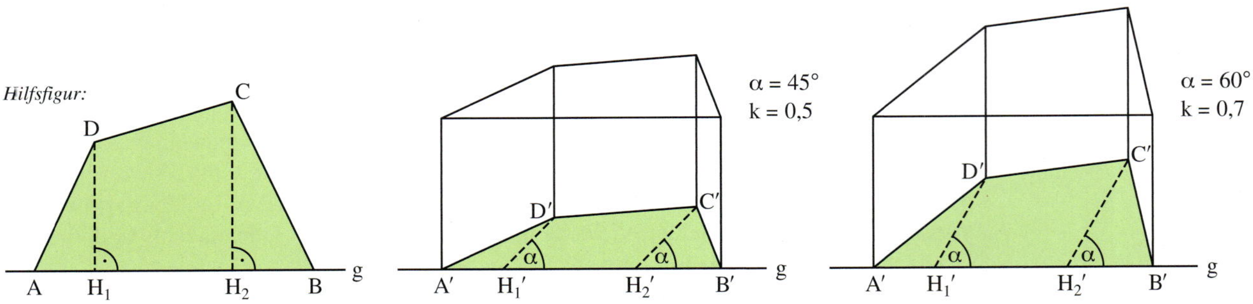

Die Hilfsstrecken $[H_1D]$ und $[H_2C]$ werden im Schrägbild im Verhältnis k verkürzt und bilden mit g den Winkel α.
Die zur Grundfläche senkrechten Kanten erscheinen in wahrer Länge.

k = 0,7 bedeutet:
$\frac{\overline{H_1'D'}}{\overline{H_1D}} = 0,7$

Im Schrägbild erscheinen
a) zur Zeichenebene parallele Strecken in wahrer Länge und Richtung
b) zur Zeichenebene senkrechte Strecken
unter demselben Winkel **α (Verzerrungswinkel)** gegen die Horizontale geneigt
und im gleichen Verhältnis **k (Verzerrungsverhältnis)** verkürzt oder verlängert.

Beachte:
In Wirklichkeit zueinander parallele Kanten sind auch im Schrägbild zueinander parallel.

Für das Schrägbild von Zylindern und Kegeln ist es erforderlich, das Schrägbild von Kreisen zu zeichnen. Dazu zeichnet man in einer Hilfsfigur den Kreis in wahrer Größe, wählt hinreichend viele Punkte auf der Kreislinie, trägt ihre Lotstrecken zur Horizontalen g ein und verfährt mit diesen wie oben.

Hilfsfigur:

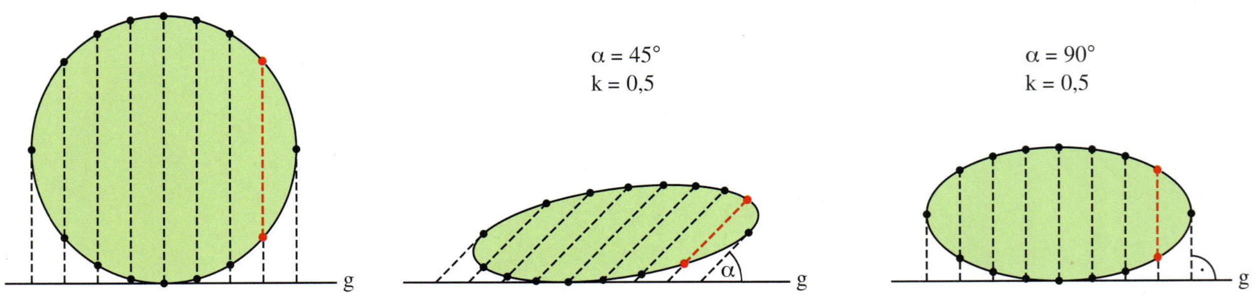

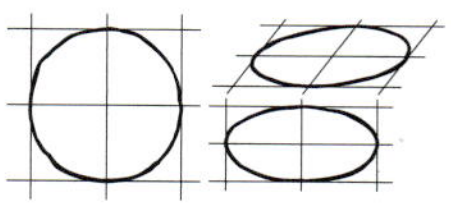

Das Schrägbild eines Kreises nennt man **Ellipse**. Wir können Ellipsen bisher nur näherungsweise zeichnen.
Häufig wählt man für das Schrägbild eines Kreises $\alpha = 90°$ und $k = 0{,}5$, weil so einfacher zu zeichnen ist. Meist genügt es, die Ellipse zu skizzieren. Dazu denkt man sich den Kreis, wie auf der Randspalte gezeigt, in ein Quadrat einbeschrieben, das dann im Schrägbild zum Rechteck bzw. Parallelogramm wird.

Hilfsfigur:

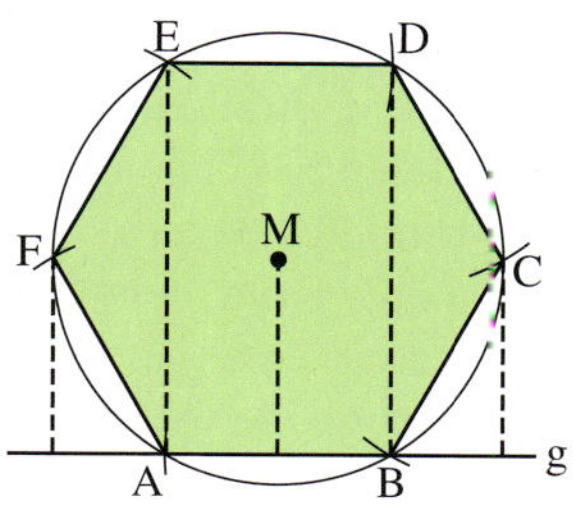

Beispiel 1
Eine Pyramide der Höhe 3,0 cm hat als Grundfläche ein regelmäßiges Seckseck der Seitenlänge 1,5 cm. Zeichne ein Schrägbild für $\alpha = 60°$ und $k = \frac{1}{2}$.
Lösung:

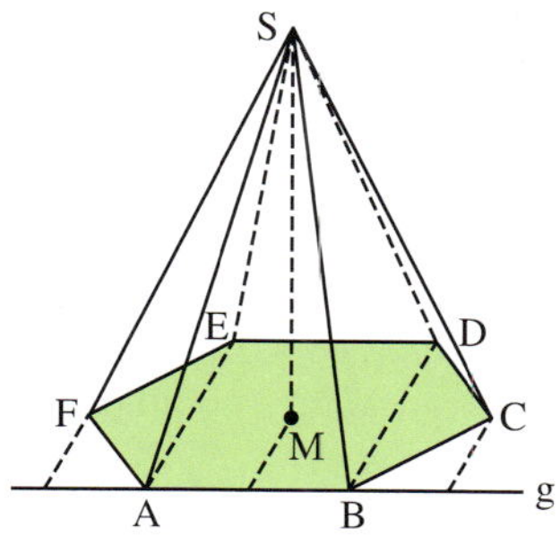

Beispiel 2
Ein Kegel der Höhe 2,4 cm hat einen Grundkreisradius $r = 1{,}5$ cm. Skizziere ein Schrägbild für $\alpha = 90°$ und $k = \frac{1}{3}$.
Beschreibe kurz dein Vorgehen.
Lösung:

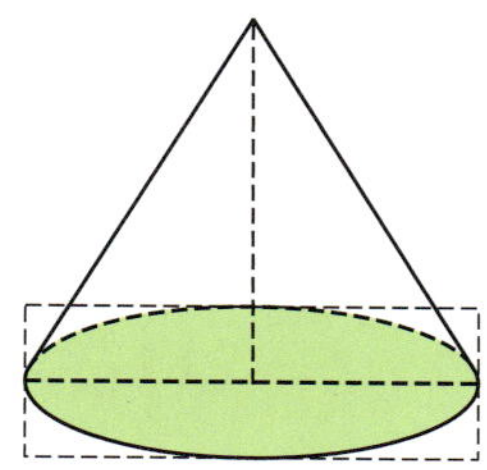

Die Ellipse ist in ein Rechteck der Seitenlängen 3 cm und 1 cm zu zeichnen.

Aufgaben

3
Zeichne ein Schrägbild ($\alpha = 45°$, $k = 0{,}5$) eines geraden Prismas mit der Höhe 4 cm, wenn die Grundfläche
a) ein gleichseitiges Dreieck mit der Seitenlänge 0,32 dm ist,
b) ein rechtwinkliges Dreieck mit den Katheten 30 mm und 40 mm ist,
c) ein Parallelogramm mit $a = 5$ cm, $b = 6$ cm und $h_c = 35$ mm ist.

4

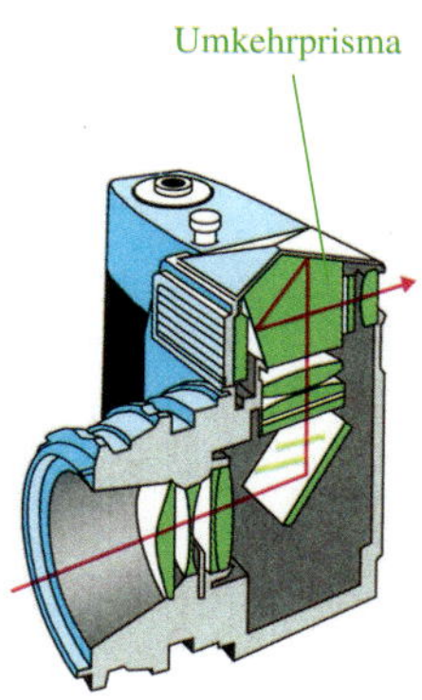

Bei optischen Geräten werden häufig Prismen zum Umlenken der Lichtstrahlen verwendet. Die nebenstehende Abbildung zeigt den Querschnitt einer Spiegelreflexkamera und den Strahlengang.
Schätze die Maße des Umkehrprismas ab und skizziere ein Schrägbild von ihm.
Welche weiteren optischen Geräte nutzen Umkehrprismen?

5
Skizziere das Schrägbild eines Zylinders mit dem Radius $r = 1{,}5$ cm ($r = 3{,}2$ cm) und der Höhe $h = 2{,}8$ cm für $\alpha = 90°$ und $k = 0{,}5$.

6
Ein dreiseitiges Prisma hat die Maße $a = 38$ mm, $b = 4{,}6$ cm, $c = 5{,}5$ cm und $h = 6{,}0$ cm.
a) Zeichne das Schrägbild dieses Prismas für den Verzerrungswinkel $\alpha = 30°$ und das Verzerrungsverhältnis $k = 0{,}7$.
b) Wie kannst du vorgehen, um die Höhe h_c des Grundflächendreiecks in das Schrägbild einzuzeichnen?

7
Eine gerade Pyramide mit der Höhe $h = 2{,}5$ cm ($h = 7{,}5$ cm) hat als Grundfläche ein Quadrat mit der Seitenlänge $a = 4{,}0$ cm ($a = 5{,}5$ cm). Zeichne ein Schrägbild
a) für $\alpha = 60°$ und $k = \frac{1}{3}$,
b) für $\alpha = 30°$ und $k = \frac{2}{3}$,
c) vereinfacht im Karogitter, indem du die senkrecht nach hinten verlaufenden Kanten im Schrägbild in Richtung der Kästchendiagonalen zeichnest und zwar so, dass eine Kästchendiagonale einem Zentimeter in Wirklichkeit entspricht. Bestimme in diesem Fall α und k.

8
Übertrage das Schrägbild einer vierseitigen Pyramide, die ein Quadrat mit der Seitenlänge 3 cm als Grundfläche hat, in dein Heft. Erhöhe die Anschaulichkeit, indem du nicht sichtbare Kanten gestrichelt zeichnest.

a)
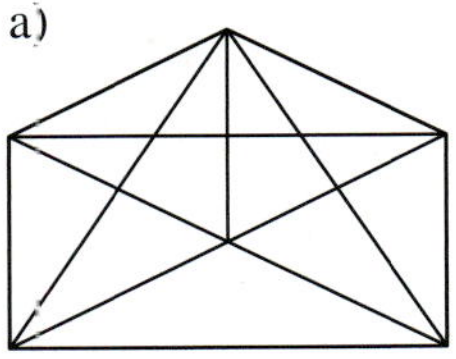

b)
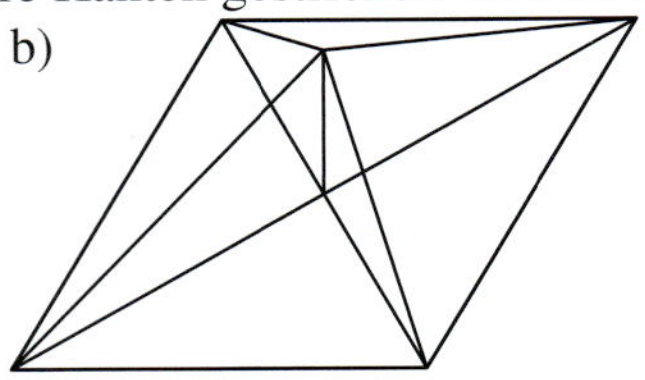

Bestimme jeweils den Verzerrungswinkel α, das Verzerrungsverhältnis k und die Höhe der Pyramide.

9
Eine dreiseitige Pyramide mit der Höhe $h = 2{,}3\,cm$ hat als Grundfläche ein gleichseitiges Dreieck mit der Seitenlänge 4 cm. Zeichne für verschiedene k- und α-Werte Schrägbilder der Pyramide. Tausche diese mit deinem Nachbarn aus und suche mit ihm diejenigen aus, die die Realität eurer Meinung nach am besten wiedergeben.

a)
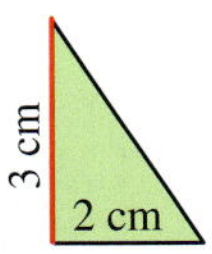

b)
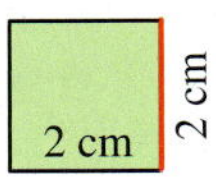

c)
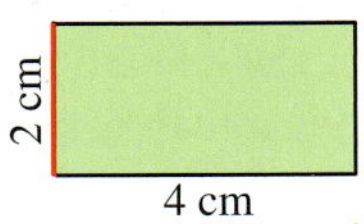

d)
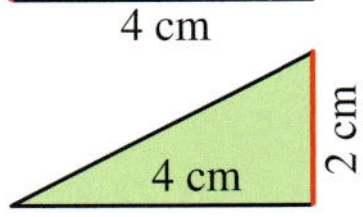

10
Zeichne je ein Schrägbild ($\alpha = 90°$ und $k = 0{,}5$) für die Körper, die entstehen, wenn die auf der Randspalte gezeichneten Flächen jeweils um die rote Seite als Achse rotieren.

11
Skizziere eine Ellipse als Schrägbild eines Kreises für $r = 3\,cm$, $\alpha = 90°$ und $k = \frac{1}{3}$ ($\alpha = 45°$ und $k = 0{,}5$).

12
a) Die folgenden Schrägbilder von Zylindern und Kegeln sind alle fehlerhaft. Finde die Fehler und beschreibe sie.

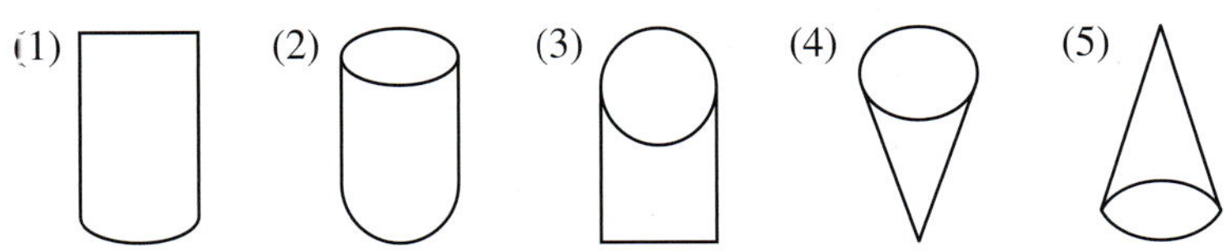

b) Zeichne selbst fehlerhafte Schrägbilder von Körpern und lege sie deinem Nachbarn bzw. deiner Nachbarin zur Prüfung vor.

13
Zeichne je ein Schrägbild ($\alpha = 90°$ und $k = 0{,}5$) von einem
a) Zylinder mit $r = 2\,cm$, $h = 6\,cm$;
b) Kegel mit $r = 3\,cm$, $h = 5\,cm$.

14
Ein Zylinder (Kegel) liegt so, dass seine Grundfläche dem Betrachter zugewandt ist. Zeichne ein Schrägbild für $\alpha = 60°$ und $k = 0{,}5$.
a) $r = 2\,cm$, $h = 7{,}5\,cm$
b) $r = 3\,cm$, $h = 10\,cm$

15
Der Mantel eines geraden, vierseitigen Prismas ist ein Rechteck mit den Seitenlängen 12 cm und 5 cm. Die Grundfläche ist ein Parallelogramm, dessen eine Seite $a = 4\,cm$ und dessen Höhe $h_a = 1{,}5\,cm$ lang ist.
a) Bestimme durch Rechnung die fehlenden Angaben für die Grundfläche, so dass du das Netz des Prismas zeichnen kannst.
b) Zeichne ein Schrägbild des Prismas für den Verzerrungswinkel $\alpha = 50°$ und das Verzerrungsverhältnis $k = 0{,}6$.

G 16
Im Dreieck ABC sind die rot gefärbten Strecken gleich lang.

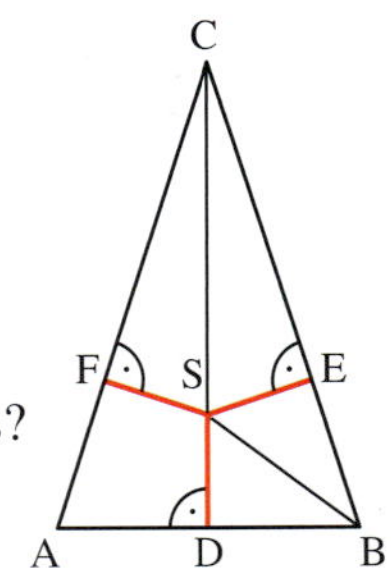

a) Welche Bedeutung hat [CD] für das Dreieck ABC? Was folgt daraus?
b) Welche Eigenschaft hat [BS? Begründe.
c) Welche Bedeutung hat [BS] für das Viereck DBES? Welcher Art ist dieses?
d) Warum gilt $\overline{SF} : \overline{SC} = \overline{AD} : \overline{AC}$?

G 17
Wie kannst du ohne Division erkennen, dass der Bruch $\frac{3}{80}$ sich in einen endlichen Dezimalbruch umwandeln lässt?

G 18
Was bedeutet $1\frac{1}{2}x$? Welche der folgenden Anworten trifft zu?

a) $3 \cdot \frac{x}{2}$ b) $1 + \frac{1}{2}x$ c) $1 \cdot \frac{x}{2}$
d) $1 + \frac{1}{2} \cdot x$ e) $1\frac{1}{2} + x$ f) $\frac{3}{2}x$

3 Volumen und Oberflächeninhalt von Prismen

1
Das Teegeschäft Jansen bietet eine 100-g-Packung seines Darjeelings in zwei verschiedenen Metalldosen an: in der Standarddose (links) und in der Geschenkverpackung mit einem regelmäßigen Sechseck als Grundfläche.

a) 100 g Darjeeling nehmen ein Volumen von ungefähr $300\,cm^3$ ein. Wie hoch ist die Standarddose mit Tee gefüllt?
b) Warum kann die Geschenkdose niedriger sein als die Standarddose?

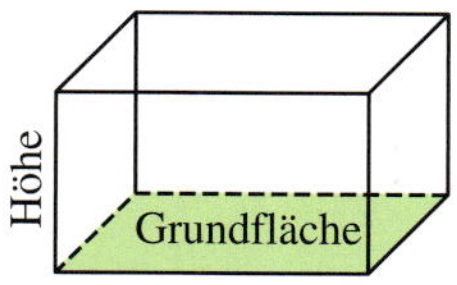

Volumen = Grundfläche · Höhe

Jeder Quader ist ein gerades Prisma. Sein Volumen V berechnet sich aus den Kantenlängen a, b, c mit der Formel $V = a \cdot b \cdot c$. Wird $a \cdot b$ als Inhalt G der Grundfläche und c als Höhe des Quaders angesehen, so lässt sich die Volumenformel auch durch $V = G \cdot h$ ausdrücken. Im Folgenden wird gezeigt, dass $V = G \cdot h$ für beliebige Prismen gilt.

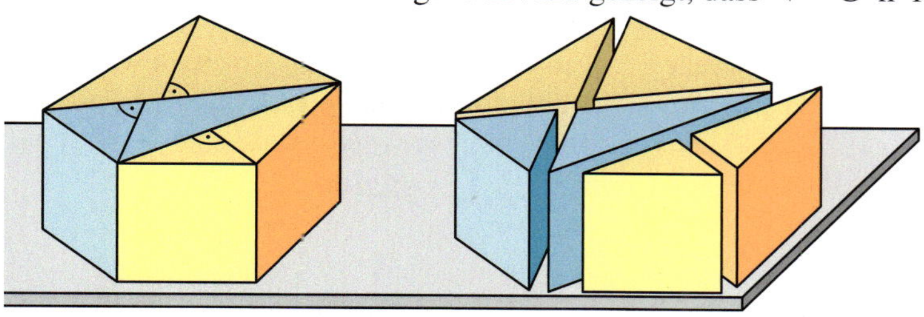

Ein gerades Prisma, dessen Grundfläche ein beliebiges Vieleck ist, kann man in dreiseitige Prismen mit rechtwinkligen Dreiecken als Grundfläche zerlegen. Jedes solche Prisma ist ein „halber Quader“. Da sich das Volumen jedes einzelnen Quaders mit der Formel $G \cdot h$ berechnen lässt, gilt diese Formel auch für das Prisma.

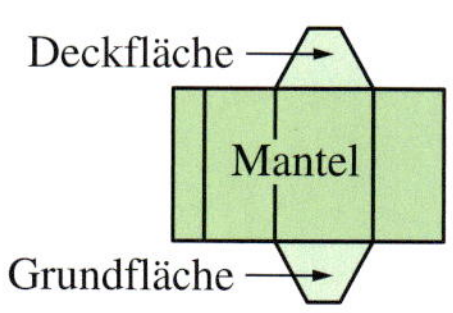

Der Oberflächeninhalt eines Prismas ist gleich dem Flächeninhalt seines Netzes, also die Summe der Inhalte von Grund- und Deckfläche und des Mantels.
Der Mantel besteht bei einem geraden Prisma aus Rechtecken, deren eine Seite jeweils die Höhe des Prismas ist.

Ist G die Grundfläche, h die Höhe und M die Mantelfläche eines **Prismas**, so gilt:
Volumen V: $\mathbf{V = G \cdot h}$
Oberflächeninhalt O: $\mathbf{O = 2G + M}$

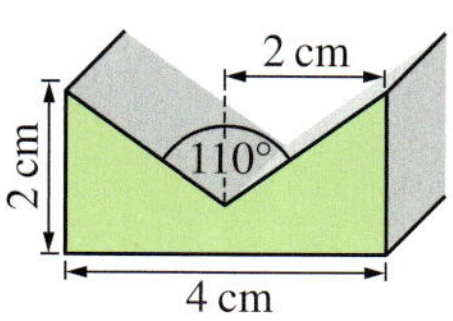

Beim Einsetzen gerundeter Werte wird (statt =) ≈ geschrieben

Beispiel 1
Wie viel kg wiegt ein Aluminiumprofil von 1 m Länge mit dem auf der Randspalte abgebildeten Querschnitt? $1\,cm^3$ Aluminium wiegt 2,7 g.
Lösung:
Berechnung von h': $\tan 55° = \frac{2\,cm}{h'} \Rightarrow h' \approx 1{,}4\,cm$
Dreiecksfläche: $A \approx 2 \cdot \frac{1}{2} \cdot 2\,cm \cdot 1{,}4\,cm = 2{,}8\,cm^2$
Grundfläche: $G \approx 4\,cm \cdot 2\,cm - 2{,}8\,cm^2 = 5{,}2\,cm^2$
Volumen: $V = G \cdot h \approx 5{,}2\,cm^2 \cdot 1\,m = 520\,cm^3$
Gewicht: $520\,cm^3 \cdot 2{,}7\,\frac{g}{cm^3} = 1404\,g \approx 1{,}4\,kg$

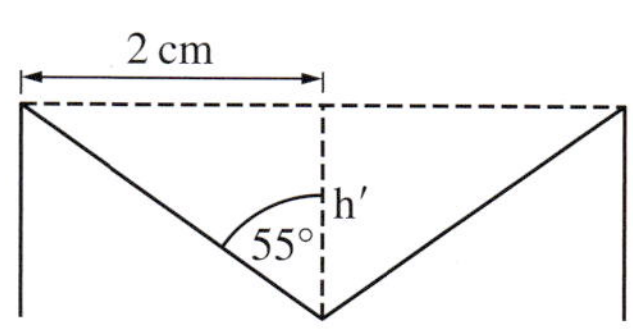

Weil alle Maße in cm, cm² und cm³ angegeben sind, kann zur Vereinfachung nur mit den Maßzahlen gerechnet werden.

Beispiel 2

Das abgebildete gerade Prisma hat die Maße $a = 8{,}4\,\text{cm}$, $b = 6{,}2\,\text{cm}$, $c = 4{,}2\,\text{cm}$ und $d = 12{,}1\,\text{cm}$. Die Vorderfront ist ein achsensymmetrisches Trapez.

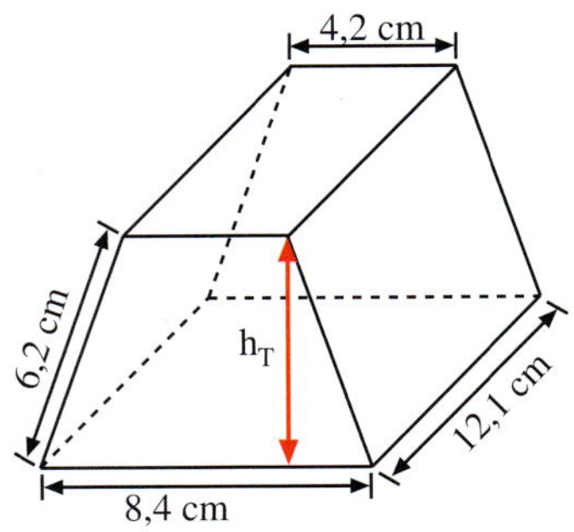

Berechne für dieses Prisma
a) das Volumen
b) den Oberflächeninhalt.

Lösung:
a) Höhe h_T des Grundflächentrapezes:

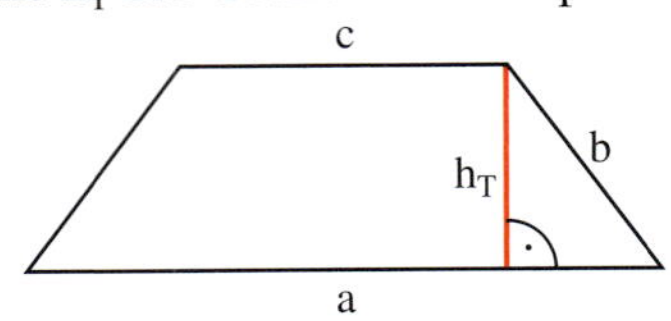

$h_T^2 + \left[\frac{1}{2}(a - c)\right]^2 = b^2$ (Pythagoras)

$h_T^2 = 6{,}2^2 - 2{,}1^2 = 34{,}03 \quad \Rightarrow \quad h_T \approx 5{,}8$

Grundfläche $G = \frac{1}{2}(a + c) \cdot h_T$

$\approx \frac{1}{2}(8{,}4 + 4{,}2) \cdot 5{,}8 \approx 36{,}5$

$V \approx 36{,}5 \cdot 12{,}1 \approx 442$

Das Volumen beträgt $442\,\text{cm}^3$.

b) Inhalt der Mantelfläche:

$M = 2 \cdot 6{,}2 \cdot 12{,}1 + 4{,}2 \cdot 12{,}1 + 8{,}4 \cdot 12{,}1$
$= 302{,}5$

$O = 2G + M \approx 73{,}0 + 302{,}5 = 375{,}5$

Die Oberfläche ist $375{,}5\,\text{cm}^2$ groß.

Aufgaben

Lösungssalat zu 2: (ohne Maßeinheiten)

2

Berechne das Volumen und die Oberfläche eines Prismas mit einer Höhe von 12,5 cm, wenn die Grundfläche
a) ein gleichseitiges Dreieck mit 6 cm Seitenlänge,
b) ein rechtwinkliges Dreieck mit den Kathetenlängen 3 cm und 4 cm,
c) ein symmetrisches Trapez mit den Grundseitenlängen 4,6 cm und 3,4 cm und der Höhe 5,3 cm ist.

3

Ein 5 cm hohes Prisma mit quadratischer Grundfläche hat ein Volumen $V = 64{,}80\,\text{cm}^3$. Berechne die Länge der Grundkante und den Oberflächeninhalt des Prismas.

4

Wie viel wiegt ein Aluminiumprofil von 1,80 m Länge und dem angegebenem Querschnitt?

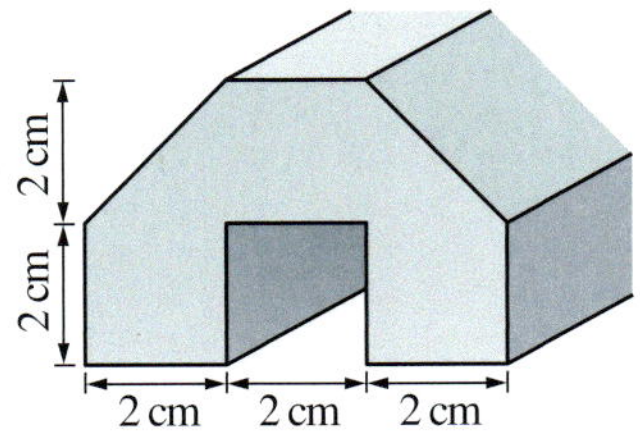

Zum Basteln:
Zeichnet geschickt auf eine DIN-A3-Pappe das Netz eines Prismas, so dass der Körper, den ihr daraus basteln könnt, ein möglichst großes Volumen hat. Vergleicht anschließend eure Prismen und deren Volumen in der Klasse. Wer hat das größte Prisma?

5

Ein Deich mit einem Querschnitt wie in der Abbildung soll auf eine Länge von 250 m vollständig erneuert werden.

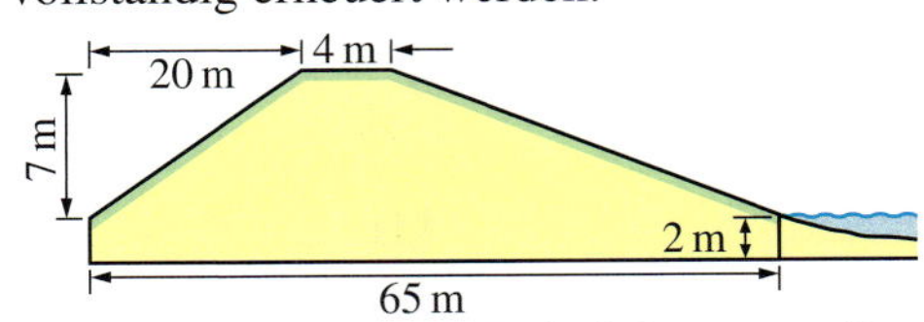

Wie viele Kubikmeter Erdreich müssen für den neuen Deichabschnitt aufgeschichtet werden?

6

Eine Säule aus Marmor (Dichte $2{,}8\,\frac{\text{g}}{\text{cm}^3}$) der Höhe $h = 1{,}80\,\text{m}$ hat die abgebildete Grundfläche (Maße in cm). Berechne die Masse der Säule.

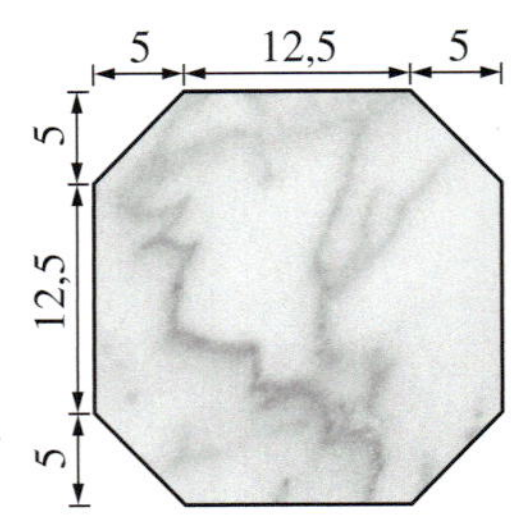

7

Sucht nach interessanten prismenförmigen Verpackungen (nicht nur Quader). Schätzt zunächst das Volumen eurer Verpackungen ab und berechnet es anschließend.

8

Die chinesische Mauer („Große Mauer"), die ursprünglich von Turkestan bis zum Pazifischen Ozean reichte, hat einen trapezförmigen Querschnitt. Die Breite an der Basis beträgt durchschnittlich 7,5 m, die Breite an der Krone beträgt etwa 5 m und die Höhe 8 m.

a) Welche Bedeutung hatte die Mauer? Ermittle ihre ursprüngliche Länge.

b) Berechne das ungefähre Volumen der Mauer.

c) Wie hoch könnte man mit dem zermahlenen Material der Großen Mauer die Fläche des Landes Bayern bedecken?

9

Ein Marmeladenglas hat (vom Rand mit Schraubverschluss abgesehen) die Form eines Prismas mit einem regelmäßigen Sechseck der Seitenlänge 3 cm als Grundfläche und der Höhe 6 cm.

Welche Maße kann ein Glas mit dem doppelten Volumen haben, wenn es ebenfalls die Form eines sechsseitigen Prismas haben soll? Gib verschiedene Möglichkeiten an und begründe sie.

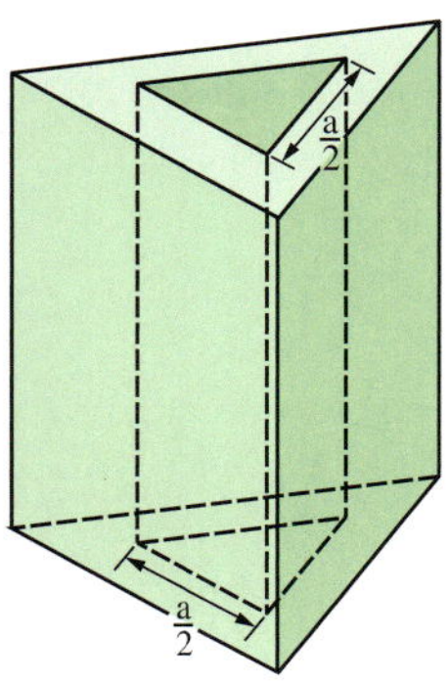

10

Aus dem Prisma mit der Höhe a und einem gleichseitigen Dreieck ($a = 3\,cm$) als Grundfläche wurde ein inneres Prisma entfernt.

a) Berechne Volumen und Oberflächeninhalt des Hohlkörpers.

b) Wie viel Prozent des Volumens (Oberflächeninhalts) des ursprünglichen Körpers beträgt das des Hohlkörpers? Schätze zuerst und rechne dann exakt.

11

Carsten behauptet:

„Das Volumen eines Quaders mit quadratischer Grundfläche lässt sich aus der Raumdiagonale d und ihrem Neigungswinkel ε gegen die Grundfläche berechnen."

a) Bestätige, dass er recht hat. Erläutere dazu deinen Lösungsgedanken.

b) Überprüfe die auf der Randspalte angegebenen Ergebnisse.

(I) $d = 10;\ \varepsilon = 45°$
$\Rightarrow V = 125 \cdot \sqrt{2}$

(II) $d = 6;\ \varepsilon = 30°$
$\Rightarrow V = 40{,}5$

12

Ein Haus mit dem gezeichneten Querschnitt ist 12 m lang und 8 m breit, die Höhe bis zur Dachtraufe beträgt 3 m. Die Dachflächen sind unter 30° bzw. 55° gegen die Horizontale geneigt.

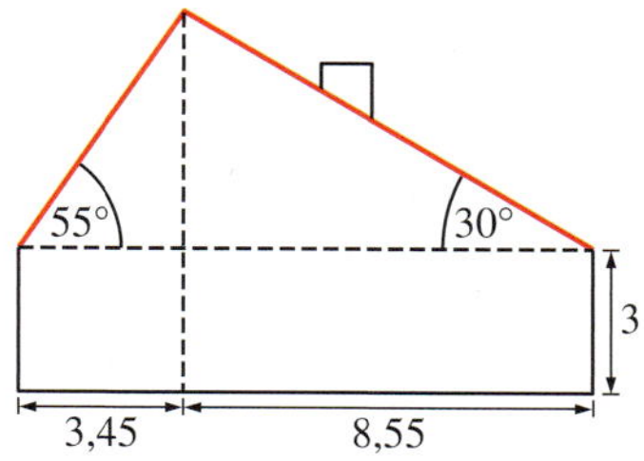

a) Wie hoch ist das Haus?

b) Berechne den Dachraum und den umbauten Raum des Hauses.

c) Wie groß ist die Dachfläche, wenn für den Kamin $0{,}8\,m^2$ ausgespart werden?

13

Die Kippmulde einer Lore ist 4,8 m lang, ihre Querschnittsfläche ist ein gleichseitiges Dreieck mit der Seitenlänge 1,8 m.

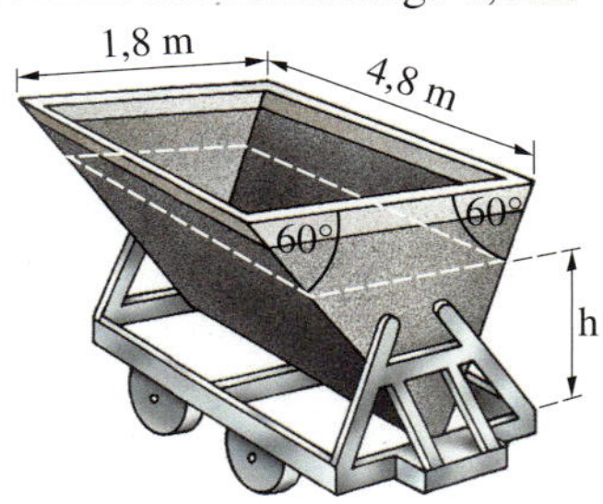

a) Wie groß ist das Fassungsvermögen der Kippmulde?

b) Die Kippmulde ist bis zur Höhe h (in m) gefüllt. Welcher Term gibt das Volumen V (in m^3) in Abhängigkeit von h an?

*14

Ein 9 cm hohes Prisma, dessen Grundfläche eine Raute mit einem spitzen Winkel von 30° ist, hat eine Oberfläche von $252\,cm^2$. Wie lang sind die Seiten der Raute?

G 15

Auf die Frage, was der Satz des Pythagoras besagt, erhält man häufig die Antwort „$a^2 + b^2 = c^2$". Erläutere, was mit dieser Antwort eigentlich gemeint ist.

4 Volumen und Oberflächeninhalt von Zylindern

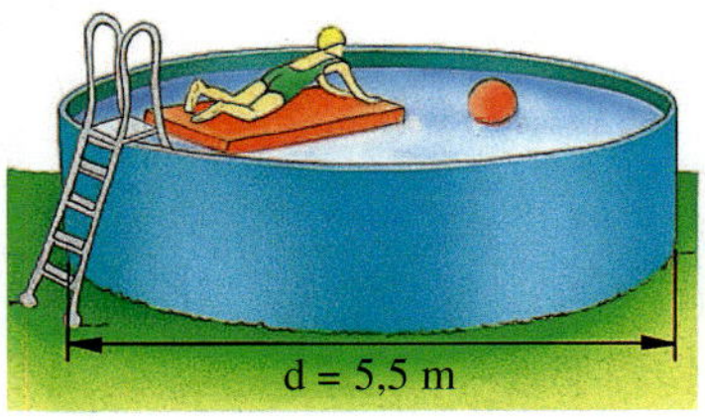

1
In einem Baumarkt werden zwei Gartenschwimmbecken zum Selbstaufbau angeboten, das eine zylinderförmig, das andere prismenförmig mit regelmäßig sechseckiger Grundfläche. Beide Becken haben die gleiche Wassertiefe von 1,25 m.
Welches Becken fasst mehr Wasser? Gib an, was du überlegt und gerechnet hast.

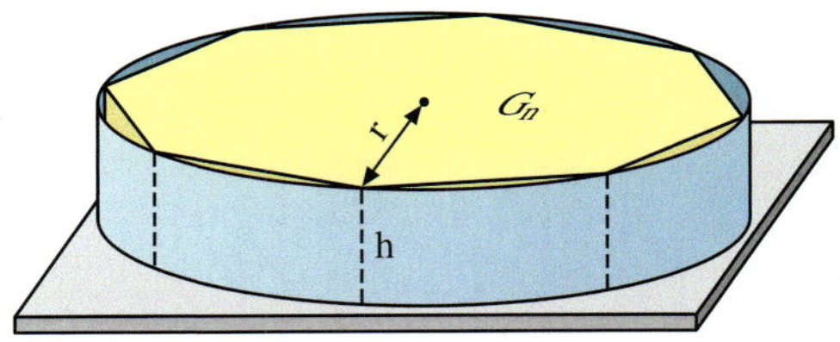

Um das Volumen eines geraden Zylinders mit Grundkreisradius r und Höhe h zu bestimmen, stellen wir in diesen ein möglichst großes Prisma mit einem regelmäßigen Vieleck als Grundfläche. Bei Vergrößerung der Eckenzahl n des Vielecks nähert sich der Rauminhalt $V_n = G_n \cdot h$ des Prismas beliebig genau dem Rauminhalt des Zylinders an. Dabei kommt G_n dem Flächeninhalt $G = \pi r^2$ der Zylindergrundfläche beliebig nahe. Also muss der Zylinder das Volumen $V = \pi r^2 \cdot h = G \cdot h$ haben.

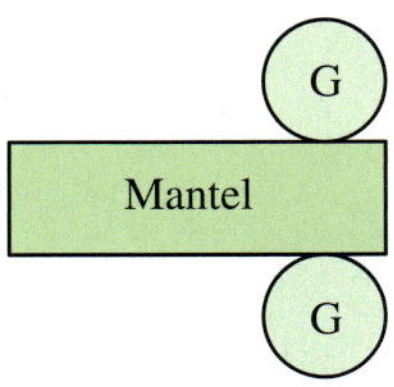

Da das Netz eines Zylinders aus zwei Kreisen und einem Rechteck mit den Seitenlängen h und $2\pi r$ besteht, gilt für die Mantelfläche $M = 2\pi r \cdot h$ und für den Oberflächeninhalt $O = 2G + M$.

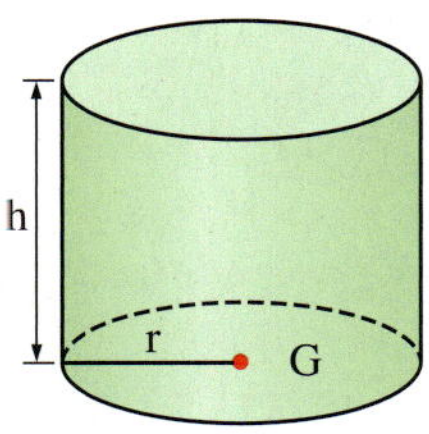

Ist r der Grundkreisradius, h die Höhe und G der Grundflächeninhalt eines geraden **Zylinders**, so gilt:

Volumen V:	$\mathbf{V = G \cdot h} = \pi r^2 \cdot h$
Inhalt der Mantelfläche M:	$\mathbf{M = 2\pi r \cdot h}$
Oberflächeninhalt O:	$\mathbf{O = 2G + M} = 2\pi r^2 + 2\pi r \cdot h$

Beispiel
a) Berechne Volumen und Inhalt der Mantelfläche einer zylindrischen Dose mit dem Durchmesser $d = 5{,}0\,\text{cm}$ und der Höhe $h = 7{,}5\,\text{cm}$.
b) Welchen Radius r_2 hat eine Dose mit gleicher Höhe und doppeltem Volumen?
Lösung:
a) $V = \pi r^2 \cdot h$
$V = \pi \cdot (2{,}5\,\text{cm})^2 \cdot 7{,}5\,\text{cm}$
$= 46{,}875\,\pi\,\text{cm}^3 \approx 147\,\text{cm}^3$

$M = 2\pi r \cdot h$
$M = 2\pi \cdot 2{,}5\,\text{cm} \cdot 7{,}5\,\text{cm}$
$= 37{,}5\,\pi\,\text{cm}^2 \approx 118\,\text{cm}^2$

b) $V = \pi r_2^2 \cdot h$,
also soll gelten: $294\,\text{cm}^3 = \pi r_2^2 \cdot 7{,}5\,\text{cm}$
$\Rightarrow\ r_2^2 \approx 12{,}48\,\text{cm}^2$
$\Rightarrow\ r_2 \approx 3{,}5\,\text{cm}$
(Die 2. Lösung $r_2 \approx -3{,}5\,\text{cm}$ ist geometrisch sinnlos.)

Aufgaben

Lösungssalat zu 2:
(gerundet; nur Maßzahlen)

2
Berechne das Volumen und den Oberflächeninhalt eines Zylinders mit
a) r = 3,7 cm; h = 12,3 cm
b) r = 2,5 cm; h = 0,40 m
c) d = 32,2 cm; h = 0,75 m

3
Übertrage die Tabelle in dein Heft und berechne die fehlenden Größen für einen geraden Zylinder. Rechne zunächst mit Variablen und setze erst am Ende die gegebenen Zahlen ein.

	r	h	G	V	M	O
a)	5,2 cm			98 cm³		
b)		0,45 cm		2,1 dm³		
c)			28 m²	45 m³		
d)				64 cm³	72 cm²	
e)		3,5 cm	72 cm²			
f)					1,2 dm²	1,90 dm²

Peter fragt sich:
Wie lang ist die „Wurst“, die ich aus einer Zahnpastatube herausdrücken kann?
Kannst du ihm helfen?

4
Eine zylindrische Regentonne hat den inneren Durchmesser d = 60 cm und die Höhe h = 85 cm.
a) Wie viel Liter Wasser fasst die Tonne?
b) Wie hoch stehen 150 *l* Wasser in ihr?

Litfaßsäulen sind nach ihrem Erfinder, dem Drucker Ernst Litfaß (1816–1874) benannt, der diese Säulen erstmals als Anschlagsäulen 1855 in Berlin aufstellte.

5
Eine zylindrische Litfaßsäule ist 2,60 m hoch. Sie hat einen Außendurchmesser von 1,20 m, ihre Wandstärke beträgt 5 cm.
Wie viel m² Fläche kann zu Werbezwecken beklebt werden?

6
Bei einem Motorrad hat der Zylinder des Motors die Bohrung (Durchmesser) d = 70 mm und der Hub beträgt h = 64 mm. Berechne das Volumen, das der Kolben bei einem Takt durchstößt. Zu welcher Hubraumklasse gehört das Motorrad?

7
Ein Standzylinder mit dem Innendurchmesser d = 32 mm soll als Messzylinder geeicht werden. In welchen Abständen sind die Teilstriche für je 5 cm³ anzubringen?

8
Die Befreiungshalle auf dem Michelsberg oberhalb Kelheim ist ein Rundbau mit einer Gesamthöhe von fast 60 Metern.
Der Innenraum hat einen Durchmesser von 29,5 m und eine Höhe von 45,0 m (ohne Kuppel).

a) Bestimme möglichst genau den umbauten Raum. Schätze dazu das Kuppelvolumen ab und erläutere dein Vorgehen.
b) Um wie viel Prozent ist dieser Rauminhalt größer als der eines 50-m-Schwimmbeckens mit der Breite 20 m und der Tiefe 2,50 m?

9
In den Kärtchen sind Maßzahlen eingetragen, die zu Zylindern gehören. (Die Werte sind gerundet und in den Einheiten cm, cm², cm³ angegeben.)

a) Welche vier Werte gehören zum gleichen Zylinder?
b) Mit welcher Wahrscheinlichkeit erhält man bei der zufälligen Auswahl von 4 Kärtchen die zusammengehörigen?
c) Überlege dir selbst Kärtchen mit Maßzahlen und lasse deinem Nachbarn bzw. deiner Nachbarin die zusammenpassenden Maßzahlen bestimmen.

10
Eine Blechdose hat einen Durchmesser von 10 cm und eine Höhe von 20 cm. Gib die Maße einer Dose mit halbem Volumen an.

11

Der 50,5 km lange Eisenbahntunnel zwischen England und Frankreich besteht aus zwei Röhren von je 8 m Durchmesser für die Züge und einem Versorgungstunnel von 5 m Durchmesser.

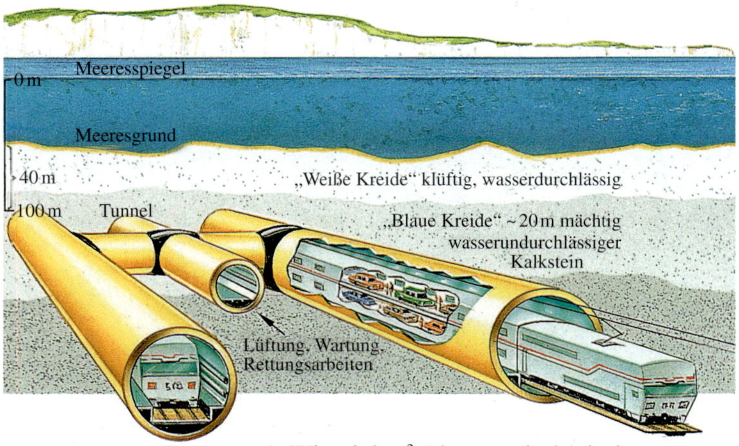

a) Wie viel m^3 Abraum sind mindestens beim Bohren dieser drei Röhren insgesamt angefallen?

b) Wie viele LKW-Ladungen zu je $12\,m^3$ sind das etwa?

Zum Knobeln:
Du hast einen 5-Liter- und einen 6-Liter-Messbecher, die beide keine weiteren Maßstriche haben.
Wie kannst du allein damit 3 Liter abmessen?
Geht dies auch nur mit dem 6-Liter-Messbecher?

12

Die Trans-Alaska-Pipeline hat einen Innendurchmesser von 1,2 m; sie ist 1280 km lang. Nimm an, dass das Rohr vollständig gefüllt ist.

a) Wie viel m^3 Öl befinden sich im Rohr?

b) Die Pipeline transportiert täglich $260\,000\,m^3$ Öl. Wie schnell fließt das Öl?

13

Wie viel cm^2 Blech benötigt man zur Herstellung einer Konservendose mit dem Durchmesser d und dem Volumen V, wenn für Falze und Verschnitt 15 % Blech hinzuzurechnen ist?

a) $d = 8{,}1\,cm$; $V = 0{,}5\,l$

b) $d = 17{,}0\,cm$; $V = 3{,}0\,dm^3$

14

Die vier BMW-Bürotürme in München haben eine Höhe von 101 m. Bestimme ungefähr den umbauten Raum und die Größe der Fassadenflächen. Erläutere deine Überlegungen zu den überschlägigen Rechnungen.

15

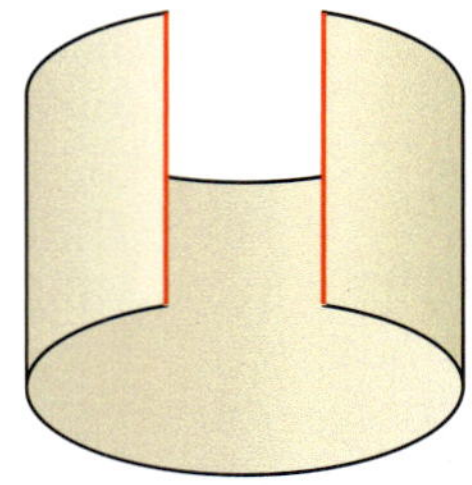

Ein rechteckiges Blatt Papier mit den Seiten a und b kann auf zwei Arten zu einem Zylindermantel gebogen werden.

a) Bestimme das Volumen V_1 und V_2 der beiden möglichen Zylinder, berechne dann V_1 und V_2 für ein DIN-A4-Blatt.

b) Bestimme das Verhältnis von V_1 zu V_2 und skizziere ein Schrägbild der Körper.

16

Ein 80 cm langer Rundstab aus Eisen (Dichte $7{,}9\,\frac{g}{cm^3}$) mit dem Durchmesser 2 cm ist von einem 1 cm dicken Hartgummimantel (Dichte $1{,}2\,\frac{g}{cm^3}$) umgeben.

a) Berechne die Masse des Stabs.

b) Welche „durchschnittliche" Dichte hat der Körper?

17

Berechne Volumen und Oberflächeninhalt der gezeichneten Körper. Alle Maße sind in cm und auf 0,01 cm genau angegeben.

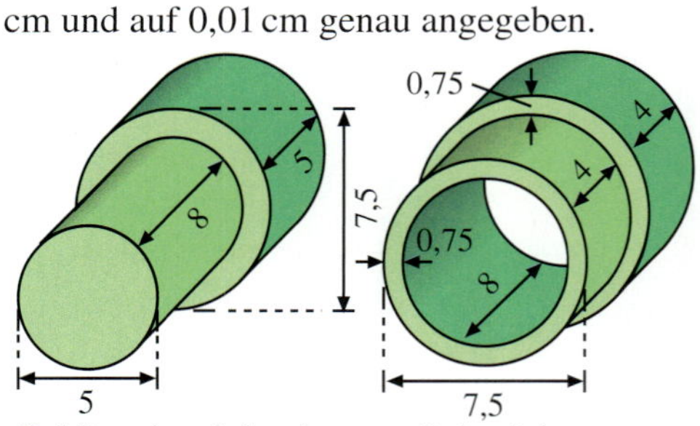

G 18

Bestimme die Gleichung der Parabel durch folgende Punkte:

a) $A(-3|-6)$, $B(1{,}5|0{,}75)$, $C(1|-2)$

b) $A(-1|0)$, $B(3|0)$, $C(1|-2)$

Bringe die Funktion auf Scheitelpunktform und skizziere die Parabel.

Gib alle Nullstellen und den minimalen Funktionswert an.

*5 Der Satz von Cavalieri

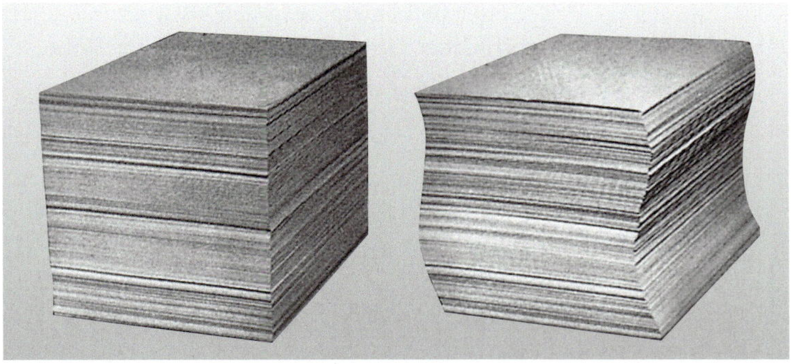

1
Der linke Papierstapel besteht aus DIN-A4-Blättern. Er ist 20 cm hoch. Der Flächeninhalt eines Blattes beträgt 625 cm^2.
a) Berechne das Volumen des Papierstapels.
b) Ändert sich das Volumen, wenn man den Papierstapel wie im rechten Bild verformt?
c) Vergleiche die Grundflächen und die zur Grundfläche parallelen Querschnittsflächen.

Ändern sich beim Verformen eines Körpers weder die Grundfläche noch die zu der Grundfläche parallelen Querschnittsflächen noch seine Höhe, dann ändert sich auch sein Volumen nicht. Dies ist ein Sonderfall des Satzes von Cavalieri:

Bonaventura Cavalieri (1598–1647), italienischer Mathematiker

Satz von Cavalieri:
Wenn für zwei Körper gilt:
(1) Die Flächeninhalte der Grundflächen sind gleich: $G_1 = G_2$;
(2) sie haben gleiche Höhen;
(3) Schnittflächen im gleichen Abstand parallel zur Grundfläche haben den gleichen Flächeninhalt: $S_1 = S_2$,
dann haben beide Körper das gleiche Volumen.

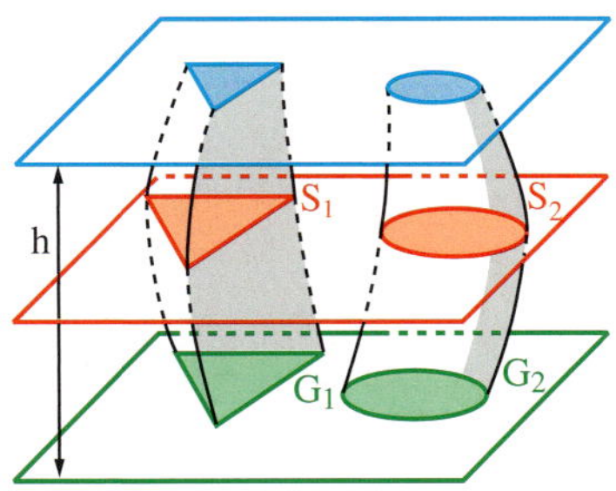

Begründung des Satzes von Cavalieri für den Sonderfall, dass alle zur Grundfläche parallelen Querschnittflächen kongruent sind (vgl. Figur (1) und (5)):

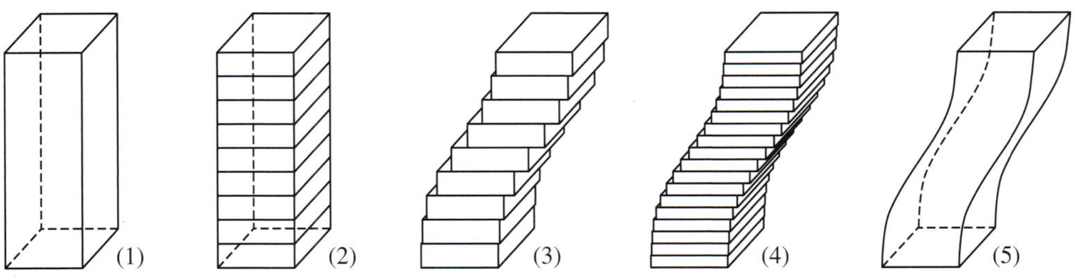

- Denkt man sich Körper (1) durch parallele Schnitte in n Scheiben zerlegt (2), so ändert der Körper bei Parallelverschiebung der Scheiben sicher nicht sein Volumen (3).
- Die Höhe dieser Scheiben kann man sich immer kleiner denken und somit die Zahl n der Scheiben immer größer (4). Das Volumen des „Scheibenturms" ändert sich dabei nicht.
- Der Körper (5) lässt sich auf diese Weise beliebig genau annähern. Sein Volumen muss daher mit dem Volumen von Körper (1) übereinstimmen.

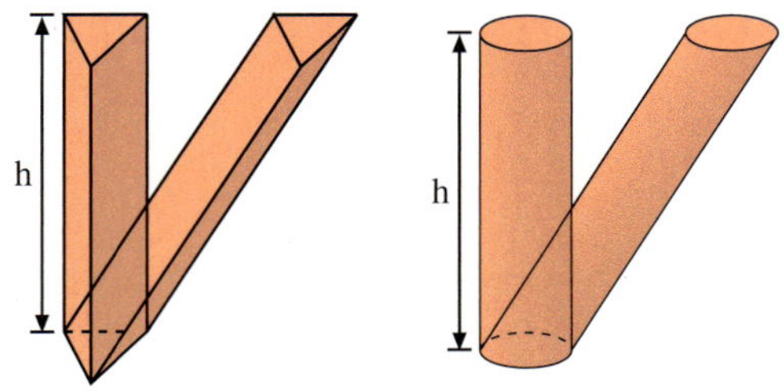

Die linken Abbildungen zeigen ein „schiefes“ Prisma und einen „schiefen“ Zylinder. Nach dem Satz von Cavalieri haben sie gleiches Volumen wie die entsprechenden „geraden“ Körper mit gleicher Grundfläche und gleicher Höhe, nämlich $V = G \cdot h$ bzw. $V = \pi r^2 \cdot h$.

Beispiel

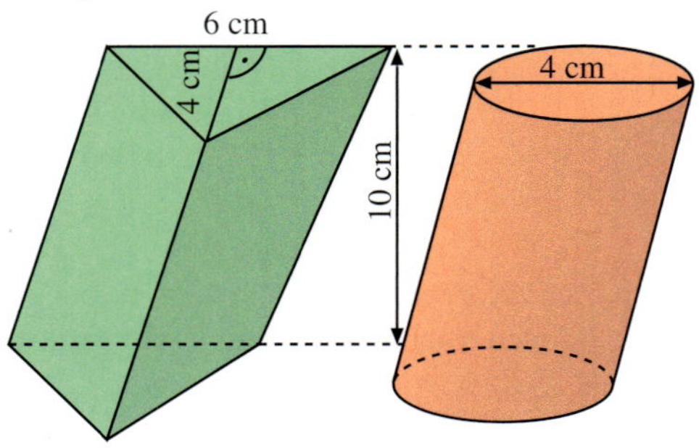

Berechne die Volumina der links gezeichneten Körper.

Lösung:

$$G_{Prisma} = \frac{1}{2} g \cdot h = \frac{1}{2} \cdot 6\,cm \cdot 4\,cm = 12\,cm^2$$

$$V_{Prisma} = G \cdot h = 12\,cm^2 \cdot 10\,cm = 120\,cm^3$$

$$V_{Zylinder} = \pi r^2 \cdot h = \pi (2\,cm)^2 \cdot 10\,cm \approx 126\,cm^3$$

Aufgaben

Bei den rechts abgebildeten Körpern gilt: Der Flächeninhalt des Querschnitts ist unabhängig von der Höhe des Querschnitts.

2

Aus Quadern werden wie in der Abbildung verschiedende Körper herausgesägt.

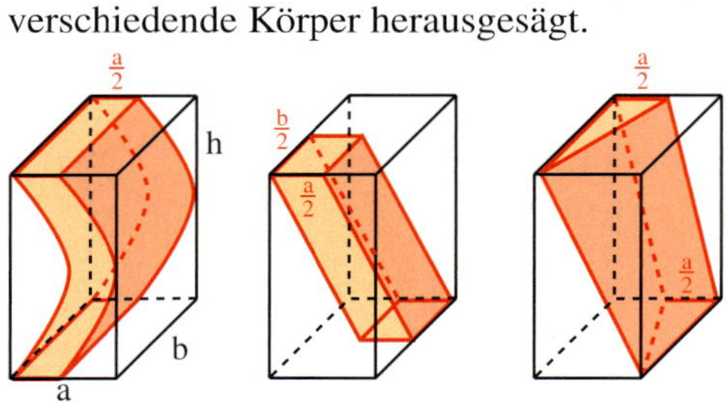

a) Bestimme das Volumen jedes Körpers.
b) Wie viel Prozent des Quadervolumens ist das Restvolumen?

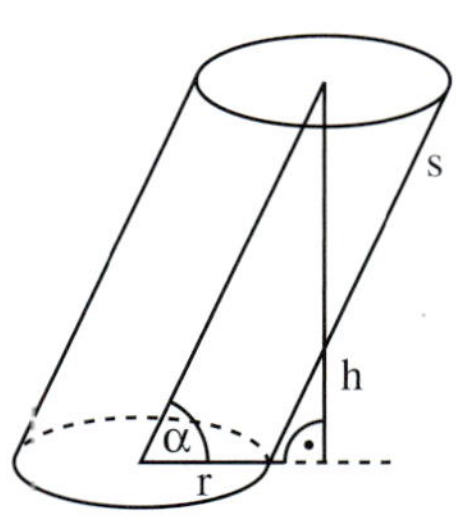

3

Berechne das Volumen des schiefen Zylinders (vgl. Randspalte).

a) $r = 15\,cm$, $h = 4{,}2\,cm$
b) $s = 10\,cm$, $r = 4{,}2\,cm$, $\alpha = 45°$
c) $s = 8\,cm$, $r = 12\,cm$, $\alpha = 60°$

4

Berechne das Volumen eines schiefen Prismas mit quadratischer Grundfläche ($a = 6\,cm$), dessen Seitenkante ($s = 8\,cm$) gegen die Grundfläche 70° geneigt ist.

5

An einem Berghang ist wie in der folgenden Abbildung ein Stapel mit 1 m langen Holzstämmen aufgeschichtet.

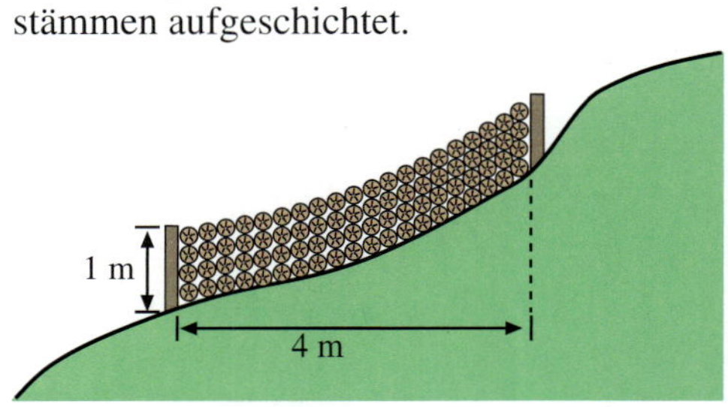

Wie viel Raummeter Holz enthält er? (Raummeter, auch Ster genannt, ist eine Bezeichnung aus der Forstwirtschaft für $1\,m^3$ geschichtetes Holz mit Zwischenräumen.)

G 6

Begründe: Ein Dreieck mit zwei gleich langen Höhen ist gleichschenklig.

G 7

Löse das Gleichungssystem.

a) $\frac{3x}{4} + \frac{7}{12} = 2 - \frac{2y}{9}$
$\frac{2y}{5} + \frac{3}{10} = 1 + \frac{x}{2}$

b) $\frac{2y-5}{9} = \frac{5}{6}(x-1) - 5y$
$\frac{3x+1}{12} = \frac{8}{3}(y-2) + \frac{33x}{2}$

6 Volumen und Oberflächeninhalt von Pyramiden

1

Aus einem quaderförmigen Holzblock mit quadratischer Grundfläche kann wie in der Abbildung in zwei Schritten eine quadratische Pyramide hergestellt werden.

a) Versuche, das Volumen der Pyramide abzuschätzen.

b) Begründe, dass das Volumen der Pyramide kleiner als $\frac{1}{2}G \cdot h$ ist.

Für die Herleitung der Formel zur Berechnung des Pyramidenvolumens wird der folgende Satz verwendet:

Der Satz setzt nicht voraus, dass die Grundflächen die gleiche Form haben, sie müssen nur den gleichen Flächeninhalt G haben.

Satz: Pyramiden mit gleicher Höhe h und gleichem Inhalt der Grundflächen haben das gleiche Volumen.

Dieser Satz lässt sich in 4 Schritten begründen:

(1) Die räumliche zentrische Streckung mit dem Zentrum S und dem Streckfaktor $\frac{x}{h}$ bildet in nebenstehender Figur jeweils die Grundfläche G auf G′ ab.

(2) Für den Flächeninhalt G′ gilt dann: $G' = \left(\frac{x}{h}\right)^2 \cdot G$.

(3) Für alle Pyramiden haben die Schnittflächen G′ wegen (2) den gleichen Flächeninhalt.

(4) Nach dem Satz von Cavalieri haben dann alle Pyramiden das gleiche Volumen.

*Der Satz von Cavalieri wird in Lerneinheit *5 betrachtet.*

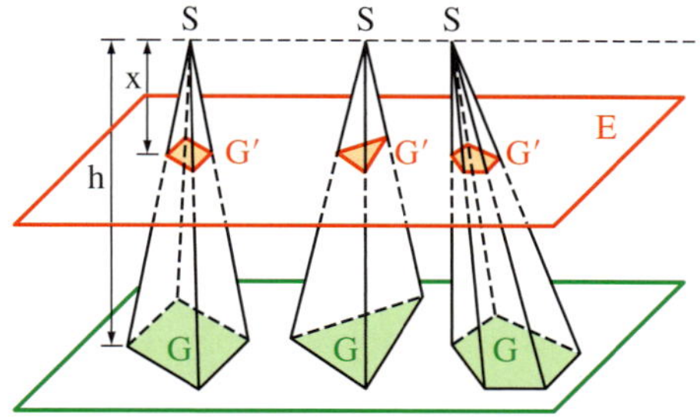

Alle Grundflächen haben den gleichen Flächeninhalt G.

Um nun die Formel für das Volumen einer Pyramide zu finden, wird zuerst der Sonderfall einer dreiseitigen Pyramide betrachtet, bei der eine Seitenkante senkrecht auf der Grundfläche steht (vgl. rechte Abbildung).

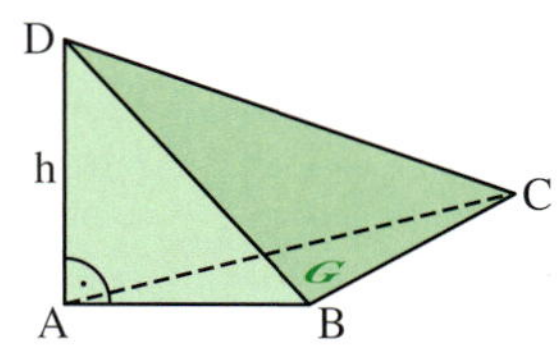

Diese spezielle dreiseitige Pyramide lässt sich zu einem Prisma mit gleicher Grundfläche G und gleicher Höhe h ergänzen. Dazu fügt man die Pyramiden P_2 (blau) und P_3 (rot) an.

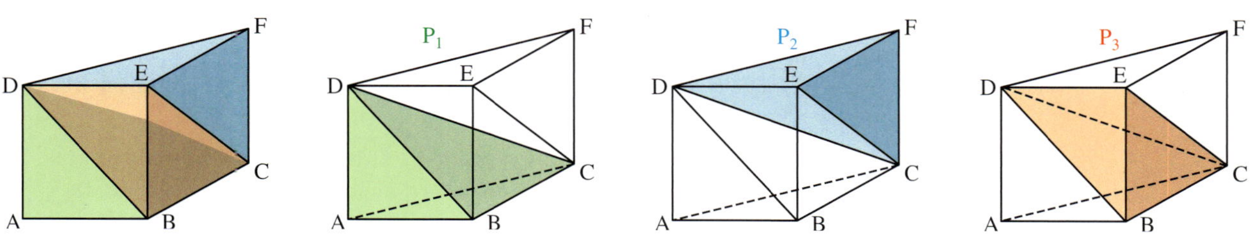

Die Formel für das Pyramidenvolumen lässt sich experimentell bestätigen:

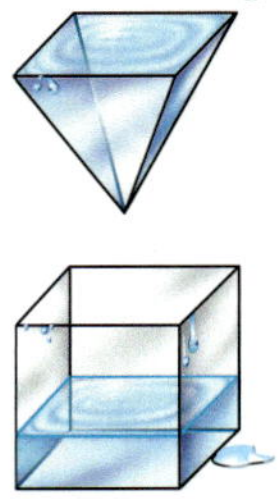

Der Inhalt der mit Wasser gefüllten Pyramide muss dreimal in den Würfel mit gleicher Grundfläche und Höhe gegossen werden, um ihn zu füllen.

Mit dem oben formulierten Satz ergibt sich dann:

(1) Die Pyramiden P_1 und P_2 haben das gleiche Volumen, denn P_1 und P_2 haben kongruente und damit inhaltsgleiche Grundflächen ABC und DEF sowie gleiche Höhen $\overline{DA} = \overline{CF}$.

(2) Die Pyramiden P_2 und P_3 haben das gleiche Volumen, denn P_2 und P_3 haben kongruente und damit inhaltsgleiche Grundflächen CFE und EBC sowie die gemeinsame Höhe $\overline{DE}$.

Alle drei Pyramiden P_1, P_2 und P_3 haben also das gleiche Volumen, nämlich ein Drittel des Volumens des Prismas. Also gilt für das Pyramidenvolumen: $V = \frac{1}{3}G \cdot h$.

Da es zu jeder beliebigen Pyramide eine spezielle dreiseitige Pyramide wie P_1 mit einer Grundfläche desselben Inhalts G und der gleichen Höhe h gibt, gilt die Formel nach dem obigen Satz für jede Pyramide.

Ist G die Grundfläche und h die Höhe einer **Pyramide**, so gilt: Volumen V: $\mathbf{V = \frac{1}{3}G \cdot h}$

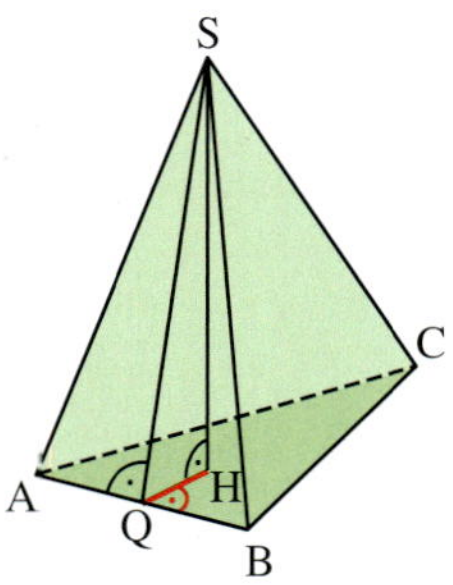

Den Oberflächeninhalt einer Pyramide kann man mit Hilfe des Netzes bestimmen. Dieses besteht aus der n-eckigen Grundfläche und n Dreiecken.

Denkt man sich die Seitenfläche SAB in die Ebene der Grundfläche heruntergeklappt, erkennt man, dass der Punkt S im Netz auf dem Lot von H auf [AB] liegen muss, also auf [HQ. Ist die Pyramidenhöhe h und die Lage des Höhenfußpunktes H bekannt, so lässt sich am sogenannten **Stützdreieck** SQH konstruktiv oder mit dem Satz des Pythagoras die Seitenflächenhöhe $h_{[AB]} = \overline{SQ}$ bestimmen.

Damit ist der Flächeninhalt des Seitenflächendreiecks SAB berechenbar. Für die Inhalte der übrigen Seitenflächen verfährt man entsprechend.

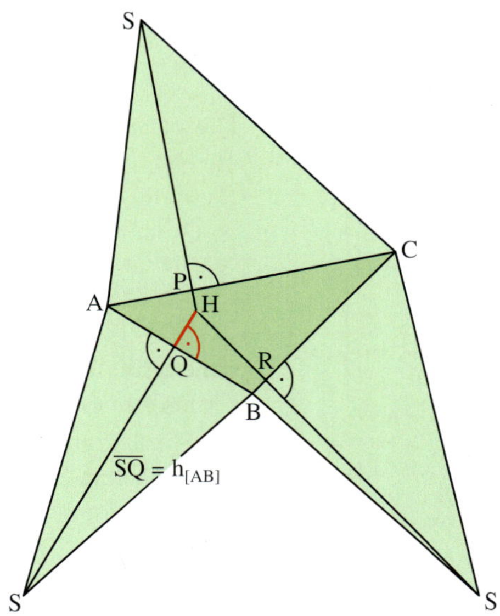

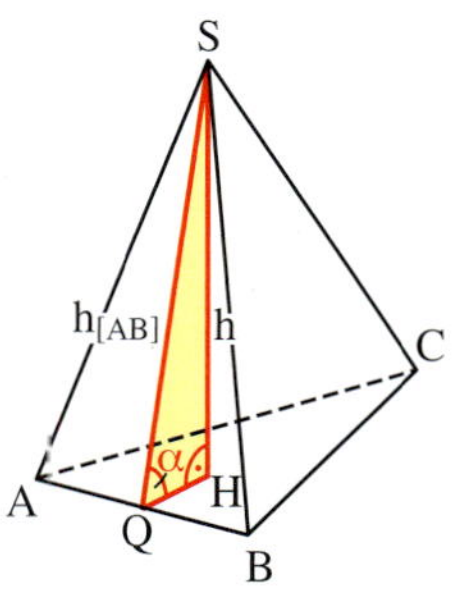

Stützdreieck für α

Um das Netz zu zeichnen, genügt es, an die Grundfläche mit dem Höhenfußpunkt H das Seitenflächendreieck SBA mit der Höhe $\overline{SQ}$ wie oben zu konstruieren.
Die anderen Seitenflächen sind dann durch Übertragen der Längen $\overline{AS}$ bzw. $\overline{BS}$ und die vom Höhenfußpunkt ausgehenden Lote [HP bzw. [HR bestimmt.

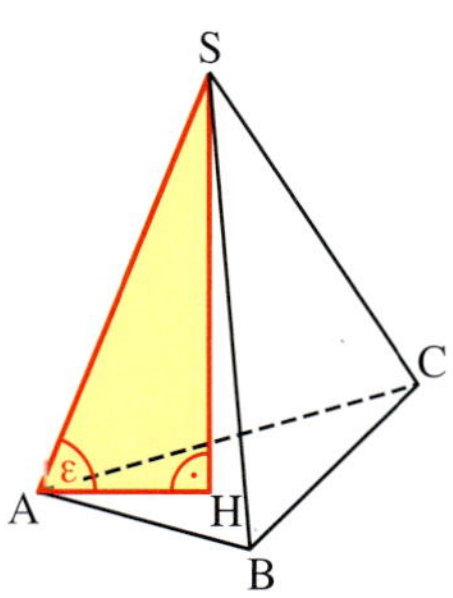

Stützdreieck für ε

Bemerkungen

(1) Der **Neigungswinkel α** der **Seitenfläche** einer Pyramide gegen die Grundfläche ergibt sich also aus dem Stützdreieck mit der Pyramidenhöhe h als Kathete und der Seitenflächenhöhe $h_{[AB]}$ als Hypotenuse. Die Bestimmung erfolgt entweder durch Konstruktion oder durch trigonometrische Berechnung. Es ist z. B. $\sin\alpha = \frac{h}{h_{[AB]}}$.

(2) Der **Neigungswinkel ε** einer **Seitenkante** gegen die Grundfläche ergibt sich entsprechend aus dem rechtwinkligen Dreieck mit der Pyramidenhöhe als Kathete und der Seitenkante als Hypotenuse (z. B. ΔSAH).

Strategie:
Veranschaulichen durch eine Skizze oder Zeichnung.

Beispiel

Eine gerade Pyramide mit quadratischer Grundfläche ($a = 4{,}0\,cm$) hat die Höhe $h = 3{,}0\,cm$.

a) Berechne ihr Volumen. b) Berechne ihren Oberflächeninhalt.

c) Unter welchem Winkel sind die Seitenkanten bzw. die Seitenflächen gegen die Grundfläche geneigt?

Lösung:

a) Grundfläche: $G = a^2 = (4\,cm)^2 = 16\,cm^2$

Volumen: $V = \frac{1}{3} G \cdot h = \frac{1}{3} \cdot 16\,cm^2 \cdot 3\,cm = 16\,cm^3$

b) Seitenflächenhöhe: $h_s^2 = h^2 + \left(\frac{a}{2}\right)^2$

$h_s = \sqrt{9\,cm^2 + 4\,cm^2} = \sqrt{13}\,cm$

Oberflächeninhalt: $O = G + 4\,A_s$

$O = a^2 + 4 \cdot \frac{1}{2} a \cdot h_s = (16 + 8 \cdot \sqrt{13})\,cm^2 \approx 44{,}8\,cm^2$

c) Diagonale des Quadrats: $d = a \cdot \sqrt{2} = 4 \cdot \sqrt{2}\,cm$

Neigungswinkel der Seitenkante:

$\tan \varepsilon = \frac{h}{0{,}5\,d} = \frac{3\,cm}{2\sqrt{2}\,cm} = \frac{3}{4} \cdot \sqrt{2} \Rightarrow \varepsilon \approx 46{,}7°$

Neigungswinkel der Seitenfläche: $\tan \alpha = \frac{h}{0{,}5\,a} = \frac{3\,cm}{2\,cm} = 1{,}5 \Rightarrow \alpha \approx 56{,}3°$

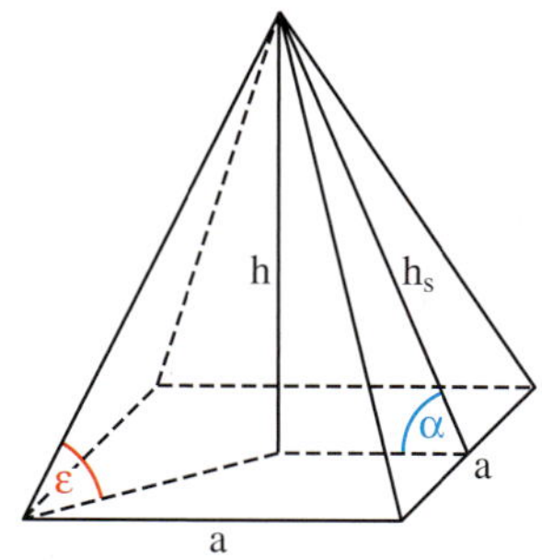

Andere Lösungsmöglichkeiten bei c):
$\sin \varepsilon = \frac{h}{s}$,
falls s bekannt ist,
bzw. $\sin \alpha = \frac{h}{h_s}$.

Aufgaben

2

Berechne das Volumen einer Pyramide mit der Grundfläche G und der Höhe h.

a) $G = 40\,dm^2$ und $h = 0{,}85\,m$

b) $G = 1{,}2 \cdot 10^4\,cm^2$ und $h = 2{,}5\,m$

Lösungssalat zu 3:
(Werte gerundet und ohne Maßeinheit)

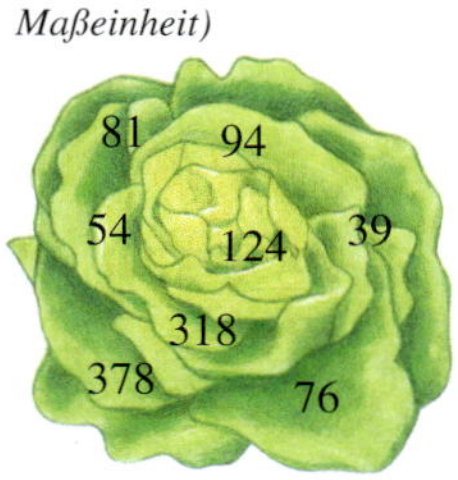

3

Eine quadratische gerade Pyramide hat die Grundkante a, die Höhe h und die Höhe h_s der Seitenflächen. Zeichne ein Schrägbild für $a = 4\,cm$ und $h = 6\,cm$. Berechne Volumen und Oberflächeninhalt der Pyramide.

a) $a = 4{,}32\,dm$, $h = 630\,mm$

b) $a = 552\,cm$, $h = 8{,}0\,m$

c) $a = 1{,}26\,m$, $h_s = 87\,cm$

d) $h = 70\,mm$, $h_s = 0{,}74\,dm$

4

Übertrage die Tetraedernetze mit $a = 2\,cm$ ins Heft.

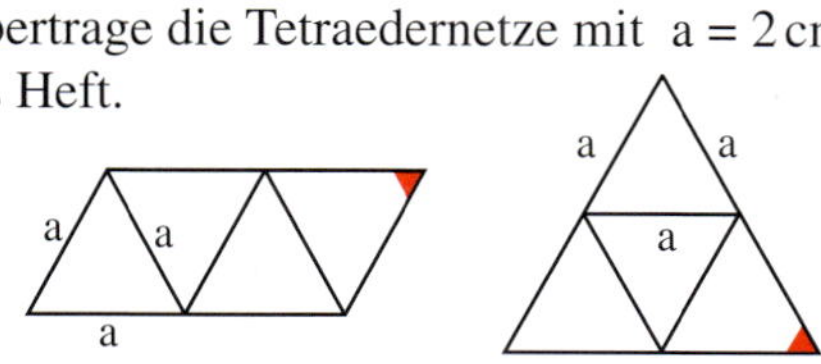

a) Wo liegen in deinen Netzen die Ecken, die beim Zusammenkleben an die markierte Ecke stoßen würden? Kennzeichne diese.

b) Bestimme den Oberflächeninhalt des Tetraeders.

5

Eine quadratische Pyramide hat die Grundkante $a = 3\,cm$ und die Seitenkanten $s = 4\,cm$.

a) Zeichne ein Netz der Pyramide.

b) Zeichne ein Schrägbild ($\alpha = 45°$; $k = 0{,}5$).

c) Berechne die Höhe einer Seitenfläche.

d) Berechne Oberflächeninhalt und Volumen.

6

Untersuche, ob die gegebene Figur ein Pyramidennetz ist. Begründe.

a)

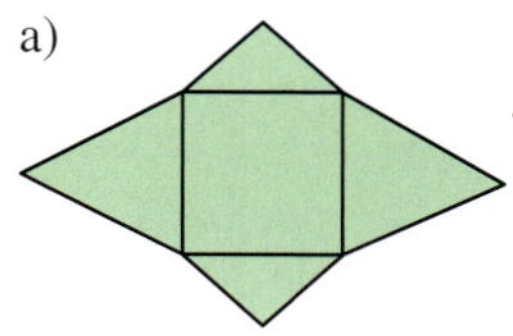

b)

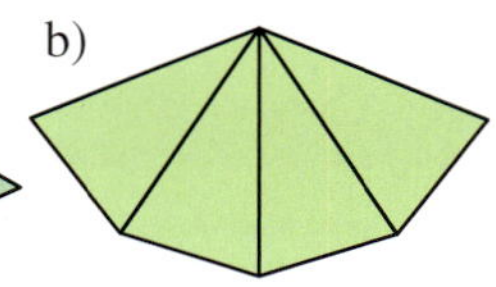

c)

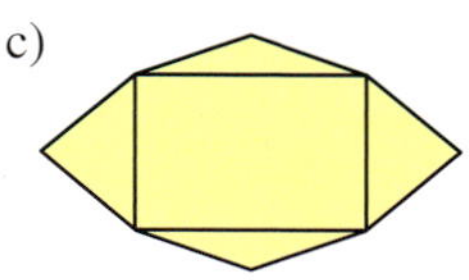

d)

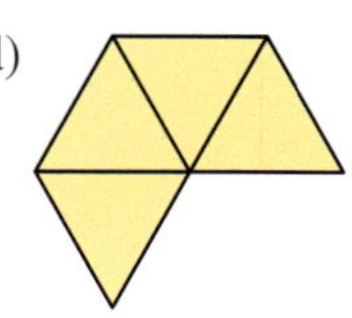

e)

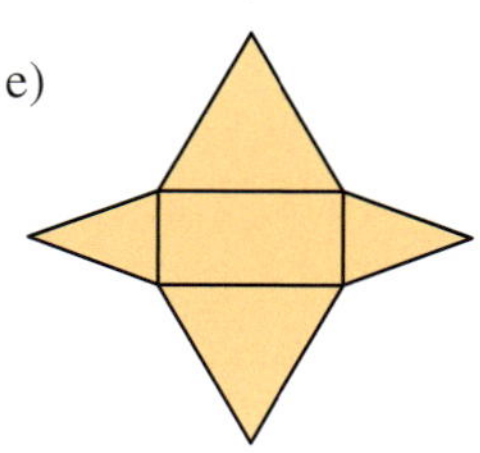

f)

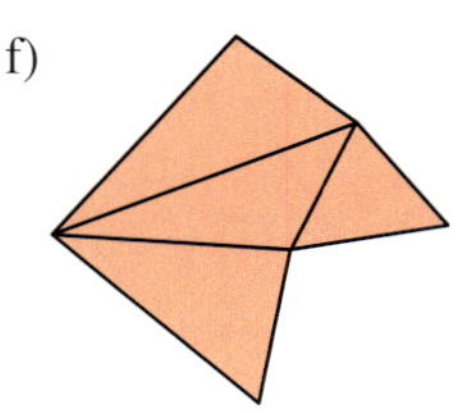

Blaise Pascal (1623–1662), frz. Philosoph, Physiker, Mathematiker

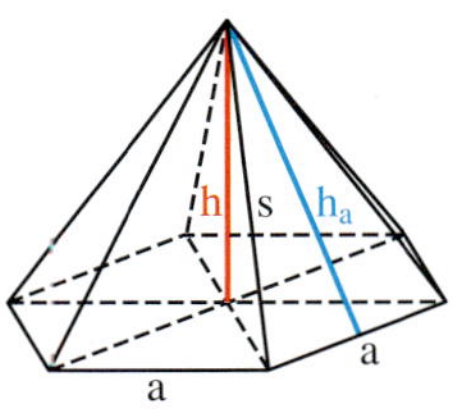

Zu Aufgabe 14:

Christo und Jeanne-Claude verhüllten im Juni 1995 den Reichstag in Berlin.

7

Eine gerade Pyramide der Höhe $h = 10\,cm$ hat als Grundfläche ein Rechteck mit den Seitenlängen $a = 8\,cm$ und $b = 15\,cm$.

a) Bestimme Volumen und Oberflächeninhalt der Pyramide.

b) Welchen Neigungswinkel haben die Seitenkanten (Seitenflächen) gegen die Grundfläche?

8

Im Hof des Pascal-Gymnasiums in Grevenbroich steht ein Denkmal für Blaise Pascal aus Granit. Seine Gesamthöhe ist 2,50 m, die Grundfläche ein gleichseitiges Dreieck mit einer Seitenlänge von 30 cm. Die Pyramide ist 40 cm hoch. Welche Masse hat das Denkmal? (Dichte von Granit: $3{,}5\,\frac{kg}{dm^3}$)

9

Berechne das Volumen und den Oberflächeninhalt einer regelmäßigen sechsseitigen Pyramide mit der Grundkante a, der Höhe h und der Seitenkante s.

a) $a = 3\,m$; $h = 40\,dm$

b) $a = 280\,cm$; $s = 5400\,mm$

c) $s = 8{,}5\,m$; $h = 7{,}5 \cdot 10^2\,cm$

10

Ein Zelt hat die Gestalt einer regelmäßigen sechsseitigen Pyramide mit der Grundkantenlänge 1,5 m und der Seitenkantenlänge 2,6 m. Wie viel m^2 Zeltstoff ist zur Herstellung mindestens nötig?

11

Übertrage die Tabelle in dein Heft und berechne die fehlenden Größen für eine regelmäßige dreiseitige Pyramide.

	a	h	h_s	s	V	G	M	O
a)	6,4 m				$42\,m^3$			
b)		2,4 dm			$4100\,cm^3$			
c)					$45\,cm^3$	$0{,}36\,dm^2$		
d)				9,0 cm		$72\,cm^2$		
e)	4,5 cm						$78\,cm^2$	
f)		12 cm				$9\,dm^2$		
g)			4,2 cm				$46\,cm^2$	

12

Die abgebildete Glaspyramide überdacht den unterirdischen Eingangstrakt des Louvre in Paris. Sie hat eine quadratische Grundfläche mit der Seitenlänge 34,2 m, die Seitenkanten sind 32,4 m lang.

a) Schätze ab, welche Neigung die Seitenkanten bzw. die Seitenflächen gegen die Grundfläche haben. Beschreibe dein Vorgehen.

b) Überprüfe rechnerisch deine Schätzung.

13

Eine dreiseitige Pyramide mit der Höhe $h = 4\,cm$ hat als Grundfläche ein Dreieck ABC mit den Seiten $a = b = 4\,cm$ und $c = 5\,cm$. Der Fußpunkt H der Pyramidenhöhe liegt auf der Höhe h_c des Dreiecks ABC mit $\overline{CH} = 1{,}5\,cm$.

a) Zeichne ein Schrägbild für $\alpha = 45°$ und $k = 0{,}5$.

b) Zeichne ihr Netz. Beschreibe, wie du vorgehst. (Hinweis: Ermittle in einer Hilfskonstruktion die Länge einer Seitenkante.)

c) Berechne das Volumen der Pyramide.

14

Die Cheopspyramide (erbaut um 2600 v. Chr.) hat eine quadratische Grundfläche. Ihre Grundkanten waren ursprünglich 233 m lang, ihre Seitenkanten 221 m.

a) Aufgrund der Verwitterung misst heute die Grundkante nur noch 227 m, die Höhe 137 m. Wie viel Prozent des ursprünglichen Volumens sind verwittert?

b) Angenommen, Christo und Jeanne-Claude möchten die Cheopspyramide verhüllen. Wie viel m^2 Gewebe benötigen sie dazu mindestens?

Eine 3-seitige Pyramide mit gleich langen Kanten heißt ***Tetraeder****.*
tetraedron *(griech.): Vierflächner*
Ein Körper mit acht gleichseitigen Dreiecken als Seitenflächen heißt ***Oktaeder****.*
oktaedron *(griech.): Achtflächner*

15

Stelle eine Formel für das Volumen V und den Oberflächeninhalt O eines

a) Tetraeders, b) Oktaeders

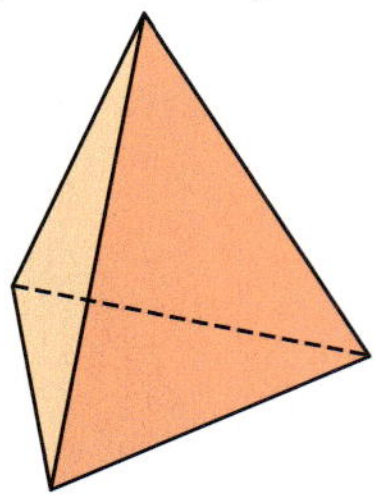

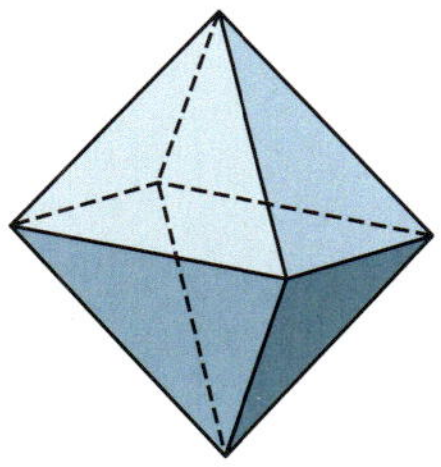

in Abhängigkeit von der Kantenlänge a auf.

16

In welchem Verhältnis stehen die Kantenlängen eines Tetraeders und eines Oktaeders, die gleich große Oberflächen haben?

17

a) Berechne, unter welchem Winkel bei einem Tetraeder die Seitenkanten (die Seitenflächen) gegen die Grundfläche geneigt sind.

b) Welchen Winkel schließen bei einem Oktaeder zusammenstoßende Kanten ein, die in einer (in verschiedenen) Seitenfläche(n) liegen?

Bergkristall

18

Ein Bergkristall setzt sich zusammen aus einem regelmäßigen sechsseitigen Prisma mit der Grundkante a = 5 mm und der Höhe h = 40 mm sowie beiderseits aufgesetzten regelmäßigen Pyramiden mit der Höhe h* = 15 mm. 1 cm^3 des Bergkristalls hat die Masse 2,6 g. Welche Masse besitzt dieser Bergkristall?

19

Berechne Volumen und Oberflächeninhalt der Körper.

a)

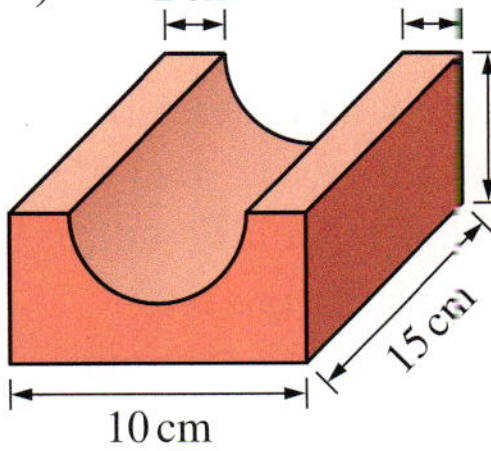

b)

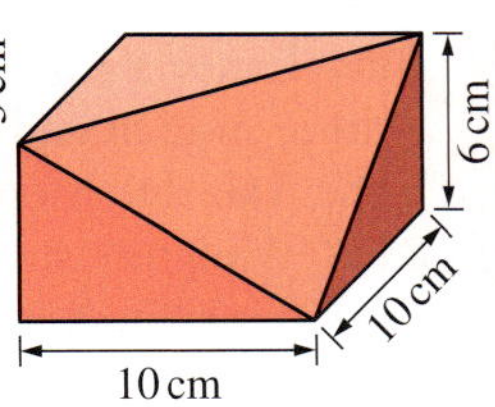

c)

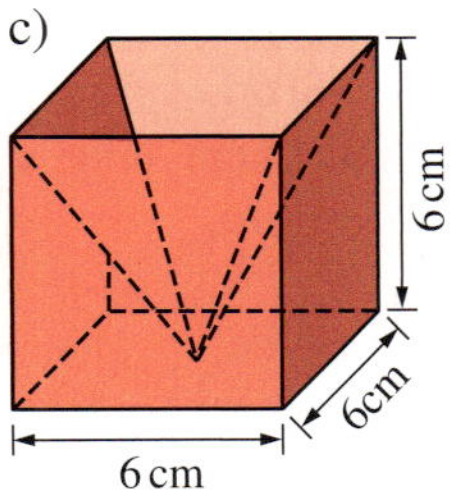

20 🖳

Eine regelmäßige vierseitige Pyramide hat die Grundkante a und die Höhe h. Wie ändert sich das Volumen V der Pyramide, wenn

a) die Höhe h (bei konstantem a = 2 LE),

b) die Grundkante a (bei konstantem h = 1 LE)

verdoppelt, verdreifacht, ver-n-facht wird?

c) Stelle Funktionsterme $V_1(h)$ und $V_2(a)$ auf, die den Zusammenhang von Teilaufgabe a) bzw. b) beschreiben. Welcher Art sind die Funktionen?

21

Die Abbildung zeigt das Dach eines Gebäudes.

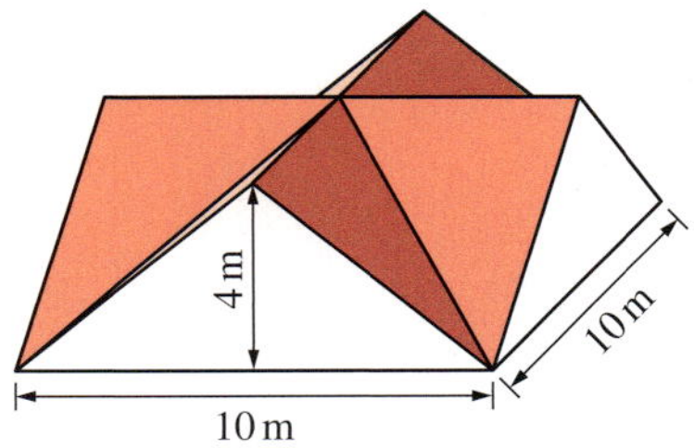

Berechne den umbauten Dachraum. Wie viel m^2 Dachfläche müssen mit Ziegel gedeckt werden?

22

Die Spitzen der abgebildeten schiefen Pyramiden liegen jeweils über einem Eckpunkt der Grundfläche. Ihre Höhe beträgt 3 cm.

a)

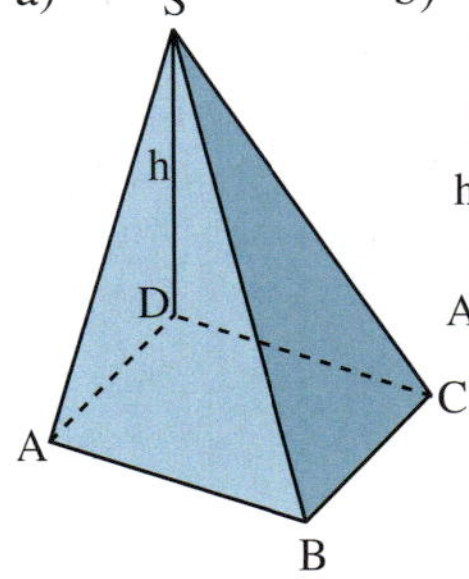

b)

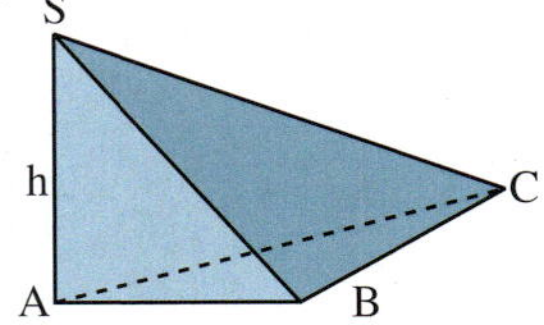

Zeichne ein Netz und berechne Volumen und Oberflächeninhalt für die Pyramide

a) mit rechteckiger Grundfläche (a = 3 cm; b = 1,5 cm),

b) mit dreieckiger Grundfläche (c = 1,5 cm; a = 3 cm; β = 90°).

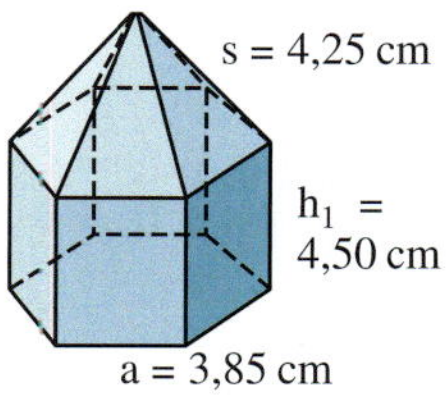

23
Überlege dir zusammengesetzte Körper wie auf dem Rand gezeigt. Nutze als Teilkörper Würfel, Quader, Prisma, Zylinder, Pyramide und lasse Volumen und Oberflächeninhalt von deinem Nachbarn berechnen.

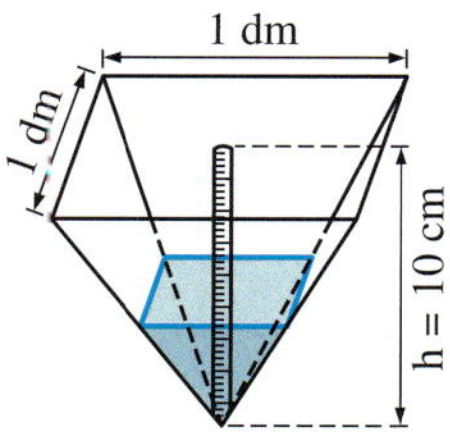

24
Bei einem Regenschauer füllt sich das auf dem Rand dargestellte Gefäß bis zur halben Höhe mit Wasser.
Berechne, welche Niederschlagsmenge pro Quadratmeter zu verzeichnen war.

25
Das abgebildete Walmdach hat die Maße $a = 12{,}4\,\text{m}$ und $b = 8{,}4\,\text{m}$. Die trapezförmigen Dachflächen sind unter $\alpha = 35°$, die dreieckigen unter $\beta = 50°$ geneigt.

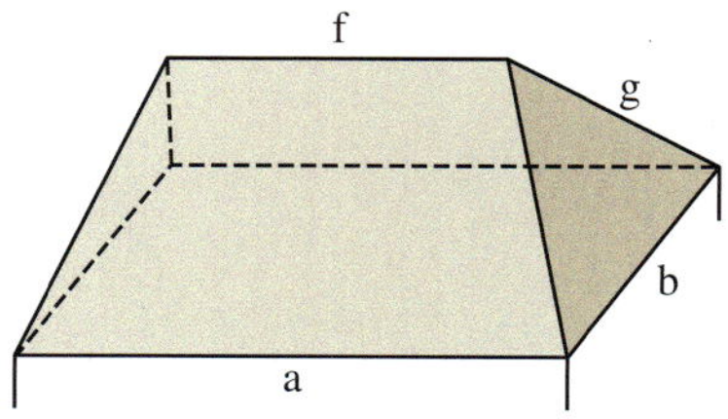

a) Bestimme die Höhe des Firstes f und seine Länge.
b) Berechne die Länge der Grate g und ihren Neigungswinkel gegen den Boden.
c) Wie groß ist die gesamte Dachfläche?

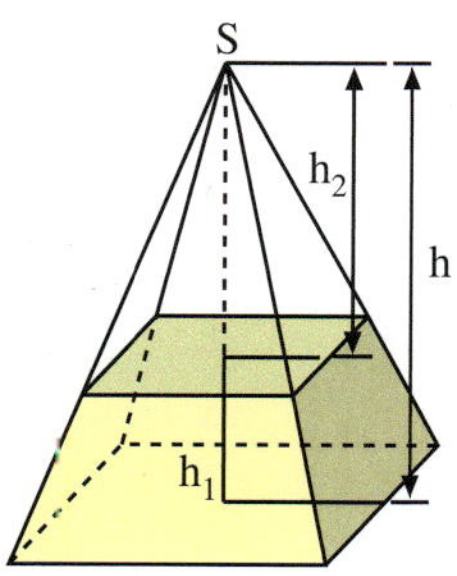

26 💻
Eine quadratische Pyramide (vgl. Abbildung auf der Randspalte) soll durch einen Schnitt parallel zur Grundfläche in eine kleine Pyramide und einen sogenannten **Pyramidenstumpf** zerlegt werden. Bestimme die Höhe h_1 des Pyramidenstumpfes so, dass die beiden Teilkörper das gleiche Volumen haben.

27
Eine schiefe Pyramide hat eine quadratische Grundfläche ABCD mit $\overline{AB} = 4\,\text{cm}$ und die Seitenkanten $\overline{AS} = \overline{DS} = 8\,\text{cm}$, $\overline{BS} = \overline{CS} = 6\,\text{cm}$.
a) Zeichne ein Netz der Pyramide.
b) Berechne die Höhe, das Volumen und den Oberflächeninhalt der Pyramide.

28
Die Abbildung zeigt die „Knickpyramide“ von Dahschur, die für König Snofru erbaut wurde. Sie hat eine quadratische Grundfläche.

Nach statischen Problemen wurde der Neigungswinkel der Seitenflächen von 54° in der Höhe von ca. 48 m auf 43° abgeflacht. Die Gesamthöhe beträgt 105 m.
a) Berechne die Grundkantenlänge der oberen Pyramide und des unteren Baus.
b) Wie hoch war die Pyramide ursprünglich geplant, wenn der Winkel von 54° beibehalten worden wäre?
c) Berechne das Volumen des Bauwerks.

29
Die Pyramide über dem Grab des Gründers der Stadt Karlsruhe, Markgraf Wilhelm von Baden, ist aus Sandstein (Dichte: $1{,}8\,\frac{\text{kg}}{\text{dm}^3}$).

Wie schwer ist die Pyramide ungefähr? Schätze für deine Rechnung Maße aus dem Bild ab und beschreibe dein Vorgehen.

G 30
Beim Lauberhornrennen befindet sich der Start in 2315 m und das Ziel in 1290 m Höhe. Das durchschnittliche Gefälle beträgt 23 %. Wie groß ist der zugehörige Neigungswinkel und welche Strecke legt ein Läufer vom Start bis zum Ziel zurück?

7 Volumen und Oberflächeninhalt von Kegeln

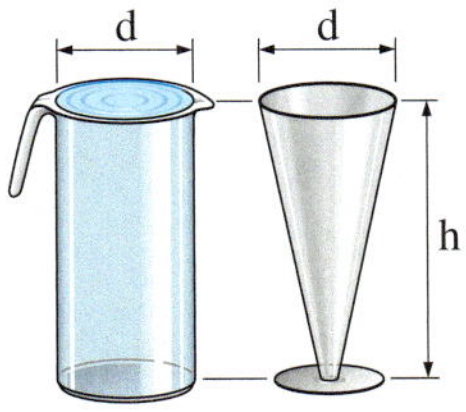

1
Schätze, wie oft das Glas mit dem Inhalt der Kanne gefüllt werden kann.

2
Tibor bastelt für den ersten Schultag seiner Schwester eine Schultüte aus Pappe. Rechts sind zwei Abwicklungen von solchen kegelförmigen Schultüten gezeigt. Ermittle für beide Abwicklungen den Radius der Tütenöffnung.

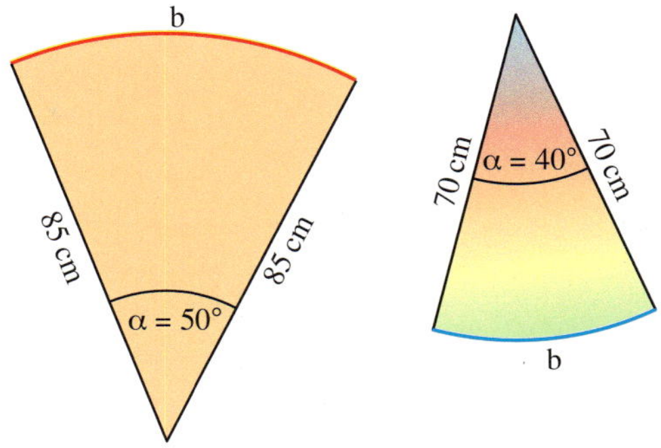

Um den Rauminhalt eines Kegels zu bestimmen, kann man wie beim Zylinder vorgehen.

Man stellt in den Kegel eine möglichst große n-seitige Pyramide mit gleicher Spitze wie der Kegel. Mit wachsendem n kommt der Inhalt G_n der Pyramidengrundfläche dem Inhalt $G = \pi r^2$ der Kegelgrundfläche beliebig nahe. Da beide Körper gleich hoch sind und die Pyramide das Volumen $V = \frac{1}{3} G_n \cdot h$ hat, gilt für das Volumen des Kegels

$$V = \frac{1}{3} G \cdot h = \frac{1}{3} \pi r^2 \cdot h$$

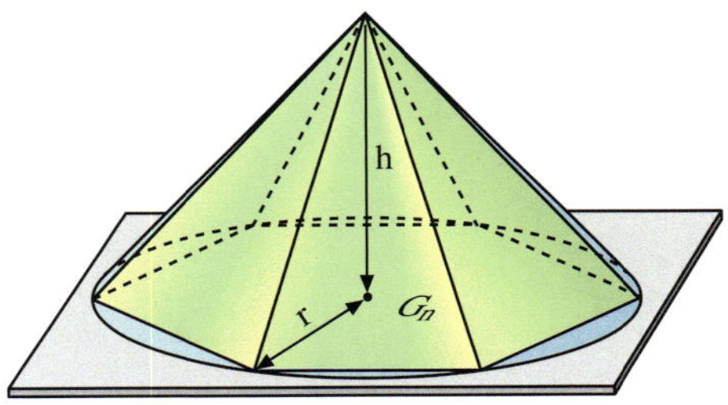

Den Oberflächeninhalt eines Kegels kann man mit Hilfe seines Netzes bestimmen.

Es besteht aus einer kreisförmigen Grundfläche und einem Kreisausschnitt als Mantelfläche. Da sein Radius die Länge s der Mantellinie hat und sein Bogen b gleich dem Umfang des Grundkreises (Radius r) ist, ergibt sich

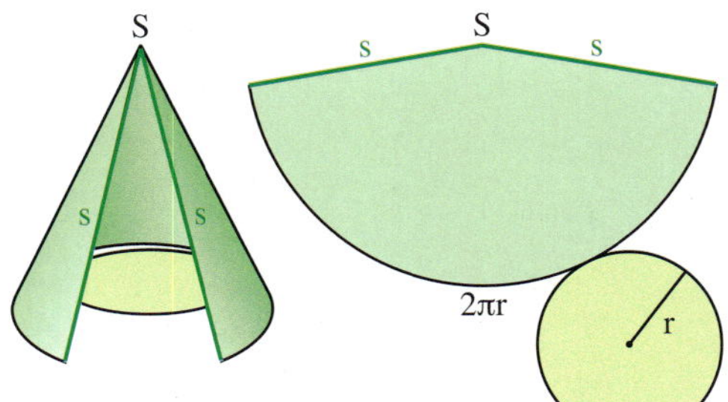

$$b = 2\pi r$$

$$\Rightarrow \quad 2\pi s \cdot \frac{\alpha}{360°} = 2\pi r \quad (\alpha \text{ ist der Mittelpunktswinkel des Kreisausschnittes.})$$

$$\Rightarrow \quad s \cdot \frac{\alpha}{360°} = r$$

Damit lässt sich die Mantelfläche M aus r und s berechnen:

$$M = \pi s^2 \cdot \frac{\alpha}{360°} = \pi \cdot \left(s \cdot \frac{\alpha}{360°}\right) \cdot s = \pi r \cdot s \quad \Rightarrow \quad O = G + M = \pi r^2 + \pi r s = \pi r (r + s)$$

Für jeden Kreis mit dem Radius a gilt:

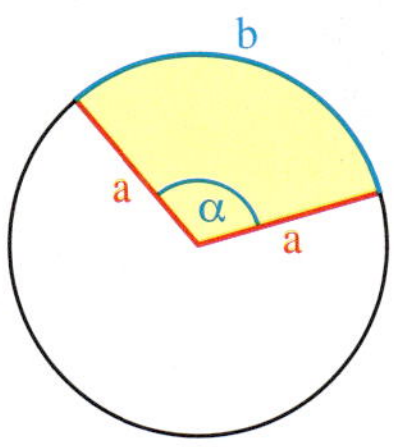

Bogen $b = 2\pi a \cdot \frac{\alpha}{360°}$
Der Faktor $\frac{\alpha}{360°}$ *gibt den Anteil vom Bogen am Umfang bzw. von der Sektorfläche an der Vollkreisfläche an.*
Fläche $A = \pi a^2 \cdot \frac{\alpha}{360°}$

Ist r der Grundkreisradius, G die Grundfläche, h die Höhe und s die Mantellinie eines geraden Kegels, so gilt:

Volumen V:	$\mathbf{V = \frac{1}{3} G \cdot h} = \frac{1}{3} \pi r^2 \cdot h$
Inhalt M der Mantelfläche:	$\mathbf{M = \pi r \cdot s}$
Oberflächeninhalt O:	$\mathbf{O = G + M} = \pi r^2 + \pi r \cdot s$

Beispiel 1

Berechne das Volumen, den Oberflächeninhalt und den Neigungswinkel einer Mantellinie eines Kegels mit dem Radius $r = 8\,\text{cm}$ und der Höhe $h = 6\,\text{cm}$.

Lösung:

$V = \frac{1}{3}\pi r^2 \cdot h = \frac{1}{3}\pi \cdot (8\,\text{cm})^2 \cdot 6\,\text{cm} \approx 402\,\text{cm}^3$

$s = \sqrt{r^2 + h^2} = \sqrt{(8\,\text{cm})^2 + (6\,\text{cm})^2} = 10\,\text{cm}$

$O = \pi r \cdot (r + s) = \pi \cdot 8\,\text{cm} \cdot (8\,\text{cm} + 10\,\text{cm})$

$= 144\pi\,\text{cm}^2 \approx 452\,\text{cm}^2$

$\tan\varepsilon = \frac{h}{r} = \frac{6\,\text{cm}}{8\,\text{cm}} = 0{,}75 \Rightarrow \varepsilon \approx 37°.$

Andere Lösungsmöglichkeit: ε ergibt sich auch aus $\sin\varepsilon = \frac{h}{s}$

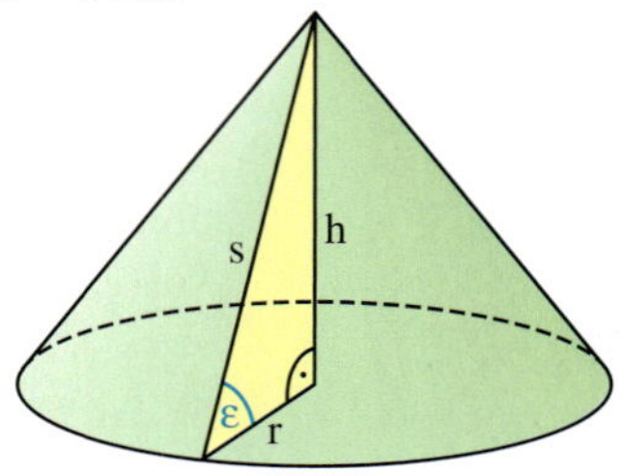

Beispiel 2

Ein Quadrat der Seitenlänge a rotiert um eine Diagonale. Fertige eine Skizze an und berechne das Volumen des Rotationskörpers in Abhängigkeit von a.

Lösung:

Erinnerung:

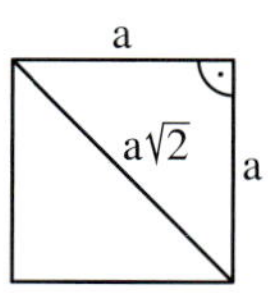

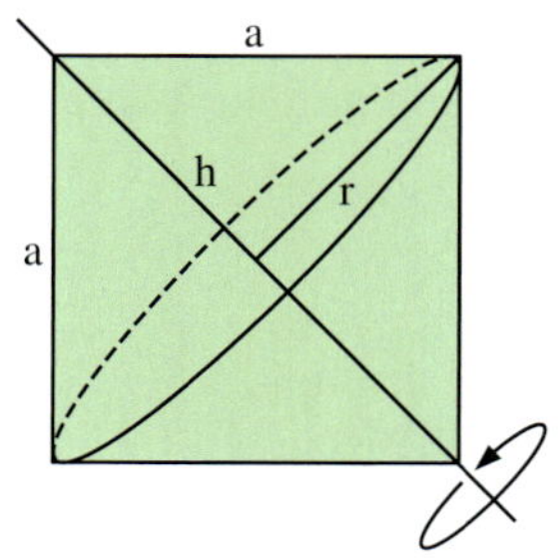

Durch die Drehung entsteht ein Doppelkegel. Radius r und Höhe h haben die halbe Länge der Quadratdiagonale, also

$r = \frac{a}{2} \cdot \sqrt{2}$ und $h = \frac{a}{2} \cdot \sqrt{2}$.

$V = 2 \cdot \frac{1}{3}\pi r^2 \cdot h =$

$= 2 \cdot \frac{1}{3}\pi \left(\frac{a}{2} \cdot \sqrt{2}\right)^2 \cdot \frac{a}{2} \cdot \sqrt{2} = \frac{2}{3}\pi \frac{a^2}{2} \cdot \frac{a}{2} \cdot \sqrt{2}$

$= \frac{1}{6}\pi a^3 \cdot \sqrt{2}$

Aufgaben

Zu Aufgabe 6:

3

Berechne für einen Kegel mit Radius r und Höhe h das Volumen V, den Inhalt des Mantels M und der Oberfläche O. Skizziere jeweils ein Schrägbild, das die Größenverhältnisse in etwa wiedergibt.

a) $r = 16\,\text{dm}$; $h = 0{,}45\,\text{m}$

b) $r = 0{,}8\,\text{cm}$; $h = 7{,}5\,\text{mm}$

c) $r = 0{,}16\,\text{m}$; $h = 40{,}5\,\text{cm}$

4

Übertrage die Tabelle in dein Heft und berechne die fehlenden Größen für einen geraden Kegel. Rechne zuerst mit Variablen.

	r	h	s	V	G	M	O
a)		2,5 cm		24 cm³			
b)	1,8 m			3,2 m³			
c)		3,6 cm			14 cm²		
d)			2,6 dm			17 dm²	
e)			2,7 cm		2,3 cm²		
f)					9,0 cm²		0,32 dm²

5

Warum sind viele Messzylinder kegelförmig? Baue selbst aus festem Papier einen Messzylinder und skaliere diesen.

6

Über ein Förderband wurden $530\,\text{m}^3$ Salz aufgeschüttet (vgl. Bild auf der Randspalte). Welche Bodenfläche bedeckt der Salzkegel bei einer Höhe von 6 m?

7

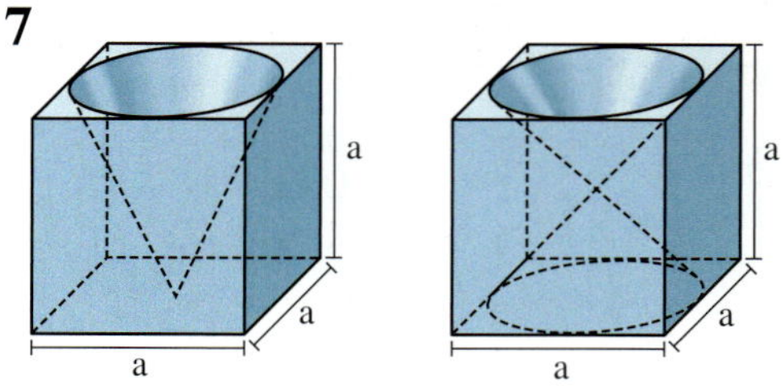

Berechne für die beiden dargestellten Körper jeweils Volumen und Oberflächeninhalt in Abhängigkeit von a. Wie viel Prozent des ursprünglichen Volumens sind herausgenommen worden?

Zum Basteln:
Bastelt verschiedene kegelförmige „Tüten" (z. B. mit unterschiedlichen Höhen, Durchmessern, Öffnungs-winkeln usw.) und vergleicht ihr Volumen.

Bei den Aufgaben 9, 11 und 13 ist auch die Benutzung eines DGS hilfreich.

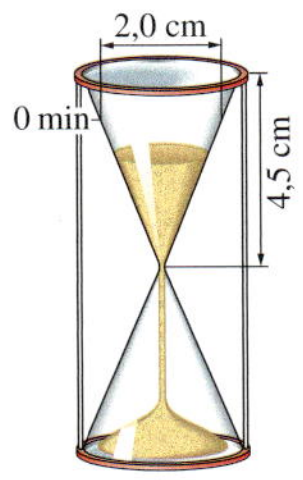

Lübecker Stadttor (Holstentor)

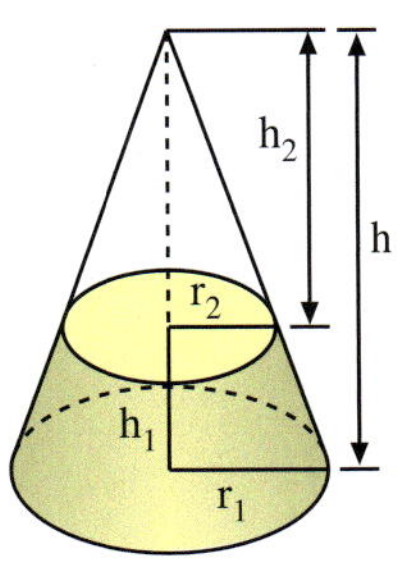

8
Ein Turmdach hat die Form eines Kegels. Bestimme die Größe der Dachfläche und das Volumen des Dachraumes, wenn
a) der Turmumfang 15 m und die Dachhöhe 6,5 m betragen,
b) der Grundkreisdurchmesser $d = 4{,}8\,m$ misst und die Mantellinien eine Neigung von 68° gegen die Grundfläche haben.

9
Die abgebildete Sanduhr ist im oberen Glas $\frac{2}{3}$ hoch gefüllt. Wo müssen die Markierungen (in mm) für eine und zwei Minuten angebracht werden, wenn die Sandmenge genau für 3 Minuten ausreicht? (Tipp: Nutze den Strahlensatz.)

10
Eistüten haben oft die Form eines Kegels. Nimm eine solche Tüte, schätze zunächst ihr Volumen und rechne dann. Bestimme näherungsweise, was $1\,cm^3$ des Waffelmaterials wiegt. Beschreibe wie du vorgehst.

11
Ein kegelförmiges Sektglas hat den Randdurchmesser 6 cm und eine Höhe von 15 cm.
a) Es wird bis zur halben Höhe gefüllt. Wie viel Prozent des Gesamtvolumens sind dies?
b) Wie hoch muss dieses Sektglas gefüllt werden, damit es halb voll ist?
c) Löse a) und b) für ein beliebiges Kelchglas.

12
Das Holstentor (siehe Bild) hat Turmdächer in Form von Kegeln. Durchmesser und Umfang der Grundkreise werden mit $d = 12{,}0\,m$ bzw. $U = 37{,}7\,m$ angegeben. Bestimme mit Hilfe des Bildes und diesen Angaben die Höhe des Tors. Beschreibe, wie du vorgehst.

13
Ein Kegel soll durch einen Schnitt parallel zur Grundfläche in zwei Teilkörper gleichen Volumens zerlegt werden (vgl. die Abbildung auf dem Rand). Welche Höhe h_1 hat der untere Körper (auch **Kegelstumpf** genannt)?

14
Ein Kreissektor mit dem Radius $s = 6\,cm$ und dem Mittelpunktswinkel α wird zu einem Kegel zusammengebogen. Sein Volumen werde mit V bezeichnet.
a) Gib den Funktionsterm $V(\alpha)$ an, der jedem Wert von α den entsprechenden Wert von V zuordnet.
Berechne V für $\alpha = 30°$ (60°; 90°; 120°).
b) Skizziere den Graphen der Funktion V. Lies aus dem Graphen denjenigen Wert von α ab, für den V am größten wird.

15
Der Stamm einer Tanne ist $s = 32{,}6\,m$ lang. Die Umfänge an den beiden Enden sind $U_1 = 2{,}2\,m$ und $U_2 = 80\,cm$.
Welchen Rauminhalt hat der Stamm, wenn man ihn als Kegelstumpf auffasst? Wie groß ist der Fehler (in Prozent), wenn man ihn als Zylinder mit dem Umfang $U = \frac{1}{2}(U_1 + U_2)$ behandelt?

16
Die Maßzahlen in den drei gefärbten Kärtchen gehören jeweils zu einem Kegel. Such die Kärtchen heraus, die zu einem der Kegel passen. Sämtliche Maßzahlen sind auf eine Nachkommastelle gerundet und beziehen sich auf die Einheiten cm, cm^2, cm^3. Geeignet angeordnet findest du ein Lösungswort mit fünf Buchstaben. Wie heißt es?

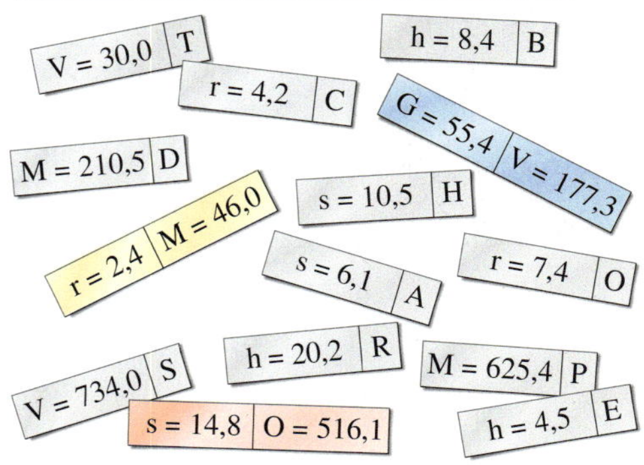

G 17
Jan und Lisa schießen mit Pfeil und Bogen je einen Pfeil auf denselben Luftballon. Jan hat eine Treffsicherheit von 40 % und Lisa von 50 %. Mit welcher Wahrscheinlichkeit überlebt der Luftballon?

Thema:

Johannes Kepler kauft Wein

Das bewegte Leben des Astronomen und Mathematikers Johannes Kepler (1571–1630) zu schildern, reicht hier der Platz nicht. Doch nachdem 1611 seine erste Frau in Prag gestorben war, heiratete er – nun in Linz als Mathematiker arbeitend – im Herbst 1613 wieder, aber er soll hier selbst zu Wort kommen:
„Als ich im November des letzten Jahres meine Wiedervermählung feierte, ... da war es die Pflicht des neuen Gatten und sorglichen Familienvaters, für sein Haus den nötigen Trunk zu besorgen. Als einige Fässer eingekellert waren, kam am 4. Tag der Verkäufer mit der Messrute, mit der er alle Fässer, ohne Rücksicht auf die Form, ohne jede weitere Überlegung oder Rechnung, ihrem Inhalt nach bestimmte. Die Visierrute wurde mit ihrer metallenen Spitze durch das Spundloch quer bis zu den Rändern der beiden Böden eingeführt, und als die beiden Längen gleich gefunden worden waren, ergab die Marke am Spundloch die Zahl der Eimer im Fass. Ich wunderte mich, dass die Querlinie durch die Fasshälfte ein Maß für den Inhalt abgeben könne, und bezweifelte die Richtigkeit der Methode, denn ein sehr niedriges Fass mit etwas breiteren Böden und daher sehr viel kleinerem Inhalt könnte dieselbe Visierlänge besitzen."

Kepler verfasste daraufhin die lateinische Schrift „Nova stereometria doliorum vinariorum" **(Neue Stereometrie der Weinfässer)**. Holzfässer sind bauchig, haben also in der Mitte einen größeren Umfang als an den Böden. Da die Krümmung mathematisch schwer zu behandeln ist, ersetzt man ein Fass durch einen Zylinder.
Es soll gezeigt werden, dass man sein Volumen näherungsweise mit der Visierrute bestimmen kann. Dabei sei d der Durchmesser und $h = k \cdot d$ die Höhe des Zylinders.
Für handelsübliche Fässer gilt $0{,}8 \leqq k \leqq 2{,}4$.

1

a) Welcher Zusammenhang besteht zwischen der Visierlänge s und d?
b) Zeige, dass für das Zylindervolumen $V = 2\pi s^3 \cdot \frac{k}{\sqrt{(k^2+4)^3}}$ gilt.
c) Zeichne für so genannte „österreichische Fässer" mit $k = 2$ eine 1,5 m lange Visierrute im Maßstab 1 : 10, auf der die Volumina 100 *l*, 200 *l*, ...; 1800 *l* markiert sind.

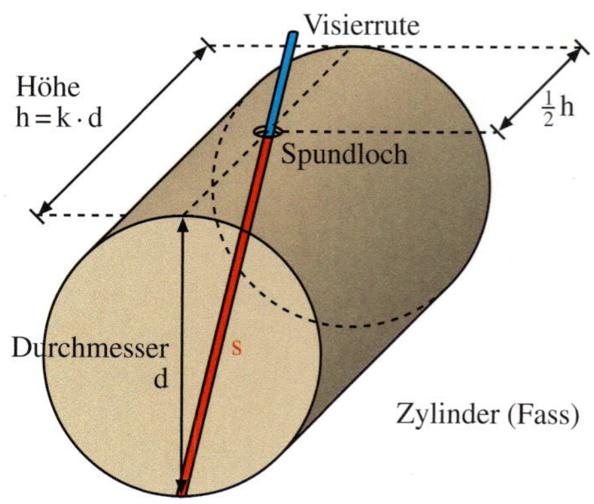

2

a) Berechne für $k = 0{,}8; 1{,}0; 1{,}2; \ldots; 2{,}4$ den Term $\frac{k}{\sqrt{(k^2+4)^3}}$ und veranschauliche die Ergebnisse durch ein Diagramm. Was fällt auf?
b) Was besagt das Ergebnis von a) für die Genauigkeit der „Visiermethode"?
c) Ein Weinhändler hat seine Visierrute an Fässer mit $k = 2$ geeicht. Wie groß ist sein Verlust bei einem beliebigen, handelsüblichen Fass höchstens?

Bei seinen Untersuchungen ist Johannes Kepler auf eine Regel gestoßen, die bis heute in der Mathematik oft verwendet wird und überraschend gute Ergebnisse liefert. Möchte man den Rauminhalt eines Fasses bestimmen, so ersetzt man es durch einen einfacher berechenbaren Körper. Dabei gibt es viele Möglichkeiten. Hat das Fass Grundflächen mit dem Radius a und in der Mitte beim Spundloch den Radius b, so sei $r = \frac{1}{2}(a + b)$ der „mittlere Radius" und $G = \frac{1}{2}(\pi a^2 + \pi b^2)$ die „mittlere Grundfläche" des Fasses.

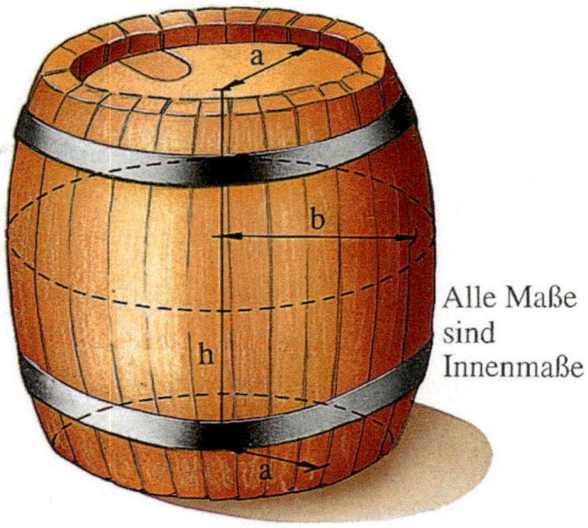

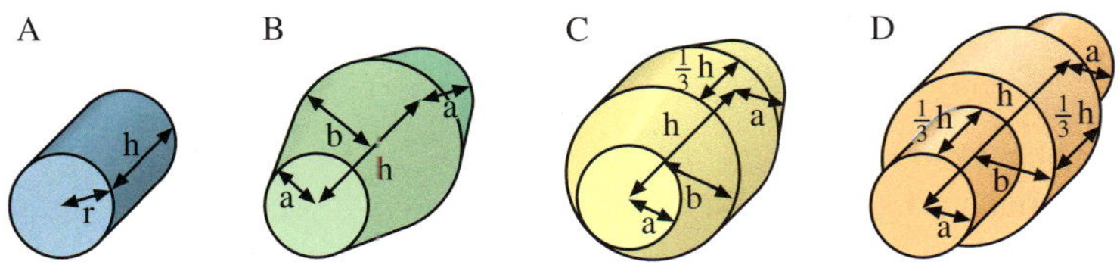

3

a) Bestimme für die Körper A, B, C und D die Volumina V_A, V_B, V_C, V_D. Gib die Ergebnisse an in der Form $V = \frac{1}{6}\pi h \cdot (\ldots)$.

b) Welche Näherungswerte für das Volumen eines Fasses (auf *l* gerundet) mit $a = 45\,cm$, $b = 50\,cm$ und $h = 80\,cm$ erhält man mit den Formeln von a)?

c) Nimmt man an, dass die Krümmung des Fasses senkrecht zu den Böden durch eine Parabel beschrieben wird, so ergibt sich (mit höherer Mathematik) das Volumen des Fasses zu $\frac{2806}{15}\pi\, l$.
Gib dazu die prozentualen Abweichungen (auf 0,1 % genau) der Näherungswerte von b) an.

Die Näherungswerte von Aufgabe 3 führen auf die Volumenformel $V = \frac{1}{6}\pi h \cdot (2a^2 + 4b^2)$, die sich auch in der Form $V = \frac{1}{6}h \cdot (\pi a^2 + 4 \cdot \pi b^2 + \pi a^2)$ schreiben lässt. Betrachtet man (nur in der Theorie!) ein Fass, das unten den Radius a, in der Mitte den Radius b und oben den Radius c hat, so erhält man entsprechend $V = \frac{1}{6}h \cdot (\pi a^2 + 4 \cdot \pi b^2 + \pi c^2)$.
Mit $A = \pi a^2$, $B = \pi b^2$ und $C = \pi c^2$ ergibt sich $V = \frac{1}{6}h \cdot (A + 4 \cdot B + C)$.
Die Formel liefert meist auch dann noch einen guten Näherungswert, wenn die Flächen mit den Inhalten A, B und C keine Kreise sind.

Fassregel von Kepler: Ein Körper der Höhe h, dessen Querschnittsflächen unten den Flächeninhalt A, in der Mitte den Flächeninhalt B und oben den Flächeninhalt C haben, besitzt etwa den Rauminhalt $V = \frac{1}{6}h \cdot (A + 4 \cdot B + C)$.

4

Bestimme mit der Fassregel von Kepler einen Näherungswert für das Volumen der Körper und gib die prozentuale Abweichung zum angegebenen exakten Volumen an.

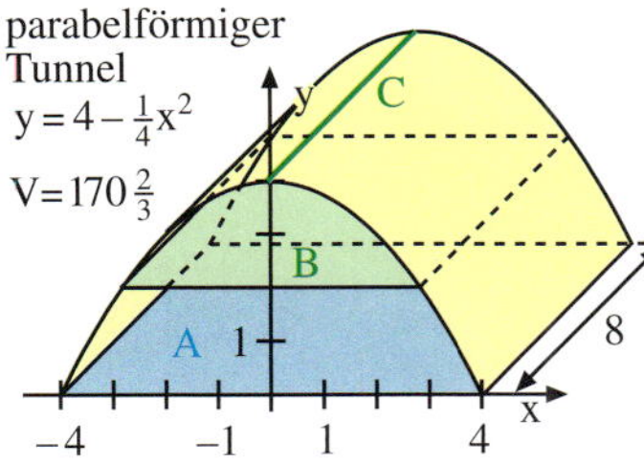

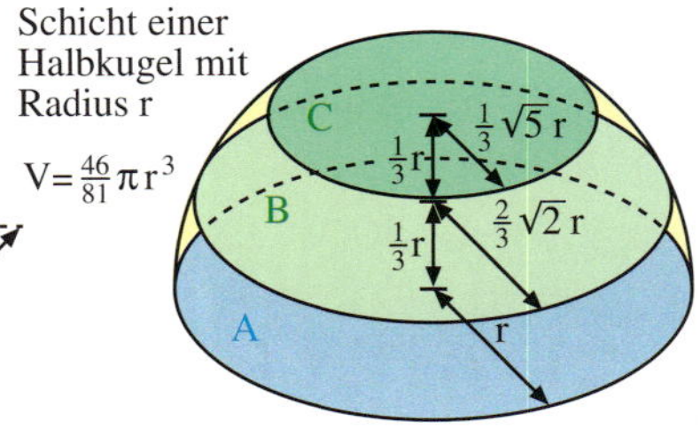

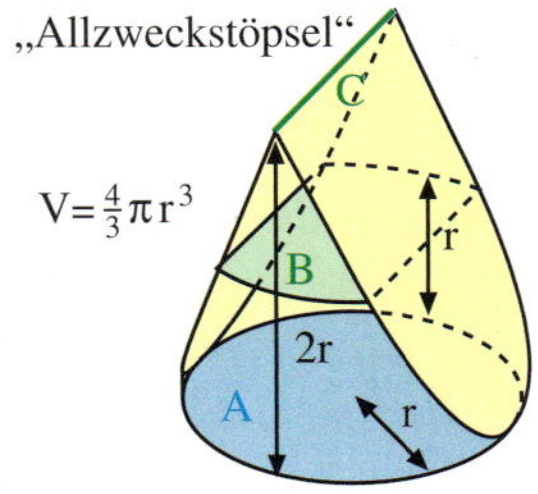

Rückblick

Geraden im Raum

Eine Gerade s heißt **Senkrechte (Lot)** zur Ebene E, wenn sie mit zwei (beliebigen) Geraden g und h dieser Ebene E, die durch den Schnittpunkt F gehen, einen rechten Winkel bildet.

Der **Neigungswinkel ε einer Geraden g gegen eine Ebene E** ist der Winkel ∢ FQP des rechtwinkligen Dreiecks QFP. Q ist dabei Schnittpunkt von g mit E, P ist ein beliebiger Punkt (P ≠ Q) der Geraden g und F ist Fußpunkt des Lotes von P auf die Ebene E.

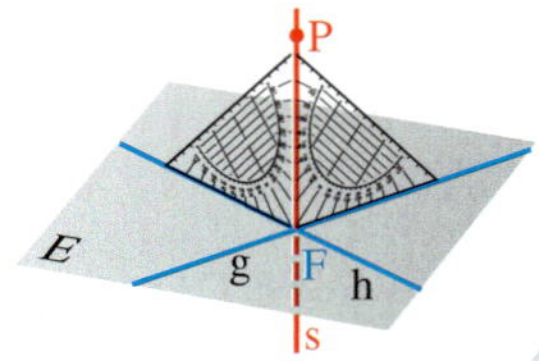

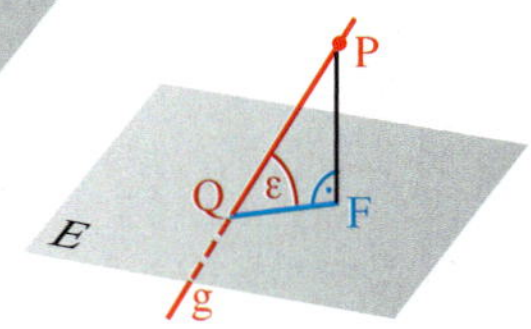

Ebenen im Raum

Schneiden sich zwei Ebenen E_1 und E_2 in der gemeinsamen Geraden s, so nennt man den spitzen Winkel zwischen zwei Geraden g und h, die in demselben Punkt P auf der Schnittgeraden s senkrecht stehen und in E_1 bzw. E_2 liegen, den **Neigungswinkel α zwischen den Ebenen E_1 und E_2**.

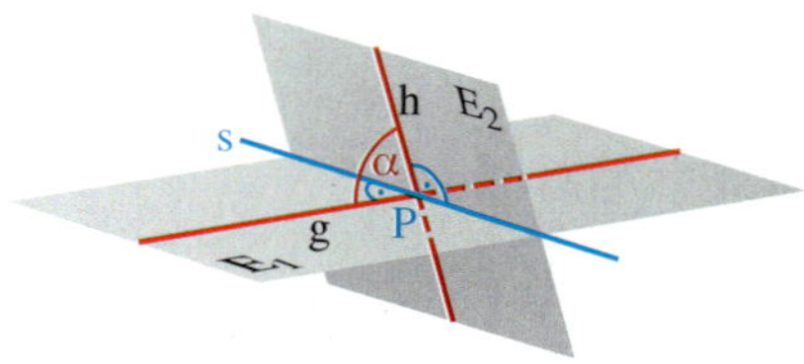

Volumen- und Oberflächenformeln

Für ein **Prisma** und einen **Zylinder** mit der Grundfläche G, der Mantelfläche M und der Höhe h gilt:

Volumen: $V = G \cdot h$

Oberflächeninhalt: $O = 2G + M$

Speziell für einen **Zylinder** mit Grundkreisradius r und Höhe h gilt:

Volumen V: $V = \pi r^2 \cdot h$

Inhalt der Mantelfläche M: $M = 2\pi r \cdot h$

Oberflächeninhalt O: $O = 2\pi r^2 + 2\pi r \cdot h$

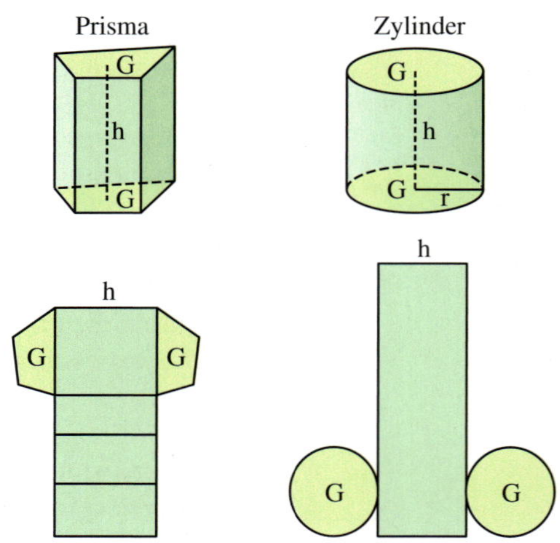

Für eine **Pyramide** und einen **Kegel** mit der Grundfläche G, der Mantelfläche M und der Höhe h gilt:

Volumen: $V = \frac{1}{3} G \cdot h$

Oberflächeninhalt: $O = G + M$

Speziell für einen **Kegel** mit Grundkreisradius r, Mantellinie s und Höhe h gilt:

Volumen V: $V = \frac{1}{3}\pi r^2 \cdot h$

Inhalt der Mantelfläche M: $M = \pi r \cdot s$

Oberflächeninhalt O: $O = \pi r^2 + \pi r \cdot s$

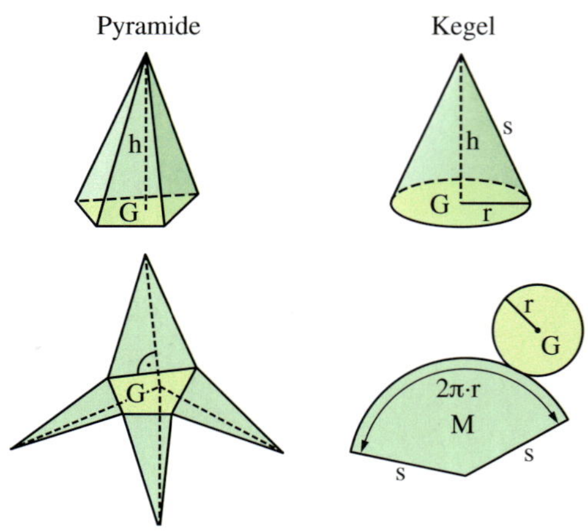

Aufgaben zum Üben und Wiederholen

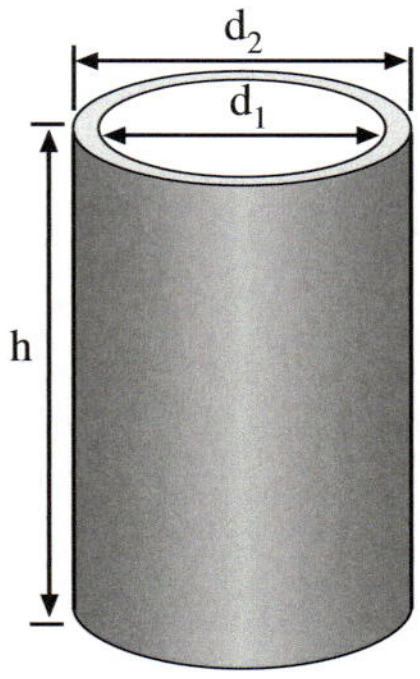

Öltank

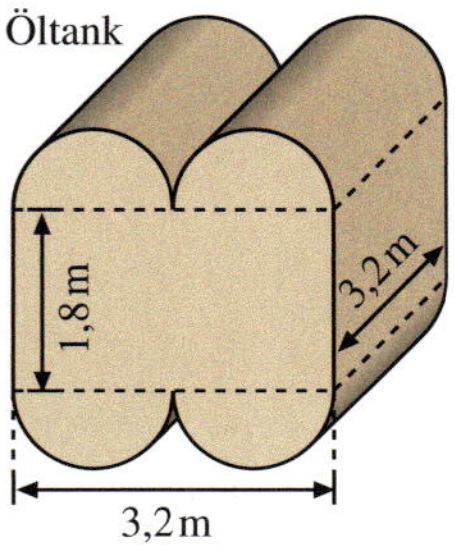

Hinweis zu 4 und 5:
Im gleichseitigen Dreieck gilt: Der Höhenschnittpunkt teilt jede Höhe in zwei Strecken, von denen eine doppelt so lang ist wie die andere.

Die Lösungen zu den Aufgaben dieser Seite findest du auf den Seiten 194 und 195.

1
Eine zylindrische Regentonne hat den Innendurchmesser $d = 60\,\text{cm}$ und die Höhe $h = 85\,\text{cm}$. Wie viele Liter fasst sie? Wie hoch stehen $150\,l$ Wasser in ihr?
Zeichne ein Schrägbild im Maßstab 1 : 10 für $k = 0{,}5$ und $\alpha = 45°$.

2
Leitungsrohre aus Grauguss (Dichte $7{,}25\,\frac{\text{g}}{\text{cm}^3}$) werden in verschiedenen Größen angeboten. Berechne ihre Masse.
a) $d_1 = 5{,}32\,\text{cm}$; $d_2 = 6{,}00\,\text{cm}$; $h = 1{,}00\,\text{m}$
b) $d_1 = 7{,}32\,\text{cm}$; $d_2 = 8{,}00\,\text{cm}$; $h = 1{,}25\,\text{m}$.

3
Welches Fassungsvermögen hat der auf dem Rand abgebildete Öltank?
a) Schätze zuerst. Beschreibe dein Vorgehen.
b) Führe eine exakte Rechnung durch.

4
a) Zeige, dass für die Höhe h_T eines Tetraeders der Kantenlänge a gilt: $h_T = \frac{a}{3}\sqrt{6}$
b) Ein Bleiquader mit den Maßen 9 cm x 8 cm x 3 cm wird zu einem Tetraeder umgeschmolzen. Um wie viel Prozent ändert sich der Oberflächeninhalt?

5
Bestimme das Volumen einer geraden Pyramide, deren Grundfläche ein gleichseitiges Dreieck ist,
a) in Abhängigkeit von der Grundkantenlänge a, wenn die Seitenkanten einen Neigungswinkel von 45° gegen die Grundfläche haben,
b) für $a = 5\,\text{cm}$ und einem Neigungswinkel von 35° der Seitenkanten gegen die Grundfläche.

6
Berechne das Volumen des Werkstücks. Die Maße sind in mm angegeben

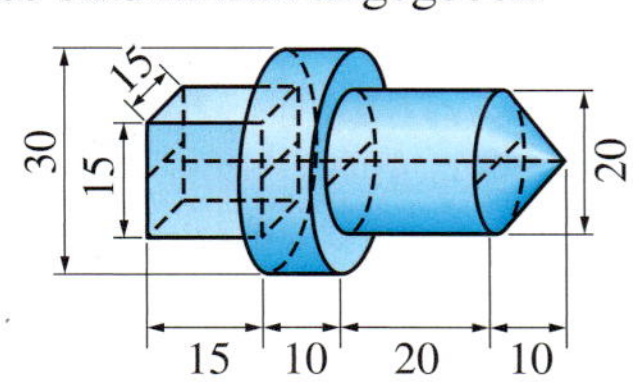

7
Die Mantelfläche M eines Kegels ist fünfmal so groß wie seine Grundfläche. Gib die Mantellinie s und das Kegelvolumen in Abhängigkeit vom Radius r an.

8
Ein Körper der Höhe $h = 12\,\text{cm}$ hat ein Volumen $V = 300\,\text{cm}^3$. Berechne die übrigen Maße, wenn der Körper
a) ein gerades Prisma mit einem gleichseitigen Dreieck als Grundfläche ist,
b) eine gerade quadratische Pyramide ist,
c) ein gerader Zylinder ist,
d) ein gerader Kegel ist.
Welcher Körper hat den kleinsten Oberflächeninhalt?

9
Ein rechtwinkliges Dreieck mit $\alpha = 30°$ wird um die kleinere Kathete (um die größere Kathete; um die Hypotenuse) gedreht. Berechne das Volumen und den Oberflächeninhalt des entstehenden Körpers für die Hypotenusenlänge $c = 9\,\text{cm}$ und dann allgemein in Abhängigkeit von c.

10
Ein Kegel hat den Grundkreisradius r und die Höhe $h = 2\,r$. Bestimme den Mittelpunktswinkel α des abgewickelten Mantels.

11
Ein hohler Kegel hat innen den Grundkreisradius a; seine Höhe ist ebenfalls a.

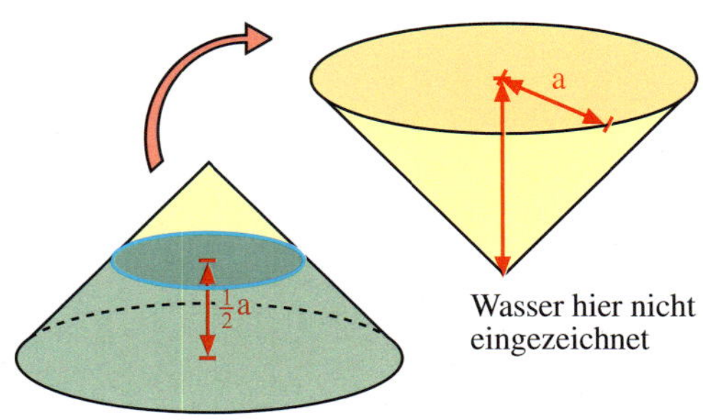

Er wird, wenn er auf der Grundfläche steht, bis zur Höhe $\frac{1}{2}a$ mit Wasser gefüllt. Dann dreht man ihn mit der Spitze nach unten. Wie hoch steht nun das Wasser in dem Kegel? Schätze zuerst.

Strategisch vorgehen

Auch in diesem Buch hast du immer wieder Hinweise auf grundlegende Strategien zur Lösung mathematischer Probleme gefunden. Wenn du ein dir unbekanntes Problem zu lösen hast, solltest du dich an diese Vorgehensweisen erinnern. Fünf sehr vielseitig anwendbare Strategien wurden früher bereits intensiv betrachtet:

Systematisches Probieren
ist sehr häufig anwendbar – achte darauf, systematisch vorzugehen, nicht ziellos.
Die Darstellung von Sachverhalten in Zeichnungen und Diagrammen
hilft oft zur besseren Vorstellung einer Problemsituation.
Das Invarianzprinzip
ist manchmal schwerer zu erkennen – führt aber oft sehr schnell und elegant zum Ziel.
Gleichungen
können ein Problem unter Verwendung von Variablen beschreiben.
Das Lösen der Gleichung(en) führt dann zu einer Lösung des Problems.
Geschicktes Abschätzen (Fermi-Strategie)
ermöglicht es, Fragestellungen zu bearbeiten, bei denen exakte Daten fehlen.

Bei der Bearbeitung geometrischer Problemstellungen in der Ebene oder im Raum helfen zur Lösung häufig zwei weitere Strategien, die du hier näher kennen lernen wirst.

Strategie F: **Betrachten einer geeigneten Ebene**
Um bei räumlichen geometrischen Problemen Längen oder Winkel bestimmen zu können, ist es notwendig, eine oder mehrere geeignete Ebene(n) des Problems zu betrachten. Die in einer solchen Ebene dargestellte Situation kann dann mit bekannten geometrischen Zusammenhängen, eventuell nach Einzeichnung von Hilfslinien, weiter bearbeitet werden.

Strategie G: **Einzeichnen von Hilfslinien**
Durch Einzeichnen von Hilfslinien in eine Zeichnung können Figuren wie Dreiecke, Vierecke oder Strahlensatzfiguren entstehen, die eine Berechnung gesuchter Größen ermöglichen. Zur Berechnung werden dann algebraische Beschreibungen geometrischer Zusammenhänge verwendet, wie zum Beispiel der Satz des Pythagoras oder der Strahlensatz.

Musteraufgabe: Würfelwinkel

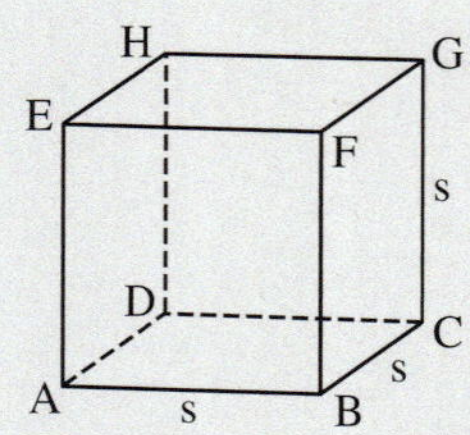

a) Wie groß ist der Neigungswinkel der Diagonalebene durch die Punkte A, F, G und D gegen die Grundfläche mit den Punkten A, B, C und D?
b) Wie groß ist der Neigungswinkel der Raumdiagonalen [AG] gegen die Grundfläche mit den Punkten A, B, C und D?

Strategie F: **Betrachten einer geeigneten Ebene**

a) Dimo betrachtet dazu die Ebene durch A, B, E und F. In dieser liegt der gesuchte Winkel, da die Schnittgerade AD von Diagonalebene und Grundfläche senkrecht zu ihr und somit auch zu AF und AB ist. Dimo erkennt, dass das Dreieck ABF gleichschenklig ist. Der gesuchte Winkel beträgt daher 45°.

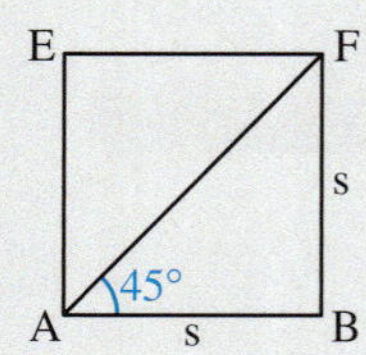

b) Nun zeichnet Dimo den Würfelschnitt in der Ebene durch A, C, E und G. In dieser Ebene liegt der Winkel zwischen der Raumdiagonale [AG] und der Grundfläche. Dimo erhält mit $\overline{AC} = s\sqrt{2}$ am rechtwinkligen Dreieck ACG:
$\tan\alpha = \frac{s}{s\sqrt{2}} = \frac{1}{\sqrt{2}} \quad \Rightarrow \quad \alpha \approx 35°$.

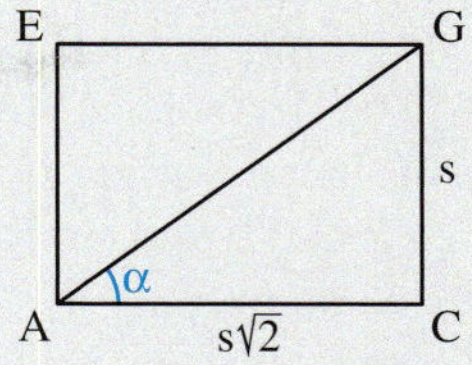

Musteraufgabe: Tiefe Eindrücke
Eine Kugel mit Radius 8 cm hat in einem plastischen Werkstoff einen Abdruck hinterlassen. Der Durchmesser des Abdrucks beträgt 11 cm.
Wie tief ist der Abdruck?

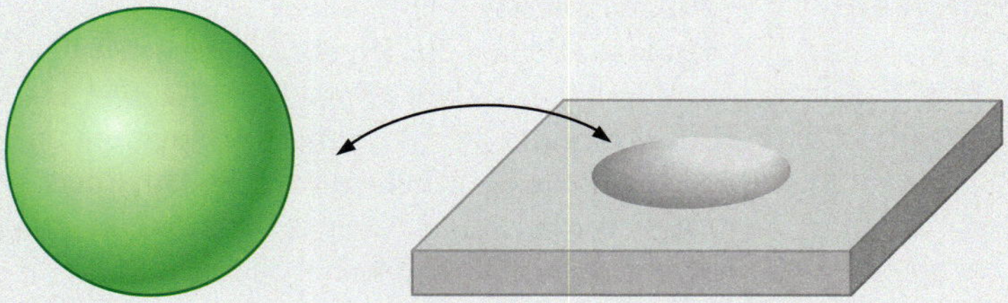

Hier lassen sich die beiden Strategien sinnvoll nacheinander einsetzen:

Strategie F: **Betrachten einer geeigneten Ebene**
Dimo erkennt, dass sich eine Ebene, welche die Kugel halbiert und die senkrecht auf der Oberfläche des Werkstoffs steht, gut eignet, um das Problem zu betrachten.
Dimo zeichnet diesen Schnitt durch die Kugel und in diesen die gegebenen Größen mit ein.

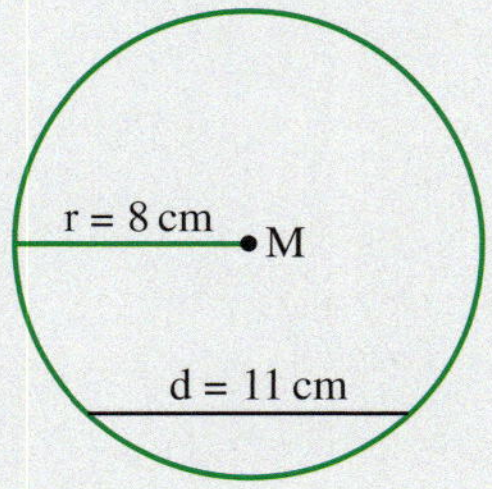

Strategie G: **Einzeichnen von Hilfslinien**
Auxilia zeichnet den Radius der Kugel an zwei weiteren Stellen mit ein, und zwar einmal zu einem Randpunkt A des Abdrucks hin und zum anderen zum tiefsten Punkt D des Abdrucks.
Zusammen mit der halben Verbindungsstrecke zwischen den beiden Randpunkten erhält sie so das rechtwinklige Dreieck ANM.

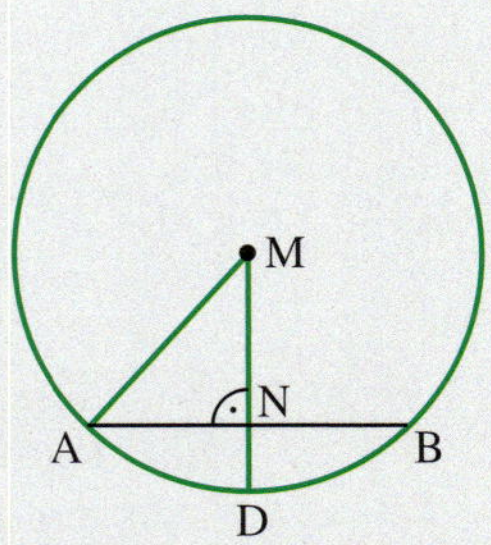

Die gesuchte Tiefe t kommt in dem Dreieck zwar nicht unmittelbar vor, die Strecke [NM] lässt sich jedoch in Abhängigkeit von t so ausdrücken: $\overline{NM} = r - t$.
Die anderen beiden Dreieckseiten sind bekannt. Damit kann Auxilia den Satz des Pythagoras im ΔAMN ausnutzen und erhält eine Gleichung für t, deren Lösung die gesuchte Tiefe ist:

$$\left(\frac{d}{2}\right)^2 + (r-t)^2 = r^2$$
$$(5{,}5)^2 + (8-t)^2 = 8^2$$
$$(8-t)^2 = 64 - 30{,}25$$
$$8 - t = \pm\sqrt{33{,}75}$$
$$t - 8 \approx \mp 5{,}81$$
$$t_1 \approx 2{,}19; \quad t_2 \approx 13{,}81$$

Die gesuchte Tiefe beträgt also etwa 2,2 cm. Die zweite Lösung der Gleichung ist keine Lösung des Problems, da t kleiner als r sein muss.

Musteraufgabe: Besondere Fenster

Der Umriss des rechts gezeichneten Fensters besteht aus der Strecke [AB] und den beiden Bögen um A und B mit Radius $c = \overline{AB}$. Innen wurden zwei gleich große Halbkreise mit den Mittelpunkten E und F und ein Kreis um M so eingepasst, dass sich alle Kreislinien berühren.
Wie groß ist der Radius des Kreises um M?

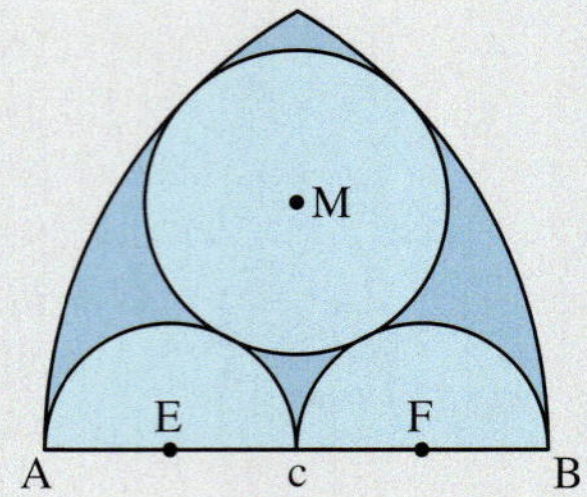

Strategie G: **Einzeichnen von Hilfslinien**

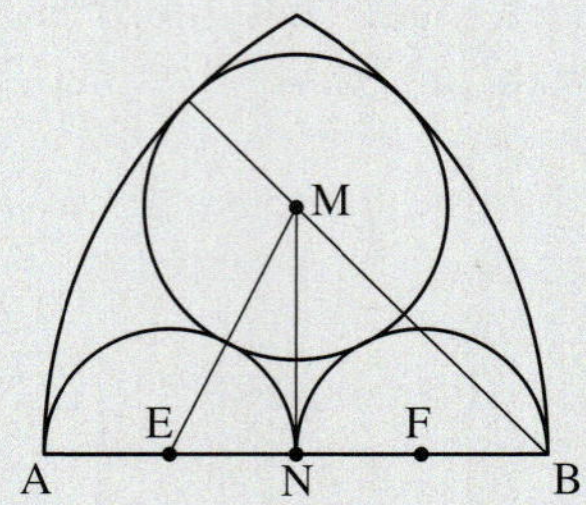

Auxilia zeichnet die Strecken zwischen M und E und zwischen M und B, sowie die Lotstrecke von M auf [AB] als Hilfslinien mit ein. Sie nennt den Lotfußpunkt N. Die Hilfslinie [MB] verlängert sie bis zum Berührpunkt vom Kreis um M mit dem Kreisbogen um B.
Von den beiden entstandenen rechtwinkligen Dreiecken kennt Auxilia jeweils eine Seite $\left(\overline{EN} = \frac{c}{4} \text{ und } \overline{NB} = \frac{c}{2}\right)$ und kann eine zweite Seite in Abhängigkeit des gesuchten Radius r beschreiben $\left(\overline{EM} = r + \frac{c}{4} \text{ und } \overline{MB} = c - r\right)$. Die dritte Seite [NM] haben beide Dreiecke gemeinsam. Es gilt:

(I) $\left(\frac{c}{4}\right)^2 + \left(\overline{MN}\right)^2 = \left(r + \frac{c}{4}\right)^2$ (Satz des Pythagoras im Dreieck ENM)

(II) $\left(\frac{c}{2}\right)^2 + \left(\overline{MN}\right)^2 = (c - r)^2$ (Satz des Pythagoras im Dreieck NBM)

(I) – (II) $\frac{c^2}{16} - \frac{c^2}{4} = \left(r^2 + \frac{rc}{2} + \frac{c^2}{16}\right) - (c^2 - 2rc + r^2)$

$\frac{c^2}{16} - \frac{c^2}{4} = r^2 + \frac{rc}{2} + \frac{c^2}{16} - c^2 + 2rc - r^2 \quad \left| -\frac{c^2}{16} + c^2\right.$

$\frac{3}{4}c^2 = \frac{5}{2}rc \quad \left| : \frac{5}{2}c\right.$

$0{,}3\,c = r$ Der Radius des einbeschriebenen Kreises beträgt also 0,3 c.

1

Ein Quader mit den Maßen $a = 7{,}5\,\text{cm}$, $b = 6\,\text{cm}$ und $c = 4{,}5\,\text{cm}$ liegt auf einer Seite mit dem größten Flächeninhalt.
Bestimme alle Winkel zwischen Grundfläche
a) und den Ebenen, die durch zwei diagonal gegenüberliegende Kanten verlaufen,
b) und den Raumdiagonalen des Quaders.

2

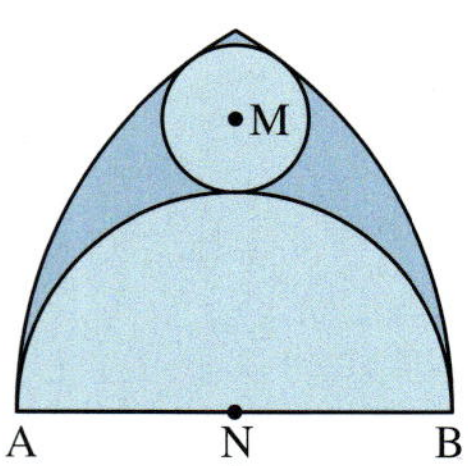

Der Umriss des links gezeichneten Fensters besteht aus der Strecke [AB] und den beiden Bögen um A und B mit Radius c. Innen wurde ein Halbkreis mit dem Mittelpunkt N und ein Kreis um M so eingepasst, dass sich alle Kreislinien berühren.
Wie groß ist der Radius des Kreises um M?

3

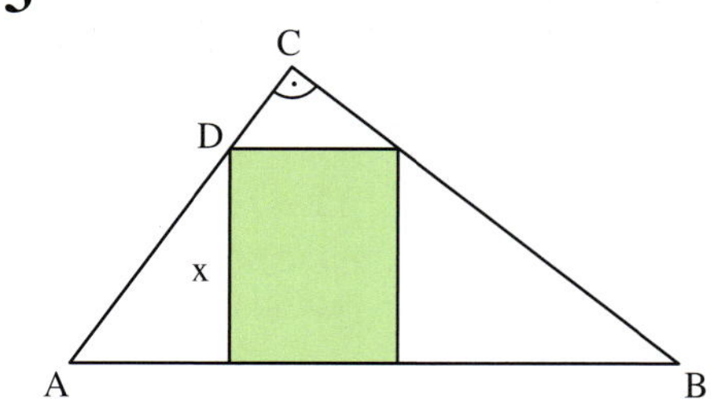

In das an der Ecke C rechtwinklige Dreieck mit den Seiten $\overline{AC} = 3\,\text{cm}$ und $\overline{BC} = 4\,\text{cm}$ wird ein Rechteck einbeschrieben, indem ein beliebiger Punkt D auf [AC] als Eckpunkt gewählt wird. Stelle die Fläche des Rechtecks als quadratische Funktion einer Rechteckseite x dar. Bestimme den maximal möglichen Flächeninhalt.

4 Starke Seile

In Kitzbühel (Tirol) ist eine Seilbahn über den tief eingeschnittenen Saukasergraben gebaut worden, die den Höhenrücken auf der Kitzbüheler Seite mit dem auf der Jochberger Seite verbindet. Die Umlaufbahn hat eine Länge von 3641 m, die „Talstation" liegt auf 1780 m Höhe, die Bergstation auf 1917 m.

Eine Besonderheit der Bahn ist, dass sie mit einer einzigen, 80 m hohen Stütze auskommt. (Vgl. das unten abgebildete Profil.) Diese Stütze hat von der Talstation eine horizontale Entfernung von 2500 m. Die „schräge" Länge wird mit 2506,88 m angegeben. Der größte Durchhang des Seils (siehe auch Profil) ist in der Mitte zwischen Talstation und Stütze und beträgt 240 m.

a) Das durchhängende Seil hat näherungsweise die Form einer Parabel. Stelle die Gleichung dieser Parabel auf. (Hinweis: Lege den Ursprung des Koordinatensystems in den Anfangspunkt bei der Talstation.)
b) Schätze anhand des gezeichneten Profils den maximalen Bodenabstand ab. Berechne zum Vergleich diesen Abstand mit Hilfe der Parabelgleichung. Dabei ist anzunehmen, dass der tiefste Punkt des überquerten Grabens in 1060 m Seehöhe liegt und von der Talstation horizontal 925 m entfernt ist.
c) Warum eignet sich die gefundene Parabelgleichung nicht, den Seilverlauf zwischen Stütze und Bergstation zu beschreiben?
d) Unter welchem Sehwinkel sieht man von der „Talstation" aus den Stützpfeiler?

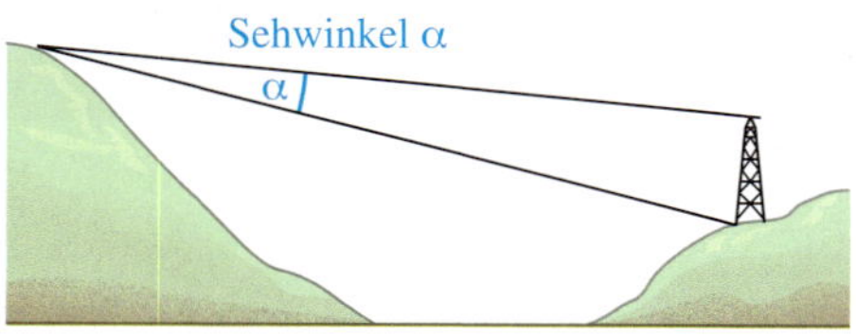

e) Schätze auf verschiedene Weisen die Seillänge der Umlaufbahn ab.
f) Die Kabinen, die jeweils 30 Personen fassen, bewegen sich mit einer Geschwindigkeit von $7\,\frac{\text{m}}{\text{s}}$. In welchem Abstand müssen sie in das Seil eingehängt werden, damit in einer Stunde rund 1500 Personen (in einer Richtung) befördert werden können?

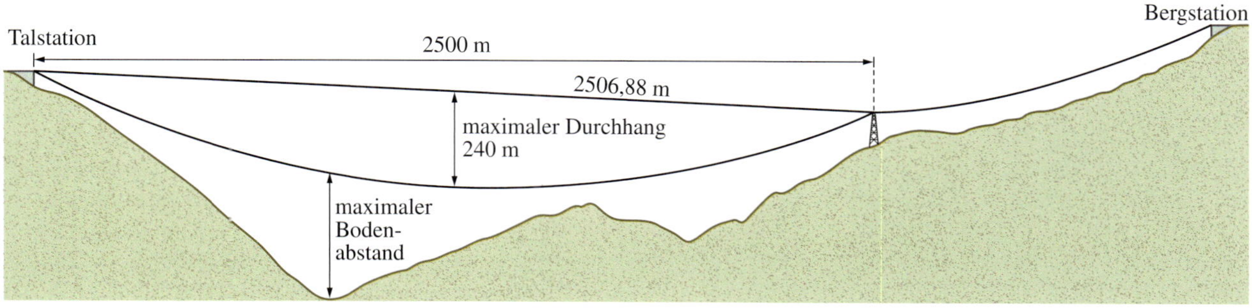

5 Container

ISO: International Organization for Standardization

Damit Ladung auf dem Land- und Seeweg möglichst einfach befördert werden kann, sind Container entwickelt worden. Für ISO-Container hat es sich im internationalen Warenverkehr eingebürgert, englische Bezeichnungen zu verwenden. Die gängigen ISO-Container haben eine Breite und Höhe von 8 Fuß und sind entweder 20 Fuß oder 40 Fuß lang.

1 Fuß = 0,3048 m

Bezeichnung:
TEU: Twenty-foot Equivalent Unit
FEU: Fourty-foot Equivalent Unit

Flüssigkeiten oder Gase werden in Tankcontainern transportiert. Dabei wird in den Rahmen eines 20-Fuß-Containers (TEU Container) ein Zylinder eingepasst, der nirgends übersteht.

Die Wandstärke des Tanks kann in den Aufgaben vernachlässigt werden.

a) Welchen Inhalt in Liter kann ein Tankcontainer höchstens besitzen?

b) 

Um wie viel Prozent etwa ist das Volumen des abgebildeten Tanks kleiner als das eines normalen 20-Fuß-Containers?

c) Der Durchmesser eines bestimmten Tanks ist um 10 % kleiner als die Breite eines TEU-Containers. Um wie viel Prozent unterscheiden sich in diesem Fall Tank- und Containervolumen?

d) Die Länge eines bestimmten Tanks ist um 10 % kleiner als die Länge des Containers. Um wie viel Prozent unterscheiden sich in diesem Fall Tank- und Containervolumen?

e) Ein Tank hat einen Inhalt von 26 000 *l*. In welchen Grenzen darf sich der Radius des Tanks bewegen, wenn der Tank in einen TEU-Container passen soll?

f) Ein TEU-Container wird mit einem LKW zum Hafen gefahren. Unterwegs wurde der LKW von einer Polizeistreife gestoppt und auf seine Verkehrssicherheit überprüft. Es war der dritte LKW, den die Streife an diesem Tag kontrollierte. Alle drei kontrollierten LKW mussten beanstandet werden. Wie groß ist die Wahrscheinlichkeit für dieses Ergebnis, wenn die LKW zufällig ausgewählt wurden und bekannt ist, dass im Schnitt jeder dritte LKW beanstandet werden muss? Wie könnte die hohe Trefferquote der Streife zu Stande gekommen sein?

g) Im Hafen angekommen, wird der Container zunächst auf dem abgebildeten Lagerplatz abgestellt. Könnte man die abgebildeten Container in eurer Turnhalle stapeln?

h) Ein bestimmter Container wurde zufällig in den abgebildeten Block auf dem Schiff verladen. Mit welcher Wahrscheinlichkeit etwa kann man diesen Container von außen sehen, wenn man annimmt, dass die Container ohne Zwischenraum dicht gestapelt sind?

i) Auf das 2006 in Dienst gestellte Containerschiff „Emma Maersk“ passen zirka 14 000 TEU-Container. Hätte man die Container auf der Größe eines Fußballfeldes gelagert, wie viele Lagen müssten gestapelt werden? Schätze zunächst.

6 💻 Ecke auf Rund-Tour

In der Figur ist M der Mittelpunkt der Strecke [AB]. Der Punkt C wandert auf dem Halbkreis über [AB].

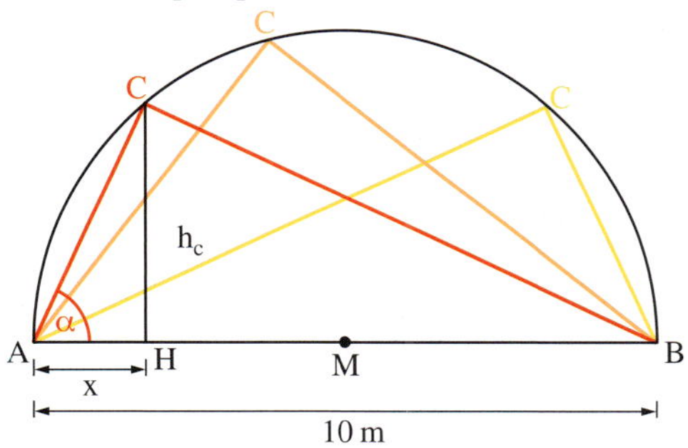

a) Begründe, warum jedes Dreieck ABC bei C rechtwinklig ist.

b) Es gibt ein Dreieck ABC mit maximalem Flächeninhalt. Begründe dies und gib den zugehörigen Wert für den Flächeninhalt an.

c) Welcher Anteil der Halbkreisfläche wird durch das Dreieck mit maximalem Flächeninhalt abgedeckt?

d) Wie groß müsste man h_c wählen, damit der Flächeninhalt des Dreiecks ABC gerade 60 % des maximal möglichen Flächeninhalts beträgt?

e) Welche Höhe hat das Dreieck, dessen Fläche 50 % der Halbkreisfläche einnimmt?

f) Es sei $x = \overline{AH}$, wie oben abgebildet. Dann kann man den Flächeninhalt des Dreiecks ABC durch folgenden Term beschreiben: $A(x) = 5 \cdot \sqrt{10x - x^2}$ Begründe dies, zum Beispiel mit Hilfe des Höhensatzes. Welche Werte darf man für x einsetzen?

g) Erstelle eine Wertetabelle zu A (x) für verschiedene Werte von x; zeichne den Graphen von A (x). Gib mit Hilfe des Graphen die zu $A = 22{,}5$ gehörigen x-Werte an.

h) Berechne x für $A = 22{,}5$. Vergleiche mit den Werten, die du in Teilaufgabe g) bestimmt hast.

i) Begründe, dass gilt: $\tan\alpha = \sqrt{\frac{10}{x} - 1}$.

k) Es gibt auch ein Dreieck mit maximalem Umfang. Begründe dies mit Hilfe des Kathetensatzes und gib den zugehörigen Wert an.

l) Zeige mit Hilfe des Kathetensatzes, dass man den Umfang des Dreiecks ABC durch folgenden Term ausdrücken kann: $U(x) = 10 + \sqrt{10(10 - x)} + \sqrt{10x}$

m) Begründe mit Hilfe des Terms, dass sich die Termwerte immer mehr dem Wert 20 annähern, wenn sich die Variablenwerte immer mehr dem Wert 10 annähern.

n) Welchem Wert nähert sich U (x) an, wenn sich die Variablenwerte immer mehr dem Wert null annähern?

o) Zeichne den zu U (x) gehörigen Graphen mit einem Funktionsplotter (Hinweis: Für Terme wie $\sqrt{10x}$ gibt man beim Plotter `sqrt(10x)` oder `sqr(10x)` ein). Beschreibe den Verlauf des Graphen.

p) Gibt es ein Dreieck, dessen Umfang 20 % kleiner ist als der Umfang des Dreiecks mit maximalem Flächeninhalt? Begründe.

q) Für welches x gilt $\overline{CB} = 2 \cdot \overline{AC}$?

Anregung:
Zeichne die Figur mit Hilfe eines DGS so, dass der Punkt C auf dem Halbkreis bewegt werden kann. Lass dir den Flächeninhalt bzw. den Umfang für verschiedene Dreiecke anzeigen, indem du den Punkt C bewegst.

7 Summe der Quadratzahlen

Für die Summe der Quadratzahlen gilt:

$S_n = 1^2 + 2^2 + 3^2 \ldots + n^2 = \frac{1}{6}n(n+1)(2n+1)$

Die Gültigkeit der Formel lässt sich in folgenden Schritten einsehen.

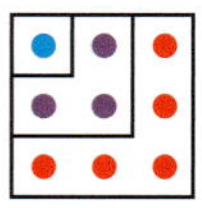

a) Für die Summe der ersten n ungeraden Zahlen gilt $1 + 3 + 5 + \ldots + (2n-1) = n^2$. Die nebenstehende Figur veranschaulicht die Formel für $n = 3$ geometrisch. Veranschauliche sie in entsprechender Weise für $n = 4$ und $n = 5$ und begründe sie allgemein mit Worten.

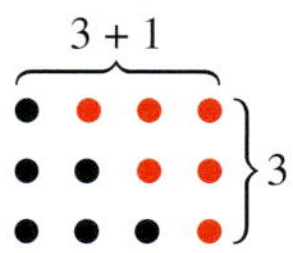

b) Für die Summe der ersten n natürlichen Zahlen gilt:

$1 + 2 + 3 + \ldots + n = \frac{1}{2}n(n+1)$

Die nebenstehende Figur veranschaulicht die Formel für $n = 3$. Veranschauliche sie entsprechend für $n = 4$ und $n = 5$ und für n allgemein.

c) Aus $S_3 = 1^2 + 2^2 + 3^3$ Punkten wird in der auf dem Rand veranschaulichten Weise ein „Turm" mit der Höhe

$1 + 2 + 3 = \frac{1}{2} \cdot 3 \cdot 4 = 6$ gebaut. Er wird auf beiden Seiten durch Hinzufügen von jeweils S_3 Punkten zu einem Rechteck mit der zweiten Seite $2 \cdot 3 + 1 = 7$ ergänzt.

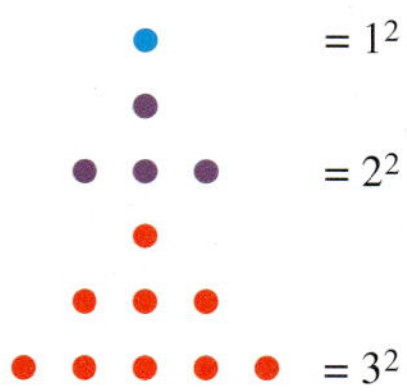

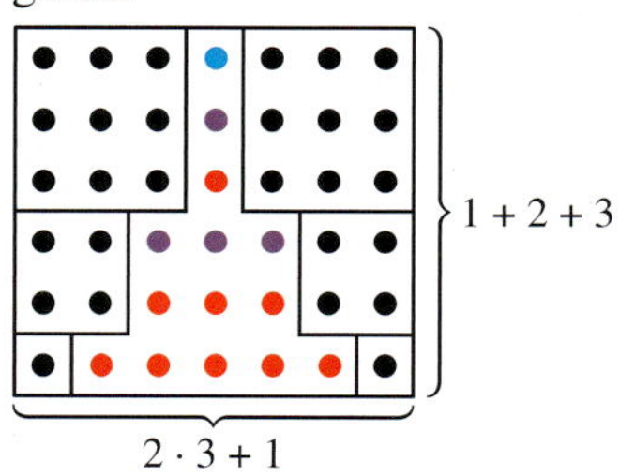

Somit ergibt sich

$3 \cdot S_3 = \frac{1}{2} \cdot 3 \cdot 4 \cdot (2 \cdot 3 + 1)$.

Hieraus folgt:

$S_3 = \frac{1}{6} \cdot 3 \cdot 4 \cdot (2 \cdot 3 + 1) = 14$

Veranschauliche in entsprechender Weise $S_4 = 1^2 + 2^2 + 3^2 + 4^2$ und berechne den Wert von S_4 als Produkt der Rechteckseiten.

d) Wie lang sind die entsprechenden Rechteckseiten für einen Turm, der $S_n = 1^2 + 2^2 + 3^2 + \ldots + n^2$ veranschaulicht? Leite damit die Formel zur Berechnung von S_n ab.

8 Pythagoräische Tripel

Ist für drei natürliche Zahlen a, b, c die Gleichung $a^2 + b^2 = c^2$ erfüllt, so bezeichnet man (a; b; c) als pythagoräisches Tripel.

a) Woher rührt wohl diese Bezeichnung? Gib einige pythagoräische Tripel an.

b) Begründe: Wenn (a; b; c) ein pythagoräisches Tripel ist, dann ist auch (ka; kb; kc) ein pythagoräisches Tripel.

c)

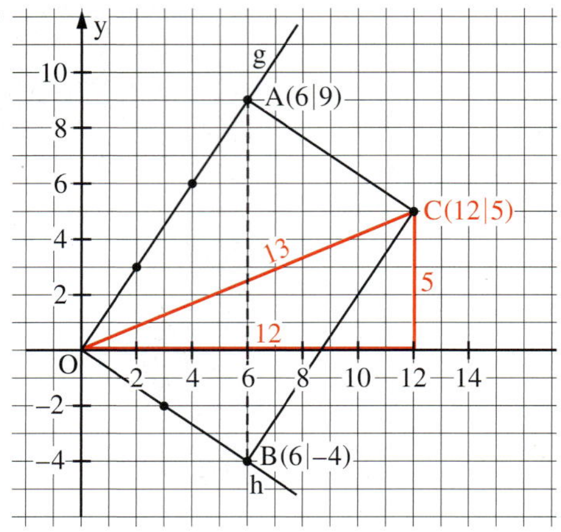

In der Abbildung sind auf g: $y = \frac{3}{2}x$ und h: $y = -\frac{2}{3}x$ Punkte mit ganzzahligen Koordinaten markiert. Begründe, dass OBCA ein Rechteck ist und dass die Koordinaten von C mit $\overline{OC}$ zusammen ein pythagoräisches Tripel bilden.

d) Bestimme auf entsprechende Weise ein pythagoräisches Tripel mit Hilfe der Halbgeraden g: $y = \frac{3}{4}x$ und h: $y = -\frac{4}{3}x$.

e) Gegeben sind die Halbgeraden g: $y = \frac{u}{v}x$ und h: $y = -\frac{v}{u}x$ mit $uv \neq 0$ für $x \geqq 0$. Begründe: $A(uv|u^2)$ auf g, $B(uv|-v^2)$ auf h, $C(2uv|u^2 - v^2)$ und der Koordinatenursprung O bilden ein Rechteck. C bestimmt das pythagoräische Tripel $a = 2uv$, $b = |u^2 - v^2|$ und $c = u^2 + v^2$.

f) Gib 10 pythagoräische Tripel (a; b; c) an, geordnet nach der Größe von c. Lassen sich alle pythagoräischen Tripel nach der in Teilaufgabe e) gefundenen Vorschrift bestimmen?

g) Zeige: Alle Punkte $P(x|y)$ auf der Kreislinie um O mit dem Radius 5 cm erfüllen die Gleichung $x^2 + y^2 = 5^2$. Zeichne den Kreis und markiere alle Punkte mit ganzzahligen Koordinaten auf der Kreislinie.

9 Silo

Die Abbildung zeigt zwei Streusalzsilos.

Ein Silo ist mit Stelzen 13,8 m hoch, wobei die Durchfahrtshöhe 3,8 m beträgt und der zylindrische Teil des Silos 6,0 m hoch ist. Das Silo hat einen Durchmesser von 5,0 m.

a) Überschlage das Volumen des Silos. Welcher der angegebenen Werte kommt dem Volumen am nächsten?
i) $70\,m^3$ ii) $105\,m^3$
iii) $145\,m^3$ iv) $200\,m^3$

b) Das Silo ist noch halb voll. Bis zu welcher Höhe ist das Silo dann noch gefüllt?

c) Das Silo ist bis zur halben Höhe gefüllt. Wie viele m^3 enthält es noch?

d) Das leere Silo wird gleichmäßig befülllt. Welcher der folgenden Graphen zeigt, wie sich die Füllhöhe mit der Zeit ändert? Begründe deine Entscheidung.

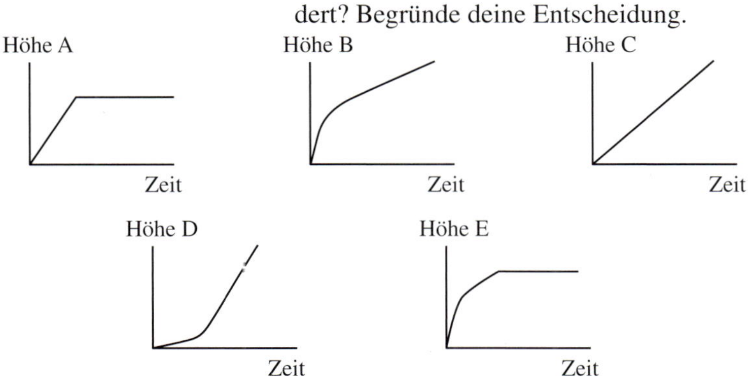

10 Größtes Rechteck

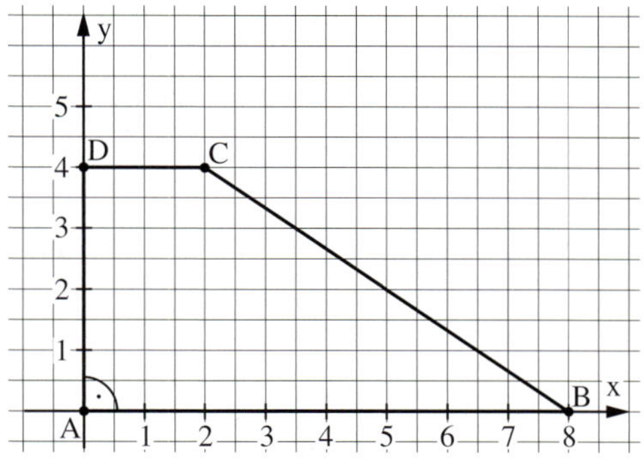

Das Trapez ABCD mit $A(0|0)$, $B(8|0)$, $C(2|4)$ und $D(0|4)$ ist in ein Koordinatensystem eingetragen.

a) Übertrage die Figur in dein Heft.

b) Berechne den Flächeninhalt des Trapezes ABCD.

c) Der Punkt $P(3|y)$ liegt auf der Seite [BC]. P ist Eckpunkt eines Rechtecks, das dem Trapez einbeschrieben ist. Seine Seiten sind parallel zu den Koordinatenachsen. Der Punkt A ist Eckpunkt des einbeschriebenen Rechtecks. Trage das zugehörige Rechteck in die Figur ein und bestimme seinen Flächeninhalt.

d) Bewegt sich der Punkt $P(x|y)$ auf der Strecke [BC], so ändert sich der Flächeninhalt A des zugehörigen einbeschriebenen Rechtecks. Begründe, dass sich der Flächeninhalt A mit der Gleichung $A = \frac{1}{3}(-2x^2 + 16x)$ berechnen lässt, wobei x die erste Koordinate des Punktes P ist.

e) Bestimme das einbeschriebene Rechteck, das den größten Flächeninhalt hat. Begründe deine Vorgehensweise.

f) Wie viel Prozent der Fläche des Trapezes nimmt das Rechteck mit dem größten Flächeninhalt ein?

g) Die Punkte $C'(2|s)$ und $D'(0|s)$ mit $s > 0$ bilden zusammen mit den Punkten A und B das Trapez ABC′D′. Für $s = 4$ stimmen ABCD und ABC′D′ überein. Zeichne die zu $s = 2$ und $s = 6$ gehörigen Trapeze. In das Trapez ABC′D′ wird analog zu Teilaufgabe d) ein Rechteck einbeschrieben. Bestimme den Flächeninhalt des Rechtecks mit dem größten Inhalt in Abhängigkeit von s.

11 Goldener Schnitt

Eine Strecke [AB] wird durch einen Punkt T im Goldenen Schnitt geteilt, wenn das Verhältnis zwischen der Gesamtstrecke und dem größeren Teil genauso groß ist wie das Verhältnis zwischen dem größeren und dem kleineren Teil.

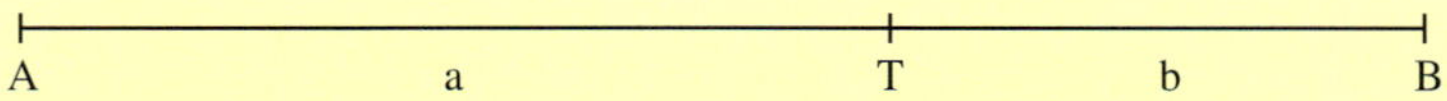

(I) $\frac{a+b}{a} = \frac{a}{b}$ (II) $s = a + b$

a) Zeige rechnerisch, dass der größere Teil a einer im Goldenen Schnitt geteilten Strecke $s = a + b$ ungefähr 62 % von s ausmacht.
Eliminiere dazu b aus den Gleichungen (I) und (II), und löse die quadratische Gleichung nach a auf.

b) Auch bei der Konstruktion eines regelmäßigen Zehnecks mit gegebenem Umkreisradius taucht der Goldene Schnitt bei der Bestimmung der Seitenlänge x des Zehnecks auf.

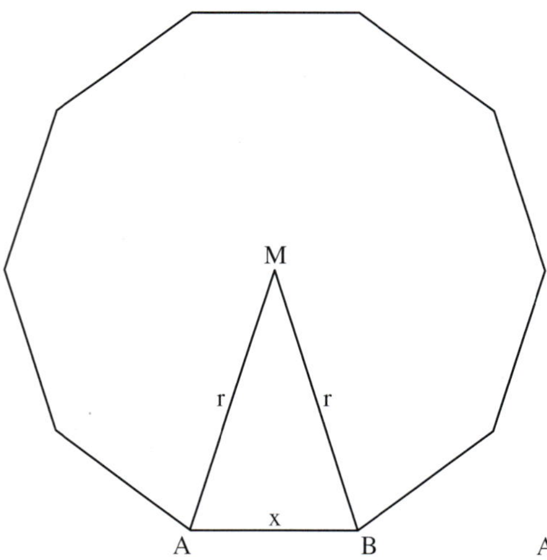

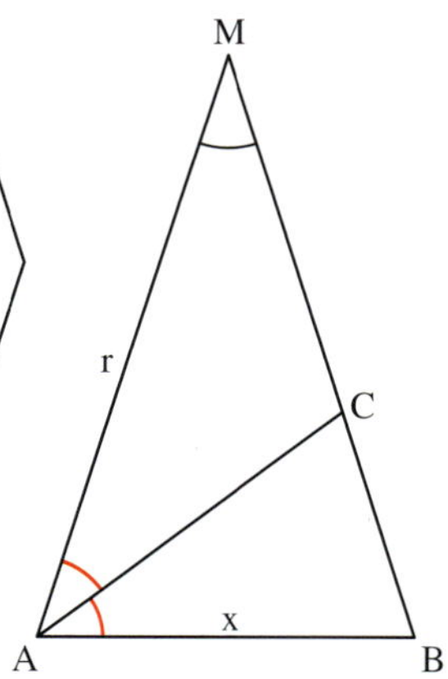

Verwende, wie abgebildet, ein Teildreieck des regelmäßigen Zehnecks, in dem zusätzlich die Winkelhalbierende AC des Basiswinkels bei A eingezeichnet wurde und zeige, dass x die größere Teilstrecke ist, wenn man r nach dem Goldenen Schnitt teilt.

12 Volle Tonne

Bei dem oben abgebildeten Haus wird das gesamte aufs Pultdach fallende Wasser über die Regenrinne in dieser Regentonne gesammelt:

a) Die Regentonne hat die Form eines sogenannten Kegelstumpfes. Warum wohl?

b) Bei einem kräftigen Regenschauer, der insgesamt 4 Stunden dauerte, war die zuvor leere Regentonne bereits nach $2\frac{1}{2}$ Stunden gefüllt und lief über.
Berechne die Niederschlagshöhe dieses Regenschauers.
(Tipp: Zur Berechnung seines Volumens kann man den Kegelstumpf zu einem Kegel ergänzen.)

13 Pyramidenvolumen

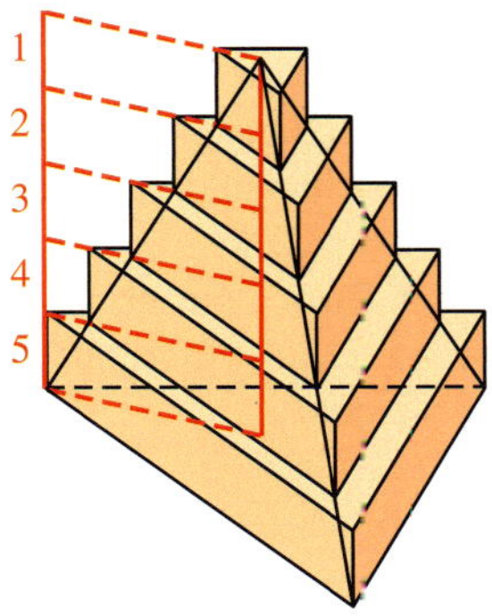

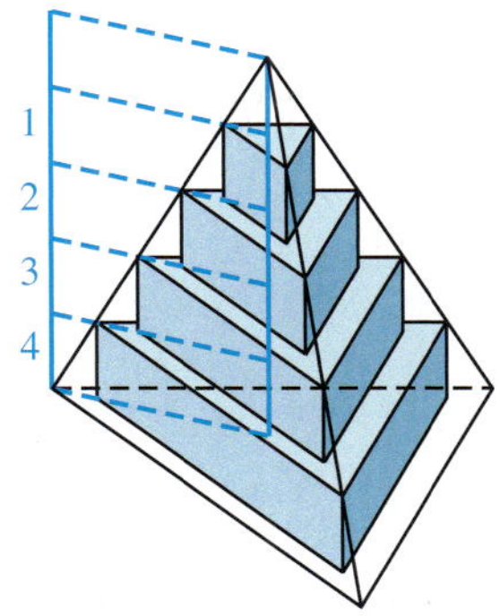

Die Abbildungen zeigen, wie man eine Pyramide mit der Grundfläche G und der Höhe h durch Stufenpyramiden umschreiben bzw. einbeschreiben kann, indem man die Höhe in fünf gleiche Abschnitte teilt.

a) Worin stimmen die beiden Stufenpyramiden überein und wodurch unterscheiden sie sich?

b) Zeige, dass für die Grundfläche G_3 der 3. Stufe gilt: $G_3 = \left(\frac{3}{5}\right)^2 \cdot G$

c) Begründe: Teilt man die Höhe in n gleiche Abschnitte, so gilt für das Volumen der k-ten Stufe: $V_k = \left(\frac{k}{n}\right)^2 \cdot G \cdot \frac{h}{n}$.

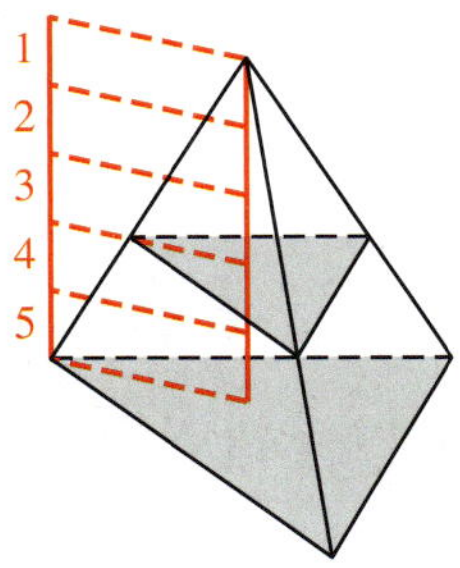

d) Begründe: Für dass Volumen V(n) der umschreibenden Stufenpyramide mit n Stufen gilt:

$$V(n) = \frac{1}{6} G h \left(2 + \frac{1}{n}\right)\left(1 + \frac{1}{n}\right).$$

Für das Volumen v(n) der zugehörigen einbeschriebenen Stufenpyramide gilt:

$$v(n) = \frac{1}{6} G h \left(2 - \frac{1}{n}\right)\left(1 - \frac{1}{n}\right).$$

vgl. S. 184 Aufgabe 7

Hinweis: Für die Summe der Quadratzahlen gilt:

$$1^2 + 2^2 + 3^2 + \ldots + n^2 = \frac{1}{6} n (n+1)(2n+1).$$

e) Wie groß ist die Volumendifferenz $V(n) - v(n)$ zwischen der n-ten umschreibenden und der n-ten einbeschriebenen Stufenpyramide?

f) Welchem Wert V nähern sich die Volumina der beiden Stufenpyramiden, wenn n sehr große Werte annimmt?

g) Begründe: Die Intervalle $[v(n); V(n)]$ bilden eine Intervallschachtelung.
Zeige dazu: $v(n+1) - v(n) > 0$,
$V(n) - V(n+1) > 0$ und
$V(n) - v(n)$ wird beliebig klein.

14 Heronsche Formel für das Dreieck

Der griechische Mathematiker und Geometer Heron lebte am Ende des ersten nachchristlichen Jahrhunderts in Alexandria. Ihm wird folgende Formel zur Berechnung des Flächeninhalts A eines Dreiecks ABC mit den Seiten a, b und c zugeschrieben:

$A = \sqrt{s \cdot (s-a) \cdot (s-b) \cdot (s-c)}$.

Dabei gilt: $s = \frac{1}{2} \cdot (a + b + c)$

a) Inwiefern ist diese Formel besonders für die Vermessung von Grundstücken geeignet?

b) $a = 8\,\text{cm}$, $b = 6\,\text{cm}$, $c = 5\,\text{cm}$. Wie groß ist der Flächeninhalt des Dreiecks?

c) Um die heronsche Formel herzuleiten, zerlegt man das Dreieck ABC in zwei rechtwinklige Teildreiecke.

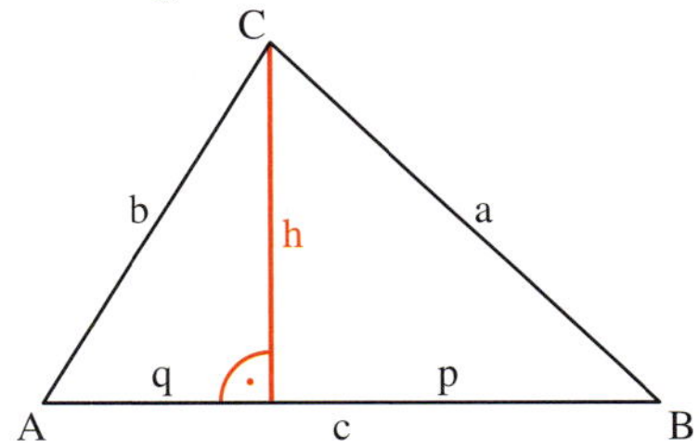

Es gilt:
$p = \frac{a^2 + c^2 - b^2}{2c}$; $q = \frac{b^2 + c^2 - a^2}{2c}$.
Leite diese Beziehungen durch Anwendung des Satzes des Pythagoras auf die beiden Teildreiecke her.
Beachte: $q = c - p$

d) Zeige, dass $h^2 = (a + p)(a - p)$ gilt.
Setze den Term für p aus Teilaufgabe c) ein und bringe ihn dann auf die Form
$4c^2h^2 = ((a + c)^2 - b^2) \cdot (b^2 - (a - c)^2)$.
Leite hieraus die heronsche Formel her.
Wende dazu die 3. binomische Formel an und setze $a + b + c = 2s$.

e)

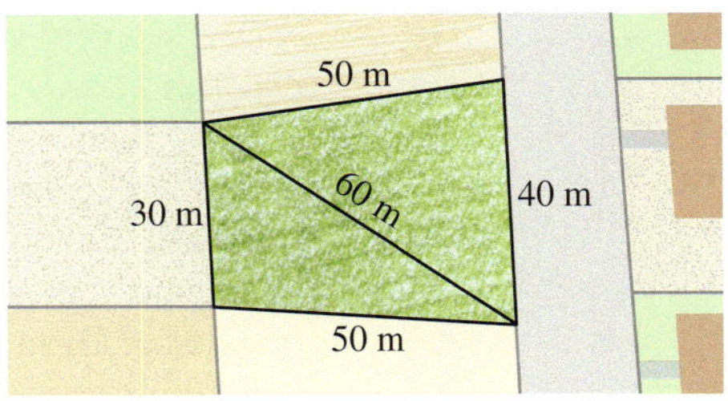

Welchen Flächeninhalt hat ein Grundstück mit den in der Figur angegebenen Maßen?

Der Pisa-Test zeigte, dass manches im Bildungssystem schiefging.

15 Pisa-Aufgabe

Der Schiefe Turm von Pisa hat eine wahrhaft bewegte Geschichte:

Ende des 12. Jahrhunderts wollten die Bürger der aufstrebenden Stadt ein sichtbares Zeichen von Größe und Weltläufigkeit setzen und begannen, neben ihren Dom einen mächtigen Glockenturm zu bauen. Doch schon nach fünf Jahren mussten die Bauarbeiten eingestellt werden, da sich der drei Stockwerk hohe Turm bereits deutlich sichtbar nach Süden neigte. Zwar war offensichtlich bei den Fundamentarbeiten etwas schiefgegangen, nachdem sich die ganze Sache aber nach 100 Jahren beruhigte, baute man dann weiter. Hierbei glich man die entstandene Neigung etwas aus, so dass nun nicht nur die unteren Stockwerke schief waren, sondern der Turm auch in sich krumm gebaut wurde. In der Folgezeit neigte sich der 58 m hohe Bau immer weiter. Bis 1550 erreichte er eine Abweichung von ca. 3,80 m vom Lot. Bereits 1838, als weitere 5 cm Abweichung hinzugekommen waren, wurde der Versuch unternommen, den Turm etwas aufzurichten. Doch als bei diesen Arbeiten das Grundwasser abgepumpt wurde, neigte der Turm sich um bedrohliche 20 cm und in den Folgejahren jährlich um einen weiteren Millimeter. 1990 musste der Turm für Besucher gesperrt werden; Computersimulationen ergaben, dass der Turm bei einer Neigung von 5,44 Grad umfallen würde – zu diesem Zeitpunkt besaß er bereits eine Neigung von 5,5 Grad.

Dichte von Marmor: ca. $2{,}8\,\frac{kg}{dm^3}$
Dichte von Erde: ca. $1{,}8\,\frac{kg}{dm^3}$

Fallgesetz: $s(t) = \frac{1}{2}gt^2$
s: Fallstrecke
t: Zeitdauer
g: Fallbeschleunigung: $9{,}81\,\frac{m}{s^2}$

Als das bei den folgenden Rettungsmaßnahmen sicherheitshalber vereiste Grundwasser auftaute, drohte der Turm zu stürzen und eine Katastrophe konnte nur verhindert werden, indem eilig Gewichte an die Nordseite des Turms geschafft wurden.
Letztlich konnte der Turm dann doch (vorläufig) gerettet werden. Seit 2001 darf er wieder bestiegen werden.

a) Zu welcher Tageszeit etwa wurde das linke Foto gemacht und zu welcher Jahreszeit entstand das folgende Luftbild?

b) Um wie viel Prozent war bereits die Neigung überschritten, für die ein Umfallen des Turms errechnet wurde?
c) Überschlage die Masse des Turms, mit welcher der Untergrund belastet wird.
d) Um den Turm aufzurichten, wurden 30 Tonnen Erde auf der Nordseite herausgebohrt. Der Turm verlor dadurch 10 % seiner Neigung. Überlege, wie das funktioniert haben könnte. Skizziere die Situation geometrisch und schätze ab, ob diese Angaben stimmen können.
e) Wie viele Tonnen Erde hätte man herausbohren müssen, um den Turm wieder ganz aufzurichten?
f) Nach (wohl falscher) Überlieferung soll Galileo Galilei die Fallgesetze am Schiefen Turm von Pisa studiert haben. Gib an, nach welcher Zeit ein herabfallender Stein die Böden der einzelnen Stockwerke passiert und wann er am Boden auftrifft.
g) „Der Turm ist ja gar nicht schief. Er steht nur zu weit nördlich!“ – Wo müsste er (parallel verschoben) stehen, damit er lotrecht wäre?
h) Der Turm ist nicht senkrecht zum Erdboden. Aber kann er senkrecht zu seinem Schatten sein (und wann etwa wäre das der Fall)?

16

Die folgenden Aufgaben bilden einen Test, der auch Lerninhalte vergangener Jahrgangsstufen beinhaltet. Aufgaben dieser Art findet man auch im Bayerischen Mathematik-Test.

a)
Löse die Gleichung $\frac{1}{x} + \frac{1}{y} = 1$ nach y auf.

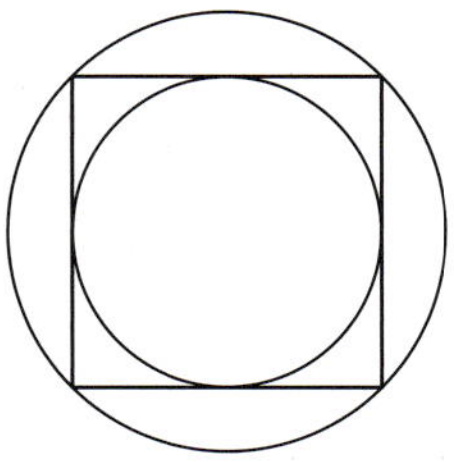

b)
Um wie viel Prozent ist der Flächeninhalt des äußeren Kreises größer als der des inneren Kreises?

c)
Die Cheops-Pyramide ist eine gerade, ca. 150 m hohe Pyramide. Ihre Grundfläche ist ein Quadrat mit 233 m Seitenlänge.
Gib die Maße einer Pyramide an, deren Volumen um 10 % kleiner ist als das der Cheops-Pyramide.

d)
Löse das folgende Gleichungssystem graphisch und überprüfe rechnersich.
(I) $2y - 2x = 5$ (II) $x + 2y - 2 = 0$

e)
Löse die Gleichung $-x^2 + 2x = 1$.

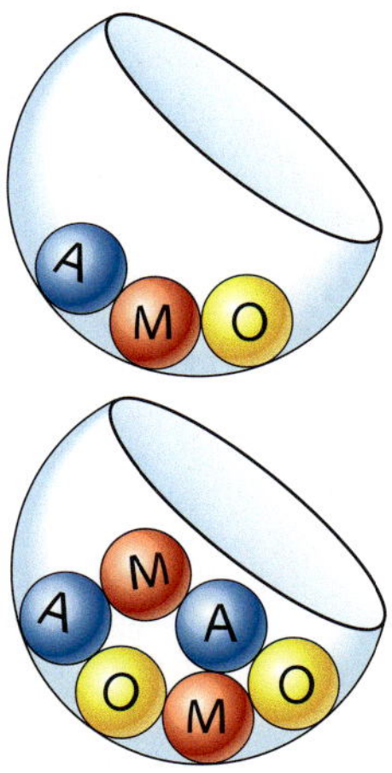

f)
Man darf eine der beiden Urnen wählen. Dann zieht man aus der gewählten Urne nacheinander drei Buchstaben ohne Zurücklegen und notiert die Reihenfolge. Welche Urne ist günstiger, wenn man das Wort OMA ziehen möchte?

g)
Im gezeichneten Viereck sind a und c parallel. Berechne die Größe des Winkels δ.

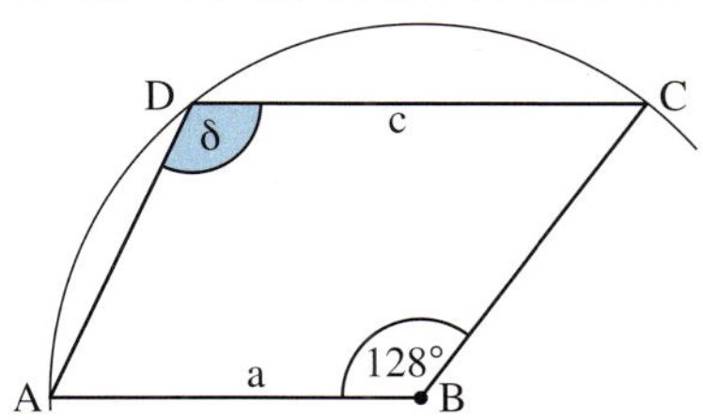

A, C und D liegen auf einem Kreis um B.

h)
Bestimme die Schnittpunkte der Geraden mit der Gleichung $2x - y = 1$ und der Parabel mit der Gleichung $2x^2 - 4x + 3 = y$.

i)
Fachleute sagen, dass 25 % aller schwerwiegenden Fahrradunfälle mit Kopfverletzungen verbunden sind und dass von allen Kopfverletzungen 80 % tödlich sind.
Welcher Prozentsatz aller schwerwiegenden Fahrradunfälle sind mit tödlichen Kopfverletzungen verbunden?
A) 16 % B) 20 % C) 55 % D) 105 %

k)

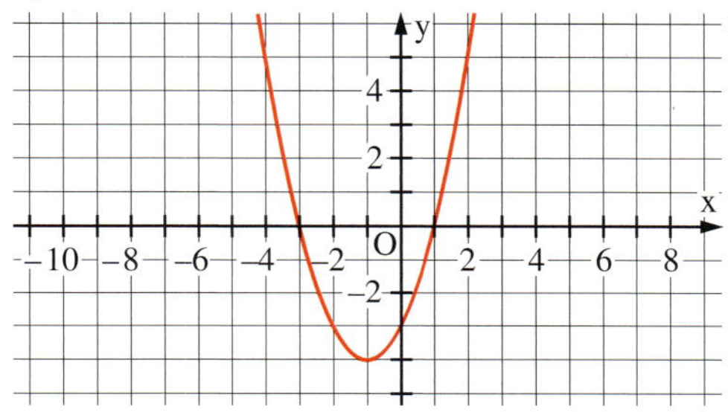

Welche Gleichung(en) beschreibt die gezeichnete Parabel?
A) $y = x^2 - 2x + 3$ B) $y = (x+1)(x-3)$
C) $y = (1-x)(x+3)$ D) $y = 2x + x^2 - 3$

l)
Das Bild zeigt einen Teil einer Dachkonstruktion, wobei [SF] senkrecht auf der quadratischen Bodenfläche ABCD steht und F die Mitte von [AD] ist.
Bekannt sind die Maße $\overline{AB} = 8\,m$ und $\overline{SF} = 6\,m$.

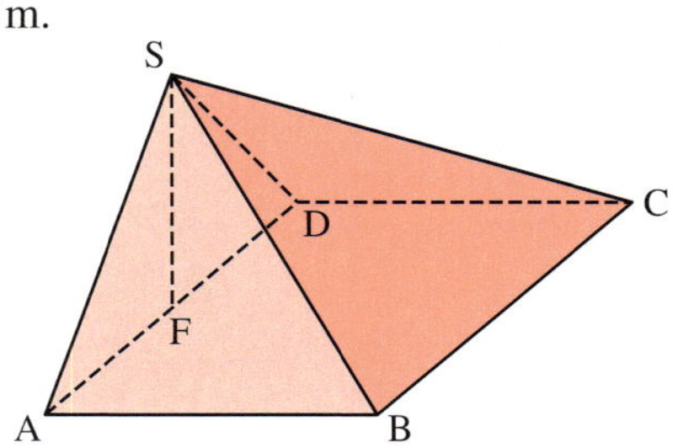

Berechne den Inhalt des Dreiecks BCS.
Unter welchem Winkel ist die Seitenfläche BCS gegen die Grundfläche ABCD geneigt?
Unter welchem Winkel ist die Kante [BS] gegen die Grundfläche geneigt?

Rückblick, Seite 41

1

a) 13 b) 0,01 c) $3z\sqrt[3]{6}$

d) $10\sqrt{5}$ e) -10^4u^2 f) $2uv\sqrt[3]{v^2}$

g) $4v^2$ h) $3a\sqrt[5]{a}$ i) 5

k) $\frac{7}{4}$ l) $\frac{1}{30}$ m) $-\frac{11}{9}$

2

$a = \sqrt{2{,}89}\,dm = 1{,}7\,dm$;

$b = \sqrt[3]{343}\,cm = 7\,cm$

3

Natürliche Zahlen: $(-\sqrt{10})^2$; 5^3

ganze Zahlen: $-(\sqrt{2})^2$; $(-\sqrt{10})^2$; 5^3

rationale Zahlen: $-(\sqrt{2})^2$; $-\frac{1}{6}$; $15{,}\overline{23}$; $\sqrt{1{,}69}$; $(-\sqrt{10})^2$; 5^3; $-0{,}\overline{4}$

reelle Zahlen: $-(\sqrt{2})^2$; $\sqrt{8}$; $-\frac{1}{6}$; $15{,}\overline{23}$; $-\sqrt{3}$; π; $\sqrt{1{,}69}$; $(-\sqrt{10})^2$; 5^3; $6^{2,5}$; $-0{,}\overline{4}$

4

a), b) rational; c), d) irrational

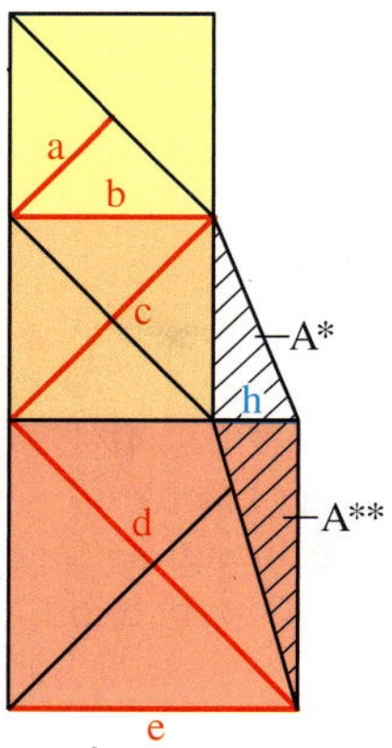

a) $a = \frac{1}{2}\sqrt{18}\,cm = \frac{3}{2}\sqrt{2}\,cm$; $b = 3\,cm$;

$c = \sqrt{18}\,cm = 3\sqrt{2}\,cm$;

$d = \sqrt{64}\,cm = 8\,cm$;

$e = \sqrt{32}\,cm = 4\sqrt{2}\,cm$.

$a + b + c + d + e$

$= \frac{3}{2}\sqrt{2}\,cm + 3\,cm + 3\sqrt{2}\,cm + 8\,cm + 4\sqrt{2}\,cm$

$= 11\,cm + 8{,}5\sqrt{2}\,cm$

$= (11 + 8{,}5\sqrt{2})\,cm$

$\approx 23{,}02\,cm$

b) $h = e - b = (4\sqrt{2} - 3)\,cm$

$A^* = \frac{1}{2}\cdot b\cdot h = \frac{1}{2}\cdot 3\,cm\cdot(4\sqrt{2} - 3)\,cm$

$= (6\sqrt{2} - 4{,}5)\,cm^2$

$A^{**} = \frac{1}{2}\cdot e\cdot h = \frac{1}{2}\cdot 4\sqrt{2}\,cm\cdot(4\sqrt{2} - 3)\,cm$

$= (16 - 6\sqrt{2})\,cm^2$

$A = A^* + A^{**}$

$= (6\sqrt{2} - 4{,}5)\,cm^2 + (16 - 6\sqrt{2})\,cm^2$

$= 11{,}5\,cm^2$

6

a) 0,1 b) $7\sqrt{5}$ c) $(4 - 2\sqrt{3})a$

d) $-|a + b|$ e) $-\sqrt{5}$ f) $4|a|$

g) $\frac{6}{25}$ h) 0 i) 1,1

k) 15,4 l) $b^3 - \sqrt[3]{b}$

m) $\frac{3}{|a|}$ n) 64,35 o) $-\sqrt{3}$

p) $x^6 + x^{-5}$ q) $2(\sqrt{2} + c - x)$

r) $|0{,}1p - 3q|$ s) $10r^2s^2\sqrt{rs}$

t) $2x^2 + 20$

7

a) $x = 7$ b) $|y| = 0{,}5$, d.h. $y = -0{,}5$ oder $y = 0{,}5$

c) $y = 9$ d) Gleichung ist nicht lösbar

e) $z = 4$ f) $x = \frac{4}{3}$

8

a) $\frac{1}{25}x^2 + \frac{4}{5}x + 4$

b) $a^2 - 3$

c) $245u^2 - 70uv + 5v^2$

d) $4x^2 - 9y^2$

e) $3s^2 + 2\sqrt{3}\,st^2 + t^4$

f) $r^3 + 10r^2k + 25rk^2$

g) $\frac{1}{64}p^2 - \frac{1}{4}p + 1$

h) $9 - x^4a^2$

9

a) 46 b) $-3\frac{3}{5} + 7\sqrt[3]{2}$ c) $5\sqrt{6} - 46$

d) $\frac{2}{3}$ e) $6 - 4\sqrt{3}$ f) 3200

10

a) $k^2 + 36 - 12k = (k - 6)^2$

b) $121n^2 - 44cn + 4c^2 = (11n - 2c)^2$

c) $9x^4 - 6x^2 + 1 = (3x^2 - 1)^2$

d) $\frac{1}{64}b^4 + \frac{1}{4}cb^2 + c^2 = \left(\frac{1}{8}b^2 + c\right)^2$

11

a) $\frac{7}{5}\sqrt{5}$ b) $-\sqrt{3} - \sqrt{6}$

c) $2\sqrt{6} - 5$ d) $\frac{1}{5}\sqrt[3]{25}$

12

a) $7^{\frac{5}{6}}$ b) 4 c) $2^{-\frac{4}{3}}$

d) $5^{-\frac{1}{2}}$ e) a^{-x^2} f) $2^{\frac{5}{9}}$

g) $2^{\frac{7}{10}}$ h) $3^{-\frac{7}{12}}$ i) $h^{\frac{1}{12}}$

13

a) Definitionsmenge des gegebenen Terms: $D = [0; 1[\cup]1; \infty[= \mathbb{R}_0^+\backslash\{1\}$

Definitionsmenge des gekürzten Terms $\sqrt{z} + 1$: $D = [0; \infty[= \mathbb{R}_0^+$

b) Definitionsmenge des gegebenen Terms: $D =]-1; \infty[$

Definitionsmenge des gekürzten Terms $\sqrt{z + 1}$: $D = [-1; \infty[$

b) Definitionsmenge des gegebenen Terms: $D = \mathbb{R}_0^+ = [0; \infty[$

Definitionsmenge des gekürzten Terms $\sqrt{r} - 12$: $D = \mathbb{R}_0^+ = [0; \infty[$

Rückblick, Seite 61

1

a) $q = 6{,}0\,cm$

b) $q = \sqrt{21}\,cm \approx 4{,}6\,cm$

c) $q = \sqrt{14{,}4}\,cm \approx 3{,}8\,cm$

2

$\overline{AC} = 2\cdot r = 20\,cm$; $\overline{DC} = \overline{AB} = 16\,cm$;

$\overline{AD}^2 + \overline{DC}^2 = \overline{AC}^2$

$\Rightarrow \overline{AD}^2 = (20\,cm)^2 - (16\,cm)^2 = 144\,cm^2$

$\Rightarrow \overline{AD} = 12\,cm$

$\overline{AD}^2 = \overline{AH}\cdot\overline{AC}$

$\Rightarrow \overline{AH} = \frac{\overline{AD}^2}{\overline{AC}} = \frac{144\,cm^2}{20\,cm} = 7{,}2\,cm$

$h^2 + \overline{AH}^2 = \overline{AD}^2$

$\Rightarrow h = \sqrt{144\,cm^2 - (7{,}2\,cm)^2} = 9{,}6\,cm$

3

a) $a \approx 7{,}9\,cm$; $b \approx 9{,}7\,cm$; $q = 7{,}5\,cm$; $h_c = 6{,}1\,cm$; $A \approx 38{,}3\,cm^2$

b) $a \approx 5{,}7\,m$; $b \approx 1{,}9\,m$; $c = 6\,m$; $p = 5{,}4\,m$; $A = 5{,}4\,m^2$

c) $b \approx 7{,}2\,cm$; $p \approx 1{,}4\,cm$; $q \approx 6{,}6\,cm$; $h_c \approx 3{,}1\,cm$; $A \approx 12{,}3\,cm^2$

d) $a = 6{,}4\,cm$; $b = 6{,}4\,cm$; $c = 9{,}0\,cm$; $h_c = 4{,}5\,cm$; $A \approx 20{,}3\,cm^2$

e) $b = 11{,}0\,dm$; $c = 13{,}0\,dm$; $p = 3{,}8\,dm$; $q = 9{,}3\,dm$; $h_c = 5{,}9\,dm$

4

a) $r^2 = \left(\frac{a}{2}\right)^2 + (r - b)^2$,

also $r^2 = (6\,cm)^2 + (r - 2\,cm)^2$

$\Rightarrow r^2 = 36\,cm^2 + r^2 - 2r\cdot 2\,cm + 4\,cm^2$

$\Rightarrow 4r\,cm = 40\,cm^2 \Rightarrow r = 10\,cm$

$\Rightarrow d = 20\,cm$

b) 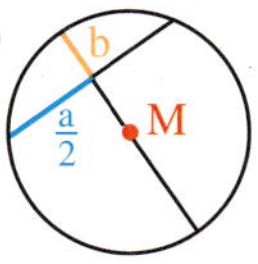

$\left(\frac{a}{2}\right)^2 = b \cdot (d - b)$

$\Rightarrow \frac{a^2}{4} = bd - b^2$

$\Rightarrow d = \frac{\frac{a^2}{4} + b^2}{b} = \frac{a^2}{4b} + b$

5

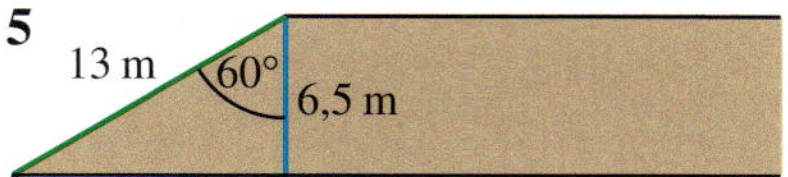

Das Dreieck kann zu einem gleichseitigen Dreieck ergänzt werden ⇒

Länge der blauen Seite: 6,5 m · 2 = 13 m.

$\Rightarrow x = \sqrt{(13\,\text{m})^2 - (6{,}5\,\text{m})^2} = 11{,}258\ldots\,\text{m}$

⇒ Breite b der Dammsohle:

$b = 2x + 13{,}7\,\text{m} \approx 22{,}5\,\text{m} + 13{,}7\,\text{m}$
$= 36{,}2\,\text{m}$

6

$\sqrt{a^2 + c^2} = \sqrt{72\,\text{cm}^2} = \sqrt{36 \cdot 2\,\text{cm}^2}$
$= 6\sqrt{2}\,\text{cm} = b$

⇒ Das Dreieck ist rechtwinklig.

Flächeninhalt: Da der rechte Winkel zwischen a und c liegt, gilt:

$A = \frac{1}{2} \cdot 6\,\text{cm} \cdot 6\,\text{cm} = 18\,\text{cm}^2$

Alternativ: Bestimmung des Flächeninhalts durch eine Zeichnung.

7

a) Höhe h eines Seitendreiecks:

$h^2 + \left(\frac{5{,}35}{2}\,\text{m}\right)^2 = (7{,}10\,\text{m})^2$

$\Rightarrow h = 6{,}576\ldots\,\text{m}$

Dachfläche:

$A = 4 \cdot \frac{1}{2} \cdot h \cdot 5{,}35\,\text{m} \approx 70{,}4\,\text{m}^2$

b) Höhe h eines Seitendreiecks:

$h^2 = (29{,}20\,\text{m})^2 + \left(\frac{8{,}30}{2}\,\text{m}\right)^2$

$\Rightarrow h = 29{,}493\ldots\,\text{m}$

$A = 4 \cdot \frac{1}{2} \cdot h \cdot 8{,}30\,\text{m} \approx 490\,\text{m}^2$

8

Höhe h eines Seitendreiecks:

$h^2 + \left(\frac{b}{2}\right)^2 = (2b)^2$

$\Rightarrow h^2 = 4b^2 - \frac{b^2}{4} = \frac{15}{4}b^2 \;\Rightarrow\; h = \frac{\sqrt{15}}{2}b$

Oberfläche:

$O = b^2 + \frac{1}{2}b \cdot \frac{\sqrt{15}}{2}b \cdot 4 = b^2 + \sqrt{15}\,b^2$
$= (1 + \sqrt{15})\,b^2$

9

a) Höhe h_a (von S auf a) des gleichschenkligen ΔBSA:

$h_a = a + \frac{a}{2}\sqrt{3} = 4\,\text{cm} + 2\sqrt{3}\,\text{cm}$

$\Rightarrow \overline{AS} = \sqrt{\left(4\,\text{cm} + 2\sqrt{3}\,\text{cm}\right)^2 + \left(\frac{4\,\text{cm}}{2}\right)^2}$
$\approx 7{,}7\,\text{cm}$

b) $\overline{AS} = \sqrt{h_a^2 + \left(\frac{a}{2}\right)^2}$
$= \sqrt{\left(a + \frac{a}{2}\sqrt{3}\right)^2 + \left(\frac{a}{2}\right)^2} = \sqrt{2 + \sqrt{3}}\;a$

c) Fläche des Fünfecks:

$A_F = (4\,\text{cm})^2 + \frac{1}{2} \cdot 4\,\text{cm} \cdot \frac{4\,\text{cm}}{2}\sqrt{3}$
$= 16\,\text{cm}^2 + 4\sqrt{3}\,\text{cm}^2$

Fläche des Dreiecks:

$A_D = \frac{1}{2} \cdot 4\,\text{cm} \cdot \left(4\,\text{cm} + \frac{4\,\text{cm}}{2}\sqrt{3}\right)$
$= 8\,\text{cm}^2 + 4\sqrt{3}\,\text{cm}^2$

Prozentuale Abdeckung:

$\frac{A_D}{A_F} = \frac{8\,\text{cm}^2 + 4\sqrt{3}\,\text{cm}^2}{16\,\text{cm}^2 + 4\sqrt{3}\,\text{cm}^2} \approx 65\,\%$

Allgemein:

$A_F = a^2 + \frac{1}{2}a \cdot \frac{a}{2}\sqrt{3} = a^2 + \frac{\sqrt{3}}{4}a^2$
$= \left(1 + \frac{\sqrt{3}}{4}\right)a^2$

$A_D = \frac{1}{2}a \cdot h_a = \frac{1}{2}a\left(a + \frac{a}{2}\sqrt{3}\right)$
$= \frac{1}{2}a^2 + \frac{\sqrt{3}}{4}a^2 = \left(\frac{1}{2} + \frac{\sqrt{3}}{4}\right)a^2$

$\frac{A_D}{A_F} = \frac{\left(\frac{1}{2} + \frac{\sqrt{3}}{4}\right)a^2}{\left(1 + \frac{\sqrt{3}}{4}\right)a^2} = \frac{\frac{1}{2} + \frac{\sqrt{3}}{4}}{1 + \frac{\sqrt{3}}{4}} \approx 65\,\%$

Vergleich: Man erhält den gleichen Wert. Dies erkennt man auch, wenn man beim oberen Quotienten in Zähler und Nenner $16\,\text{cm}^2$ ausklammert und kürzt.

10

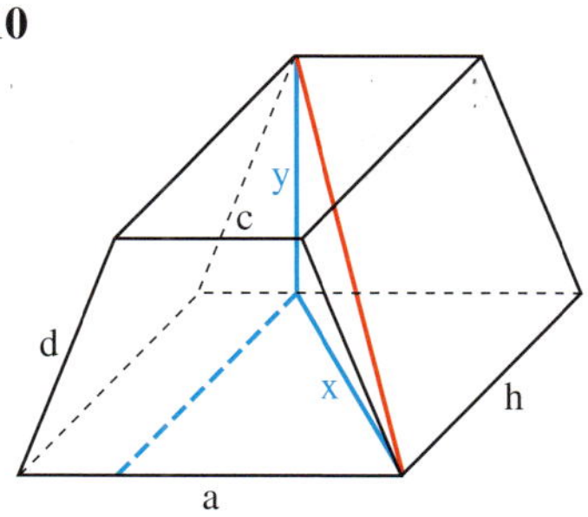

Um die Länge der roten Strecke zu berechnen, bestimmt man zunächst die Längen der Strecken x und y:

$x^2 = h^2 + \left(a - \frac{a-c}{2}\right)^2 = h^2 + \left(\frac{a+c}{2}\right)^2$

$\Rightarrow x = \sqrt{(8\,\text{cm})^2 + (4{,}5\,\text{cm})^2} = \sqrt{84{,}25}\,\text{cm}$

$y^2 + \left(\frac{a-c}{2}\right)^2 = d^2$

$\Rightarrow y = \sqrt{(4{,}0\,\text{cm})^2 - (1{,}5\,\text{cm})^2}$
$= \sqrt{13{,}75}\,\text{cm}$

Länge r der roten Strecke:

$r^2 = x^2 + y^2 = 84{,}25\,\text{cm}^2 + 13{,}75\,\text{cm}^2$
$= 98\,\text{cm}^2$

$\Rightarrow r = \sqrt{98}\,\text{cm} = 7\sqrt{2}\,\text{cm} \approx 9{,}9\,\text{cm}$

Rückblick, Seite 95

1

a) $(x + 2)^2 - 5 = 0$
$x_1 \approx -4{,}2;\; x_2 \approx 0{,}2$

b) $x_1 \approx -0{,}4;\; x_2 \approx 1{,}4$

c) $x_1 \approx 0{,}7;\; x_2 \approx 3{,}1$

d) $x_1 \approx -2;\; x_2 = 0;\; x_3 \approx 2$

2

$f(x) = \frac{1}{2}(x - 1)^2 + \frac{1}{4}$

3

a) $x_1 = 1 - \sqrt{11} \approx -2{,}32;$
$x_2 = 1 + \sqrt{11} \approx 4{,}32$

b) $x_1 = 1;\; x_2 = 5$

c) $x_1 = 0{,}75 - 0{,}5\sqrt{5{,}25} \approx -0{,}40;$
$x_2 = 0{,}75 + 0{,}5\sqrt{5{,}25} \approx 1{,}90$

d) $L = \{\,\}$

e) $x_1 = 2{,}5 - 0{,}5\sqrt{61} \approx -1{,}41;$
$x_2 = 2{,}5 + 0{,}5\sqrt{61} \approx 6{,}41$

4

a) $f(x) = 4(x - 0{,}5)^2 - 9 = 4x^2 - 4x - 8$

b) $f(-2{,}5) = 27;$
P liegt nicht auf dem Graphen von f.

5

$x(x+6) = 6075;\; x = 75$

Die Zahlen sind 75 und 81.

6

rot: $f(x) = 0{,}75(x + 2)^2 - 2$
$= 0{,}75x^2 + 3x + 1$

grün: $g(x) = -\frac{5}{4}(x - 1)^2 + 3$
$= -\frac{5}{4}x^2 + \frac{5}{2}x + \frac{7}{4}$

gelb: $h(x) = 2x + 3$

blau: $k(x) = \frac{1}{4}x - 2$

$f(x) = g(x)$: $S_1(-0{,}75\,|\,-0{,}83)$; $S_2(0{,}5\,|\,2{,}69)$

$f(x) = h(x)$: $S_1(-2{,}43\,|\,-1{,}86)$; $S_2(1{,}10\,|\,5{,}19)$

$g(x) = k(x)$: $S_1(-1{,}05\,|\,-2{,}26)$; $S_2(2{,}85\,|\,-1{,}29)$

$h(x) = k(x)$: $S(-2{,}86\,|\,-2{,}71)$

7

a) $x_1 = -\sqrt{3} \approx -1{,}73;\; x_2 = \sqrt{3} \approx 1{,}73$

b) $z_1 = 0;\; z_2 = \frac{1}{3}$

c) $x_1 = 0;\; x_2 = -2;\; x_3 = 4$

d) $z_1 = -1{,}5 - 0{,}5\sqrt{11} \approx -3{,}16;$
$z_2 = -1{,}5 + 0{,}5\sqrt{11} \approx 0{,}16$

e) $x_1 = -\sqrt{3} \approx -1{,}73;\; x_2 = \sqrt{3} \approx 1{,}73$

f) $x = \frac{1}{2}$

8

a) $\frac{9}{8}$; $S\left(\frac{3}{4}\middle|0\right)$ b) $\frac{15}{8}$; $S\left(\frac{3}{4}\middle|\frac{3}{4}\right)$

9

a) $D = \frac{9}{4} - 2 > 0 \Rightarrow$ 2 Lösungen

b) $D = 4 - 12 < 0 \Rightarrow$ keine Lösung

c) $D = 64 - 64 = 0 \Rightarrow$ eine Lösung

d) $D = 25 + 24 > 0 \Rightarrow$ 2 Lösungen

10

a) $f(x) = -(x-3)^2 \Rightarrow S(3|0)$

b) $g(x) = 0{,}5(x+1)^2 + 2{,}5 \Rightarrow S(-1|2{,}5)$

c) $S(0|1)$

d) $f(x) = (x-2)^2 - 5 \Rightarrow S(2|-5)$

e) $l(t) = -2\left(t - \frac{3}{4}\right)^2 + \frac{9}{8} \Rightarrow S\left(\frac{3}{4}\middle|\frac{9}{8}\right)$

f) $k(x) = 1{,}5\left(x + \frac{1}{3}\right)^2 - \frac{19}{6} \Rightarrow S\left(-\frac{1}{3}\middle|-\frac{19}{6}\right)$

11

a) 0; $S(0|2)$ b) 2; $S(-2|0)$

12

a) $x(2x-5) = 375 \Rightarrow x = 15$
Die Seiten sind 15 cm und 25 cm lang.

b) $2x + 2y = 56 \Rightarrow y = 28 - x$
$x(28-x) = 160 \Rightarrow x_1 = 8;\ x_2 = 20$
Die Seiten sind 8 cm und 20 cm lang.

13

$x^2 - 3x - 1 = 0 \Rightarrow x_{1/2} = \frac{1}{2}\left(3 \pm \sqrt{13}\right)$
Die zu $f: x \mapsto x^2 - 3x - 1$ gehörige Parabel ist nach oben offen.
$\Rightarrow x^2 - 3x - 1 < 0$ lösen alle
$x \in \left]\frac{1}{2}\left(3-\sqrt{13}\right); \frac{1}{2}\left(3+\sqrt{13}\right)\right[$

Rückblick, Seite 117

1

a) $y = -x^2 + 4x - 3 = -(x-2)^2 + 1$

b) $y = -1{,}5x^2 - 1{,}5x + 3$
$= -1{,}5 \cdot (x+0{,}5)^2 + 3{,}375$

2

a) $S_1(1|3);\ S_2(2|5)$

b) $S_1(\approx 3{,}28|\approx -1{,}28);$
$S_2(\approx 1{,}22|\approx 0{,}78)$

c) $S_1(4{,}5|2{,}75);\ S_2(-1{,}5|2{,}75)$

d) $S_1\left(1\middle|\frac{1}{4}\right);\ S_2(-2|-2)$

e) $S(-2|1)$

3

a)

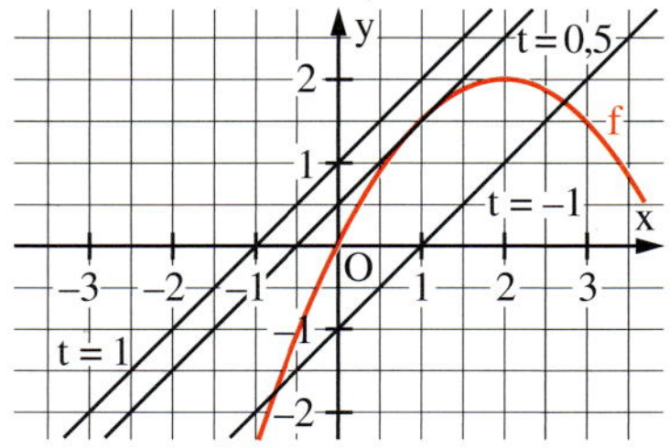

b) $t = 0{,}5;\ B(1|1{,}5)$

c) Für $t < \frac{1}{2}$ 2 Schnittpunkte;
für $t > \frac{1}{2}$ keine Schnittpunkte.

4

$A(x|x^2);\ B(-x|x^2)$
$\overline{OA}^2 = x^2 + x^4;\ \overline{AB}^2 = (2x)^2$
$\overline{OA} = \overline{AB} \Rightarrow x^2 + x^4 = 4x^2$
$x^4 - 3x^2 = 0$
$x^2(x^2 - 3) = 0 \Rightarrow A\left(\sqrt{3}|3\right);\ B\left(-\sqrt{3}|3\right)$

5

$\overline{AS} = x;\ A_{Rechteck} = 10^2 - x^2 - (10-x)^2$
$= -2x^2 + 20x$
$= -2(x-5)^2 + 50$
Für $x = 5$ hat das Rechteck den größten Flächeninhalt mit $50\,cm^2$.

6

$A(a, b) = 2a^2 + 2ab$ und
$8a + 3b = 20 \Rightarrow b = \frac{20 - 8a}{3}$
$A(a) = 2a^2 + 2a \cdot \frac{20-8a}{3}$
$= -\frac{10}{3}a^2 + \frac{40}{3}a$
$= -\frac{10}{3}(a-2)^2 + \frac{40}{3}$
Für $a = 2\,(m)$ und $b = \frac{4}{3}\,(m)$ ist das Gehege am größten.

7

$$\left.\begin{aligned} 4900a + 70b + c &= 6 \\ 10000a + 100b + c &= 9 \\ 19600a + 140b + c &= 14 \end{aligned}\right\} \Rightarrow \begin{aligned} a &= \tfrac{1}{2800} \\ b &= \tfrac{11}{280} \\ c &= 1{,}5 \end{aligned}$$

8

a) Gewinn nach Steuern
$G(x)$
$= 0{,}6 \cdot [15x - (0{,}004x^2 + 10x + 500)]$
$= -0{,}0024x^2 + 3x - 300$
$= -0{,}0024(x - 625)^2 + 637{,}5$
Der Gewinn ist bei 625 Stück maximal.

b) Der maximale Gewinn beträgt 637,5 €.

9

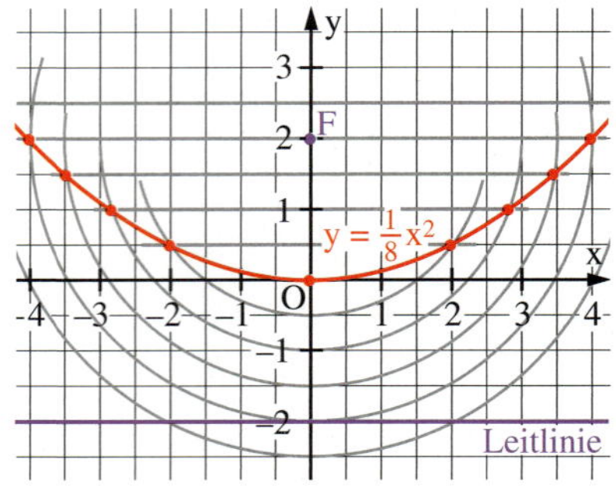

10

a) $P(x) = x \cdot (24 - x) = -(x-12)^2 + 144$
Zerlegt man 24 in 12 + 12, so ist das Produkt der Zahlen am größten.

b) $s(x) = x^2 + (24 - x)^2$
$= 2 \cdot (x - 12)^2 + 288$
Zerlegt man 24 in 12 + 12, so ist die Summe der Quadrate am kleinsten.

Rückblick, Seite 133

1

a) $\xrightarrow{\frac{1}{2}}$ O $\xrightarrow{\frac{2}{3}}$ T $\xrightarrow{\frac{1}{2}}$ T $\xrightarrow{1}$ O
P(„OTTO") $= \frac{1}{2} \cdot \frac{2}{3} \cdot \frac{1}{2} \cdot 1 = \frac{1}{6}$

b) $\xrightarrow{\frac{1}{2}}$ O $\xrightarrow{\frac{1}{2}}$ T $\xrightarrow{\frac{1}{2}}$ T $\xrightarrow{\frac{1}{2}}$ O
P(„OTTO") $= \left(\frac{1}{2}\right)^4 = \frac{1}{16}$

c)

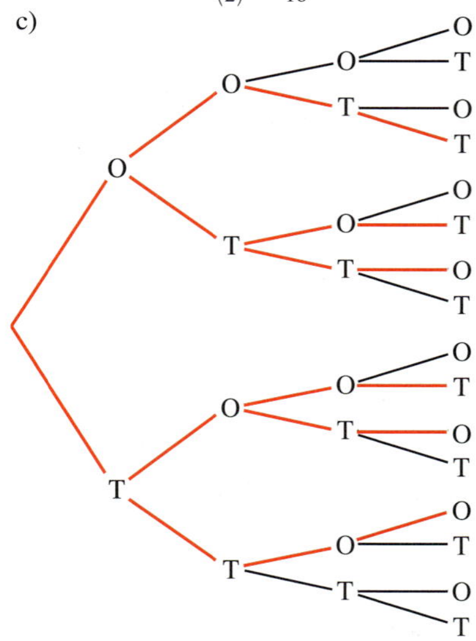

P(„OTTO") $= 6 \cdot \left(\frac{1}{2}\right)^4 = \frac{3}{8}$

2

Z: Dose hat zu große Einwaage

$\xrightarrow{\frac{3}{12}} Z \xrightarrow{\frac{2}{11}} Z$

P(„ZZ") $= \frac{3}{12} \cdot \frac{2}{11} = \frac{1}{22}$

3

a) $\xrightarrow{\frac{1}{9}} 1 \xrightarrow{\frac{1}{10}} 1 \xrightarrow{\frac{1}{10}} 1$

P(„111") $= \frac{1}{9} \cdot \frac{1}{10} \cdot \frac{1}{10} = \frac{1}{900}$

b)

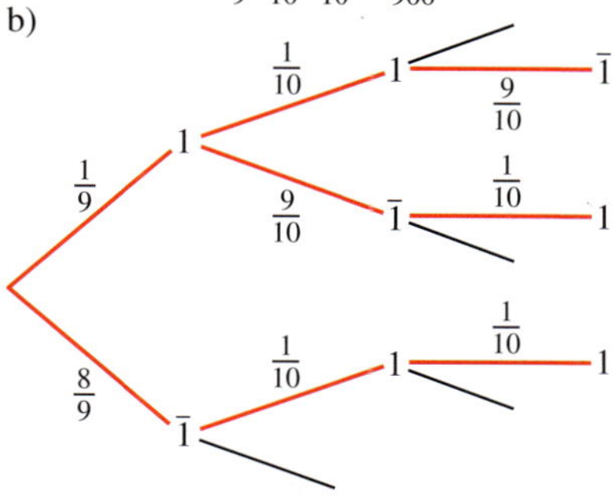

P(„genau 2 Einser")

$= \frac{1}{9} \cdot \frac{1}{10} \cdot \frac{9}{10} + \frac{1}{9} \cdot \frac{9}{10} \cdot \frac{1}{10} + \frac{8}{9} \cdot \frac{1}{10} \cdot \frac{1}{10}$

$= \frac{26}{900} \approx 2{,}9\,\%$

c) F: Freispiel

G: Gewinn

$\xrightarrow{\frac{26}{900}} F \xrightarrow{\frac{1}{900}} G$

P(„erst Freispiel, dann Gewinn")

$= \frac{26}{900} \cdot \frac{1}{900} = \frac{13}{405\,000} \approx 0{,}0032\,\%$

4

T: Treffer $\overline{T}$: kein Treffer

Ali Barbara Claudia Treffer

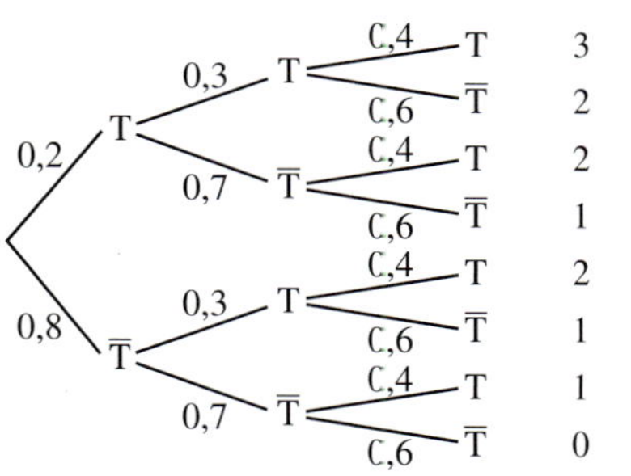

P(null Treffer) $= 0{,}8 \cdot 0{,}7 \cdot 0{,}6 = 0{,}336$

P(ein Treffer) $= 0{,}8 \cdot 0{,}7 \cdot 0{,}4 + 0{,}8 \cdot 0{,}3 \cdot 0{,}6 + 0{,}2 \cdot 0{,}7 \cdot 0{,}6 = 0{,}452$

P(zwei Treffer) $= 0{,}8 \cdot 0{,}3 \cdot 0{,}4 + 0{,}2 \cdot 0{,}7 \cdot 0{,}4 + 0{,}2 \cdot 0{,}3 \cdot 0{,}6 = 0{,}188$

P(drei Treffer) $= 0{,}2 \cdot 0{,}3 \cdot 0{,}4 = 0{,}024$

5

a) Es gibt 3 Möglichkeiten, dass der Floh nach 3 Sekunden auf der Zahl 2 ist:

$0 + 1 + 1 = 1 + 0 + 1 = 1 + 1 + 0 = 2$

P(„011") $= 0{,}2 \cdot 0{,}6 \cdot 0{,}6 = 0{,}072$

P(„101") $= 0{,}6 \cdot 0{,}2 \cdot 0{,}6 = 0{,}072$

P(„110") $= 0{,}6 \cdot 0{,}6 \cdot 0{,}2 = 0{,}072$

$\Rightarrow$ P(„2") $= 3 \cdot 0{,}072 = 0{,}216$

b) Ein Versuch lieferte bei 1000 Wiederholungen eine relative Häufigkeit von 16 %. Also ergibt sich 16 % als Schätzwert.

6

T: Trocken N: Nass

a)

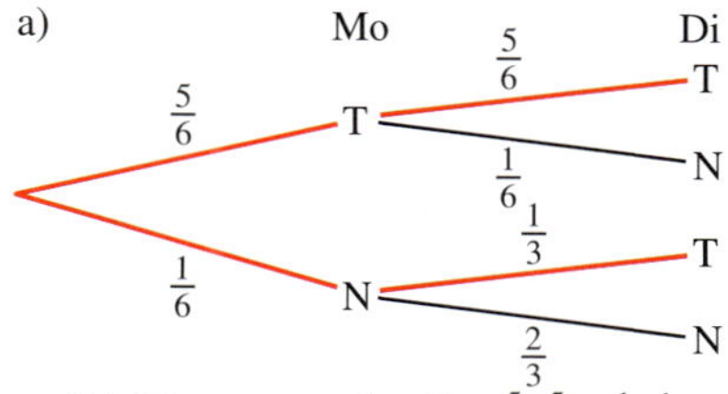

P(„Dienstag trocken") $= \frac{5}{6} \cdot \frac{5}{6} + \frac{1}{6} \cdot \frac{1}{3} = \frac{3}{4}$

b)

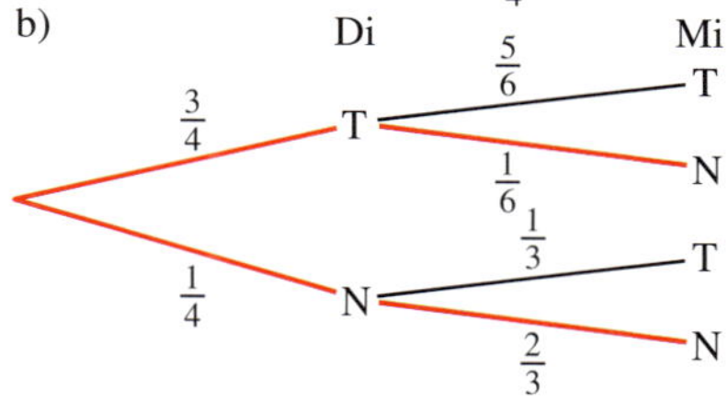

P(„Mittwoch nass") $= \frac{3}{4} \cdot \frac{1}{6} + \frac{1}{4} \cdot \frac{2}{3} = \frac{7}{24}$

c)

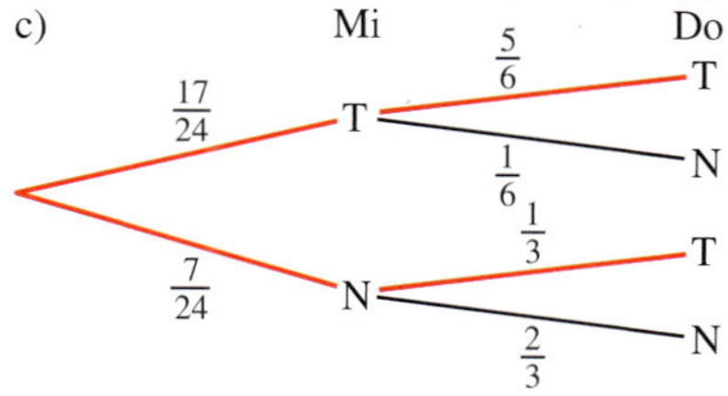

P(„Donnerstag trocken")

$= \frac{17}{24} \cdot \frac{5}{6} + \frac{7}{24} \cdot \frac{1}{3} = \frac{85}{144} + \frac{14}{144} = \frac{99}{144}$

$= \frac{11}{16}$

7

Pro Spielminute sinkt die Treffsicherheit um $\frac{20\,\%}{40} = 0{,}5\,\%$.

Treffsicherheit nach 8 Spielminuten: 66 %

Treffsicherheit nach 22 Spielminuten: 59 %

Treffsicherheit nach 38 Spielminuten: 51 %

P(„0 Freiwürfe") $= 0{,}34 \cdot 0{,}41 \cdot 0{,}49 \approx 6{,}8\,\%$

P(„1 Freiwurf") $= 0{,}66 \cdot 0{,}41 \cdot 0{,}49 + 0{,}34 \cdot 0{,}59 \cdot 0{,}49 + 0{,}34 \cdot 0{,}41 \cdot 0{,}51 \approx 30{,}2\,\%$

P(„2 Freiwürfe") $= 0{,}66 \cdot 0{,}59 \cdot 0{,}49 + 0{,}66 \cdot 0{,}41 \cdot 0{,}51 + 0{,}34 \cdot 0{,}59 \cdot 0{,}51 \approx 43{,}1\,\%$

P(„3 Freiwürfe") $= 0{,}66 \cdot 0{,}59 \cdot 0{,}51 \approx 19{,}9\,\%$

8

G: Grün

$\xrightarrow{\frac{1}{2}} G \xrightarrow{\frac{1}{2}} G \xrightarrow{\frac{1}{2}} G$

P(„GGG") $= \frac{1}{8} > 0$

Die Wahrscheinlichkeit, dass alle 3 Ampeln grün sind, ist größer null. Somit hat die Arbeitskollegin unrecht.

Rückblick, Seite 149

1

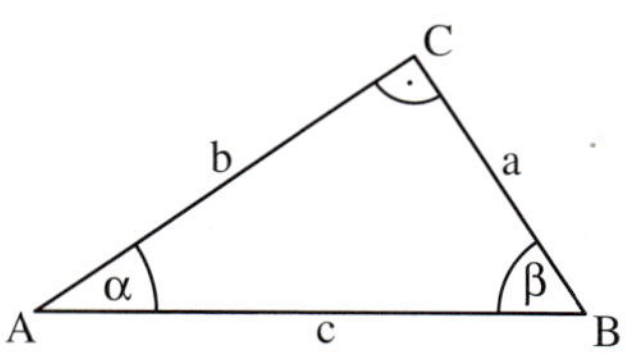

a) $\alpha = 48°$; $c \approx 7{,}2\,\text{cm}$; $a \approx 5{,}3\,\text{cm}$

b) $\beta = 18°$; $a \approx 6{,}9\,\text{cm}$; $b \approx 2{,}3\,\text{cm}$

c) $\alpha = 61{,}8°$; $b \approx 2{,}0\,\text{cm}$; $c \approx 4{,}2\,\text{cm}$

d) $\alpha = 69{,}5°$; $b \approx 4{,}5\,\text{cm}$; $c \approx 12{,}9\,\text{cm}$

e) $\alpha = 57{,}1°$; $\beta \approx 32{,}9°$; $a \approx 2{,}9\,\text{cm}$

f) $\beta = 84{,}3°$; $b \approx 3{,}28\,\text{cm}$; $a \approx 0{,}33\,\text{cm}$

2

a) $\sin\beta = \frac{2}{3} \Rightarrow \beta \approx 41{,}8°$

$a_1 = b \cdot \cos\beta \Rightarrow a_1 \approx 2{,}3\,\text{cm}$

$c = a - 2a_1$ (wegen Symmetrie)

$\Rightarrow c \approx 3{,}6\,\text{cm}$

$A = \frac{1}{2}(a + c) \cdot h$, wobei $h = \frac{2}{3}b$

$\Rightarrow A \approx 12{,}2\,\text{cm}^2$

b) $\sin\beta = \frac{2}{3} \Rightarrow \beta \approx 41{,}8°$

$\tan\beta = \frac{h}{a_1} \Rightarrow a_1 \approx 5{,}6\,\text{cm}$

$a = c + 2a_1 \Rightarrow a \approx 15{,}7\,\text{cm}$

$A = \frac{1}{2}(a + c) \cdot h \Rightarrow A \approx 50{,}5\,\text{cm}^2$

3

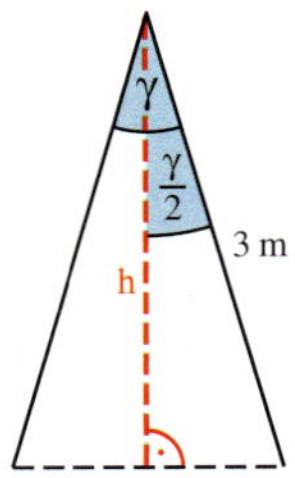

$\cos\frac{\gamma}{2} = \frac{h}{3\,m}$

$h = 3\,m \cdot \cos\frac{\gamma}{2}$

a) $h \approx 2{,}90\,m$

b) $h \approx 2{,}82\,m$, also $\Delta h \approx 8\,cm$

4

a) $\sin^2\alpha + \cos^2\alpha = 1$

$\Rightarrow \cos\alpha = \sqrt{1 - \sin^2\alpha}$

$= \sqrt{1 - \frac{1}{16}} = \frac{\sqrt{15}}{4}$

$\tan\alpha = \frac{\sin\alpha}{\cos\alpha} = \frac{\frac{1}{4}}{\frac{\sqrt{15}}{4}} = \frac{1}{\sqrt{15}} = \frac{\sqrt{15}}{15}$

b) analog Teilaufgabe a)

$\cos\alpha = \sqrt{0{,}51}$; $\tan\alpha = \frac{0{,}7}{\sqrt{0{,}51}}$

c) analog Teilaufgabe a)

$\cos\alpha = \frac{3}{5}\sqrt{2}$; $\tan\alpha = \frac{\sqrt{14}}{6}$

d) analog Teilaufgabe a)

$\sin\alpha = \frac{\sqrt{5}}{3}$; $\tan\alpha = \frac{\sqrt{5}}{2}$

e) $\tan\alpha = \frac{\sin\alpha}{\cos\alpha}$; $\tan\alpha = \frac{\sin\alpha}{\sqrt{1 - \sin^2\alpha}}$;

$\frac{3}{4} = \frac{\sin\alpha}{\sqrt{1 - \sin^2\alpha}} \Rightarrow \frac{9}{16} = \frac{\sin^2\alpha}{1 - \sin^2\alpha}$

$\Rightarrow 9 - 9\sin^2\alpha = 16\sin^2\alpha$

$\Rightarrow 9 = 25\sin^2\alpha \Rightarrow \sin^2\alpha = \frac{9}{25}$

$\Rightarrow \sin\alpha = \frac{3}{5}$

$\cos\alpha = \frac{\sin\alpha}{\tan\alpha}$; $\cos\alpha = \frac{\frac{3}{5}}{\frac{3}{4}} = \frac{4}{5}$

f) analog Teilaufgabe e)

$\sin\alpha = \frac{\sqrt{5}}{3}$; $\cos\alpha = \frac{2}{3}$

5

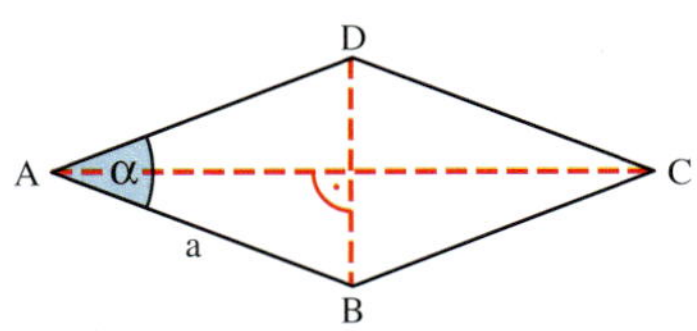

$\sin\frac{\alpha}{2} = \frac{\frac{1}{2}\cdot\overline{BD}}{a}$; $\overline{BD} \approx 5{,}2\,cm$

$\cos\frac{\alpha}{2} = \frac{\frac{1}{2}\cdot\overline{AC}}{a}$; $\overline{AC} \approx 6{,}9\,cm$

6

a) $\sin\alpha \cdot (1 - \cos^2\alpha) = \sin^3\alpha$

b) $\cos^2\alpha + \cos^2\alpha \cdot \frac{\sin^2\alpha}{\cos^2\alpha} = 1$

c) $\frac{\sin^2\alpha - 1}{\sin^2\alpha} = \frac{-\cos^2\alpha}{\sin^2\alpha} = -\frac{1}{\tan^2\alpha}$

d) $\frac{(\sin^2\alpha - \cos^2\alpha)(\sin^2\alpha + \cos^2\alpha)}{(\sin^2\alpha - \cos^2\alpha)} = 1$

7

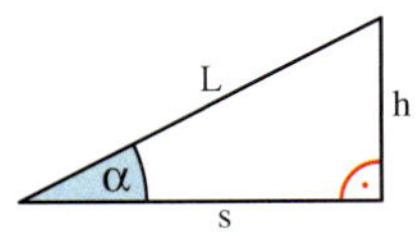

$h = 1809\,m - 1417\,m = 392\,m$

$s = 4{,}5\,cm \cdot 25\,000 = 1125\,m$

$\tan\alpha = \frac{h}{s}$; $\alpha \approx 19{,}2°$

$L^2 = s^2 + h^2$; $L \approx 1191\,m$

8

Da $\tan 30° \neq \frac{1}{2}\tan 60°$ gilt, ist Beas Behauptung falsch.

9

Längenunterschied d der Diagonalen von Grund- und Deckfläche:

$d = 4\sqrt{2}\,cm - 3\sqrt{2}\,cm = \sqrt{2}\,cm$

$\cos\beta = \frac{\frac{1}{2}\sqrt{2}\,cm}{2{,}5\,cm}$; $\beta \approx 73{,}6°$

Höhe h des Stumpfs:

$h^2 + \left(\frac{1}{2}d\right)^2 = (2{,}5\,cm)^2$

$h \approx \sqrt{6{,}25 - 0{,}5}\,cm \approx 2{,}4\,cm$

$\tan\alpha \approx \frac{2{,}4\,cm}{0{,}5\,cm}$; $\alpha \approx 78{,}2°$

10

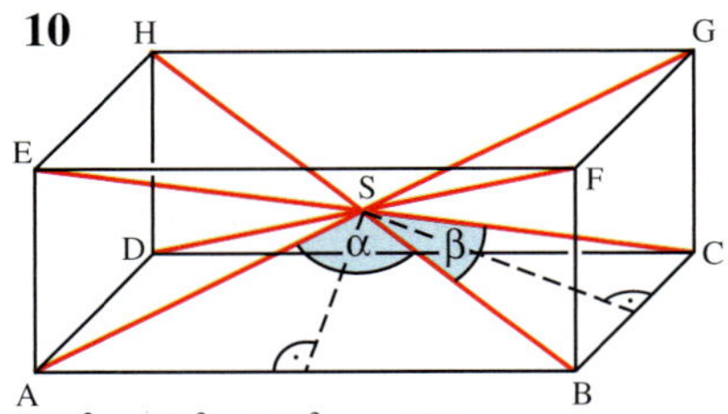

$\overline{AC}^2 = \overline{AB}^2 + \overline{BC}^2 \Rightarrow \overline{AC} \approx 9{,}43\,cm$

$\overline{AG}^2 = \overline{AC}^2 + \overline{CG}^2 = \overline{AB}^2 + \overline{BC}^2 + \overline{CG}^2$

$\Rightarrow \overline{AG} \approx 9{,}90\,cm$

$\overline{AS} = \overline{BS} = \frac{1}{2}\overline{AG} \approx 4{,}95\,cm$

$\alpha = \sphericalangle ASB$; $\beta = \sphericalangle BSC$

$\sin\frac{\alpha}{2} = \frac{\frac{1}{2}\cdot\overline{AB}}{\overline{AS}}$; $\alpha \approx 107{,}8°$

$\sin\frac{\beta}{2} = \frac{\frac{1}{2}\cdot\overline{BC}}{\overline{BS}}$; $\beta \approx 60{,}7°$

11

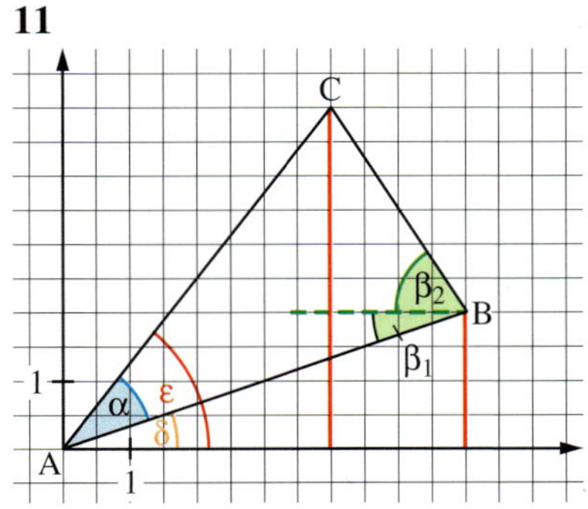

a) $\overline{AB}^2 = 6^2 + 2^2$; $\overline{AB} = 2\sqrt{10} \approx 6{,}32$

$\overline{BC}^2 = 2^2 + 3^2$; $\overline{BC} = \sqrt{13} \approx 3{,}61$

$\overline{AC}^2 = 4^2 + 5^2$; $\overline{AC} = \sqrt{41} \approx 6{,}40$

b) $\alpha = \varepsilon - \delta$

$\tan\delta = \frac{2}{6}$; $\delta \approx 18{,}4°$

$\tan\varepsilon = \frac{5}{4}$; $\varepsilon \approx 51{,}3°$

$\Rightarrow \alpha \approx 32{,}9°$

c) $\beta = \beta_1 + \beta_2$

$\beta_1 = \delta \approx 18{,}4°$ (Wechselwinkel)

$\tan\beta_2 = \frac{3}{2}$; $\beta_2 \approx 56{,}3°$

$\Rightarrow \beta \approx 74{,}7°$

Rückblick, Seite 177

1

$V \approx 240\,l$

$h \approx 53\,cm$

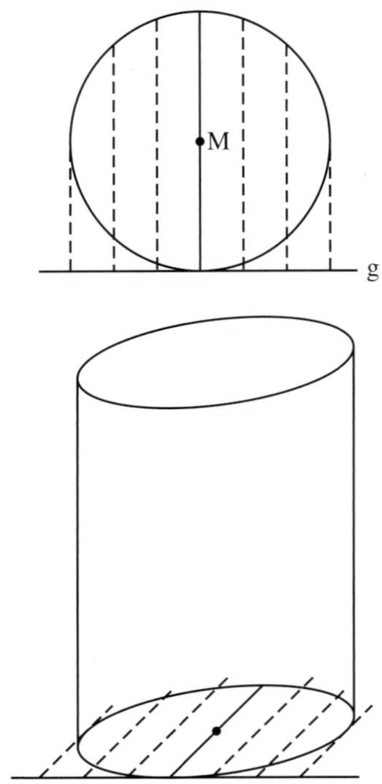

2

a) $V = \pi \cdot (r_2^2 - r_1^2) \cdot h \approx 605\,cm^3$

$M = 605\,cm^3 \cdot 7{,}25\,\frac{g}{cm^3} \approx 4{,}4\,kg$

b) $V \approx 1023\,cm^3$

$M \approx 7{,}4\,kg$

3

a) Schätzung: Würfel mit Kantenlänge $3\,m \Rightarrow V \approx 27\,m^3$

b) $V = V_Q + 2\cdot V_{Zyl.} = 3{,}2\cdot 3{,}2\cdot 1{,}8\,m^3 + 2\cdot(\pi\cdot 0{,}8^2\cdot 3{,}2)\,m^3 \approx 31{,}3\,m^3$

4

a) $h_T^2 + \left[\frac{2}{3}\cdot\left(\frac{a}{2}\sqrt{3}\right)\right]^2 = a^2 \Rightarrow h_T = \frac{a}{3}\sqrt{6}$

b) $V_Q = 216\,cm^3$

$V_T = \frac{1}{3}\cdot\frac{1}{2}\cdot a\cdot\frac{a}{2}\cdot\sqrt{3}\cdot\frac{a}{3}\cdot\sqrt{6} = \frac{a^3}{12}\cdot\sqrt{2}$

$V_T = V_Q \Rightarrow \frac{a^3}{12}\cdot\sqrt{2} = 216\,cm^3$

$\Rightarrow a \approx 12{,}2\,cm$

$O_Q = 246\,cm^2$

$O_T = a^2\cdot\sqrt{3} \approx 257{,}8\,cm^2$

$\frac{11{,}8}{246} \approx 0{,}05 = 5\,\%$.

Die Oberfläche wird um 5 % größer.

5

a) Wegen des Neigungswinkels 45° ist das Stützdreieck gleichschenklig rechtwinklig.

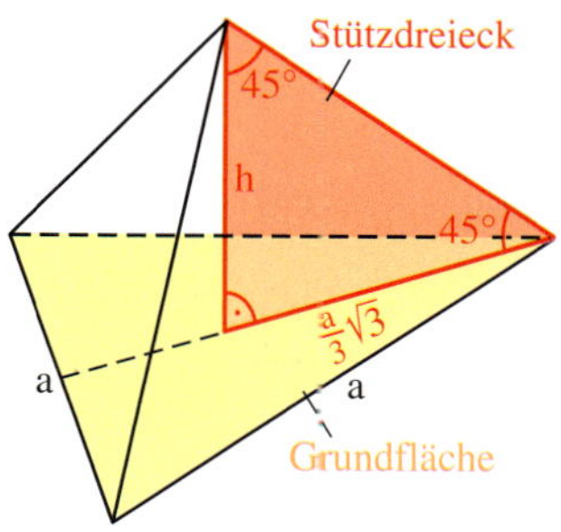

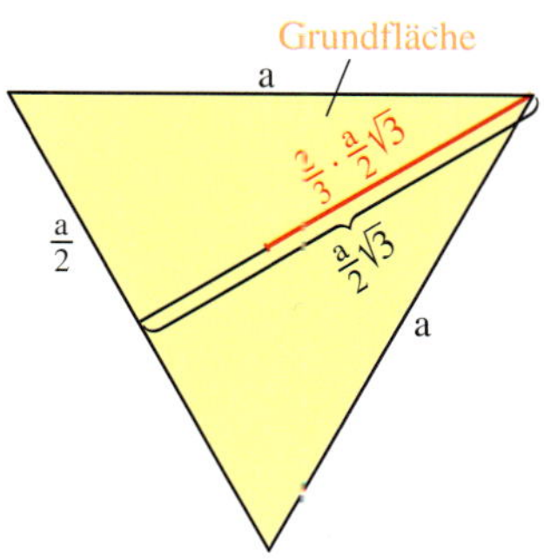

Also $h = \frac{2}{3}\cdot\frac{a}{2}\cdot\sqrt{3} = \frac{a}{3}\cdot\sqrt{3}$

$V = \frac{1}{3}\cdot\frac{a^2}{4}\cdot\sqrt{3}\cdot\frac{a}{3}\cdot\sqrt{3} = \frac{a^3}{12}$

b) Kathete des Stützdreiecks:

$\frac{2}{3}\cdot\frac{5\,cm}{2}\cdot\sqrt{3} = \frac{5}{3}\cdot\sqrt{3}\,cm$

$h = \frac{5}{3}\cdot\sqrt{3}\,cm\cdot\tan 35° \approx 2{,}0\,cm$

$V \approx \frac{1}{3}\cdot\frac{(5\,cm)^2}{4}\cdot\sqrt{3}\cdot 2{,}0\,cm \approx 7{,}2\,cm^3$

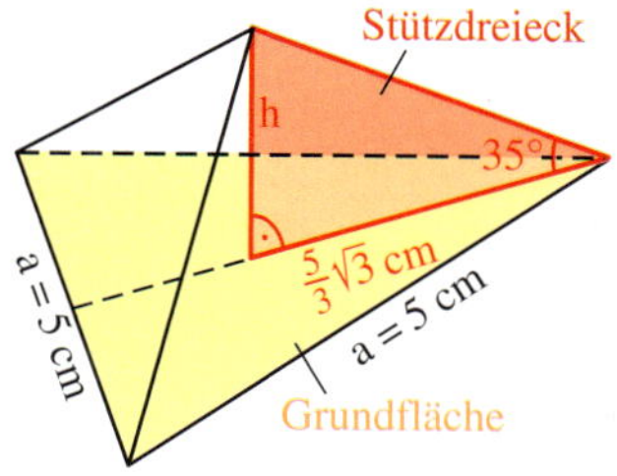

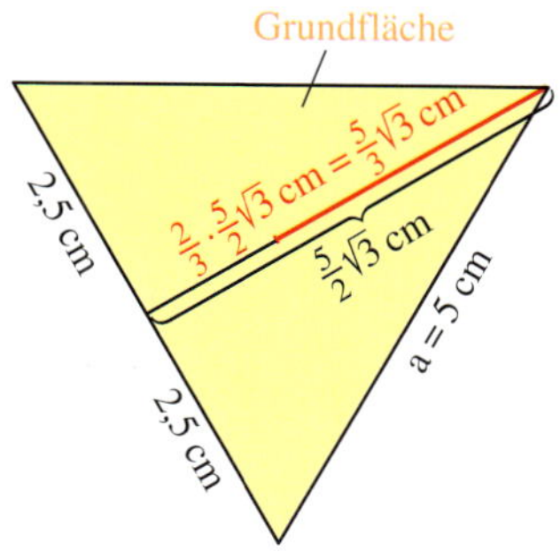

6

$V = 15^3 + \pi\cdot 15^2\cdot 10 + \pi\cdot 10^2\cdot 20 + \frac{1}{3}\cdot\pi\cdot 10^2\cdot 10$ (Längen in mm)

$V \approx 17\,774\,mm^3 \approx 17{,}8\,cm^3$

7

$M = 5\cdot G \Rightarrow s = 5r;\; h = 2\cdot\sqrt{6}\cdot r;$

$V = \frac{2}{3}\cdot\pi\cdot\sqrt{6}\cdot r^3$

8

a) $\frac{a^2}{4}\cdot\sqrt{3}\cdot 12 = 300\,cm^2 \Rightarrow a \approx 7{,}6\,cm;$
$O \approx 323{,}6\,cm^2$

b) $\frac{1}{3}\cdot a^2\cdot 12 = 300\,cm^2 \Rightarrow a \approx 8{,}7\,cm;$
$s \approx 13{,}5\,cm;\; h_s \approx 12{,}8\,cm;$
$O \approx 298{,}4\,cm^2$

c) $\pi\cdot r^2\cdot 12 = 300\,cm^2 \Rightarrow r \approx 2{,}8\,cm;$
$O \approx 260{,}4\,cm^2$

d) $\frac{1}{3}\cdot\pi\cdot r^2\cdot 12 = 300\,cm^2 \Rightarrow r \approx 4{,}9\,cm;$
$s \approx 13{,}0\,cm;\; O \approx 275{,}5\,cm^2$

Der Zylinder hat den kleinsten Oberflächeninhalt.

9

$a = \frac{1}{2}c = 4{,}5\,cm;\; b = \frac{1}{2}\sqrt{3}\,c \approx 7{,}8\,cm;$

$h = \frac{1}{4}\sqrt{3}\,c \approx 3{,}9\,cm;\; p = \frac{1}{4}c = 2{,}25\,cm;$

$q = \frac{3}{4}c = 6{,}75\,cm;$

$V = \frac{1}{3}b^2\cdot\pi\cdot a \approx 286{,}7\,cm^3$

$\left(V = \frac{1}{3}a^2\pi\cdot b \approx 165{,}4\,cm^3;\right.$

$V = \frac{1}{3}h^2\cdot\pi\cdot p + \frac{1}{3}h^2\cdot\pi\cdot q$

$\left.= \frac{1}{3}h^2\pi\cdot c \approx 143{,}4\,cm^3\right)$

$O = M + G = b\cdot c\cdot\pi + b^2\cdot\pi \approx 411{,}7\,cm^2$

$(O = a\cdot c\cdot\pi + a^2\pi \approx 190{,}9\,cm^2;$

$O = h\cdot b\cdot\pi + h\cdot a\cdot\pi \approx 150{,}7\,cm^2)$

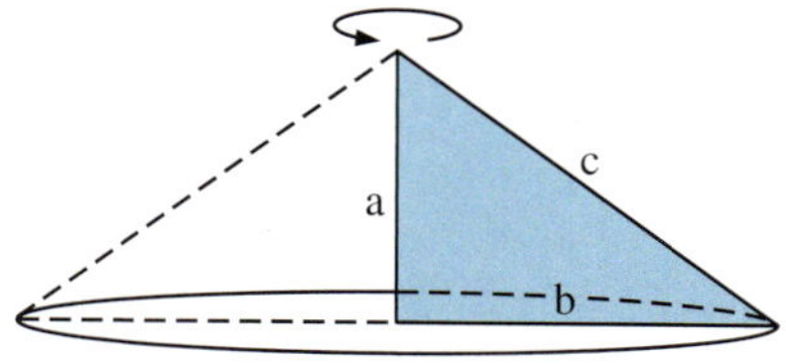

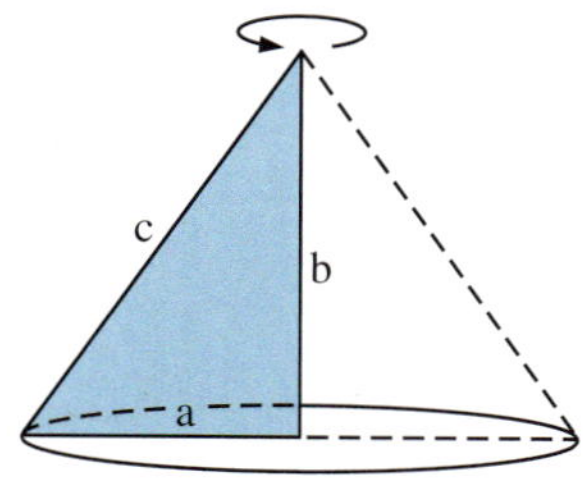

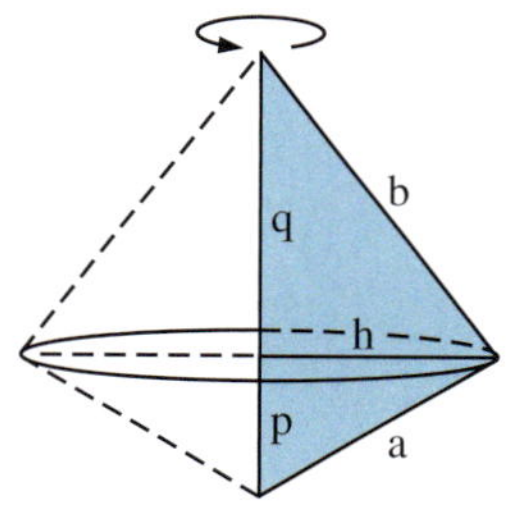

Rechnet man zunächst, ohne die konkreten Zahlenwerte einzusetzen, so ergeben sich die folgenden allgemeinen Formeln:

$V = \frac{1}{8}\pi\cdot c^3$

$\left(V = \frac{1}{24}\sqrt{3}\cdot\pi\cdot c^3;\; V = \frac{1}{16}\pi c^3\right)$

$O = \left(\frac{3}{4} + \frac{1}{2}\sqrt{3}\right)\cdot\pi c^2$

$\left(O = \frac{3}{4}\pi c^2;\; O = \frac{1}{8}(3 + \sqrt{3})\pi c^2\right)$

10

$\frac{\alpha}{360°}\cdot\pi\cdot s^2 = \pi\cdot r\cdot s \Rightarrow \alpha = \frac{360°\cdot r}{s}$

$s^2 = h^2 + r^2 = (2r)^2 + r^2 = 5r^2$

$\Rightarrow s = \sqrt{5}\cdot r \Rightarrow \alpha = \frac{360°}{\sqrt{5}} \approx 161°$

11

$V_{Fl} = \frac{1}{3}\cdot\pi\cdot\left(a^2\cdot a - \left(\frac{a}{2}\right)^2\cdot\frac{a}{2}\right) = \frac{7}{24}\cdot\pi\cdot a^3$

Schätzung: $x = \frac{4}{5}a$

$V' = \frac{1}{3}\cdot\pi\cdot x^3 = V_{Fl}$

$\Rightarrow x = \frac{1}{2}\cdot\sqrt[3]{7}\cdot a \approx 0{,}96\,a$

Mathematische Begriffe und Bezeichnungen

1 Zahlen und Mengen

$\mathbb{N}$; $\mathbb{N}_0$ = Menge der natürlichen Zahlen; $\mathbb{N}$ und die Null
$\mathbb{Z}$ = Menge der ganzen Zahlen
$\mathbb{Q}$ = Menge der rationalen Zahlen
$\mathbb{R}$ = Menge der reellen Zahlen

{ } oder $\emptyset$	leere Menge
$\mathbb{Q}\setminus\{0; 1\}$; $\Omega\setminus A$	$\mathbb{Q}$ ohne 0 und 1; Ω ohne A
$\overline{A}$	Gegenereignis zum Ereignis A: $\overline{A} = \Omega\setminus A$
(a; b)	Paar: Die Reihenfolge von a und b ist von Bedeutung
{a; b}	Menge: Die Reihenfolge von a und b ist unerheblich
$\in$, $\notin$	ist Element von, ist nicht Element von
$\subset$	ist Teilmenge von
$\{x \mid x > 3\}$	Menge aller Zahlen x, für die gilt: $x > 3$
[a; b],]a; b[	Intervall mit Endpunkten, ohne Endpunkte
T(26)	Menge aller Teiler von 26
V(4)	Menge aller Vielfachen von 4
kgV	kleinstes gemeinsames Vielfaches
$\Rightarrow$	daraus folgt

2 Funktionen

$x \mapsto y$; $x \mapsto 2x$	x wird abgebildet auf y; auf 2x (Funktionsvorschrift)
$y = 0{,}5x^2 - 2$	Funktionsgleichung mit dem Funktionsterm $0{,}5x^2 - 2$
f(x)	abkürzende Schreibweise für einen Funktionsterm
D_f	Definitionsmenge der Funktion f
G_f	Graph der Funktion f

3 Geometrie

P; Q; R; …	Punkte
$P(x \mid y)$	Punkt P mit 1. Koordinate x und 2. Koordinate y: z. B. $P(2 \mid 3)$
PQ	Gerade durch die Punkte P und Q
[PQ]; $\overline{PQ}$	Strecke mit den Endpunkten P und Q; Länge der Strecke [PQ]
[PQ	Halbgerade durch P und Q mit Anfangspunkt P
g; h; k …	Geraden, Halbgeraden
a; b; c; …	Strecken, auch Länge der Strecken (z. B. a = 3 cm)
$g \perp h$	g ist senkrecht zu h
$g \parallel h$	g ist parallel zu h
$\sphericalangle(g,h)$	Winkel mit den Schenkeln g und h
$\sphericalangle ABC$	Winkel mit dem Scheitel B und den Schenkeln [BA und [BC
α; β; γ	Winkel; auch dessen Größe (z. B. $\alpha = 35°$)
h_a; h_b; h_c	Höhe, die senkrecht zur Seite a; b; c ist
$m_{[AB]}$; m_a	Mittelsenkrechte der Strecke [AB] bzw. a
w_α; w_β	Winkelhalbierende von α; β
k(M; r)	Kreis um M mit Radius r
ΔABC	Dreieck mit den Eckpunkten A, B und C
$F \cong G$	Figuren F und G sind kongruent
$F \sim G$	Figuren F und G sind ähnlich

Register

Bildquellenverzeichnis:
11.1: Deutsches Museum, München – **20.1:** Mary Evans Picture Library, London – **36.1:** Deutsches Museum, München – **37.1:** Deutsches Museum, München – **39.1:** Deutsches Museum, München – **39.3:** Deutsches Museum, München – **39.4:** AKG, Berlin – **39.5:** Interfoto, München – **39.6:** Deutsches Museum, München – **39.8:** Deutsches Museum, München – **39.9:** Deutsches Museum, München – **52.1:** W. Ottlinghaus, Internationale Spedition für Schwertransporte, Stuttgart – **80.1:** Fotofinder (W. Otto), Berlin – **88.1:** Deutsches Museum, München – **90.1:** Interfoto(Karl-Heinz Hänel), München – **90.2:** Interfoto, München – **90.5:** AKG, Berlin – **91.2:** AKG (Erich Lessing), Berlin – **91.4:**Mauritius, Mittenwald – **92.1:** Bundesministerium für Verkehr, Bau und Stadtentwicklung, Berlin - **92.2:** Pfarrei „acht-seligkeiten“ (Alfred Vogler), Füssen – **92.3:** Stadt Köln/Kölner Sportstätten GmbH, presseamt, Köln – **92.4:** Kath. Pfarramt St. Gregorius, Aachen – **92.5:** Verwaltungsgemeinschaft „Hermsdorf“, Hermsdorf – **92.6:** TU München (Thorsten Naeser), München – **92.7:** Thomas P. Birkhoff, Köln – **92.8:** Kath. Kirchengemeinde St. Engelbert, Köln-Riehl – **92.9:** Karl Gotsch, Baiersbronn – **106.1:** Mauritius (Poehlmann), Mittenwald – **112.1:** Mauritius (Uta und Horst Kolley), Mittenwald – **114.1:** Mauritius (E. Gebhardt), Mittenwald – **114.2:** Mauritius (Haag + Kropp), Mittenwald – **114.3:** Mauritius (Josef Beck), Mittenwald – **119.2:** ullstein bild, Berlin – **125.1:** ddp Deutscher Depeschendienst GmbH (mecom), Berlin – **134.1:** Illwerke Tourismus, Schruns-Rodund, Austria – **150.1:** Fotofinder (John/Helga Lade), Berlin – **150.2:** Getty Images (Peter Ginter), München – **159.2:** shutterstock (Claudio Baldini), New York, NY – **161.2:** Avenue Images GmbH (mauritius images/ imagebroker.net), Hamburg – **162.1:** Mauritius (imagebroker.net), Mittenwald – **168.2:** Bilderberg (Wolfgang Volz), Hamburg – **170.2:** Bildagentur Huber (R. Schmid), Garmisch-Partenkirchen – **173.2:** Okapia (Christian Pehlemann), Berlin – **181.1:** Ulf Böhringer, FBN-Redaktionsbüro, München – **182.1:** iStockphoto (Linda & Colin McKie), Calgary, Alberta – **182.2:** iStockphoto (le_cyclope), Calgary, Alberta – **182.3:** Keystone Pressedienst GmbH (Hager, Christian) – **183.1:** iStockphoto (Olivier Lantzendörffer), Calgary, Alberta – **185.1:** Ingenieurbüro A. Niederegger, St. Gallen, CH – **186.1:** Comet Photoshopping (SILVESTRIS), Zürich – **188.1:** iStockphoto (Manuela Weschke), Calgary, Alberta – **188.2:** Corbis (Charles E. Rotkin), Düsseldorf

Alle übrigen Fotos stammen aus dem Archiv des Ernst Klett Verlags, Stuttgart.